21世纪高职高专土建立体化系列规划教材

施工项目质量与安全管理

主　编　钟汉华

副主编　郑新志　戴碧锋　黄富勇

参　编　郭宇光　刘宏丽　张天俊　董　伟
　　　　邵元纯　余丹丹　王中发　欧阳钦
　　　　张　彬　朱保才

主　审　鲁立中

内 容 简 介

本书按照高等职业教育土建类专业对本课程的有关要求，以国家现行建筑工程标准、规范、规程为依据，根据编者多年工作经验和教学实践，在自编教材基础上修改、编写而成。本书对建筑工程施工项目质量与安全管理的理论、方法、要求等进行了详细的阐述，坚持以就业为导向，突出实用性、实践性。全书共分 10 章，包括施工项目质量管理与质量管理体系、施工项目质量控制的内容、方法和手段、施工质量控制措施、工程质量评定及验收、施工质量事故处理、施工项目安全管理责任与制度、职业健康安全管理、现场安全生产管理、施工现场消防安全、施工安全事故处理及应急救援。

本书的主要特色如下：内容精练，文字通俗易懂；侧重工程施工阶段的质量安全管理；注重建筑工程施工质量与安全管理的理论和实际的结合，旨在提高建筑施工管理人员的实操能力；注重教材的科学性和政策性；与质量员、安全员、监理员职业标准结合，与现行法律、法规结合。

本书可作为高等职业教育工程监理、建筑工程技术、建筑管理、建筑经济、建筑安装等专业的教学用书，也可供建设单位质量安全管理人员、建筑安装施工企业质量安全管理人员、工程监理人员学习参考。

图书在版编目(CIP)数据

施工项目质量与安全管理/钟汉华主编. —北京：北京大学出版社，2012.10

(21 世纪高职高专土建立体化系列规划教材)

ISBN 978-7-301-21275-2

Ⅰ. ①施… Ⅱ. ①钟… Ⅲ. ①建筑工程—工程质量—质量控制—高等职业教育—教材②建筑工程—安全管理—高等职业教育—教材 Ⅳ. ①TU71

中国版本图书馆 CIP 数据核字(2012)第 225499 号

书　　　名：施工项目质量与安全管理

著作责任者：钟汉华　主编

策 划 编 辑：赖　青　杨星璐

责 任 编 辑：赖　青

标 准 书 号：ISBN 978-7-301-21275-2/TU・0287

出　版　者：北京大学出版社

地　　　址：北京市海淀区成府路 205 号　100871

网　　　址：http://www.pup.cn　http://www.pup6.cn

电　　　话　邮购部 010－62752015　发行部 010－62750672　编辑部 010－62750667

电 子 邮 箱：pup_6@163.com

印　刷　者：北京虎彩文化传播有限公司

发　行　者：北京大学出版社

经　销　者：新华书店

787 毫米×1092 毫米　16 开本　24 印张　559 千字

2012 年 10 月第 1 版　2021 年 12 月第 5 次印刷

定　　　价：55.00 元

北大版·高职高专土建系列规划教材

专家编审指导委员会

北大版·高职高专土建系列规划教材
专家编审指导委员会专业分委会

前 言

本书根据《国务院关于大力发展职业教育的决定》、《教育部关于加强高职高专教育人才培养工作的意见》和《面向21世纪教育振兴行动计划》等文件要求，以培养高质量的高等工程技术应用型人才为目标，依据高等职业教育工程监理专业指导性教学计划及教学大纲，以及国家现行建筑工程标准、规范、规程，同时按照质量员、安全员、监理员职业标准，结合编者多年工作经验和教学实践编写而成。

“施工项目质量与安全管理”是一门实践性很强的课程，为此，本书始终坚持以“素质为本、能力为主、需要为准、够用为度”为原则进行编写。在编写过程中，我们努力体现高等职业教育教学的特点，并结合现行建筑工程施工项目质量安全管理的特点精选内容，以贯彻“理论联系实际，注重实践能力”的整体要求，突出针对性和实用性，便于学生学习。同时，我们还适当照顾了不同地区的特点和要求，力求反映建筑工程质量安全管理的先进经验和技术手段。

本书由湖北水利水电职业技术学院钟汉华任主编；广州城建职业学院郑新志、南华工商学院戴碧锋和中水北方勘测设计研究有限责任公司赵立民任副主编；郑州交通职业学院郭宇光，沈阳农业大学高等职业技术学院刘宏丽，湖北水利水电职业技术学院张天俊、董伟、邵元纯、余丹丹、王中发、欧阳钦，湖北省十堰市水库管理处张彬，中建三局第二建设工程有限责任公司朱保才和湖北新南洋建设工程有限公司陈文静参编；湖北卓越工程建设监理公司鲁立中任主审。具体编写分工如下：钟汉华、董伟编写第1章，郑新志编写第2章，郭宇光编写第3章，赵立民编写第4章，刘宏丽编写第5章，张天俊、邵元纯编写第6章，余丹丹、王中发、欧阳钦和陈文静编写第7章，戴碧锋编写第8章，张彬编写第9章，朱保才编写第10章。

本书在编写过程中，湖北水利水电职业技术学院余燕君、王燕、金芳、李翠华、张少坤、刘宏敏、曲炳良、徐欣、邱兰、黄晶、王国霞、洪伟、丁艳荣等做了一些辅助性工作，在此对他们的辛勤工作表示感谢。

本书大量引用了有关专业文献和资料，未在书中一一注明出处，在此对有关文献的作者表示感谢。由于编者水平有限，加之时间仓促，书中难免存在不足之处，诚恳地希望读者批评指正。

编者

2012年6月

目　录

第1章 施工项目质量管理与质量管理体系

教学目标

了解质量、建设工程质量、质量管理与质量控制概念，熟悉工程质量责任体系，熟悉工程质量管理制度，掌握全面质量管理的概念、全面质量管理 PDCA 循环、全面质量管理的基本要求、全面质量管理的有关原则、全面质量管理的实施，了解 ISO 质量保证体系认证的程序、要求、方法，熟悉质量保证体系组织机构建立方式。

教学要求

能力目标	知识要点	权重
了解质量、建设工程质量概念	建设工程质量	10%
了解质量管理与质量控制概念	质量管理与质量控制	10%
熟悉工程质量责任体系	工程质量责任体系	10%
熟悉工程质量管理制度	工程质量管理制度	10%
掌握全面质量管理的概念、全面质量管理 PDCA 循环、全面质量管理的基本要求、全面质量管理的有关原则、全面质量管理的实施	全面质量管理	30%
了解 ISO 质量保证体系认证的程序、要求、方法	ISO 质量保证体系认证	20%
熟悉质量保证体系组织机构建立方式	质量保证体系建立	10%

引例

建筑工程质量与广大人民群众的生活息息相关，为了加强对建筑工程质量的管理，保证建筑工程质量，保护人民生命财产安全，1997年11月1日我国第一部《建筑法》颁布实施，2000年1月30日国务院又颁布了《建设工程质量管理条例》。随着国民经济迅猛发展，建筑业也得到了空前发展，现代工程项目建设规模不断扩大，建设项目工程更加复杂。虽然目前建筑工程管理和建筑技术有了很大进步，工程质量有明显提高，但是工程质量通病还普遍存在，工程质量事故时有发生。了解工程质量通病及事故的发生原因，掌握处理方法及预防措施，对建筑工程技术人员显得尤为重要。建筑工程质量指在国家现行的有关法律、法规、技术标准、设计勘察文件及合同中，对工程的安全、使用、耐久及经济美观、环境保护等方面有明显和隐含能力的特性综合，即工程实体的质量。由建筑产品的特点可以知道，其质量蕴涵于整个工程产品的形成过程中，要经过规划、勘察设计、建设实施、投入生产或使用几个阶段，每一个阶段都有国家标准的严格要求。"百年大计，质量第一"是建筑工程行业的一贯方针。然而，由于管理制度、管理者水平、技术人员素质等各方面原因，建筑工程质量缺陷司空见惯，质量事故时有发生。

思考：

(1) 建设工程质量是指什么？

(2) 如何进行质量管理？

(3) 质量管理制度有哪些？

(4) 如何建立质量保证体系？

1.1 建设工程质量

1.1.1 质量概述

2000版GB/T 19000—ISO 9000族标准中质量的定义是：一组固有特性满足要求的程度。上述定义可以从以下几方面去理解。

(1) 质量不仅是指产品质量，也可以是某项活动或过程的工作质量，还可以是质量管理体系运行的质量。质量是由一组固有特性组成的，这些固有特性是指满足顾客和其他相关方面的要求的特性，并由其满足要求的程度加以表征。

(2) 特性是指区分的特征。特性可以是固有的或赋予的，可以是定性的或定量的。特性有各种类型，如一般有物质特性(如：机械的、电的、化学的或生物的特性)、感官特性(如嗅觉、触觉、味觉、视觉及感觉控测的特性)、行为特性(如：礼貌、诚实、正直)、人体工效特性(如：语言或生理特性、人身安全特性)、功能特性(如：飞机的航程、速度)。质量特性是固有的特性，并通过产品、过程或体系设计和开发及其后之实现过程形成的属性。固有的意思是指在某事或某物中本来就有的，尤其是那种永久的特性。赋予的特性(如：某一产品的价格)并非是产品、过程或体系的固有特性，不是它们的质量特性。

(3) 满足要求就是应满足明示的(如合同、规范、标准、技术、文件、图纸中明确规定的)、通常隐含的(如组织的惯例、一般习惯)或必须履行的(如法律、法规、行业规则)的需要和期望。与要求相比较，满足要求的程度才反映为质量的好坏。对质量的要求除考虑满足顾客的需要外，还应考虑其他相关方，即组织自身利益、提供原材料和零部件等的供方的利益和社会的利益等多种需求。例如需考虑安全性、环境保护、节约能源等外部的强制要求。只有全面满足这些要求，才能评定为好的质量或优秀的质量。

(4) 顾客和其他相关方对产品、过程或体系的质量要求是动态的、发展的和相对的。质量要求随着时间、地点、环境的变化而变化。如随着技术的发展、生活水平的提高，人们对产品、过程或体系会提出新的质量要求。因此应定期评定质量要求、修订规范标准，不断开发新产品、改进老产品，以满足已变化的质量要求。另外，不同国家不同地区因自然环境条件不同，技术发达程度不同、消费水平不同和民俗习惯等的不同会对产品提出不同的要求，产品应具有这种环境的适应性，对不同地区应提供不同性能的产品，以满足该地区用户的明示或隐含的要求。

1.1.2 建设工程质量概述

建设工程质量简称工程质量。工程质量是指工程满足业主需要的，符合国家法律、法规、技术规范标准、设计文件及合同规定的特性综合。

建设工程作为一种特殊的产品，除具有一般产品共有的质量特性，如性能、寿命、可靠性、安全性、经济性等满足社会需要的使用价值及其属性外，还具有特定的内涵。

建设工程质量的特性主要表现在以下 6 个方面。

(1) 适用性：即功能，是指工程满足使用目的的各种性能，包括：理化性能，如尺寸、规格、保温、隔热、隔音等物理性能，耐酸、耐碱、耐腐蚀、防火、防风化、防尘等化学性能；结构性能，指地基基础牢固程度，结构的足够强度、刚度和稳定性；使用性能，如民用住宅工程要能使居住者安居，工业厂房要能满足生产活动需要，道路、桥梁、铁路、航道要能通达便捷等。建设工程的组成部件、配件、水、暖、电、卫器具、设备也要能满足其使用功能；外观性能指建筑物的造型、布置、室内装饰效果、色彩等美观大方、协调等。

(2) 耐久性：即寿命，是指工程在规定的条件下，满足规定功能要求使用的年限，也就是工程竣工后的合理使用寿命周期。由于建筑物本身结构类型不同、质量要求不同、施工方法不同、使用性能不同的个性特点，如民用建筑主体结构耐用年限分为 4 级(15～30年、30～50 年、50～100 年、100 年以上)，公路工程设计年限一般按等级控制在 10～20年，城市道路工程设计年限视不同道路构成和所用的材料，设计的使用年限也有所不同。

(3) 安全性：是指工程建成后在使用过程中保证结构安全、保证人身和环境免受危害的程度。建设工程产品的结构安全度、抗震、耐火及防火能力，人民防空的抗辐射、抗核污染、抗爆炸波等能力，是否能达到特定的要求，都是安全性的重要标志。工程交付使用之后，必须保证人身财产、工程整体都有能免遭工程结构破坏及外来危害的伤害。工程组成部件，如阳台栏杆、楼梯扶手、电器产品漏电保护、电梯及各类设备等，也要保证使用者的安全。

(4) 可靠性：是指工程在规定的时间和规定的条件下完成规定功能的能力。工程不仅要求在交工验收时要达到规定的指标，而且在一定的使用时期内要保持应有的正常功能。如工程上的防洪与抗震能力、防水隔热、恒温恒湿措施、工业生产用的管道防“跑、冒、滴、漏”等，都属可靠性的质量范畴。

(5) 经济性：是指工程从规划、勘察、设计、施工到整个产品使用寿命周期内的成本和消耗的费用。工程经济性具体表现为设计成本、施工成本、使用成本三者之和，包括从征地、拆迁、勘察、设计、采购(材料、设备)、施工、配套设施等建设全过程的总投资和工程使用阶段的能耗、水耗、维护、保养乃至改建更新的使用维修费用。

(6) 与环境的协调性：是指工程与其周围生态环境协调，与所在地区经济环境协调以及与周围已建工程相协调，以适应可持续发展的要求。

上述 6 个方面的质量特性彼此之间是相互依存的，总体而言，适用、耐久、安全、可靠、经济、与环境适应性都是必须达到的基本要求，缺一不可。

1.1.3 影响工程质量的因素

影响建设工程项目质量的因素很多，通常可以归纳为 5 个方面，即 4M1E，指：人(Man)、材料(Material)、机械(Machine)、方法(Method)和环境(Environment)。事前对这 5 方面的因素严加控制是保证施工项目质量的关键。

(1) 人。人是生产经营活动的主体，也是直接参与施工的组织者、指挥者及直接参与施工作业活动的具体操作者。人员素质，即人的文化、技术、决策、组织、管理等能力的高低直接或间接影响工程质量。此外，人，作为控制的对象，是要避免产生失误的；作为控制的动力，是要充分调动人的积极性，发挥人的主导作用的。

为此，要根据工程特点，从确保质量出发，在人的技术水平、人的生理缺陷、人的心理行为、人的错误行为等方面来控制人的使用。因此，建筑行业实行经营资质管理和各类行业从业人员持证上岗制度是保证人员素质的重要措施。

(2) 材料。材料包括原材料、成品、半成品、构配件等，它是工程建设的物质基础，也是工程质量的基础。要通过严格检查验收，正确合理地使用，建立管理台账，进行收、发、储、运等各环节的技术管理，避免混料和将不合格的原材料使用到工程上。

(3) 机械。机械包括施工机械设备、工具等，是施工生产的手段。要根据不同工艺特点和技术要求选用合适的机械设备；正确使用、管理和保养好机械设备。工程机械的质量与性能直接影响到工程项目的质量。为此要健全“人机固定”制度、“操作证”制度、岗位责任制度、交接班制度、“技术保养”制度、“安全使用”制度、机械设备检查制度等，确保机械设备处于最佳使用状态。

(4) 方法。方法包含施工方案、施工工艺、施工组织设计、施工技术措施等。在工程中，方法是否合理，工艺是否先进，操作是否得当，都会对施工质量产生重大影响。应通过分析、研究、对比，在确认可行的基础上，切合工程实际，选择能解决施工难题、技术可行、经济合理，有利于保证质量、加快进度、降低成本的方法。

(5) 环境。影响工程质量的环境因素较多，有工程技术环境，如工程地质、水文、气象等；工程管理环境，如质量保证体系、质量管理制度等；劳动环境，如劳动组合、作业场所、工作面等；法律环境，如建设法律法规等；社会环境，如建筑市场规范程度、政府工程质量监督和行业监督成熟度等。环境因素对工程质量的影响具有复杂而多变的特点，如气象条件就变化万千，温度、湿度、大风、暴雨、酷暑、严寒都直接影响工程质量。又如前一工序往往就是后一工序的环境，前一分项、分部工程也就是后一分项、分部工程的环境。因此，加强环境管理，改进作业条件，把握好环境，是控制环境对质量影响的重要保证。

1.2 质量管理与质量控制

1.2.1 质量管理与质量控制的关系

质量是建设工程项目管理的重要任务目标。建设工程项目质量目标的确定和实现过程需要系统有效地应用质量管理和质量控制的基本原理和方法，通过建设工程项目各参与方的质量责任和职能活动的实施来达到。

1. 质量管理

《GB/T 19000－ISO 9000(2008)质量管理体系标准》中质量管理的定义为“质量管理是指确定质量方针及实施质量方针的全部职能及工作内容，并对其工作效果进行评价和改进的一系列工作”。

作为组织，应当建立质量管理体系实施质量管理。具体来说，组织首先应当制定能够反映组织最高管理者的质量宗旨、经营理念和价值观的质量方针，然后在该方针的指导下，通过组织的质量手册、程序性管理文件和质量记录的制定，组织制度的落实、管理人员与资源的配置、质量活动的责任分工与权限界定等，最终形成组织质量管理体系的运行机制。

2. 质量控制

《GB/T 19000－ISO 9000(2000)质量管理体系标准》中质量控制的定义为“质量控制是质量管理的一部分，致力于满足质量要求的一系列相关活动”。

建设工程项目的质量要求是由业主(或投资者、项目法人)提出来的，是业主的建设意图通过项目策划，包括项目的定义及建设规模、系统构成、使用功能和价值、规格档次标准等的定位策划和目标决策来确定的。它主要表现为工程合同、设计文件、技术规范规定和质量标准等。因此，在建设项目实施的各个阶段的活动和各阶段质量控制均是围绕着致力于业主要求的质量总目标展开的。

质量控制所致力的活动是为达到质量要求所采取的作业技术活动和管理活动。这些活动包括：确定控制对象，例如一道工序、设计过程、制造过程等；规定控制标准，即详细说明控制对象应达到的质量要求；制定具体的控制方法，例如工艺规程；明确所采用的检验方法，包括检验手段；实际进行检验；说明实际与标准之间有差异的原因；为了解决差异而采取的行动。质量控制贯穿于质量形成的全过程、各环节，要排除这些环节的技术、活动偏离有关规范的现象，使其恢复正常，达到控制的目的。

质量控制是质量管理的一部分而不是全部。两者的区别在于概念不同、职能范围不同和作用不同。质量控制是在明确的质量目标和具体的条件下，通过行动方案和资源配置的计划、实施、检查和监督，进行质量目标的事前预控、事中控制和事后纠偏控制，实现预期质量目标的系统过程。

1.2.2 质量管理

质量管理是指为了实现质量目标而进行的所有管理性质的活动。在质量方面的指挥和控制活动通常包括制定质量方针和质量目标以及质量策划、质量控制、质量保证和质量改进。

1. 质量管理的发展

质量管理的发展大致经历了 3 个阶段。

1) 质量检验阶段

20 世纪前，产品质量主要依靠操作者本人的技艺水平和经验来保证，属于“操作者的质量管理”。20 世纪初，以 F.W.泰勒为代表的科学管理理论的产生促使产品的质量检验从加工制造中分离出来，质量管理的职能由操作者转移给工长，是“工长的质量管理”。随着企业生产规模的扩大和产品复杂程度的提高，产品有了技术标准(技术条件)，公差制度也日趋完善，各种检验工具和检验技术也随之发展，大多数企业开始设置检验部门，有的直属于厂长领导，这时是“检验员的质量管理”。上述几种做法都属于事后检验的质量管理方式。

2) 统计质量控制阶段

1924 年，美国数理统计学家 W.A.休哈特提出控制和预防缺陷的概念。他运用数理统计的原理提出在生产过程中控制产品质量的“6σ”法，绘制出第一张控制图并建立了一套统计卡片。与此同时，美国贝尔研究所提出关于抽样检验的概念及其实施方案，成为运用数理统计理论解决质量问题的先驱，但当时并未被普遍接受。以数理统计理论为基础的统计质量控制的推广应用始自第二次世界大战。由于事后检验无法控制武器弹药的质量，美国国防部决定将数理统计法用于质量管理，并由标准协会制定有关数理统计方法应用于质量管理方面的规划，成立专门委员会，并于 1941—1942 年先后公布一批美国战时的质量管理标准。

3) 全面质量管理阶段

20 世纪 50 年代以来，随着生产力的迅速发展和科学技术的日新月异，人们对产品的质量从注重产品的一般性能发展为注重产品的耐用性、可靠性、安全性、维修性和经济性等。在生产技术和企业管理中要求运用系统的观点来研究质量问题。在管理理论上也有新的发展，突出重视人的因素，强调依靠企业全体人员的努力来保证质量。此外，还有“保护消费者利益”运动的兴起，企业之间市场竞争越来越激烈。在这种情况下，美国 A. V. 费根鲍姆于 20 世纪 60 年代初提出全面质量管理的概念。他提出，全面质量管理是“为了能够在最经济的水平上、并考虑到充分满足顾客要求的条件下进行生产和提供服务，并把企业各部门在研制质量、维持质量和提高质量方面的活动构成为一体的一种有效体系”。

中国自 1978 年开始推行全面质量管理，并取得了一定成效。

2. 质量管理相关特性

质量管理的发展与工业生产技术和管理科学的发展密切相关。现代关于质量的概念包括对社会性、经济性和系统性 3 方面的认识。

(1) 质量的社会性。质量的好坏不仅从直接的用户，而是从整个社会的角度来评价，尤其关系到生产安全、环境污染、生态平衡等问题时更是如此。

(2) 质量的经济性。质量不仅从某些技术指标来考虑，还从制造成本、价格、使用价值和消耗等几方面来综合评价。在确定质量水平或目标时，不能脱离社会的条件和需要，不能单纯追求技术上的先进性，还应考虑使用上的经济合理性，使质量和价格达到合理的平衡。

(3) 质量的系统性。质量是一个受到设计、制造、使用等因素影响的复杂系统。例如，汽车是一个复杂的机械系统，同时又是涉及道路、司机、乘客、货物、交通制度等特点的使用系统。产品的质量应该达到多维评价的目标。费根鲍姆认为，质量系统是指具有确定质量标准的产品和为交付使用所必需的管理上和技术上的步骤的网络。

质量管理发展到全面质量管理是质量管理工作的又一个大的进步，统计质量管理着重于应用统计方法控制生产过程质量，发挥预防性管理作用，从而保证产品质量。然而，产品质量的形成过程不仅与生产过程有关，还与其他许多过程、许多环节和因素相关联，这不是单纯依靠统计质量管理所能解决的。全面质量管理相对更加适应现代化大生产对质量管理整体性、综合性的客观要求，从过去限于局部性的管理进一步走向全面性、系统性的管理。

3. 质量管理发展原因

统计质量管理向全面质量管理过渡的原因主要有 3 个方面。

(1) 它是生产和科学技术发展的产物。20 世纪 50 年代以来，随着社会生产力的迅速发展，科学技术日新月异，工业生产技术手段越来越现代化，工业产品更新换代日益频繁，出现了许多大型产品和复杂的系统工程，如美国曼哈顿计划研制的原子弹(早在20 世纪 40 年代就已开始)，海军研制的“北极星导弹潜艇”，火箭发射，人造卫星，以至阿波罗宇宙飞船等。对这些大型产品和系统工程的质量要求大大提高了，特别对安全性、可靠性提出的要求是空前的。安全性、可靠性在产品质量概念中占有越来越重要的地位。如，宇航工业产品的可靠性和完善率要求达到 99. 9999%，即这项极为复杂的系统工程在 100 万次动作中只允许有一次失灵。它们所用的电子元件、器件、机械零件等持续安全运转工作时间要在 1 亿小时以至 10 亿小时。以“阿波罗”飞船和“水星五号”运载火箭为例，它共有零件 560 万个，它们的完善率假如只在 99.9%，则飞行中就将有 5600 个机件要发生故障，后果不堪设想。又如美国某项航天工程，仅仅由于高频电压测量不准，一连发射 4 次都没有成功。对于产品质量如此高标准、高精度的要求，单纯依靠统计质量控制显然已越来越不适应，无法满足要求。因为，即使制造过程的质量控制得再好，每道工序都符合工艺要求，而试验研究、产品设计、试制鉴定、准备过程、辅助过程、使用过程等方面工作不纳入质量管理轨道，没有很好地衔接配合、协调无序，则仍然无法确保产品质量，也不能有效地降低质量成本，提高产品在市场上的竞争力。这就从客观上提出了向全面质量管理发展的新的要求。而电子计算机这个管理现代化工具的出现及其在管理中的广泛应用，又为综合系统地研究质量管理提供了有效的物质技术基础，进一步促进了它的实现。

(2) 随着资本主义固有矛盾的加深与发展，随着工人文化知识和技术水平的提高，以及工会运动的兴起等，为了缓和日益尖锐的阶级矛盾，资本家对工人的态度和管理办法也有新的变化，资产阶级管理理论又有了新的发展，在管理科学中引进了行为科学的概念和理论，进入了“现代管理”阶段。“现代管理”的主要特点就是为了实现更巧妙的剥削，必须首先要管好人，必须更加注意人的因素和发挥人的作用。认为过去的“科学管理”理论是将人作为机器的一个环节发挥作用，将工人只看成一个有意识的器官，如同机器附件一样，放在某个位置上来研究管理，忽视了人的主观能动作用。现在则要将人作为一个独立的能动者在生产中发挥作用，要求从人的行为的本质中激发出动力，从人的本性出发来研究如何调动人的积极性。而人是受心理因素、生理因素、社会环境等方面影响的，因而必须从社会学、心理学的角度研究社会环境、人的相互关系以及个人利益对提高工效和产品质量的影响，尽量采取能够调动人的积极性的管理办法。在这个理论基础上，提出了形形色色的所谓“工业民主”、“参与管理”、“刺激规划”、“共伺决策”、“目标管理”等新办法。这种管理理论的发展对企业各方面管理工作都带来了重大影响，在质量管理中相应出现了组织工人“自我控制”的无缺陷运动、质量管理小组活动、质量提案制度、“自主管理活动”的质量管理运动等，使质量管理从过去限于技术、检验等少数人的管理逐步走向多数人参加的管理活动。

(3) 在资本主义市场激烈竞争下，广大消费者为了保护自己的利益，买到质量可靠、价廉物美的产品，抵制资本家不负责任的广告战和推销的滑头货，成立了各种消费者组织，出现了“保护消费者利益”的运动，迫使政府制定法律，制止企业生产和销售质量低劣、影响安全、危害健康等劣等品，要企业对提供的产品质量承担法律责任和经济责任。制造者提供的产品不仅要求性能符合质量标准规定，而且要保证在产品售后的正常使用期限中，使用效果良好，可靠、安全、经济，不出质量问题。这就是在质量管理中提出了质量保证和质量责任的问题，要求制造厂建立贯穿全过程的质量保证体系，将质量管理工作转到质量保证的目标上来。

质量管理百年历程

工业革命前产品质量由各个工匠或手艺人自己控制。

1875 年，泰勒制诞生——科学管理的开端 。

最初的质量管理——检验活动与其他职能分离，出现了专职的检验员和独立的检验部门。

1925 年，休哈特提出统计过程控制(SPC)理论——应用统计技术对生产过程进行监控，以减少对检验的依赖。

20 世纪 30 年代，道奇和罗明提出统计抽样检验方法。

20 世纪 40 年代，美国贝尔电话公司应用统计质量控制技术取得成效；美国军方资供应商在军需物中推进统计质量控制技术的应用；美国军方制定了战时标准 Z1.1、Z1.2、Z1.3——最初的质量管理标准。3 个标准以休哈特、道奇、罗明的理论为基础。

20 世纪 50 年代，戴明提出质量改进的观点——在休哈特之后系统和科学地提出用统计学的方法进行质量和生产力的持续改进；强调大多数质量问题是生产和经营系统的问题；强调最高管理层对质量管理的责任。此后，戴明不断完善他的理论，最终形成了对质量管理产生重大影响的“戴明十四法”。开始开发提高可靠性的专门方法——可靠性工程开始形成。

1958 年，美国军方制定了 MIL-Q-8958A 等系列军用质量管理标准——在 MIL-Q-9858A 中提出了“质量保证”的概念，并在西方工业社会产生影响。

20 世纪 60 年代初，朱兰、费根鲍姆提出全面质量管理的概念——他们提出，为了生产具有合理成本和较高质量的产品，以适应市场的要求，只注意个别部门的活动是不够的，需要对覆盖所有职能部门的质量活动策划。

戴明、朱兰、费根鲍姆的全面质量管理理论在日本被普遍接受。日本企业创造了全面质量控制(TQC)的质量管理方法。统计技术，特别是“因果图”、“流程图”、“直方图”、“检查单”、“散点图”、“排列图”、“控制图”等被称为“老七种”工具的方法，被普遍用于质量改进。

20世纪60年代，中北大西洋公约组织(NATO)制定了AQAP质量管理系列标准——AQAP标准以MIL-Q-9858A等质量管理标准为蓝本。所不同的是，AQAP引入了设计质量控制的要求。

20世纪70年代，TQC使日本企业的竞争力极大地提高，其中，轿车、家用电器、手表、电子产品等占领了大批国际市场。因此促进了日本经济的极大发展。日本企业的成功使全面质量管理的理论在世界范围内产生了巨大影响。

日本质量管理学家对质量管理的理论和方法的发展作出了巨大贡献。这一时期产生了石川馨、田口玄一等世界著名质量管理专家。

1979年，英国制定了国家质量管理标准BS5750——将军方合同环境下使用的质量保证方法引入市场环境。这标志着质量保证标准不仅对军用物资装备的生产，而且对整个工业界产生影响。

20世纪80年代，菲利浦·克劳士比提出“零缺陷”的概念。他指出，“质量是免费的”。突破了传统上认为高质量是以高成本为代价的观念。他提出高质量将给企业带来高的经济回报。

质量运动在许多国家展开，包括中国、美国、欧洲等许多国家设立了国家质量管理奖，以激励企业通过质量管理提高生产力和竞争力。质量管理不仅被引入生产企业，而且被引入服务业，甚至医院、机关和学校。许多企业的高层领导开始关注质量管理。全面质量管理作为一种战略管理模式进入企业。

1987年，ISO 9000系列国际质量管理标准问世——质量管理和质量保证对全世界1987年版的ISO 9000标准很大程度上基于BS5750。质量管理与质量保证开始在世界范围内对经济和贸易活动产生影响。

1994年，ISO 9000系列标准改版——新的ISO 9000标准更加完善，为世界绝大多数国家所采用。第三方质量认证普遍开展，有力地促进了质量管理的普及和管理水平的提高。

朱兰博士提出：“即将到来的世纪是质量的世纪。”

20世纪90年代末，全面质量管理(TQM)成为许多“世界级”企业的成功经验证明是一种使企业获得核心竞争力的管理战略。质量的概念也从狭义的符合规范发展到以“顾客满意”为目标。全面质量管理不仅提高了产品与服务的质量，而且在企业文化改造与重组的层面上对企业产生深刻的影响，使企业获得持久的竞争能力。

在围绕提高质量、降低成本、缩短开发和生产周期方面，新的管理方法层出不穷。其中包括：并行工程(CE)、企业流程再造(BPR)等。

21世纪，随着知识经济的到来，知识创新与管理创新必将极大地促进质量的迅速提高——包括生产和服务的质量、工作质量、学习质量、直至人们的生活质量。质量管理的理论和方法将更加丰富，并将不断突破旧的范畴而获得极大的发展。

1.2.3 质量控制

质量控制是质量管理的一部分。质量控制是在明确的质量目标条件下通过行动方案和资源配置的计划，实施、检查和监督来实现预期目标的过程。在质量控制的过程中，运用全过程质量管理的思想和动态控制的原理，主要可以将其分为3个阶段，即质量的事前预制、事中控制和事后纠偏控制。

施工阶段质量控制的任务目标

施工质量控制的总体目标是贯彻执行我国现行建设工程质量法规和标准，正确配置生产要素和采用科学管理的方法，实现由建设工程项目决策、设计文件和施工合同所决定的工程项目预期的使用功能和质量标准。不同管理主体的施工质量控制目标不同，但都是致力于实现项目质量总目标的。

(1) 建设单位的质量控制目标是通过施工过程的全面质量监督管理、协调和决策，保证竣工项目达到投资决策所确定的质量标准。

(2) 设计单位在施工阶段的质量控制目标是通过设计变更控制及纠正施工中所发现的设计问题等，保证竣工项目的各项施工结果与设计文件所规定的标准相一致。

(3) 施工单位的质量控制目标是通过施工过程的全面质量自控，保证交付满足施工合同及设计文件所规定的质量标准(含建设工程质量创优要求)的建设工程产品。

(4) 监理单位在施工阶段的质量控制目标是通过审核施工质量文件，采取现场旁站、巡视等形式，应用施工指令和结算支付控制等手段，履行监理职能，监控施工承包单位的质量活动行为，以保证工程质量达到施工合同和设计文件所规定的质量标准。

(5) 供货单位的质量控制目标是严格按照合同约定的质量标准提供货物及相关单据，对产品质量负责。

1．事前质量预控

事前质量预控利用前馈信息实施控制，重点放在事前的质量计划与决策上，即在生产活动开始以前根据对影响系统行为的扰动因素做种种预测，制定出控制方案。这种控制方式是十分有效的。例如，在产品设计和工艺设计阶段，对影响质量或成本的因素做出充分的估计，采取必要的措施可以控制质量或成本要素的 60%。有人称它为储蓄投资管理，意为抽出今天的余裕为明天的收获所做的投资管理。

对于建设工程项目，尤其是施工阶段的质量预控，就是通过施工质量计划或施工组织设计或施工项目管理实施规划的制订过程，运用目标管理的手段，实施工程质量的计划预控。在实施质量预控时，要求对生产系统的未来行为有充分的认识，依据前馈信息制订计划和控制方案，找出薄弱环节，制定有效的控制措施和对策；同时必须充分发挥组织的技术和管理方面的整体优势，将长期形成的先进管理技术、管理方法和经验智慧，创造性地应用于工程项目。

施工项目事前质量控制重点是做好施工准备工作，并且施工准备工作要贯穿于施工全过程中。

(1) 技术准备：包括熟悉和审查项目的施工图纸；施工条件的调查分析；工程项目设计交底；工程项目质量监督交底；重点、难点部位施工技术交底；编制项目施工组织设计等。

(2) 物质准备：包括建筑材料准备、构配件、施工机具准备等。

(3) 组织准备：包括建立项目管理组织机构，建立以项目经理为核心、技术负责人为主、专职质量检查员、工长、施工队班组长组成的质量管理网络，对施工现场的质量管理职能进行合理分配，健全和落实各项管理制度，形成分工明确、责任清楚的执行机制；对施工队伍进行入场教育等。

(4) 施工现场准备：包括工程测量定位和标高基准点的控制；“四通一平”，生产、生活临时设施等的准备；组织机具、材料进场；制定施工现场各项管理制度等。

施工质量控制点的设置

质量控制点是施工质量控制的重点，一般是指为了保证工序质量而需要进行控制的重点、关键部位或薄弱环节。它是保证达到工程质量要求的一个必要前提。通过对工程重要质量特性、关键部位和薄弱环节采取管理措施，实施严格控制，保持工序处于一个良好的受控状态，使工程质量特性符合设计要求和施工验收规范。

(1) 质量控制点的设置原则。在什么地方设置质量控制点，需要对建筑产品的质量特性要求和施工过程中各个工序进行全面分析来确定。设置质量控制点一般应考虑以下因素。

① 对产品的适用性有严重影响的关键质量特性、关键部位或重要影响因素应设置质量控制点，如高层建筑物的垂直度。

② 对工艺上有严格要求，对下道工序有严重影响的关键质量特性、部位应设置质量控制点，如钢筋混凝土结构中的钢筋质量、模板的支撑与固定等。

③ 对施工中的薄弱环节，质量不稳定的工序、部位或对象应设置质量控制点，如卫生间防水等。

④ 采用新工艺、新材料、新技术的部位和环节应设置质量控制点。

⑤ 施工中无足够把握的、施工条件困难的或技术难度大的工序或环节，如复杂曲线模板的放样工作。

(2) 质量控制点的设置方法。承包单位在工程施工前应根据工程项目施工管理的基本程序，结合项目特点，列出各基本施工过程对局部和总体质量水平有影响的项目，作为具体实施的质量控制点，提交监理工程师审查批准后，在此基础上实施质量预控。如：高层建筑施工质量管理中，可列出地基处理、工程测量、设备采购、大体积混凝土施工及有关分部分项工程中必须进行重点控制的专题等，作为质量控制重点。

(3) 质量控制点的重点控制对象。

① 人为因素，包括人的身体素质、心理素质、技术水平等均有相应的较高要求，如高空作业。

② 物的因素，物的质量与性能，如预应力钢筋的性能和质量等。

③ 施工技术参数，如填土含水量，混凝土受冻临界强度等。

④ 施工顺序，如对于冷拉钢筋应当先对焊、后冷拉，否则会失去冷强等。

⑤ 技术间歇，如砖墙砌筑与抹灰之间，应保证有足够的间歇时间。

⑥ 施工方法，如滑模施工中的支承杆失稳问题，极可能引起重大质量事故。

⑦ 新工艺、新技术、新材料的应用等。

2. 事中质量控制

事中质量控制也称作业活动过程质量控制，是指质量活动主体的自我控制和他人监控的控制方式。自我控制是第一位的，即作业者在作业过程中对自己质量活动行为的约束和技术能力的发挥，以完成预定质量目标的作业任务；他人监控是指作业者的质量活动和结果，接受来自企业内部管理者和来自企业外部有关方面的检查检验，如工程监理机构、政府质量监督部门等的监控。事中质量控制的目标是确保工序质量合格，杜绝质量事故发生。

施工项目事中质量控制要全面控制施工过程，重点控制工序质量。

(1) 施工作业技术复核与计量管理。凡涉及施工作业技术活动基准和依据的技术工作，都应由专人负责复核性检查，复核结果报送监理工程师复验确认后才能进行后续相关的施工，以避免基准失误给整个工程质量带来难以补救的或全局性的危害。例如工程的定位、轴线、标高，预留空洞的位置和尺寸等。

施工过程中的计量工作包括投料计量、检测计量等，其正确性与可靠性直接关系到工程质量的形成和客观的效果评价，必须在施工过程中严格计量程序、计量器具的使用操作。

(2) 见证取样、送检工作的监控。见证取样指对工程项目使用的材料、构配件的现场取样、工序活动效果的检查实施见证。承包单位在对进场材料、试块、钢筋接头等实施见证取样前要通知监理工程师，在工程师现场监督下完成取样过程，送往具有相应资质的实验室，实验室出具的报告一式两份，分别由承包单位和项目监理机构保存，并作为归档材料，以及工序产品质量评定的重要依据。实行见证取样绝不代替承包单位应对材料、构配件进场时必须进行的自检。

(3) 工程变更的监控。施工过程中，由于种种原因会涉及工程变更，工程变更的要求可能来自建设单位、设计单位或施工承包单位，无论是哪一方提出工程变更或图纸修改，都应通过监理工程师审查并经有关方面研究，确认其必要性后，由监理工程师发布变更指令方能生效予以实施。

(4) 隐蔽工程验收的监控。将被其后续工程施工所隐蔽的分部分项工程，在隐蔽前所进行的检查验收是对一些已完分部分项工程质量的最后一道检查。由于检查对象就要被其他工程覆盖，会给以后的检查整改造成障碍，故是施工质量控制的重要环节。

通常，隐蔽工程施工完毕，承包单位按有关技术规程、规范、施工图纸先进行自检且合格后，填写《报验申请表》，并附上相应的隐蔽工程检查记录及有关材料证明、试验报告、复试报告等，报送项目监理机构。监理工程师收到报验申请并对质量证明资料进行审查认可后，在约定的时间和承包单位的专职质检员及相关施工人员一起进行现场验收。如符合质量要求，监理工程师在《报验申请表》及隐蔽工程检查记录上签字确认，准予承包单位隐蔽、覆盖，进入下一道工序施工；如经现场检查发现不合格，监理工程师指令承包单位整改，整改后自检合格再报监理工程师复查。

(5) 其他措施。批量施工先行样板示范、现场施工技术质量例会、QC小组活动等也是长期施工管理实践过程中形成的质量控制途径。

施工生产要素的质量控制

(1) 劳动主体的控制。要做到全面控制，必须要以人为核心，加强质量意识，这是质量控制的首要工作。施工企业首先应当成立以项目经理的管理目标和管理职责为中心的管理架构，配备称职管理人员，各司其职。其次，提高施工人员的素质，加强专业技术和操作技能培训。近年来，有关部门对技术人员和管理人员进行了一些培训，而对劳务层的民工培训很少，很难做到施工人员同步进行素质提高，目前重点应对劳务层民工进行分类、分工种的培训，特别是完善上岗证制度；最后，还应完善奖励和处罚机制，充分发挥全体人员的最大工作潜能。

(2) 劳动对象的控制。材料(包括原材料、成品、半成品、构件)是工程施工的物质条件，是建筑产品的构成因素，它们的质量好坏直接影响工程产品的质量。加强材料的质量控制是提高施工项目质量的重要保证。

对原材料、半成品及构件进行质量控制应做好以下工作：所有的材料都要满足设计和规范的要求，并提供产品合格证明；要建立完善的验收及送检制度，杜绝不合格材料进入现场，更不允许不合格材料用于施工；实行材料供应“四验”(即验规格、验品种、验质量、验数量)、“三把关”(材料人员把关、技术人员把关、施工操作者把关)制度；确保只有检验合格的原材料才能进入下一道工序，为提高工程质量打下一个良好的基础；建立现场监督抽检制度，按有关规定比例进行监督抽检；建立物资验证台账制度等。

(3) 施工工艺的控制。施工工艺的先进合理是直接影响工程质量、进度、造价以及安全的关键因素。施工工艺的控制主要包括施工技术方案、施工工艺、施工组织设计、施工技术措施等方面的控制，主要应注意以下几点：编制详细的施工组织设计与分项施工方案，对工程施工中容易发生质量事故的原因、防治、控制措施等做出详细的说明，选定的施工工艺和施工顺序应能确保工序质量；设立质量控制点，针对隐蔽工程、重要部位、关键工序和难度较大的项目等设置；建立三检制度，通过自检、互检、交接检，尽量减少质量失误；工程开工前编制详细的项目质量计划，明确本标段工程的质量目标，制定创优工程的各项保证措施等。

(4) 施工设备的控制。施工设备的控制主要做好两个方面的工作：一是机械选择与储备，在选择机械设备时，应该根据工程项目特点、工程量、施工技术要求等，合理配置技术性能与工作质量良好、工作效率高、适合工程特点和要求的机械设备，并考虑机械的可靠性、维修难易程度、能源消耗，以及安全、灵活等方面对施工质量的影响与保证条件，同时做好足够的机械储备，以防机械发生故障影响工程进度。二是有计划地保养与维护，对进入施工现场的施工机械设备进行定期维修；应在规章制度前提下加强机械设备管理，做到人机固定，定期保养和及时修理；建立强制性技术保养和检查制度，没达到完好度的设备严禁使用。

(5) 施工环境的控制。施工环境主要包括工程技术环境、工程管理环境和劳动环境等。

① 工程技术环境的控制。工程技术环境包括工程地质、水文地质、气象等。根据工程技术环境的特点，合理安排施工工艺、进度计划，尽量避免由于环境给工程带来的不利影响。

② 工程管理环境的控制。认真贯彻执行 ISO 9000 标准，建立完善的质量管理体系和质量控制自检系统，落实质量责任制。

③ 劳动环境的控制。劳动组合、作业场所、工作面等都是控制的对象。要做到各工种和不同等级工人之间互相匹配，避免停工窝工，尽量获得最高的劳动生产率；施工现场要干净整洁，真正做到工完场清，材料堆放整齐有序，材料的标识牌清晰明确，道路通畅等。

施工作业质量自控

施工方是工程施工质量的自控主体，通过具体项目质量计划的编制与实施，有效地实现施工质量的自控目标。我国《建筑法》和《建设工程质量管理条例》规定：建筑施工企业对工程的施工质量负责；建筑施工企业必须按照工程设计要求、施工技术标准和合同的约定对建筑材料、建筑构配件和设备进行检验，不合格的不得使用。

施工作业质量的自控过程是由施工作业组织的成员进行的，一般按“施工作业技术的交底—施工作业活动的实施—作业质量的自检自查、互检互查、专职检查”的基本程序进行。

工序作业质量是直接形成工程质量的基础，为了有效控制工序质量，工序控制应该坚持以下要求。

(1) 持证上岗，严格施工作业制度。施工作业人员必须按规定考核后持证上岗，施工管理人员及作业人员应严格按施工工艺、操作规程、作业指导书和技术交底文件进行施工。

(2) 预防为主，主动控制施工工序活动条件的质量。按照质量计划的要求，对人员、材料、机械、施工方法、施工环境等预先进行认真分析，严格控制；同时，对不利因素的影响及时采取措施纠偏，始终使工序质量处于受控状态。

(3) 重点控制，合理设置工序质量控制点。要根据作业活动的实际需要，进一步建立工序作业控制点，深化工序作业的重点控制。

(4) 坚持标准，及时检查施工工序作业效果质量。工序作业人员在工序作业过程中应严格坚持质量标准，通过自检、互检不断完善作业质量，一旦发现问题及时处理，使工序活动效果的质量始终满足有关质量规范规定。

(5) 制度创新，形成质量自控的有效方法。施工企业应该积极学习先进的项目管理理念，形成质量例会制度、质量会诊制度、每月质量讲评制度、样板制度、挂牌制度等，促进企业质量自控。

(6) 记录完整，做好有效施工质量管理资料。在整个施工作业过程中，对工序作业质量的记录、检验数据等资料应该完整无误地记录下来，并且应按照施工管理规范的要求进行填写记载，作为质量保证的依据以及质量控制的资料。

施工作业质量的监控

建设单位、监理单位、设计单位及政府的工程质量监督部门，需在施工阶段依照法律法规和工程施工合同对施工单位的质量行为和质量状况实施监督控制。

建设单位和质量监督部门要在工程项目施工全过程中对每个分项工程和每道工序进行质量检查监督，尤其要加强对重点部位的质量监督评定，负责对质量控制点的监督把关，同时检查督促单位工程质量控制的实施情况，检查质量保证资料和有关施工记录、试验记录，建设单位负责组织主体工程验收和单位工程完工验收，指导验收技术资料的整理归档。

在开工前建设单位要主动向质量监督机构办理质量监督手续，在工程建设过程中，质量监督机构按照质量监督方案对项目施工情况进行不定期的检查，主要检查工程各个参建单位的质量行为、质量责任制的履行情况、工程实体质量和质量保证资料。

设计单位应当就审查合格的施工图纸设计文件向施工单位做出详细说明，参与质量事故分析并提出相应的技术处理方案。

作为监控主体之一的项目监理机构，在施工作业过程中，通过旁站监理、测量、试验、指令文件等一系列控制手段，对施工作业进行监督检查，实现其项目监理规划。

3. 事后质量控制

事后质量控制也称为事后质量把关，以使不合格的工序或产品不流入后道工序、不流入市场。事后控制的任务是对质量活动结果进行评价、认定，对工序质量偏差进行纠偏，对不合格产品进行整改和处理。

从理论上讲，对于建设工程项目，如果计划预控过程所制定的行动方案考虑得越周密，事中自控能力越强、监控越严格，实现质量预期目标的可能性就越大。但是，由于在作业过程中不可避免地会存在一些计划时难以预料的因素，包括系统因素和偶然因素的影响，质量难免会出现偏差。因此当出现质量实际值与目标值之间超出允许偏差时，必须分析原因，采取措施纠正偏差，保持质量受控状态。建设工程项目质量的事后控制，具体体现在施工质量验收各个环节的控制方面。

施工项目事后质量控制具体工作内容是进行已完施工成品保护、质量验收和不合格品的处理等。

(1) 成品保护。在施工过程中，有些分项分部工程已经完成，而其他部位尚在施工，如果不对成品进行保护就会造成其损伤、污染而影响质量，因此承包单位必须负责对成品采取妥善措施予以保护。对成品进行保护的最有效手段是合理安排施工顺序，通过合理安排不同工作间的施工顺序以防止后道工序损坏或污染已完施工的成品。此外，也可以采取一般措施来进行成品保护。

① 防护：是对成品提前保护，以防止成品可能发生的污染和损伤。如对于进出口台阶可垫砖或方木，搭脚手板供人通过的方法来保护台阶。

② 包裹：是将被保护物包裹起来，以防损伤或污染。如大理石或高级柱子贴面完工后可用立板包裹捆扎保护；管道、电器开关可用塑料布、纸等包扎保护。

③ 覆盖：是对成品进行表面覆盖，防止堵塞或损伤。如落水口、排水管安装后可以将其覆盖，以防止异物落入而被堵塞；散水完工后可覆盖一层砂子或土有利于散水养护并防止磕碰等。

④ 封闭：是对成品进行局部封闭，以防破坏的办法进行保护。如屋面防水层做好后，应封闭上屋顶的楼梯门或出入口等。

(2) 不合格品的处理。上道工序不合格，不准进入下道工序施工，不合格的材料、构配件、半成品不准进入施工现场且不允许使用，已经进场的不合格品应及时做出标识、记录，指定专人看管，避免用错，并限期清除出现场；不合格的工序或工程产品不予计价。

(3) 施工质量检查验收。按照施工质量验收统一标准规定的质量验收划分，从施工作业工序开始，通过多层次的设防把关，依次做好检验批、分项工程、分部工程及单位工程的施工质量验收。

以上 3 个系统控制的三大环节，它们之间构成了有机的系统过程，其实质就是 PDCA 循环原理的具体运用。

现场质量检查的方法

对于现场所用原材料、半成品、工序过程或工程产品质量进行检验的方法，一般可分为 3 类，即：目测法、量测法以及试验法。

(1) 目测法：即凭借感官进行检查，也可以叫做观感检验。这类方法主要是根据质量要求，采用看、摸、敲、照等手法对检查对象进行检查。

“看”就是根据质量标准要求进行外观目测，如清水墙面是否洁净，内墙抹灰大面及口角是否平直，混凝土拆模后是否有蜂窝、麻面、露筋现象，施工顺序是否合理，工人操作是否正确等。“摸”就是通过触摸手感进行检查、鉴别，主要用于装饰工程的某些检查项目，如油漆的光滑度，浆活是否牢固、不掉粉，地面有无起砂等。“敲”就是运用敲击方法进行观感检查，通过声音的虚实确定有无空鼓，还可根据声音的清脆和沉闷，判定属于面层空鼓或底层空鼓，如对墙面瓷砖、大理石镶贴、地砖铺砌等的质量均可通过敲击检查，根据声音虚实、 脆闷来判断有无空鼓等质量问题。“照”就是对于难以看到或光线较暗的部位，通过人工光源或反射光照射进行检查。

(2) 量测法：就是利用量测工具或计量仪表，通过实际量测结果与规定的质量标准或规范的要求相对照，从而判断质量是否符合要求。量测的手法可归纳为靠、吊、量、套。

“靠”就是用直尺检查诸如地面、墙面的平整度等。“吊”就是指用线锤检查垂直度。“量”就是用测量工具和计量仪表等检查断面尺寸、轴线、标高等的偏差，如大理石板拼缝尺寸与超差数量，摊铺沥青拌和料的温度等。“套”是指以方尺套方，辅以塞尺，检查诸如踏角线的垂直度、预制构件的方正，门窗口及构件的对角线等。

(3) 试验法：是利用理化试验或借助专门仪器判断检验对象质量是否符合要求。

① 理化试验。常用的理化试验包括物理力学性能方面的检验和化学成分及含量的测定两个方面。力学性能检验如抗拉强度、抗压强度的测定等。物理性能方面的测定如密度、含水量、凝结时间等。化学试验如钢筋中的磷、硫含量，以及抗腐蚀等。

② 无损测试或检验。借助专门的仪器、仪表等手段在不损伤被探测物的情况下了解被探测物的质量情况，如超声波探伤仪、磁粉探伤仪等。

1.3 工程质量责任体系

建设工程项目的实施是业主、设计、施工、监理等多方主体活动的结果。在工程项目建设中，参与工程建设的各方应根据国家颁布的《建设工程质量管理条例》以及合同、协议及有关文件的规定承担相应的质量责任。

1．建设单位的质量责任

(1) 建设单位要根据工程特点和技术要求，按有关规定选择相应资质等级的勘察、设计单位和施工单位，在合同中必须有质量条款，明确质量责任，并真实、准确、齐全地提供与建设工程有关的原始资料。凡建设工程项目的勘察、设计、施工、监理以及工程建设有关重要设备材料等的采购均实行招标，依法确定程序和方法，择优选定中标者。不得将应由一个承包单位完成的建设工程项目肢解成若干部分发包给几个承包单位；不得迫使承包方以低于成本的价格竞标；不得任意压缩合理工期；不得明示或暗示设计单位或施工单位违反建设强制性标准，降低建设工程质量。建设单位对其自行选择的设计、施工单位发生的质量问题承担相应责任。

(2) 建设单位应根据工程特点配备相应的质量管理人员。对国家规定强制实行监理的工程项目必须委托有相应资质等级的工程监理单位进行监理。

(3) 建设单位在工程开工前，负责办理有关施工图设计文件审查、工程施工许可证和工程质量监督手续，组织设计和施工单位认真进行设计交底；在工程施工中，应按国家现行有关工程建设法规、技术标准及合同规定，对工程质量进行检查，涉及建筑主体和承重结构变动的装修工程，建设单位应在施工前委托原设计单位或者相应资质等级的设计单位提出设计方案，经原审查机构审批后方可施工。工程项目竣工后，应及时组织设计、施工、工程监理等有关单位进行施工验收，未经验收备案或验收备案不合格的，不得交付使用。

(4) 建设单位按合同的约定负责采购供应的建筑材料、建筑构配件和设备应符合设计文件和合同要求，对发生的质量问题应承担相应的责任。

2．勘察、设计单位的质量责任

(1) 勘察、设计单位必须在其资质等级许可的范围内承揽相应的勘察设计任务，不许承揽超越其资质等级许可范围的任务，不得将承揽工程转包或违法分包，也不得以任何形式用其他单位的名义承揽业务或允许其他单位或个人以本单位的名义承揽业务。

(2) 勘察、设计单位必须按照国家现行的有关规定、工程建设强制性技术标准和合同要求进行勘察、设计工作，并对所编制的勘察、设计文件的质量负责。勘察单位提供的地质、测量、水文等勘察成果文件必须真实、准确。设计单位应提供的设计文件应当符合国家规定的设计深度要求，注明工程合理使用年限。设计文件中选用的材料、构配件和设备，应当注明规格、型号、性能等技术指标，其质量必须符合国家规定的标准。除有特殊要求的建筑材料、专用设备、工艺生产线外，不得指定生产厂、供应商。设计单位应就审查合格的施工图文件向施工单位作出详细说明，解决施工中对设计提出的问题，负责设计变更。参与工程质量事故分析，并对因设计造成的质量事故提出相应的技术处理方案。

3．施工单位的质量责任

(1) 施工单位必须在其资质等级许可的范围内承揽相应的施工任务，不许承揽超越其资质等级业务范围的任务，不得将承接的工程转包或违法分包，也不得以任何形式用其他施工单位的名义承揽工程或允许其他单位或个人以本单位的名义承揽工程。

(2) 施工单位对所承包的工程项目的施工质量负责。应当建立健全质量管理体系，落实质量责任制，确定工程项目的项目经理、技术负责人和施工管理负责人。实行总承包的工程，总承包单位应对全部建设工程质量负责。建设工程勘察、设计、施工、设备采购的一项或多项实行总承包的，总承包单位应对其承包的建设工程或采购的设备的质量负责；实行总分包的工程，分包应按照分包合同约定对其分包工程的质量向总承包单位负责，总承包单位与分包单位对分包工程的质量承担连带责任。

(3) 施工单位必须按照工程设计图纸和施工技术规范标准组织施工。未经设计单位同意，不得擅自修改工程设计。在施工中，必须按照工程设计要求、施工技术规范标准和合同约定，对建筑材料、构配件、设备和商品混凝土进行检验，不得偷工减料，不使用不符合设计和强制性技术标准要求的产品，不使用未经检验和试验、检验或试验不合格的产品。

4．建筑材料、构配件及设备生产或供应单位的质量责任

建筑材料、构配件及设备生产或供应单位对其生产或供应的产品质量负责。生产厂或供应商必须具备相应的生产条件、技术装备和质量管理体系，所生产或供应的建筑材料、构配件及设备的质量应符合国家和行业现行的技术规定的合格标准和设计要求，并与说明书和包装上的质量标准相符，且应有相应的产品检验合格证，设备应有详细的使用说明等。

5．工程监理单位的质量责任

(1) 工程监理单位应按其资质等级许可的范围承担工程监理业务，不许超越本单位资质等级许可的范围或以其他工程监理单位的名义承担工程监理业务，不得转让工程监理业务，不许其他单位或个人以本单位的名义承担工程监理业务。

(2) 工程监理单位应依照法律、法规以及有关技术标准、设计文件和建设工程承包合同与建设单位签订监理合同，代表建设单位对工程质量实施监理，并对工程质量承担监理责任。如果工程监理单位故意弄虚作假，降低工程质量标准，造成质量事故的，要承担法律责任。若工程监理单位与承包单位串通，谋取非法利益，给建设单位造成损失的，应当与承包单位承担连带赔偿责任。如果监理单位在责任期内不按照监理合同约定履行监理职责，给建设单位或其他单位造成损失的，属违约责任，应当向建设单位赔偿。

6．工程质量检测单位的质量责任

(1) 建设工程质量检测单位必须经省技术监督部门计量认证和省建设行政管理部门资质审查，方可接受委托对建设工程所用建筑材料、构配件及设备进行检测。

(2) 建筑材料、构配件检测所需试样由建设单位和施工单位共同取样送试或者由建设工程质量检测单位现场抽样。

(3) 建设工程质量检测单位应当对出具的检测数据和鉴定报告负责。

(4) 工程使用的建筑材料、构配件及设备质量必须有检验机构或者检验人员签字的产品检验合格证明。

(5) 在工程保修期内因建筑材料、构配件不合格出现质量问题，属于建设工程质量检测单位提供错误检测数据的，由建设工程质量检测单位承担质量责任。

7. 工程质量监督单位的质量责任

(1) 根据政府主管部门的委托，受理建设工程项目的质量监督。

(2) 制定质量监督工作方案。确定负责该项工程的质量监督工程师和助理质量监督师。根据有关法律、法规和工程建设强制性标准，针对工程特点，明确监督的具体内容、监督方式。在方案中对地基基础、主体结构和其他涉及结构安全的重要部位和关键过程作出实施监督的详细计划安排，并将质量监督工作方案通知建设、勘察、设计、施工、监理单位。

(3) 检查施工现场工程建设各方主体的质量行为。检查施工现场工程建设各方主体及有关人员的资质或资格；检查勘察、设计、施工、监理单位的质量管理体系和质量责任制落实情况；检查有关质量文件、技术资料是否齐全并符合规定。

(4) 检查建设工程实体质量。按照质量监督工作方案，对建设工程地基基础、主体结构和其他涉及安全的关键部位进行现场实地抽查，对用于工程的主要建筑材料、构配件的质量进行抽查。对地基基础分部、主体结构分部和其他涉及安全的分部工程的质量验收进行监督。

(5) 监督工程质量验收。监督建设单位组织的工程竣工验收的组织形式、验收程序以及在验收过程中提供的有关资料和形成的质量评定文件是否符合有关规定，实体质量是否存在严重缺陷，工程质量验收是否符合国家标准。

(6) 向委托部门报送工程质量监督报告。报告的内容应包括对地基基础和主体结构质量检查的结论，工程施工验收的程序、内容和质量检验评定是否符合有关规定，及历次抽查该工程的质量问题和处理情况等。

(7) 对预制建筑构件和商品混凝土的质量进行监督。

1.4 工程质量管理制度

近年来，我国建设行政主管部门先后颁发了多项建设工程质量管理制度，主要有以下几方面内容。

1.4.1 施工图设计文件审查制度

施工图审查是指国务院建设行政主管部门和省、自治区、直辖市人民政府建设行政主管部门委托依法认定的设计审查机构，根据国家法律、法规、技术标准与规范，对施工图进行结构安全和强制性标准、规范执行情况等进行的独立审查。

1. 施工图审查的范围

建筑工程设计等级分级标准中的各类新建、改建、扩建的建筑工程项目均属审查范围。省、自治区、直辖市人民政府建设行政主管部门，可结合本地的实际，确定具体的审查范围。建设单位应当将施工图报送建设行政主管部门，由建设行政主管部门委托有关审查机构，进行结构安全和强制性标准、规范执行情况等内容的审查。建设单位将施工图报请审查时，应同时提供下列资料：批准的立项文件或初步设计批准文件；主要的初步设计文件；工程勘察成果报告；结构计算书及计算软件名称等。

2．施工图审查的主要内容

(1) 建筑物的稳定性、安全性审查，包括地基基础和主体结构是否安全、可靠。

(2) 是否符合消防、节能、环保、抗震、卫生、人防等有关强制性标准、规范。

(3) 施工图是否达到规定的深度要求。

(4) 是否损害公众利益。

3．施工图审查有关各方的职责

(1) 国务院建设行政主管部门负责全国施工图审查管理工作。省、自治区、直辖市人民政府建设行政主管部门负责组织本行政区域内的施工图审查工作的具体实施和监督管理工作。

建设行政主管部门在施工图审查工作中主要负责制定审查程序、审查范围、审查内容、审查标准并颁发审查批准书；负责制定审查机构和审查人员条件，批准审查机构，认定审查人员；对审查机构和审查工作进行监督并对违规行为进行查处；对施工图设计审查负依法监督管理的行政责任。

(2) 勘察、设计单位必须按照工程建设强制性标准进行勘察和设计，并对勘察、设计质量负责。审查机构按照有关规定对勘察成果、施工图设计文件进行审查，但并不改变勘察、设计单位的质量责任。

(3) 审查机构接受建设行政主管部门的委托对施工图设计文件涉及安全和强制性标准执行情况进行技术审查。建设工程经施工图设计文件审查后因勘察设计原因发生工程质量问题，审查机构承担审查失职的责任。

4．施工图审查程序

施工图审查的各个环节可按以下步骤办理。

(1) 建设单位向建设行政主管部门报送施工图，并作书面登录。

(2) 建设行政主管部门委托审查机构进行审查，同时发出委托审查通知书。

(3) 审查机构完成审查，向建设行政主管部门提交技术性审查报告。

(4) 审查结束，建设行政主管部门向建设单位发出施工图审查批准书。

(5) 报审施工图设计文件和有关资料应存档备查。

5．施工图审查管理

审查机构应当在收到审查材料后20个工作日内完成审查工作，并提出审查报告；特级和一级项目应当在30个工作日内完成审查工作，并提出审查报告，其中重大及技术复杂项目的审查时间可适当延长。审查合格的项目，审查机构向建设行政主管部门提交项目施工图审查报告，由建设行政主管部门向建设单位通报审查结果，并颁发施工图审查批准书。对审查不合格的项目，提出书面意见后，由审查机构将施工图退回建设单位，并由原设计单位修改，重新送审。

施工图一经审查批准，不得擅自进行修改。如遇特殊情况需要进行涉及审查主要内容的修改时，必须重新报请原审批部门，由原审批部门委托审查机构审查后再批准实施。

建设单位或者设计单位对审查机构做出的审查报告如有重大分歧时，可由建设单位或者设计单位向所在省、自治区、直辖市人民政府建设行政主管部门提出复查申请，由后者组织专家论证并做出复查结果。

施工图审查工作所需经费，由施工图审查机构按有关收费标准向建设单位收取。建筑工程竣工验收时，有关部门应按照审查批准的施工图进行验收。建设单位要对报送的审查材料的真实性负责；勘察、设计单位对提交的勘察报告、设计文件的真实性负责，并积极配合审查工作。

1.4.2 工程质量监督制度

国家实行建设工程质量监督管理制度。工程质量监督管理的主体是各级政府建设行政主管部门和其他有关部门。

工程质量监督机构是经省级以上建设行政主管部门或有关专业部门考核认定，具有独立法人资格的单位。它受县级以上地方人民政府建设行政主管部门或有关专业部门的委托，依法对工程质量进行强制性监督，并对委托部门负责。

1.4.3 工程质量检测制度

工程质量检测工作是对工程质量进行监督管理的重要手段之一。工程质量检测机构是对建设工程、建筑构件、制品及现场所用的有关建筑材料、设备质量进行检测的法定单位。在建设行政主管部门领导和标准化管理部门指导下开展检测工作，其出具的检测报告具有法定效力。法定的国家级检测机构出具的检测报告在国内为最终裁定，在国外具有代表国家的性质。

检测机构的主要任务如下。

(1) 对正在施工的建设工程所用的材料、混凝土、砂浆和建筑构件等进行随机抽样检测，向本地建设工程质量主管部门和质量监督部门提出抽样报告和建议。

(2) 受建设行政主管部门委托，对建筑构件、制品进行抽样检测。对违反技术标准、失去质量控制的产品，检测单位有权提供主管部门停止其生产的证明，不合格产品不准出厂，已出厂的产品不得使用。

1.4.4 工程质量保修制度

建设工程质量保修制度是指建设工程在办理交工验收手续后，在规定的保修期限内，因勘察、设计、施工、材料等原因造成的质量问题要由施工单位负责维修、更换，由责任单位负责赔偿损失。质量问题是指工程不符合国家工程建设强制性标准、设计文件以及合同中对质量的要求。

建设工程承包单位在向建设单位提交工程竣工验收报告时，应向建设单位出具工程质量保修书，质量保修书中应明确建设工程保修范围、保修期限和保修责任等。

在正常使用条件下，建设工程的最低保修期限如下。

(1) 基础设施工程、房屋建筑工程的地基基础和主体结构工程，为设计文件规定的该工程的合理使用年限。

(2) 屋面防水工程、有防水要求的卫生间、房间和外墙面的防渗漏，为5年。

(3) 供热与供冷系统，为2个采暖期、供冷期。

(4) 电气管线、给排水管道、设备安装和装修工程，为2年。

其他项目的保修期由发包方与承包方约定。保修期自竣工验收合格之日起计算。

建设工程在保修范围和保修期限内发生质量问题的施工单位应当履行保修义务，保修义务的承担和经济责任的承担应按下列原则处理。

(1) 施工单位未按国家有关标准、规范和设计要求施工造成的质量问题，由施工单位负责返修并承担经济责任。

(2) 由于设计方面的原因造成的质量问题，先由施工单位负责维修，其经济责任按有关规定通过建设单位向设计单位索赔。

(3) 因建筑材料、构配件和设备质量不合格引起的质量问题，先由施工单位负责维修，其经济责任属于施工单位采购的，由施工单位承担经济责任；属于建设单位采购的，由建设单位承担经济责任。

(4) 因建设单位(含监理单位)错误管理造成的质量问题，先由施工单位负责维修，其经济责任由建设单位承担，如属监理单位责任，则由建设单位向监理单位索赔。

(5) 因使用单位使用不当造成的损坏问题，先由施工单位负责维修，其经济责任由使用单位自行负责。

(6) 因地震、洪水、台风等不可抗拒原因造成的损坏问题，先由施工单位负责维修，建设参与各方根据国家具体政策分担经济责任。

1.5 全面质量管理

1.5.1 全面质量管理的概念

全面质量管理是以组织全员参与为基础的质量管理形式。全面质量管理代表了质量管理发展的最新阶段，起源于美国，后来在其他一些工业发达国家开始推行，并且在实践运用中各有所长。特别是日本，在20世纪60年代以后推行全面质量管理并取得了丰硕的成果，引起世界各国的瞩目。20世纪80年代后期以来，全面质量管理得到了进一步的扩展和深化，逐渐由早期的TQC(Total Quality Control)演化成为TQM(Total Quality Management)，其含义远远超出了一般意义上的质量管理的领域，而成为一种综合的、全面的经营管理方式和理念。我国从1978年推行全面质量管理以来，在理论和实践上都有一定的发展，并取得了成效，这为在我国贯彻实施ISO 9000族国际标准奠定了基础，反之ISO 9000族国际标准的贯彻和实施又为全面质量管理的深入发展创造了条件。应该在推行全面质量管理和贯彻实施ISO 9000族国际标准的实践中进一步探索、总结和提高，为形成有中国特色的全面质量管理而努力。

如前所述，全面质量管理在早期称为TQC，以后随着进一步发展而演化成为TQM。

A.V.费根鲍姆于 1961 年在其《全面质量管理》一书中首先提出了全面质量管理的概念："全面质量管理是为了能够在最经济的水平上，并考虑到充分满足用户要求的条件下进行市场研究、设计、生产和服务，把企业内各部门研制质量、维持质量和提高质量的活动构成为一体的一种有效体系。"这个定义强调了以下 3 个方面。首先，这里的"全面"一词首先是相对于统计质量控制中的"统计"而言的。也就是说要生产出满足顾客要求的产品，提供顾客满意的服务，单靠统计方法控制生产过程是很不够的，必须综合运用各种管理方法和手段，充分发挥组织中的每一个成员的作用，从而更全面地去解决质量问题。其次，"全面"还相对于制造过程而言。产品质量有个产生、形成和实现的过程，这一过程包括市场研究、研制、设计、制定标准、制订工艺、采购、配备设备与工装、加工制造、工序控制、检验、销售、售后服务等多个环节，它们相互制约、共同作用的结果决定了最终的质量水准。仅仅局限于只对制造过程实行控制是远远不够的。再次，质量应当是"最经济的水平"与"充分满足顾客要求"的完美统一，离开经济效益和质量成本去谈质量是没有实际意义的。

A.V.费根鲍姆的全面质量管理观点在世界范围内得到广泛地接受。但各个国家在实践中都结合自己的实际进行了创新。特别是 20 世纪 80 年代后期以来，全面质量管理得到了进一步的扩展和深化，其含义远远超出了一般意义上的质量管理的领域，而成为一种综合的、全面的经营管理方式和理念。在这一过程中，全面质量管理的概念也得到了进一步的发展。2000 版 ISO 9000 族标准中对全面质量管理的定义：一个组织以质量为中心，以全员参与为基础，目的在于通过让顾客满意和本组织所有成员及社会受益而达到长期成功的管理途径。这一定义上反映了全面质量管理概念的最新发展，也得到了质量管理界的广泛共识。

1.5.2 全面质量管理 PDCA 循环

PDCA 循环又称戴明环，是美国质量管理专家戴明博士首先提出的，它反映了质量管理活动的规律。质量管理活动的全部过程是质量计划的制订和组织实现的过程，这个过程就是按照 PDCA 循环不停顿地周而复始地运转的。每一循环都围绕着实现预期的目标进行计划、实施、检查和处置活动，随着对存在问题的克服、解决和改进，不断增强质量能力，提高质量水平。

PDCA 循环主要包括 4 个阶段：计划(Plan)、实施(Do)、检查(Check)和处置(Action)。

(1) 计划。质量管理的计划职能包括确定或明确质量目标和制定实现质量目标的行动方案两个方面。建设工程项目的质量计划一般由项目干系人根据其在项目实施中所承担的任务、责任范围和质量目标分别进行质量计划而形成的质量计划体系。实践表明，质量计划的严谨周密、经济合理和切实可行是保证工作质量、产品质量和服务质量的前提条件。

(2) 实施。实施职能在于将质量的目标值通过生产要素的投入、作业技术活动和产出过程转换为质量的实际值。在各项质量活动实施前，根据质量计划进行行动方案的部署和交底；在实施过程中，严格执行计划的行动方案，将质量计划的各项规定和安排落实到具体的资源配置和作业技术活动中去。

(3) 检查。指对计划实施过程进行各种检查，包括作业者的自检、互检和专职管理者专检。

(4) 处置。对于质量检查所发现的质量问题或质量不合格及时进行原因分析，采取必要的措施，予以纠正，保持工程质量形成过程的受控状态。

PDCA 循环如图 1.1 所示。

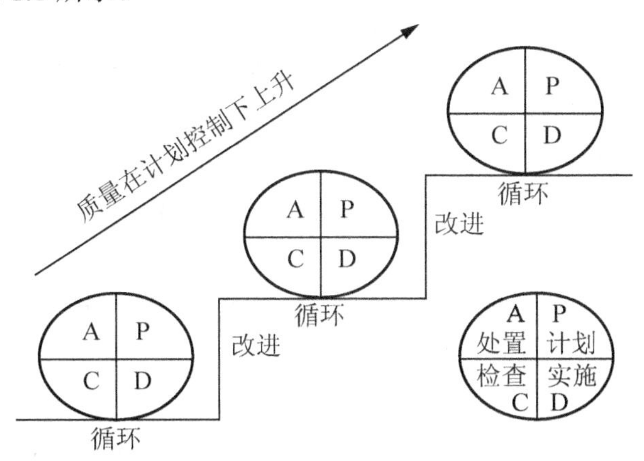

图 1.1 PDCA 循环示意图

1.5.3 全面质量管理的基本要求

全面质量管理在我国也得到一定的发展。我国专家总结实践中经验，提出了“三全一多样”的观点。即推行全面质量管理必须要满足“三全一多样”的基本要求。

1. 全过程的质量管理

任何产品或服务的质量都有一个产生、形成和实现的过程。从全过程的角度来看，质量产生、形成和实现的整个过程是由多个相互联系、相互影响的环节所组成的，每一个环节都或轻或重地影响着最终的质量状况。为了保证和提高质量就必须将影响质量的所有环节和因素都控制起来。为此，全过程的质量管理包括了从市场调研、产品的设计开发、生产(作业)，到销售、服务等全部有关过程的质量管理。换句话说，要保证产品或服务的质量，不仅要搞好生产或作业过程的质量管理，还要搞好设计过程和使用过程的质量管理。要将质量形成全过程的各个环节或有关因素控制起来，形成一个综合性的质量管理体系，做到以预防为主，防检结合，重在提高。为此，全面质量管理强调必须体现如下两个思想。

(1) 预防为主、不断改进的思想。优良的产品质量是设计和生产制造出来的而不是靠事后的检验决定的。事后的检验面对的是已经既成事实的产品质量。根据这一基本道理，全面质量管理要求将管理工作的重点从“事后把关”转移到“事前预防”上来；从管结果转变为管因素，实行“预防为主”的方针，将不合格品消灭在它的形成过程之中，做到“防患于未然”。当然，为了保证产品质量，防止不合格品出厂或流入下道工序，并将发现的问题及时反馈，防止再出现、再发生，加强质量检验在任何情况下都是必不可少的。强调预防为主、不断改进的思想不仅不排斥质量检验，而且甚至要求其更加完善、更加科学。质量检验是全面质量管理的重要组成部分，企业内行之有效的质量检验制度必须坚持，并且要进一步使之科学化、完善化、规范化。

(2) 为顾客服务的思想。顾客有内部和外部之分：外部的顾客可以是最终的顾客，也可以是产品的经销商或再加工者；内部的顾客是企业的部门和人员。实行全过程的质量管理要求企业所有各个工作环节都必须树立为顾客服务的思想。内部顾客满意是外部顾客满意的基础。因此，在企业内部要树立“下道工序是顾客”、“努力为下道工序服务”的思想。现代工业生产是一环扣一环的，前道工序的质量会影响后道工序的质量，一道工序出了质量问题就会影响整个过程以至产品质量。因此，要求每道工序的工序质量都要经得起下道工序，即“顾客”的检验，满足下道工序的要求。有些企业开展的“三工序”活动即复查上道工序的质量；保证本道工序的质量；坚持优质、准时为下道工序服务是为顾客服务思想的具体体现。只有每道工序在质量上都坚持高标准，都为下道工序着想，为下道工序提供最大的便利，企业才能目标一致地、协调地生产出符合规定要求，满足用户期望的产品。

可见，全过程的质量管理就意味着全面质量管理要“始于识别顾客的需要，终于满足顾客的需要”。

2. 全员的质量管理

产品和服务质量是企业各方面、各部门、各环节工作质量的综合反映。企业中任何一个环节、任何一个人的工作质量都会不同程度地直接或间接地影响着产品质量或服务质量。因此，产品质量人人有责，人人关心产品质量和服务质量，人人做好本职工作，全体参加质量管理才能生产出顾客满意的产品。要实现全员的质量管理，应当做好3个方面的工作。

(1) 必须抓好全员的质量教育和培训。教育和培训的目的有两个方面：①加强职工的质量意识，牢固树立“质量第一”的思想；②提高员工的技术能力和管理能力，增强参与意识。在教育和培训过程中，要分析不同层次员工的需求，有针对性地开展教育和培训。

(2) 要制定各部门、各级各类人员的质量责任制，明确任务和职权，各司其职，密切配合，以形成一个高效、协调、严密的质量管理工作的系统。这就要求企业的管理者要勇于授权、敢于放权。授权是现代质量管理的基本要求之一。原因在于：①顾客和其他相关方能否满意、企业能否对市场变化做出迅速反应决定了企业能否生存，而提高反应速度的重要和有效的方式就是授权；②企业的职工有强烈的参与意识，同时也有很高的聪明才智，赋予他们权力和相应的责任也能够激发他们的积极性和创造性。其次，在明确职权和职责的同时，还应该要求各部门和相关人员对于质量做出相应的承诺。当然，为了激发他们的积极性和责任心，企业应该将质量责任同奖惩机制挂起钩来。只有这样，才能够确保责、权、利三者的统一。

(3) 要开展多种形式的群众性质量管理活动，充分发挥广大职工的聪明才智和当家做主的进取精神。群众性质量管理活动的重要形式之一是质量管理小组。除了质量管理小组之外，还有很多群众性质量管理活动，如合理化建议制度、和质量相关的劳动竞赛等。总之，企业应该发挥创造性，采取多种形式激发全员参与的积极性。

3. 全企业的质量管理

全企业的质量管理可以从纵、横两个方面来加以理解。从纵向的组织管理角度来看，质量目标的实现有赖于企业的上层、中层、基层管理乃至一线员工的通力协作，其中尤以高层管理能否全力以赴起着决定性的作用。从企业职能间的横向配合来看，要保证和提高产品质量必须使企业研制、维持和改进质量的所有活动构成为一个有效的整体。全企业的质量管理可以从两个角度来理解。

(1) 从组织管理的角度来看，每个企业都可以划分成上层管理、中层管理和基层管理。"全企业的质量管理"就是要求企业各管理层次都有明确的质量管理活动内容。当然，各层次活动的侧重点不同。上层管理侧重于质量决策，制订出企业的质量方针、质量目标、质量政策和质量计划，并统一组织、协调企业各部门、各环节、各类人员的质量管理活动，保证实现企业经营管理的最终目的；中层管理则要贯彻落实领导层的质量决策，运用一定的方法找到各部门的关键、薄弱环节或必须解决的重要事项，确定出本部门的目标和对策，更好地执行各自的质量职能，并对基层工作进行具体的业务管理；基层管理则要求每个职工都要严格地按标准、按规范进行生产，相互间进行分工合作，互相支持协助，并结合岗位工作，开展群众合理化建议和质量管理小组活动，不断进行作业改善。

(2) 从质量职能角度看，产品质量职能是分散在全企业的有关部门中的，要保证和提高产品质量，就必须将分散在企业各部门的质量职能充分发挥出来。

但由于各部门的职责和作用不同，其质量管理的内容也是不一样的。为了有效地进行全面质量管理，就必须加强各部门之间的组织协调，并且为了从组织上、制度上保证企业长期稳定地生产出符合规定要求、满足顾客期望的产品，最终必须要建立起全企业的质量管理体系，使企业的所有研制、维持和改进质量的活动构成为一个有效的整体。建立和健全全企业质量管理体系，是全面质量管理深化发展的重要标志。

可见，全企业的质量管理就是要"以质量为中心，领导重视、组织落实、体系完善"。

4. 多方法的质量管理

影响产品质量和服务质量的因素也越来越复杂：既有物质的因素，又有人的因素；既有技术的因素，又有管理的因素；既有企业内部的因素，又有随着现代科学技术的发展，对产品质量和服务质量提出了越来越高要求的企业外部的因素。要将这一系列的因素系统地控制起来，全面管好，就必须根据不同情况，区别不同的影响因素，广泛、灵活地运用多种多样的现代化管理办法来解决当代质量问题。

目前，质量管理中广泛使用各种方法，统计方法是重要的组成部分。除此之外，还有很多非统计方法。常用的质量管理方法有所谓的"老七种"工具，具体包括因果图、排列图、直方图、控制图、散布图、分层图、调查表；还有"新七种"工具，具体包括：关联图法、KJ法、系统图法、矩阵图法、矩阵数据分析法、PDPC法、矢线图法。除了以上方法外还有很多方法，尤其是一些新方法近年来得到了广泛的关注，具体包括：质量功能展开(QFD)、故障模式和影响分析(FMEA)、头脑风暴法(Brainstorming)、六西格玛法(6σ)、水平对比法(Benchmarking)、业务流程再造(BPR)等。

总之，为了实现质量目标，必须综合应用各种先进的管理方法和技术手段，必须善于学习和引进国内外先进企业的经验，不断改进本组织的业务流程和工作方法，不断提高组织成员的质量意识和质量技能。"多方法的质量管理"要求的是"程序科学、方法灵活、实事求是、讲求实效"。

上述"三全一多样"都是围绕着"有效地利用人力、物力、财力、信息等资源，以最经济的手段生产出顾客满意的产品"这一企业目标的，这是我国企业推行全面质量管理的出发点和落脚点，也是全面质量管理的基本要求。坚持质量第一，将顾客的需要放在第一位，树立为顾客服务、对顾客负责的思想是我国企业推行全面质量管理贯彻始终的指导思想。

1.5.4 全面质量管理的有关原则

如前所述，20 世纪 80 年代后期以来，全面质量管理得到了进一步的扩展和深化，逐渐由早期的 TQC 演化成为 TQM，其含义远远超出了一般意义上的质量管理的领域，而成为一种综合的、全面的经营管理方式和理念。质量不再仅仅被认为是产品或服务的质量，而是整个组织经营管理的质量。因此，全面质量管理已经成为组织实现战略目标的最有力武器。在此情况下，全面质量管理的理念和原则相对于 TQC 阶段而言都发生了很大的变化。

ISO 9000 族国际标准是各国质量管理和质量保证经验的总结，是各国质量管理专家智慧的结晶。可以说，ISO 9000 族国际标准是一本很好的质量管理教科书。在 2000 版 ISO 9000 标准中提出了质量管理八项原则。这八项原则反映了全面质量管理的基本思想。这八项原则分别如下。

1．以顾客为关注焦点

“组织依存于顾客，因此，组织应当理解顾客当前和未来的需求，满足顾客要求并争取超越顾客期望。”顾客是决定企业生存和发展的最重要因素，服务于顾客并满足他们的需要应该成为企业存在的前提和决策的基础。为了赢得顾客，组织必须首先深入了解和掌握顾客当前的和未来的需求，在此基础上才能满足顾客要求并争取超越顾客期望。为了确保企业的经营以顾客为中心，企业必须将顾客要求放在第一位。

2．领导作用

“领导者确立组织统一的宗旨及方向。他们应当创造并保持使员工能充分参与实现组织目标的内部环境。”企业领导能够将组织的宗旨、方向和内部环境统一起来，并创造使员工能够充分参与实现组织目标的环境，从而带领全体员工一道去实现目标。

3．全员参与

“各级人员都是组织之本，只有让他们充分参与，才能使他们的才干为组织带来收益。”产品和服务的质量是企业中所有部门和人员工作质量的直接或间接的反映。因此，组织的质量管理不仅需要最高管理者的正确领导，更重要的是全员参与。只有他们的充分参与，才能使他们的才干为组织带来最大的收益。为了激发全体员工参与的积极性，管理者应该对职工进行质量意识、职业道德、以顾客为中心的意识和敬业精神的教育，还要通过制度化的方式激发他们的积极性和责任感。在全员参与过程中，团队合作是一种重要的方式，特别是跨部门的团队合作。

4．过程方法

“将活动和相关的资源作为过程进行管理可以更高效地得到期望的结果。”质量管理理论认为：任何活动都是通过“过程”实现的。通过分析过程、控制过程和改进过程就能够将影响质量的所有活动和所有环节控制住，确保产品和服务的高质量。因此，在开展质量管理活动时，必须要着眼于过程，要将活动和相关的资源都作为过程进行管理，以更高效地得到期望的结果。

5. 管理的系统方法

“将相互关联的过程作为系统加以识别、理解和管理，有助于组织提高实现目标的有效性和效率。”开展质量管理要用系统的思路。这种思路应该体现在质量管理工作的方方面面。在建立和实施质量管理体系时尤其如此。一般其系统思路和方法应该遵循以下步骤：确定顾客的需求和期望；建立组织的质量方针和目标；确定过程和职责；确定过程有效性的测量方法并用来测定现行过程的有效性；寻找改进机会，确定改进方向；实施改进；监控改进效果，评价结果；评审改进措施和确定后续措施等。

6. 持续改进

“持续改进总体业绩应当是组织的一个永恒目标。”质量管理的目标是顾客满意。顾客需要在不断地提高，因此，企业必须要持续改进才能持续获得顾客的支持。另一方面，竞争的加剧使得企业的经营处于一种“逆水行舟，不进则退”的局面，要求企业必须不断改进才能生存。

7. 以事实为基础进行决策

“有效决策是建立在数据和信息分析的基础上的。”为了防止决策失误，必须要以事实为基础。为此必须要广泛收集信息，用科学的方法处理和分析数据和信息。不能够“凭经验，靠运气”。为了确保信息的充分性，应该建立企业内外部的信息系统。坚持以事实为基础进行决策就是要克服“情况不明决心大，心中无数点子多”的不良决策作风。

8. 与供方互利的关系

“组织与供方是相互依存的，互利的关系可增强双方创造价值的能力。”在目前的经营环境中，企业与企业已经形成了“共生共荣”的企业生态系统。企业之间的合作关系不再是短期的、甚至一次性的合作，而是要致力于双方共同发展的长期合作关系。

ISO 9000族标准的八项原则反映了全面质量管理的基本思想和原则，但是，全面质量管理的原则还不仅限于此。原因在于，ISO 9000族标准是世界性的通用标准，因此它并不能代表质量管理的最高水平。企业在达到ISO 9000族标准的要求之后，还需要进一步地发展。这就需要更高的标准和更高的要求来指导企业的工作。在国际范围内享有很高声誉的美国马尔克姆·波多里奇国际质量奖代表了质量管理的世界水平。波奖中体现的核心价值观也反映了全面质量管理的基本原则和思想，其中很多与ISO 9000标准的八项质量管理原则一致。除此之外，作为代表质量管理世界级水平的质量管理标准，波奖的核心价值观还有一些超越了八项基本原则的范畴，体现了达到世界级质量水平，实现了卓越经营的指导思想。

1.5.5 全面质量管理的实施

根据前述全面质量管理的定义，也可以将 TQM 看成是一种系统化、综合化的管理方法或思路，企业要实施全面质量管理，除了注意满足“三全一多样”的要求外，还必须遵循一定的原则并且按照一定的工作程序运作。

1. 实施全面质量管理应遵循的原则

1) 领导重视并参与

企业领导应对企业的产品(服务)质量负完全责任，因此，质量决策和质量管理应是企业领导的重要职责。国内外实践已证明，开展全面质量管理，企业领导首先必须在思想上重视，必须首先强化自身的质量意识，必须带头学习、理解全面质量管理，必须亲身参与全面质量管理，必须亲自抓，一抓到底。这样才能对企业开展全面质量管理形成强有力的支持，促进企业的全面质量管理工作深入扎实、持久地开展下去。

2) 抓住思想、目标、体系、技术 4 个要领

全面质量管理是一种科学的管理思想。它体现了与现代科学技术和现代生产相适应的现代管理思想。因此，在推行全面质量管理过程中，必须在思想上摆脱旧体制下长期形成的各种固定观念和小生产习惯势力的影响，树立起质量第一、提高社会效益和经济效益为中心的指导思想，树立起市场的观念、竞争的观念、以顾客为中心的观念，以及不断改进质量等其他一系列适应市场经济和知识经济时代的新观念。在此基础上，不断强化质量意识，综合地、系统地不断改进产品和服务的质量，持续满足顾客的要求。

全面质量管理必须围绕一定的质量目标来进行。通过明确的目标，引导企业方方面面的活动，激发企业全体职工的积极性和创造性，进而衡量和监控各方面质量活动的绩效。没有目标的行动是盲目的行动，也很难深入持久，很难取得实效，甚至可能造成内耗和浪费。只有确立明确的质量目标，才有可能针对这个目标综合地、系统地推进全面质量管理工作。

企业的质量目标是通过一个健全而有效的体系来实现的。质量管理的核心是质量管理体系的建立和运行。通过建立和运行质量管理体系可以使影响产品和服务质量的所有因素，包括人、财、物、管理等，以及所有环节，涉及企业中的所有部门和人员都处于控制状态。在此基础上就可以确保质量目标的实现。其次，通过建立和运行质量管理体系可以使企业所有部门围绕质量目标形成一个网络系统，相互协调地为实现质量目标努力。

全面质量管理是一套能够控制质量、提高质量的管理技术和科学技术。它要求综合、灵活地运用各种有效的管理方法和手段，从而有效地利用企业资源，生产出满足顾客需要的产品。目前，全面质量管理的很多方法和技术都引起了广泛的重视，并且在实践中发挥了重要的作用，包括统计质量控制技术和方法、水平对比法、质量功能展开(QFD)、六西格玛法等。

3) 切实做好各项基础工作

如前所述，全面质量管理是全过程的质量管理，是从市场调研一直到售后服务的系统的管理。全面质量管理要切实取得实效，必须首先做好各项基础工作。所谓全面质量管理的基础工作，是指开展全面质量管理的一些前提性、先行性的工作。基础工作搞好了，全面质量管理就能收到事半功倍的效果，就有利于取得成效。反之，基础工作搞得不好，不管表面工作如何有声有色，如同建立在沙洲上的大厦，随时都有坍塌的危险。

4) 做好各方面的组织协调工作

开展全面质量管理必须进行组织协调，综合治理。首先必须明确各部门的质量职能，并建立健全严格的质量责任制。全面质量管理不是哪个部门的事情，也不是哪几个人的事情，而是同产品质量有关的各个工作环节的质量管理的总和。同时，这个总和也不是各个环节活动的简单相加，而是一个围绕着共同目标协调作用的统一体。因此，为了使顾客对产品质量满意，就必须明确各有关部门在质量管理方面的职能并规定其职责，以及围绕一定的质量目标所承担的具体工作任务。如果各部门所各自承担的质量职责没有得到明确的规定，全面质量管理的各项工作就不可能得到有效的执行。

此外，还必须建立一个综合性的质量管理机构，从总体上协调和控制上述各方面的职能。这一综合性机构的任务就是要将各方面的活动纳入质量管理体系的框架中，使质量管理体系有效地运转起来，从而以最少的人员摩擦、最少的职能重叠和最少的意见分歧来获得最大的成果。

质量管理体系开始运行之后，还要通过一系列的工作对质量管理体系进行监控，保证使之按照规定的目标持续、稳定地运行。这方面的工作包括质量成本的分析、报告，质量管理体系审核，以及对顾客满意程度的调查等。宏观的质量认证制度、质量监督制度也是促进企业全面质量管理工作的有效手段。

5) 讲求经济效益，将技术和经济统一起来

提高质量能带来企业和全社会的经济效益。在企业中推行全面质量管理能够减少整个生产过程及各个工序的无效劳动和材料消耗，降低生产成本，生产出顾客满意的产品，增强企业竞争能力，实现优质、高产、低耗、盈利，提高企业的经济效益，促进企业发展壮大。从宏观的角度讲，这又可以节约资源，减少浪费，增加社会财富，为全社会带来效益。

另一个方面，质量和成本之间到底是什么关系？有的人认为质量越高，成本也越高，因此，质量水平达到顾客可以接受的程度就行了。有的人认为质量达到一定水平之后，再提高质量就会导致成本的大幅上升，因此，无条件地、不计成本追求“高质量”是不足取的。需要说明的是，目前人们对于这个问题已经逐步达成了共识：质量水平越高，成本越低。正如克劳斯比所说的：生产有质量问题的产品本身才是最昂贵的。因此，我们必须正确认识质量和成本之间的关系，通过系统分析顾客的需求，采用科学的工作方法，在不断满足顾客要求和市场需要的情况下，获得企业的持续发展。

2. 实施全面质量管理的五步法

在具体实施全面质量管理时可以遵循五步法进行。这 5 步分别是决策、准备、开始、扩展和综合。

(1) 决策。这是一个决定做还是不做决策的过程。对于很多企业来说，由于存在各种各样的驱动力，因此它们有实施全面质量管理的愿望，常见的动因：企业有成为世界级企业的远景构想；企业希望能够保持领导地位和满足顾客需求；也有的企业是由于面临不利的局面，如顾客不满意、丧失了市场份额、竞争的压力、成本的压力等。全面质量管理的实施能够帮助企业摆脱困境，解决问题，因此，全面质量管理越来越受到世界范围内企业的关注。当然，为了能够做出正确的决策，企业的高层领导者必须全面评估企业的质量状况，了解所有可能的解决问题的方案，在此基础上进行决策：是否实施全面质量管理。

(2) 准备。一旦做出决策后，企业就应该开始准备。①高层管理者需要学习和研究全面质量管理，对于质量和质量管理形成正确的认识；②建立组织，具体包括：组成质量委员会，任命质量主管和成员，培训选中的管理者；③确立远景构想和质量目标，并制订为实现质量目标所必需的长期计划和短期计划；④选择合适的项目，成立团队，准备作为试点开始实施全面质量管理。

(3) 开始。这是具体的实施阶段。在这一阶段需要进行项目的试点，在试点中逐渐总结经验教训。根据试点中总结的经验来着手评估试点单位的质量状况，主要从 4 个方面进行：顾客忠诚度、不良质量成本、质量管理体系以及质量文化。在评价的基础上发现问题和改进机会，然后进行有针对性的改进，包括人力资源、信息等。

(4) 扩展。在试点取得成功的情况下，企业就可以向所有部门和团队扩展。①每个重要的部门和领域都应该设立质量委员会、确定改进项目并建立相应的过程团队；②还要对团队运作的情况进行评估，为了确保团队工作的效果，应该对团队成员进行培训，还要为团队建设以及团队运作等方面提供指导；③管理层还需要对每个团队的工作情况进行全面的测评，从而确认所取得的效果。扩展过程需要有一定的时间，这项活动的顺利进行要求高层领导强有力的领导和全员的参与。

(5) 综合。在经过试点和扩展之后，企业就基本具备了实施全面质量管理的能力。为此，需要对于整个质量管理体系进行综合。通常需要从目标、人员、关键业务流程以及评审和审核这 4 个方面进行整合和规划。

① 目标。企业需要建立各个层次的完整的目标体系，包括战略(这是实现目标的总体现)、部门的目标、跨职能团队的目标以及个人的目标。

② 人员。企业应该对于所有的人员进行培训，并且授权给他们使其进行自我控制和自我管理，同时要鼓励团队协作。

③ 关键业务流程。企业需要明确主要的成功因素，在成功因素基础上确定关键业务流程。通常来讲，每个企业都有 4～5 个关键业务流程，这些流程往往会涉及几个部门。为了确保这些流程的顺畅运作和不断完善，应该建立团队负责每个关键业务流程，并且要指派负责人。团队运作的情况也应该进行测评。

④ 评审和审核。除了对于团队和流程的运作情况进行测评外，企业还需要对于整个组织的质量管理状况进行定期的审核，从而明确企业在市场竞争中的地位，及时发现问题，寻找改进机会。在评审时通常要关注 4 个方面：市场地位、不良质量成本、质量管理体系和质量文化。

1.6 ISO 质量保证体系认证

1.6.1 质量管理、质量控制、质量保证概念

1. 与质量有关的术语

产品指活动或过程的结果。

过程是将输入转化为输出的一组彼此相关的资源和活动。

质量体系是指为实施质量管理所需的组织结构、程序、过程和资源。

质量控制是指为达到质量要求所采取的作业技术和活动。

质量保证是为了提供足够的信任表明实体能够满足质量要求而在质量体系中实施并根据需要进行证实的全部有计划、有系统的活动。

质量管理是指确定质量方针、目标和职责并在质量体系中通过诸如质量策划、质量控制、质量保证和质量改进使其实施的全部管理职能的所有活动。

所谓全面质量管理，是指一个组织以质量为中心，以全员参与为基础，目的在于通过让顾客满意和本组织所有成员及社会受益而达到长期成功的管理途径。

2. 质量管理、质量体系、质量控制、质量保证之间的关系

质量管理(QM)、质量控制(QC)、质量保证(QA)，在理解和应用中都存在不同程度的混乱状态。3个概念两两之间(QM与QC、QC与QA，以及QM与QA)也往往混淆不清，如图1.2所示。下面进行简单地介绍。

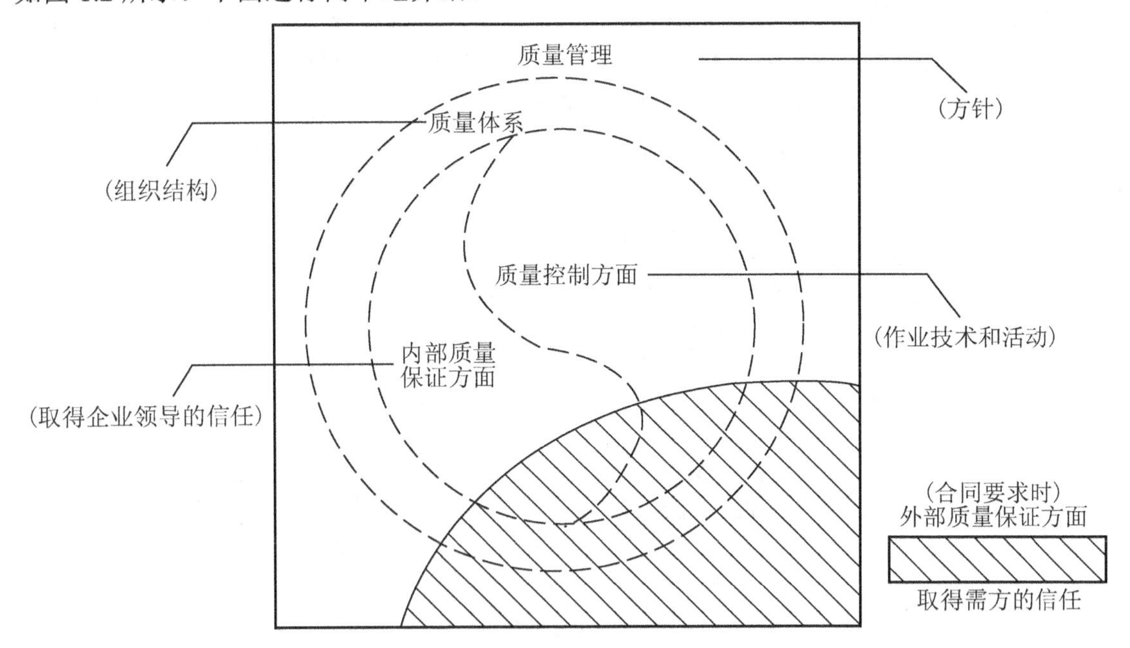

图1.2 质量管理、质量体系、质量控制、质量保证之间的关系

从图1.2中可看出，质量管理是指企业的全部质量工作，即质量方针的制定和实施。为了实施质量方针和实现质量目标，必须建立质量体系。在建立质量体系时，首先要建立有关的组织机构，明确各质量职能部门的责任和权限，配备所需的各种资源，制定工作程序，然后才能运用管理和专业技术进行质量控制，并开展质量保证活动。

图1.2中的整个正方形代表了质量管理工作。在质量管理中首先要制定质量方针，然后建立质量体系，所以将质量方针(由大圆外的面积代表)画在质量体系这个大圆之外。在质量体系中又要首先确定组织结构，建立有关机构和其职责，然后才能开展质量控制和质量保证活动，所以将组织结构画在小圆之外。小圆部分包括了质量控制和质量保证两类活动，它们中间用“S”形分开，其用意是表示两者之间的界限有时不易划分。有活动两者都归属，相互不能分离，如对某项过程的评价、监督和验证，既可说是质量控制，也是质量保证的内容。质量保证就要求实施质量控制，两者只是目的不同而已，前者是为了预防不符合或缺陷，后者则要向某一方进行“证实”(提供证据)。一般说来，质量保证总是和信任结合在一起的。在对图的理解上，不能简单地、错误地认为质量管理就是质量方针，质量体系就是组织结构，应该理解为质量管理除了制定质量方针外还需建立质量体系，而质量体系则除了建立组织结构外还包括质量控制和质量保证两项内容，其间用虚线划分，表示是一个整体，只是为了便于理解其间的关系才将虚线画上去的。

图中的斜线部分是外部质量保证的内容，即合同环境中企业为满足需方要求而建立的质量保证体系。质量保证体系也包括了质量方针、组织结构、质量控制和质量保证的要求。

对一个企业来讲，质量保证体系(合同环境中)是其整个质量管理体系中的一个部分，二者并不矛盾，不可分割，你中有我，我中有你，质量保证体系是建立在质量管理体系的基础之上的。因此，外国大公司在选择其供应厂商时，首先要看对方的质量手册，也就是看看其质量管理体系是否基本上能满足质量保证方面的要求，然后才能确定是否与之签订合同进行合作。当然，供方的质量体系往往不能满足其全部要求，此时，应在合同中补充某些要求，即增加某些质量体系要素，如质量计划、质量审核计划等。

图中的斜线部分只是另一个图形的一个部分，这里没有画出来。这第二个图形就是需方的质量管理体系，如画出来，应如图 1.3 所示。

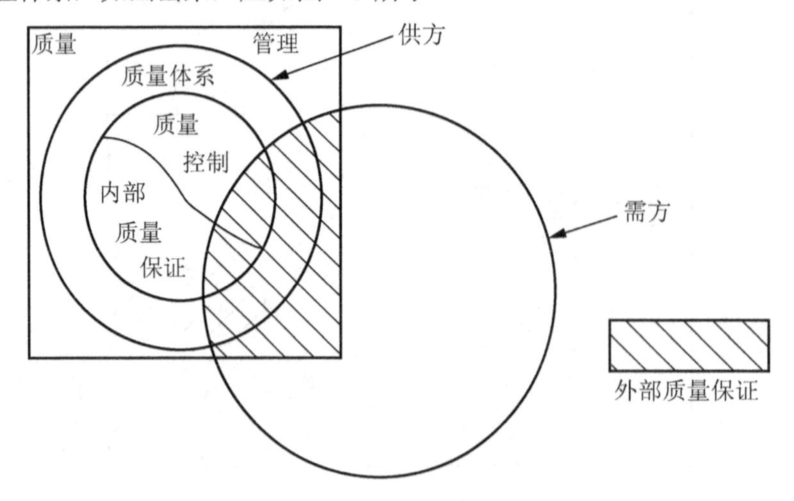

图 1.3　需方质量管理体系

从图 1.3 中也可说明，一个企业往往同时处在两种环境之中，它的某些产品在一般市场中出售，另一部分产品则按合同出售给需方，同样，它在采购某些材料或零部件，搞技术合作时，有些可以在市场上购买，有的则要与协作厂签订合同，并附上质量保证要求。

综上所述，对一个企业，在非合同环境中，其质量管理工作包括了质量控制和内部的质量保证。在合同环境下，作为供方，其质量保证体系又包括质量管理、质量控制和内部、外部的质量保证活动。

1.6.2　质量认证

1. 质量认证的基本形式

质量认证也叫合格评定，是国际上通行的管理产品质量的有效方法。质量认证按认证的对象分为产品质量认证和质量体系认证两类；按认证的作用可分为安全认证和合格认证。

世界各国现行的质量认证制度主要有 8 种，其中各国标准机构通常采用的是型式检验加工厂质量体系评定加认证后监督—质量体系复查加工厂和市场抽样调查的质量认证制度，我国采用的是工厂质量体系评审(质量体系认证)的质量认证制度。

8种质量认证制度

第一种，型式检验。按规定的检验方法对产品的样品进行检验，以证明样品符合标准或技术规范的全部要求。

第二种，型式检验加认证后监督—市场抽样检验。这是一种带监督措施的型式检验。监督的办法是从市场上购买样品或从批发商、零售商的仓库中抽样进行检验，以证明认证产品的质量持续符合标准或技术规范的要求。

第三种，型式检验加认证后监督—工厂抽样检验。这种质量认证制和第二种相类似，只是监督的方式有所不同，不是从市场上抽样，而是从生产厂发货前的产品中抽样进行检验。

第四种，型式检验加认证后监督—市场和工厂抽样检验。这种认证制是第二、第三两种认证制的综合。

第五种，型式检验加工厂质量体系评定加认证后监督—质量体系复查加工厂和市场抽样检验。此种认证制的显著特点是，在批准认证的条件中增加了对产品生产厂质量体系检查评定，在批准认证后的监督措施中也增加了对生产厂质量体系的复查。

第六种，工厂质量体系评定。这种认证制是对生产厂按所要求的技术规范生产产品的质量体系进行检查评定，批准认证后对该体系的保证性进行监督复查，此种认证制常称之为质量体系认证。

第七种，批验。根据规定的抽样方案，对一批产品进行抽样检验，并据此作出该批产品是否符合标准或技术规范的判断。

第八种，百分之百检验。对每一件产品在出厂前都要依据标准经认可的独立检验机构进行检验。

上述8种类型的质量认证制度所提供的信任程度不同，第五种，第六种是各国普遍采用的，也是ISO向各国推荐的认证制，ISO和IEC联合发布的所有有关认证工作的国际指南都是以这两种认证制为基础的。

2．产品质量认证与质量体系认证

1) 产品质量认证

产品质量认证按认证性质划分可分为安全认证和合格认证。

① 安全认证。对于关系国计民生的重大产品，有关人身安全、健康的产品，必须实施安全认证。此外，实行安全认证的产品必须符合《标准化法》中有关强制性标准的要求。

② 合格认证。凡实行合格认证的产品，必须符合《标准化法》规定的国家标准或行业标准要求。

2) 质量认证的表示方法

质量认证有两种表示方法，即认证证书和认证合格标志。

(1) 认证证书(合格证书)。它是由认证机构颁发给企业的一种证明文件，它证明某项产品或服务符合特定标准或技术规范。

(2) 认证标志(合格标志)。由认证机构设计并公布的一种专用标志，用以证明某项产品或服务符合特定标准或规范。经认证机构批准，使用在每台(件)合格出厂的认证产品上。认证标志是质量标志，通过标志可以向购买者传递正确可靠的质量信息，帮助购买者识别认证的商品与非认证的商品，指导购买者购买自己满意的产品。

认证标志为合格认证(方圆)标志、中国强制认证(3C)标志、长城标志和PRC标志，如图1.4所示。

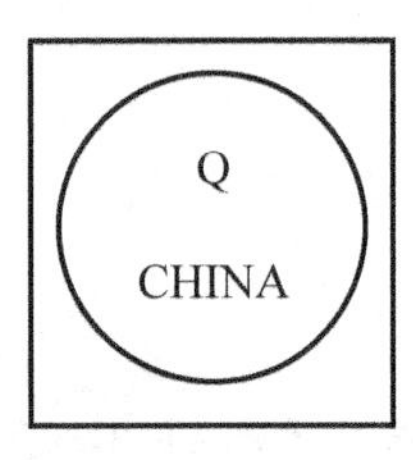

合格认证标志

中国强制认证标志

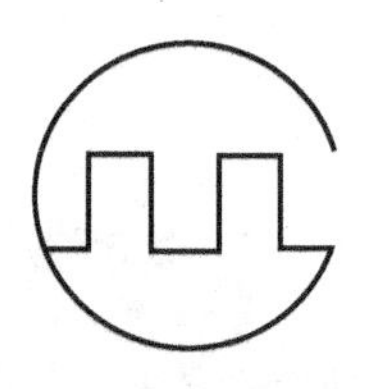
长城标志

PRC标志

图 1.4　认证标志

3) 质量管理体系认证

质量管理体系认证始于机电产品，由于产品类型由硬件拓宽到软件、流程性材料和服务领域，使得各行各业都可以按标准实施质量管理体系认证。从目前的情况来看，除涉及安全和健康的领域产品认证必不可少之外，在其他领域内，质量管理体系认证的作用要比产品认证的作用大得多，并且质量管理体系认证具有以下特征。

(1) 由具有第三方公正地位的认证机构进行客观的评价，做出结论，若通过则颁发认证证书。审核人员要具有独立性和公正性，以确保认证工作客观公正地进行。

(2) 认证的依据是质量管理体系的要求标准，即 GB/T 19001，而不能依据质量管理体系的业绩改进指南标准(即 GB/T 19004)来进行，更不能依据具体的产品质量标准。

(3) 认证过程中的审核是围绕企业的质量管理体系要求的符合性和满足质量要求和目标方面的有效性来进行的。

(4) 认证的结论不是证明具体的产品是否符合相关的技术标准，而是质量管理体系是否符合 ISO 9001，即质量管理体系要求标准，是否具有按规范要求，保证产品质量的能力。

(5) 认证合格标志只能用于宣传，不能将其用于具体的产品上。

产品认证和质量管理体系认证的比较见表 1-1。

表 1-1　产品认证和质量管理体系认证的比较

项目	产品认证	质量管理体系认证
对象	特定产品	企业的质量管理体系
获准认证条件	(1) 产品质量符合指定标准要求 (2) 质量管理体系符合ISO 9001标准的要求	质量管理体系符合ISO 9001标准的要求
证明方式	产品认证证书；认证标志	质量管理体系认证(注册)证书；认证标记
证明的使用	证书不能用于产品；标志可以用于获准认证的产品	证书和标记都不能在产品上使用
性质	自愿性；强制性	自愿性
两者的关系	获得产品认证资格的企业一般无需再申请质量管理体系认证(除非不断有新产品问世)	获得质量管理体系认证资格的企业可以再申请特定产品的认证，但免除对质量管理体系通用要求的检查

3. GB/T 19000—ISO 9000 族标准

随着市场经济的不断发展，产品质量已成为市场竞争的焦点。为了更好地推动企业建立更加完善的质量管理体系，实施充分的质量保证，建立国际贸易所需要的关于质量的共同语言和规则，国际标准化组织(ISO)于 1976 年成立了 TC176(质量管理和质量保证技术委员会)，着手研究制定国际间遵循的质量管理和质量保证标准。1987 年，ISO/TC 176 发布了举世瞩目的 ISO 9000 系列标准，我国于 1988 年发布了与之相应的 GB/T 10300 系列标准，并“等效采用”。为了更好地与国际接轨，又于 1992 年 10 月发布了 GB/T 19000 系列标准，并“等同采用 ISO 9000 族标准”。2008 年国际标准化组织发布了修订后的 ISO 9000 族标准后，我国及时将其等同转化为国家标准。《质量管理体系　基础和术语》(GB/T 19000—2008)、《质量管理体系　要求》(GB/T 19001—2008)、《质量管理体系　质量计划指南》(GB/T 19015—2008)等三项修订后的国家标准已于 2009 年 1 月 1 日实施。

4. ISO 质量管理体系的建立与实施

按照 GB/T 19000—2008 族标准建立或更新完善质量管理体系的程序通常包括质量管理体系的策划与总体设计、质量管理体系的文件编制、质量管理体系认证的实施运行等 3 个阶段。

1) 质量管理体系的策划与总体设计

最高管理者应确保对质量管理体系进行策划，满足组织确定的质量目标的要求及质量管理体系的总体要求，在对质量管理体系的变更进行策划和实施时，应保持管理体系的完整性。通过对质量管理体系的策划，确定建立质量管理体系要采用的过程方法模式，从组织的实际出发进行体系的策划和实施，明确是否有剪裁的需求并确保其合理性。ISO 9001 标准引言中指出“一个组织质量管理体系的设计和实施受各种需求、具体目标、所提供产品、所采用的过程以及该组织的规模和结构的影响，统一质量管理体系的结构或文件不是本标准的目的”。

2) 质量管理体系文件的编制

质量管理体系文件的编制应在满足标准要求、确保控制质量、提高组织全面管理水平的情况下，建立一套高效、简单、实用的质量管理体系文件。质量管理体系文件包括质量手册、质量管理体系程序文件、质量计划、质量记录等部分。

(1) 质量手册。

① 质量手册的性质和作用。质量手册是组织质量工作的“基本法”，是组织最重要的质量法规性文件，它具有强制性质。质量手册应阐述组织的质量方针，概述质量管理体系的文件结构并能反映组织质量管理体系的总貌，起到总体规划和加强各职能部门间协调的作用。对组织内部，质量手册起着确立各项质量活动及其指导方针和原则的重要作用，一切质量活动都应遵循质量手册；对组织外部，它既能证实符合标准要求的质量管理体系的存在，又能向顾客或认证机构描述清楚质量管理体系的状况。同时质量手册是使员工明确各类人员职责的良好管理工具和培训教材。质量手册便于克服由于员工流动对工作连续性的影响。质量手册对外提供了质量保证能力的说明，是销售广告有益的补充，也是许多招标项目所要求的投标必备文件。

② 质量手册的编制要求。质量手册的编制应遵循 ISO / TR 10013—2008“质量管理体系文件指南”的要求进行，质量手册应说明质量管理体系覆盖哪些过程和条款，每个过程

和条款应开展哪些控制活动，对每个活动需要控制到什么程度，能提供什么样的质量保证等，都应做出明确交待。

③ 质量手册的构成。质量手册一般由以下几个部分构成，各组织可以根据实际需要，对质量手册的下述部分作必要的删减。

目次

批准页

前言

1 范围

2 引用标准

3 术语和定义

4 质量管理体系

5 管理职责

6 资源管理

7 产品实现

8 测量、分析和改进

(2) 质量管理体系程序文件。

① 概述。质量管理体系程序文件是质量管理体系的重要组成部分，是质量手册的具体展开和有力支撑。质量管理体系程序可以是质量管理手册的一部分，也可以是质量手册的具体展开。质量管理体系程序文件的范围和详略程度取决于组织的规模、产品类型、过程的复杂程度、方法和相互作用以及人员素质等因素。对每个质量管理程序来说，都应视需要明确何时、何地、何人、做什么、为什么、怎么做(即 5W1H)来确定应保留什么记录。

② 质量管理体系程序的内容。按 ISO 9001—2008 标准的规定，质量管理程序应至少包括下列 6 个程序：文件控制程序；质量记录控制程序；内部质量审核程序；不合格控制程序；纠正措施程序；预防措施程序。

③ 质量计划。质量计划是对特定的项目、产品、过程或合同，规定由谁及何时应使用哪些程序相关资源的文件。质量手册和质量管理体系程序所规定的是各种产品都适用的通用要求和方法。但各种特定产品都有其特殊性，质量计划是一种工具，它将某产品、项目或合同的特定要求与现行的通用的质量管理体系程序相连接。

质量计划在企业内部作为一种管理方法，使产品的特殊质量要求能通过有效的措施得以满足。在合同情况下，组织使用质量计划向顾客证明其如何满足特定合同的特殊质量要求，并作为顾客实施质量监督的依据。产品(或项目)的质量计划是针对具体产品(或项目)的特殊要求，以及应重点控制的环节所编制的对设计、采购、制造、检验、包装、运输等的质量控制方案。

④ 质量记录。质量记录是“阐明所取得的结果或提供所完成活动的证据文件”。它是产品质量水平和企业质量管理体系中各项质量活动结果的客观反映，应如实加以记录，用以证明达到了合同所要求的产品质量，并证明对合同中提出的质量保证要求予以满足的程度。如果出现偏差，则质量记录应反映出针对不足之处采取了哪些纠正措施。

质量记录应字迹清晰、内容完整，并按所记录的产品和项目进行标识，记录应注明日期并经授权人员签字、盖章或作其他审定后方能生效。

质量体系文件编写流程如图 1.5 所示。

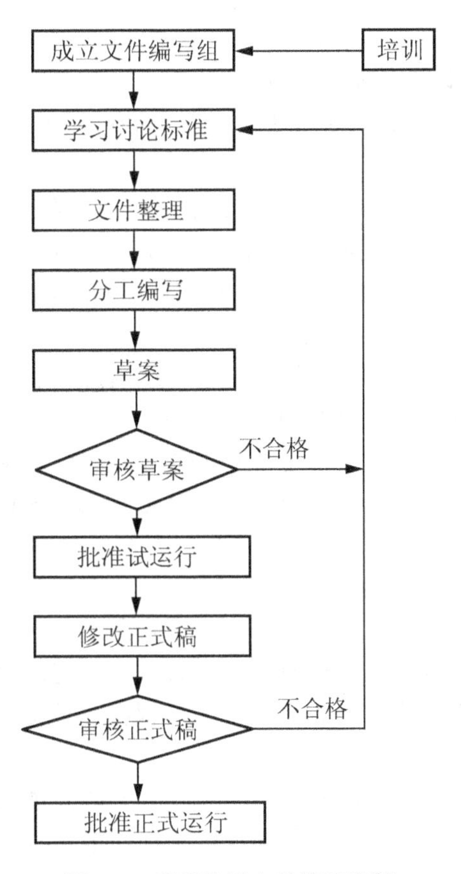

图 1.5 质量体系文件编写流程

(3) ISO 质量管理体系认证。质量管理体系认证是指根据有关的质量管理体系标准，由第三方机构对供方(承包方)的质量管理体系进行评定和注册的活动。图 1.6 所示为 ISO 认证标记。

图 1.6 ISO 认证标记

质量管理体系认证具有以下特征。

① 认证的对象是质量体系而不是具体产品。

② 认证的依据是质量管理体系标准(即 GB/T 19001，Idt ISO 9001)，而不是具体的产品质量标准。

③ 认证是第三方从事的活动。通常将产品的生产企业称作“第一方”，如施工、建筑材料等生产企业。将产品的购买使用者称为“第二方”，如业主、顾客等。在质量认证活动中，第三方是独立、公正的机构，与第一方、第二方在行政上无隶属关系，在经济上无利害关系，从而可确保认证工作的公正性。

④ 认证的结论不是证明产品是否符合有关的技术标准，而是证明质量体系是否符合标准，是否具有按照标准要求、保证产品质量的能力。

⑤ 取得质量管理体系认证资格的证明方式是认证机构向企业颁发质量管理体系认证证书和认证标志。这种体系认证标志不同于产品认证标志，不能用于具体产品上，不保证具体产品的质量。

3) 质量管理体系认证的实施运行

质量管理体系认证过程总体上可分为以下 4 个阶段。

(1) 认证申请。组织向其资源选择的某个体系认证机构提出申请，并按该机构要求提交申请文件，包括企业质量手册等。体系认证机构根据企业提交的申请文件决定是否受理申请，并通知企业。

(2) 体系审核。体系认证机构指派数名国家注册审核人员实施审核工作，包括审查企业的质量手册，到企业现场查证实际执行情况，并提交审核报告。

(3) 审批与注册发证。体系认证机构根据审核报告，经审查决定是否批准认证。对批准认证的企业颁发体系认证证书，并将企业的有关情况注册公布，准予企业以一定方式使用体系认证标志。

(4) 监督。在证书有效期内，体系认证机构每年对企业进行至少一次的监督与检查，查证企业有关质量管理体系的保持情况。一旦发现企业有违反有关规定的事实证据，即对该企业采取措施，暂停或撤销该企业的体系认证。

ISO 14001 认证

环境管理体系(EMS)是组织整个管理体系中的一部分，用来制定和实施其环境方针，并管理其环境因素，包括为制定、实施、实现、评审和保持环境方针所需的组织机构、计划活动、职责、惯例、程序、过程和资源。ISO 14001—1996 环境管理体系——规范及使用指南是国际标准化组织(ISO)于 1996 年正式颁布的可用于认证目的的国际标准，是 ISO 14000 系列标准的核心，它要求组织通过建立环境管理体系来达到支持环境保护、预防污染和持续改进的目标，并可通过取得第三方认证机构认证的形式向外界证明其环境管理体系的符合性和环境管理水平。由于 ISO 14001 环境管理体系可以带来节能降耗、增强企业竞争力、赢得客户、取信于政府和公众等诸多好处，所以自发布之日起即得到了广大企业的积极响应，被视为进入国际市场的“绿色通行证”。同时，由于 ISO 14001 的推广和普及在宏观上可以起到协调经济发展与环境保护的关系、提高全民环保意识、促进节约和推动技术进步等作用，因此也受到了各国政府和民众越来越多的关注。为了更加清晰和明确ISO 14001标准的要求，ISO对该标准进行了修订，并于2004年11月15日颁布了新版标准ISO 14001—2004环境管理体系要求及使用指南。图1.7所示为ISO 14001认证标记。

图1.7 ISO 14001认证标记

OHSAS 18000认证

OHSAS 18000是由英国标准协会(BSI)、挪威船级社(DNV)等13个组织提出的职业安全卫生系列标准，旨在帮助组织控制其职业安全卫生风险，改进其职业安全卫生绩效。

职业安全与健康是20世纪80年代后期在国际上兴起的现代安全生产管理模式，它与ISO 9000和ISO 14000等一样被称为后工业化时代的管理方法，其产生的一个主要原因是企业自身发展的要求。随着企业的发展壮大，企业必须采取更为现代化的管理模式，将包括质量管理、职业健康安全管理等管理在内的所有生产经营活动科学化、标准化和法律化。职业健康安全管理体系产生的另一个重要原因是国际一体化进程的加速进行，由于与生产过程密切相关的职业健康安全问题正日益受到国际社会的关注和重视，与此相关的立法更加严格，相关的经济政策和措施也不断出台和完善。

图1.8 OHSAS 18000认证标记

GB/T 28001—2011《职业健康安全管理体系要求》等同采用OHSAS 18001—2007《职业健康安全管理体系要求》。图1.8为OHSAS 18000认证标记。

1.7 质量保证体系建立

1.7.1 质量管理组织机构

建筑工程项目一般建立由公司总部宏观控制，项目经理领导，项目总工程师策划、实施，现场经理和安装经理中间控制，专业责任工程师检查的管理系统，形成从项目经理部到各分承包方、各专业化公司和作业班组的质量管理网络，如图1.9所示。

对各个目标进行分解，以加强施工过程中的质量控制，确保分部分项工程优良率、合格率的目标，从而顺利实现工程的质量目标。以先进的技术，程序化、规范化、标准化的管理，严谨的工作作风，精心组织、精心施工，以ISO 9001质量标准体系为管理依托，按照《建筑工程质量验收统一标准》(GB 50300)系列标准达标。

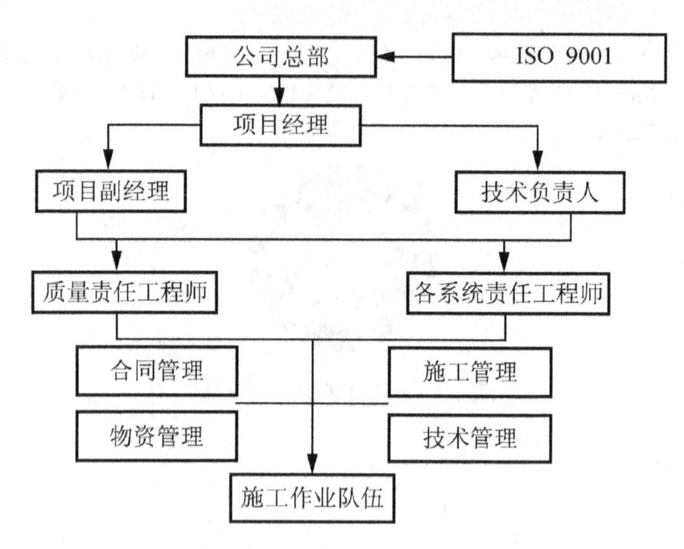

图 1.9　质量管理体系框架图

1.7.2　施工项目质量管理人员职责

建立健全技术质量责任制，将质量管理全过程中的每项具体任务落实到每个管理部门和个人身上，使质量工作事事有人管，人人有岗位，办事有标准，工作有考核，形成一个完整质量保证体系，保证工程质量达到预期目标。

工程项目部现场质量管理班子由项目部经理、副经理、项目总工程师、施工员、技术员、质量员、材料员、测量员、试验员、计量员、资料员等组成，现场质量管理班子主要管理人员职责如下。

(1) 项目经理：项目经理受企业法人委托，全面负责履行施工合同，是项目质量的第一负责人。负责组织项目管理部全体人员、保证企业质量体系在本项目中的有效运行；协调各项质量活动；组织项目质量计划的编制，确保质量体系进行时资源的落实；保证项目质量达到企业规定的目标。

(2) 项目总工程师：全面负责项目技术工作，组织图样会审，组织编制施工组织设计，审定现场质量，安全措施，以及对设计变更等的交底工作。

(3) 施工员：落实项目经理布置的质量职能，有效地对施工过程的质量进行控制，按公司质量文件的有关规定来组织指挥生产。

(4) 技术员：协助项目经理进行项目质量管理，参加质量计划和施工组织设计的编制，做好设计变更和技术核定工作，负责技术复核工作，解决施工中出现的技术问题，负责隐蔽工程验收的自检和申请工作等。督促施工员、质量员及时做好自检和复检工作，负责工程质量资料的积累和汇总工作。

(5) 质量员：组织各项质量活动，参与施工过程的质量管理工作，在授权范围内对产品进行检验，控制不合格品的产生。采取各种措施确保项目质量达到规定的要求。

(6) 材料员：负责落实项目的材料质量管理工作，执行物资采购，顾客提供产品、物资的检验和试验等文件的有效规定。

(7) 测量员：负责项目的测量工作，为保证工程项目达到预期质量目标提供有效的服务和积累有关的资料。

(8) 试验员：负责项目需试验材料的试验工作，保证其结果能满足工程质量管理的需要，并积累有关的资料。

(9) 计量员：负责项目的计量管理，对项目使用的各种检测试报告的有效性进行控制。

(10) 资料员：负责项目技术质量资料和记录的管理工作，执行公司有关文件的规定，保证项目技术质量资料的完整性和有效性。

(11) 机械管理员：执行公司机械设备管理和保养的有关规定，保证施工项目使用合格的机械设备，以满足生产的需要。

本章小结

本章包括建设工程质量、质量管理与质量控制、工程质量责任体系、工程质量管理制度、全面质量管理、ISO 质量保证体系认证、质量保证体系建立等方面内容。

通过本单元的学习，要求学生了解质量和建设工程质量、质量管理与质量控制概念，掌握施工阶段质量控制的目标、施工生产要素的质量控制、施工过程的作业质量控制、施工阶段质量控制的主要途径、了解工程质量责任体系，熟悉工程质量管理制度，了解 ISO 质量保证体系认证的程序、要求、方法，掌握全面质量管理的概念、全面质量管理 PDCA 循环、全面质量管理的基本要求、全面质量管理的有关原则、全面质量管理的实施，熟悉质量保证体系组织机构建立方式。

建设工程质量指工程满足业主需要的，符合国家法律、法规、技术规范标准、设计文件及合同规定的特性综合。影响建设工程项目质量的因素很多，通常可以归纳为 5 个方面，即 4M1E，指：人、材料、机械、方法和环境。事前对这 5 方面的因素严加控制是保证施工项目质量的关键。

建设工程项目质量目标的确定和实现过程需要系统有效地应用质量管理和质量控制的基本原理和方法，通过建设工程项目各参与方的质量责任和职能活动的实施来达到。建设工程项目的质量要求是由业主(或投资者、项目法人)提出来的，是业主的建设意图通过项目策划，包括项目的定义及建设规模、系统构成、使用功能和价值、规格档次标准等的定位策划和目标决策来确定的。它主要表现为工程合同、设计文件、技术规范规定和质量标准等。

质量管理是指为了实现质量目标而进行的所有管理性质的活动。在质量方面的指挥和控制活动通常包括制定质量方针和质量目标以及质量策划、质量控制、质量保证和质量改进。

质量控制是质量管理的一部分。质量控制是在明确的质量目标条件下通过行动方案和资源配置的计划，实施，检查和监督来实现预期目标的过程。在质量控制的过程中，运用全过程质量管理的思想和动态控制的原理，主要可以将其分为 3 个阶段，即质量的事前预制、事中控制和事后纠偏控制。

建设工程项目的实施是业主、设计、施工、监理等多方主体活动的结果。在工程项目建设中，参与工程建设的各方应根据国家颁布的《建设工程质量管理条例》以及合同、协议及有关文件的规定承担相应的质量责任。

近年来，我国建设行政主管部门先后颁发了多项建设工程质量管理制度，主要有施工图设计文件审查制度、工程质量监督制度、工程质量检测制度、工程质量保修制度。

全面质量管理是以组织全员参与为基础的质量管理形式。全面质量管理在早期称为TQC，以后随着进一步发展而演化成为 TQM。质量管理活动的全部过程是质量计划的制订和组织实现的过程，这个过程就是按照 PDCA 循环不停顿地周而复始地运转。每一循环都围绕着实现预期的目标，进行计划、实施、检查和处置活动，随着对存在问题的克服、解决和改进，不断增强质量能力，提高质量水平。

质量管理体系认证的依据是质量管理体系的要求标准，即 GB/T 19001，认证过程中的审核是围绕企业的质量管理体系要求的符合性和满足质量要求和目标方面的有效性来进行的，认证的结论是质量管理体系是否符合 ISO 9001 即质量管理体系要求标准，是否具有按规范要求，保证产品质量的能力。

建筑工程项目一般建立由公司总部宏观控制，项目经理领导，项目总工程师策划、实施，现场经理和安装经理中间控制，专业责任工程师检查的管理系统，形成从项目经理部到各分承包方、各专业化公司和作业班组的质量管理网络。

习　　题

一、单选题

1. 根据《建设工程质量管理条例》规定，下列要求不属于建设单位质量责任与义务的是(　　)。

A. 建设单位应当依法对工程建设项目的勘察、设计、施工、监理以及工程建设有关的重要设备、材料等的采购进行招标

B. 涉及建筑主体和承重结构变动的装修工程，建设单位要有设计方案

C. 施工人员对涉及结构安全的试块、试件以及有关材料，应在建设单位或工程监理企业监督下现场取样，并送具有相应资质等级的质量检测单位进行检测

D. 建设单位应按照国家有关规定组织竣工验收，建设工程验收合格的，方可交付使用

2. 建设单位应当在工程竣工验收合格后的(　　)内到县级以上人民政府建设主管部门或其他有关部门备案。

A. 14 天　　B. 15 天　　C. 28 小时　　D. 一个月

3. 建设单位在领取施工许可证之前，应当按照有关规定(　　)。

A. 办理工程质量监督手续

B. 签订工程施工合同

C. 办理保证安全施工措施的备案手续

D. 委托具有相应资质监理企业实施监理

4. 施工人员对涉及结构安全的试块、试件及有关材料，应在(　　)监督下现场取样，并送具有相应资质等级的质量检测单位进行检测。

A. 监督机构　　B. 工程监理企业或建设单位

C. 工程监理企业或上级主管部门　　D. 施工管理人员

5. 根据《建设工程质量管理条例》规定，在正常使用条件下，下列关于建设工程最低保修期限正确的表述是(　　)。

A. 基础设施工程、房屋建筑的地基基础和主体结构工程为70年

B. 屋面防水工程、有防水要求的卫生间、房间和外墙面的防渗漏为5年

C. 电气管线、给排水管道、设备安装和装修工程为5年

D. 基础设施工程为100年，房屋建筑的地基基础和主体结构工程为70年

6. 总承包单位将建筑工程分包给其他单位的，应当对分包工程的质量与分包单位承担(　　)责任。分包单位应当接受总承包单位的质量管理。

A. 检查　　B. 管理　　C. 连带　　D. 监督

7. 建筑工程竣工经验收合格后，方可交付使用；未经验收或者验收不合格的，(　　)。

A. 不能正式使用　　B. 不得进行销售

C. 不能进行结算　　D. 不得交付使用

8. 建筑业企业应根据(　　)向国务院产品质量监督管理部门或者国务院产品质量监督管理部门授权的部门认可的认证机构申请质量体系认证。经认证合格的，由认证机构颁发质量体系认证证书。

A. 认证管理原则　　B. 自愿认证原则

C. 必须认证原则　　D. 分期分批原则

9. 建设单位不得以任何理由要求建筑业企业降低工程质量。建筑业企业对建设单位提出的在工程施工作业中，违反法律、行政法规和建筑工程质量、安全标准，降低工程质量的要求，有权且应当(　　)。

A. 予以论证　　B. 予以上报　　C. 予以拒绝　　D. 予以举报

10. 建设单位和施工单位应当在工程质量保修书中约定保修范围、保修期限和保修责任等，必须符合(　　)。

A. 国家有关规定　　B. 合同有关规定

C. 建设单位要求　　D. 工程验收规定

11. (　　)的最低保修期限为设计文件规定的该工程的合理使用年限。

A. 基础防水工程和基础结构工程　　B. 地基基础工程和维护结构工程

C. 基础防水工程和主体结构工程　　D. 地基基础工程和主体结构工程

12. 房屋建筑工程保修期从(　　)计算。

A. 签订工程保修书之日起　　B. 工程保修书中约定之日起

C. 工程竣工验收合格之日起　　D. 工程验收合格交付使用之日起

13. 保修工程发生涉及结构安全的质量缺陷，(　　)应当立即向当地建设行政主管部门报告，采取安全防范措施。

A. 房屋建筑所有人　　B. 房屋原施工单位

C. 房屋建筑居住人　　D. 房屋原设计单位

14. 在保修期限内，因工程质量缺陷造成房屋所有人、使用人或者第三方人身、财产损害的，房屋所有人、使用人或者第三方可以向(　　)提出赔偿要求。

A. 建设单位　　B. 施工单位　　C. 工程质量责任单位　　D. 设计单位

15. 直接产生产品或服务质量的条件，指的是质量控制中的(　　)。

A. 作业技术　　B. 管理活动　　C. 组织和协调活动　　D. 确定质量目标

16. 以下关于质量控制的解释正确的是(　　)。

A. 质量控制就是质量管理

B. 质量控制仅包括所采取的管理活动

C. 只要具备相关作业技术能力，就能产生合格的质量

D. 要具备相关的作业技术能力和科学的管理活动才能实现预期的质量目标

17. 建设工程项目的质量内涵指的是(　　)。

A. 法律法规技术标准和合同等所规定的要求

B. 建筑产品本身客观上已存在的某些要求

C. 满足明确和隐含需要的特性之总和

D. 满足质量要求的一系列作业技术和活动

18. 工程项目各阶段的质量控制均应围绕着致力于满足(　　)要求的质量总目标而展开。

A. 政府　　B. 监理单位　　C. 设计单位　　D. 业主

19. 按质量计划进行质量活动前的准备工作状态的控制属于(　　)的内容。

A. 事前控制　　B. 事中控制　　C. 事后控制　　D. 反馈控制

20. 对质量活动的行为、过程和结果进行控制，属于(　　)的内容。

A. 事前控制　　B. 事中控制　　C. 事后控制　　D. 前馈控制

21. 对质量活动结果的评价认定和对质量偏差的纠正，属于(　　)的内容。

A. 事前控制　　B. 事中控制　　C. 事后控制　　D. 实时控制

22. 事中控制包括自控和监控两大环节，其关键是(　　)。

A. 操作者的自我控制　　B. 企业内部管理者的检查检验

C. 监理单位的监控　　D. 政府质量监督部门的监控

23. 全面质量控制指的是(　　)。

A. 建设工程各参与主体的工程质量与工作质量的全面控制

B. 建设项目总过程的控制

C. 组织内部所有人员参与到实施质量方针的系统环境中

D. 工序质量控制、分项工程质量控制、分部工程质量控制及单位工程质量控制

24. 全员参与质量控制的重要手段是(　　)。

A. 过程方法　　B. 持续改进　　C. 目标管理　　D. PDCA 循环

25. 政府质量监督机构对工程项目的第一次监督检查应该在(　　)进行。

A. 工程开工前　　B. 工程开工之日起 7 天内

C. 工程开工当天　　D. 工程开工之日起 3 天内

26. 建设工程项目结构主要部位质量验收证明需要在各方分别签字验收后(　　)报监督机构备案。

A. 3天内　　B. 5天内　　C. 7天内　　D. 10天内

27. 建设工程质量监督档案是按(　　)建立的。

A. 分项工程　　B. 分部工程　　C. 单位工程　　D. 检验批

28. 政府质量监督机构根据质量检查状况，对于质量问题特别严重的单位可以发出(　　)进行处理。

A. 质量问题整改通知单　　B. 局部暂停施工指令单

C. 吊销营业执照通知书　　D. 临时收缴资质证书通知书

29. 编制单位工程质量监督报告属于政府质量监督机构在(　　)所进行的一项工作。

A. 开工前　　B. 施工过程中　　C. 竣工阶段　　D. 质量保修阶段

二、多选题

1. 建设单位办理竣工备案应提交(　　)等资料。

A. 工程竣工验收报告　　B. 建设工程施工合同

C. 施工单位签署的工程质量保修书　　D. 施工单位资质等级证明文件

E. 工程竣工验收备案表

2. 根据标准的适用范围，我国的工程建设标准分为(　　)。

A. 国家标准　　B. 行业标准　　C. 地方标准

D. 企业标准　　E. 市场通行标准

3. 违反建设工程质量管理条例规定，施工单位在施工中偷工减料的，使用不合格的建筑材料、建筑构配件和设备的，或者有不按照工程设计图纸或者施工技术标准施工的其他行为的，(　　)。

A. 责令改正，处工程合同价款2%以上4%以下的罚款

B. 责令改正，处20万元以上50万元以下的罚款

C. 造成损失的，依法承担赔偿责任

D. 造成损失的，依法承担连带赔偿责任

E. 情节严重的，责令停业整顿，降低资质等级或者吊销资质证书

4. 从事建筑活动的建筑业企业按照其拥有的(　　)等资质条件划分为不同的资质等级。

A. 注册造价师　　B. 完成利润额　　C. 技术装备

D. 注册资本　　E. 已完成的建筑工程业绩

5. 建筑业企业资质分为(　　)3个序列。

A. 设计施工总承包　　B. 施工总承包

C. 专业总承包　　D. 专业承包　　E.劳务分包

6. 获得专业承包资质的企业，可以承接(　　)专业工程。

A. 勘察设计单位分包的　　B. 施工总承包企业分包的

C. 要求全部自行施工的　　D. 建设单位按照规定发包的

E. 要求设计并施工的

7. 建筑物在合理使用寿命内，必须确保(　　)的质量。

A. 地基基础工程　　B. 屋面防水工程

C. 地下防水工程　　D. 主体结构工程　　E. 地下人防工程

8. 建筑业企业必须按照(　　)，对建筑材料、建筑构配件和设备进行检验，不合格的不得使用。

A. 工程设计要求　　B. 合同的约定
C. 建设单位要求　　D. 监理单位的要求
E. 施工技术标准

9. 按照规定不属于房屋建筑工程保修范围有(　　)。

A. 因使用不当造成的质量缺陷　　B. 不可抗力造成的质量缺陷
C. 不包括设备的电气管线　　D. 保修期内保修之后又出现的质量缺陷
E. 保修期第 5 年出现的屋面漏水

10. 房屋建筑工程在保修范围内，保修期限为 2 年的工程内容为(　　)。

A. 供热与供冷系统　　B. 电气管线、设备安装
C. 装修工程　　D. 人防工程
E. 房间和外墙面的防漏

11. 质量管理是指(　　)。

A. 明确质量目标　B. 确立质量方针　C. 实施质量方针的全部职能及工作内容
D. 对工作效果进行评价和改进　　E. 让质量满足工程合同的要求

12. 质量控制是在明确的质量目标条件下，通过行动方案和资源配置的(　　)来实现预期目标的过程。

A. 计划　B. 实施　C. 控制　D. 检查　E. 监督

13. 衡量建筑产品对社会需求满足或满足程度如何的特性指标包含(　　)。

A. 适用性　B. 经济性
C. 环境适宜性　D. 客观性　E. 可靠性

14. 工程项目的施工环境包括(　　)。

A. 自然环境　B. 社会环境
C. 劳动作业环境　D. 管理环境　E. 市场环境

15. PDCA 循环中，实施阶段工作内容包括(　　)。

A. 确定质量控制的组织制度　　B. 确定质量记录方式
C. 计划行动方案的交底　　D. 确定质量控制的工作程序
E. 根据计划规定的要求展开工程作业技术活动

16. 三全管理来自于全面质量管理的 TQC 的思想，它指生产企业的质量管理应该是(　　)的。

A. 全方位　B. 全面　C. 全天候
D. 全过程　E. 全员参与

17. 质量控制的系统过程指的是(　　)。

A. 事前控制　B. 事中控制　C. 事后控制　D. 全过程质量管理
E. 为达到质量要求所采取的一系列作业技术和活动

18. 为了加强对建设工程质量的管理，我国在(　　)中明确政府行政主管部门设立专门机构对建设工程质量行使监督职能。

A. 中华人民共和国建筑法　　B. 中华人民共和国招标投标法
C. GB/T 19000 系列标准　　D. 建设工程质量管理条例

E. 建筑工程施工质量验收规范

19. 政府质量监督机构竣工阶段质量监督工作包括(　　)。
A. 编制单位工程质量监督报告　　B. 主持竣工验收会议
C. 对不符合验收要求的责令改正　　D. 审查施工组织设计
E. 检查工程参与各方的质保体系

20. 建立建设工程质量监督档案应(　　)。
A. 由政府质量监督机构负责人签字
B. 由承包单位负责人签字
C. 由业主的单位负责人签字
D. 按分部工程建立
E. 按单位工程建立

21. 政府质量监督机构在工程开工前的质量检查包括(　　)。
A. 检查项目参与各方的质保体系
B. 审查施工组织设计文件
C. 检查工程建设各方的合同文件
D. 审查监理规划文件
E. 检查各方人员的资质证书

三、简答题

1. 简述质量、建设工程质量概念。
2. 简述工程建设各阶段对质量形成的作用与影响。
3. 影响工程质量的因素有哪些？
4. 工程质量的特点有哪些？
5. 什么叫质量管理？ 什么叫质量控制？两者之间有何关系？
6. 质量控制内容有哪些？
7. 施工阶段质量控制的目标有哪些？
8. 施工质量计划的编制方法有哪些？
9. 施工生产要素的质量控制方法有哪些？
10. 施工过程的作业质量控制方法有哪些？
11. 施工阶段质量控制的主要途径方法有哪些？
12. 在工程项目建设中，参与工程建设的各方工程质量责任体系有哪些？
13. 工程质量管理制度有哪些？
14. 质量认证的基本形式有哪些？
15. ISO 质量管理体系如何建立与实施？
16. 什么叫全面质量管理？
17. 简述全面质量管理 PDCA 循环。
18. 全面质量管理的基本要求有哪些？
19. 简述全面质量管理八项原则。
20. 全面质量管理如何实施？
21. 施工企业如何建立质量管理组织机构？
22. 施工企业各层次质量管理人员职责有哪些？

第2章

施工项目质量控制的内容、方法和手段

教学目标

熟悉施工项目质量控制内容，了解审核有关技术文件、报告或报表方法，熟悉现场质量检验方法和质量控制统计方法，熟悉工序质量控制、质量控制点的设置、检查检测手段、成品保护措施等施工项目质量控制手段。

教学要求

能力目标	知识要点	权重
熟悉施工项目质量控制内容	施工准备的质量控制 施工过程质量控制	30%
了解审核有关技术文件、报告或报表方法，熟悉现场质量检验方法和质量控制统计方法	现场质量检验 质量控制统计法	30%
熟悉工序质量控制、质量控制点的设置、检查检测手段、成品保护措施等施工项目质量控制手段	工序质量控制 检查检测手段	40%

引例

某施工单位承建某公寓工程施工，该工程地下2层，地上7层，基底标高−6.90m，檐高21.78m，基础类型为墙下钢筋混凝土条形基础，局部筏形基础，结构形式为现浇剪力墙结构，楼板采用无粘结预应力混凝土。

问题：

(1) 为保证工程质量，施工单位应对哪些影响质量的因素进行控制？

(2) 什么是质量控制点？质量控制点设置的原则是什么？如何对质量控制点进行质量控制？该工程无粘结预应力混凝土是否应作为质量控制点？为什么？

(3) 施工单位对该工程应采用哪些质量控制的方法？

工程质量控制的原则

(1) 坚持质量第一的原则。建设工程质量不仅关系工程的适用性和建设项目投资效果，而且关系到人民群众生命财产的安全。

(2) 坚持以人为核心的原则。人是工程建设的决策者、组织者、管理者和操作者。以人的工作质量(素质、行为、积极性和创造性)保证工程质量。

(3) 坚持预防为主的原则。工程质量控制应该是积极主动的，应事先对影响质量的各种因素加以控制，而不能是消极被动的，等出现质量问题再进行处理。

(4) 坚持质量标准的原则。质量标准是评价产品质量的尺度，工程质量是否符合合同规定的质量标准要求，应通过质量检验并和质量标准对照，不符合质量标准要求的必须返工处理。

(5) 坚持科学、公正、守法的职业规范。在工程质量控制中，必须坚持科学、公正、守法的职业道德规范，要尊重科学规律，尊重事实，客观、公正，不持偏见，遵纪守法，坚持原则，严格要求。

2.1 施工项目质量控制内容

2.1.1 施工质量控制过程与依据

1. 施工质量控制的系统过程

施工质量控制的系统过程如图2.1所示。

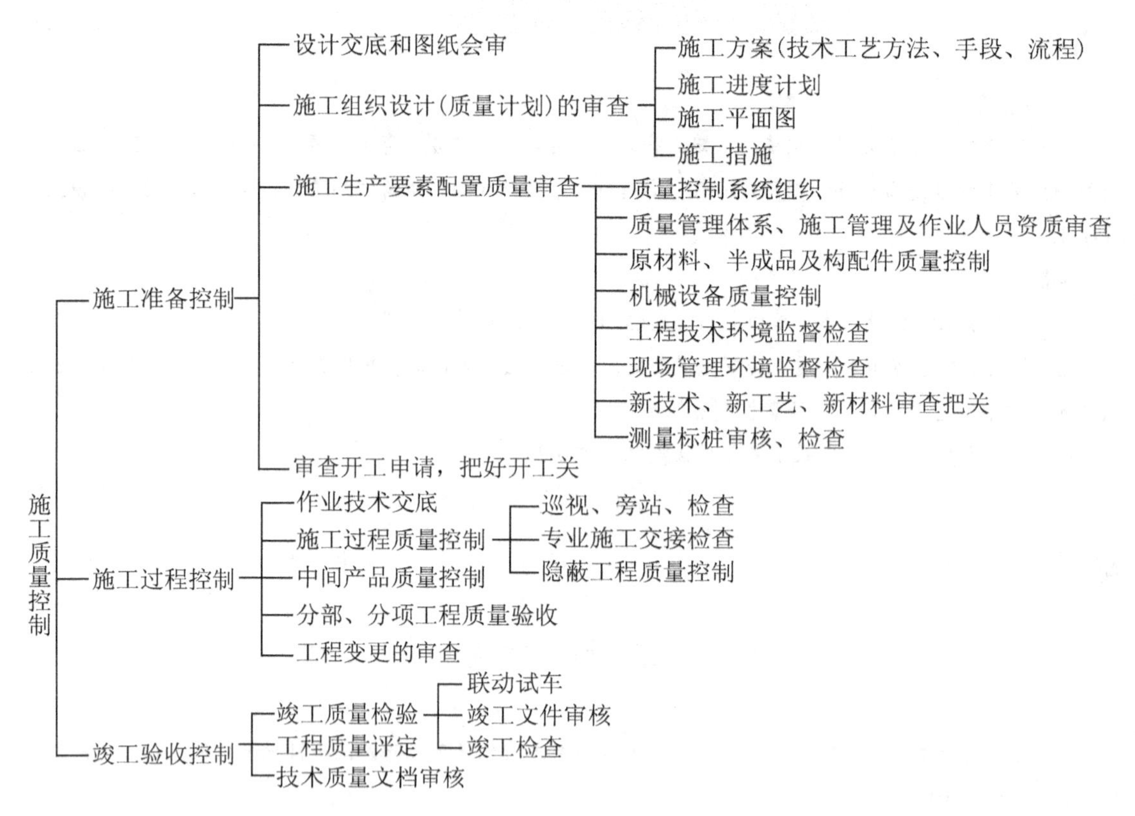

图 2.1　施工质量控制的系统过程

2. 施工质量控制的依据

概括说来，施工质量控制的技术法规性的依据主要有以下几类。

(1) 工程项目施工质量验收标准。《建筑工程施工质量验收统一标准》(GB 50300)以及其他行业工程项目的质量验收标准。

(2) 有关工程材料、半成品和构配件质量控制方面的专门技术法规性依据。

(3) 控制施工作业活动质量的技术规程。例如电焊操作规程、砌砖操作规程、混凝土施工操作规程等。

(4) 凡采用新工艺、新技术、新材料的工程，事先应进行试验，并应有权威性技术部门的技术鉴定书及有关的质量数据、指标，在此基础上制定有关的质量标准和施工工艺规程，以此作为判断与控制质量的依据。

《建筑工程施工质量验收统一标准》(GB 50300)摘录

3　基本规定

3.0.1　施工现场质量管理应有相应的施工技术标准、健全的质量管理体系、施工质量检验制度和综合施工质量水平考核制度。

3.0.3　建筑工程的施工质量控制应符合下列规定：

1　建筑工程采用的主要材料、半成品、成品、建筑构配件、器具和设备应进行进场检验。凡涉及安全、节能、环境保护和主要使用功能的重要材料、产品，应按各专业工程施工规范、验收规范和设计文件等规定进行复验，并应经监理工程师检查认可；

2 各施工工序应按施工技术标准进行质量控制，每道施工工序完成后，经施工单位自检符合规定后，才能进行下道工序施工。各专业工种之间的相关工序应进行交接检验，并应记录；

3 对于监理单位提出检查要求的重要工序，应经监理工程师检查认可，才能进行下道工序施工。

2.1.2 施工准备的质量控制

1. 施工承包单位资质的核查

(1) 施工承包单位资质的分类。施工企业按照其承包工程能力划分为施工总承包、专业承包和劳务分包3个序列。

① 施工总承包企业：可以对工程实行施工总承包或者对主体工程实行施工承包，施工总承包企业可以将承包的工程全部自行施工，也可以将非主体工程或者劳务作业分包给具有相应专业承包资质或者劳务分包资质的其他建筑业企业。施工总承包企业的资质按专业类别共分为12个资质类别，每一个资质类别又分成特级、一、二、三级。

② 专业承包企业：可以承接施工总承包企业分包的专业工程或者建设单位按照规定发包的专业工程。专业承包企业可以对所承接的工程全部自行施工，也可以将劳务作业分包给具有相应劳务分包资质的劳务分包企业。

专业承包企业资质按专业类别共分为60个资质类别，每一个资质类别又分为一、二、三级。

③ 劳务分包企业：可以承接施工总承包企业或者专业承包企业分包的劳务作业。劳务承包企业有13个资质类别，如木工作业、砌筑作业、钢筋作业、架线作业等。有的资质类别分成若干级，有的则不分级，如木工、砌筑、钢筋作业劳务分包企业资质分为一级、二级。油漆、架线等作业劳务分包企业则不分级。

(2) 查对承包单位近期承建工程。实地参观考核工程质量情况及现场管理水平。在全面了解的基础上，重点考核与拟建工程类型、规模和特点相似或接近的工程。优先选取创出名牌优质工程的企业。

(3) 对中标进场从事项目施工的承包企业质量管理体系的核查。

2. 施工组织设计(质量计划)的审查

1) 质量计划与施工组织设计

质量计划与现行施工管理中的施工组织设计有相同的地方，又存在着差别。

(1) 对象相同。质量计划和施工组织设计都是针对某一特定工程项目而提出的。

(2) 形式相同。二者均为文件形式。

(3) 作用既相同又存在区别。投标时，投标单位向建设单位提供的施工组织设计或质量计划的作用是相同的，都是对建设单位作出工程项目质量管理的承诺；施工期间承包单位编制的详细的施工组织设计仅供内部使用，用于具体指导工程项目的施工，而质量计划的主要作用是向建设单位作出保证。

(4) 编制的原理不同。质量计划的编制是以质量管理标准为基础的，从质量职能上对影响工程质量的各环节进行控制；而施工组织设计则是从施工部署的角度，着重于技术质量形成规律来编制全面施工管理的计划文件。

(5) 在内容上各有侧重点。质量计划的内容按其功能包括：质量目标、组织结构和人员培训、采购、过程质量控制的手段和方法；而施工组织设计是建立在对这些手段和方法结合工程特点具体而灵活运用的基础上。

2) 施工组织设计的审查程序

(1) 在工程项目开工前约定的时间内，承包单位必须完成施工组织设计的编制及内部自审批准工作，填写《施工组织设计(方案)报审表》报送项目监理机构。

(2) 总监理工程师在约定的时间内，组织专业监理工程师审查，提出意见后，由总监理工程师审核签认。需要承包单位修改时，由总监理工程师签发书面意见，退回承包单位修改后再报审，总监理工程师重新审查。

(3) 已审定的施工组织设计由项目监理机构报送建设单位。

(4) 承包单位应按审定的施工组织设计文件组织施工。如需对其内容作较大的变更，应在实施前将变更内容书面报送项目监理机构审核。

(5) 规模大、结构复杂或属新结构、特种结构的工程，项目监理机构对施工组织设计审查后，还应报送监理单位技术负责人审查，提出审查意见后由总监理工程师签发，必要时与建设单位协商，组织有关专业部门和有关专家会审。

(6) 规模大、工艺复杂的工程，群体工程或分期出图的工程，经建设单位批准可分阶段报审施工组织设计；技术复杂或采用新技术的分项、分部工程，承包单位还应编制该分项、分部工程的施工方案，报项目监理机构审查。

3) 审查施工组织设计时应掌握的原则

(1) 施工组织设计的编制、审查和批准应符合规定的程序。

(2) 施工组织设计应符合国家的技术政策，充分考虑承包合同规定的条件、施工现场条件及法规条件的要求，突出“质量第一、安全第一”的原则。

(3) 施工组织设计的针对性：承包单位是否了解并掌握了本工程的特点及难点，对施工条件是否分析充分。

(4) 施工组织设计的可操作性：承包单位是否有能力执行并保证工期和质量目标；该施工组织设计是否切实可行。

(5) 技术方案的先进性：施工组织设计采用的技术方案和措施是否先进适用，技术是否成熟。

(6) 质量管理和技术管理体系，质量保证措施是否健全且切实可行。

(7) 安全、环保、消防和文明施工措施是否切实可行并符合有关规定。

(8) 在满足合同和法规要求的前提下，对施工组织设计的审查，应尊重承包单位的自主技术决策和管理决策。

3. 现场施工准备的质量控制

监理工程师现场施工准备的质量控制共包括 8 项工作：①工程定位及标高基准控制；②施工平面布置的控制；③材料构配件采购订货的控制；④施工机械配置的控制；⑤分包单位资格的审核确认；⑥设计交底与施工图纸的现场核对；⑦严把开工关；⑧监理组织内部的监控准备工作。

1) 工程定位及标高基准控制

工程施工测量放线是建设工程产品由设计转化为实物的第一步。监理工程师应将其作为保证工程质量的一项重要的内容，在监理工作中，应由测量专业监理工程师负责工程测量的复核控制工作。

2) 施工平面布置的控制

略。

3) 材料构配件采购订货的控制

凡由承包单位负责采购的原材料、半成品或构配件，在采购订货前应向监理工程师申报；对于重要的材料，还应提交样品，供试验或鉴定，有些材料则要求供货单位提交理化试验单(如预应力钢筋的硫、磷含量等)，经监理工程师审查认可后，方可进行订货采购。

对于半成品和构配件的采购、订货，监理工程师应提出明确的质量要求、质量检测项目及标准，出厂合格证或产品说明书等质量文件的要求，以及是否需要权威性的质量认证等。

4) 施工机械配置的控制

(1) 施工机械设备的选择。除应考虑施工机械的技术性能、工作效率、工作质量、可靠性及维修难易、能源消耗，以及安全、灵活等方面对施工质量的影响与保证条件外，还应考虑其数量配置对施工质量的影响与保证条件。

(2) 审查施工机械设备的数量是否足够。

(3) 审查所需的施工机械设备是否按已批准的计划备妥；所准备的机械设备是否与监理工程师审查认可的施工组织设计或施工计划中所列者相一致；所准备的施工机械设备是否都处于完好的可用状态等。

5) 分包单位资质的审核确认

(1) 总承包单位提交《分包单位资质报审表》。总承包单位选定分包单位后，应向监理工程师提交《分包单位资质报审表》。

(2) 监理工程师审查总承包单位提交的《分包单位资质报审表》。

(3) 对分包单位进行调查，调查的目的是核实总承包单位申报的分包单位情况是否属实。

6) 设计交底与施工图纸的现场核对

施工图是工程施工的直接依据，为了使施工承包单位充分了解工程特点、设计要求，减少图纸的差错，确保工程质量，减少工程变更，监理工程师应要求施工承包单位做好施工图的现场核对工作。

施工图纸现场核对主要包括以下几个方面。

(1) 施工图纸合法性的认定：施工图纸是否经设计单位正式签署，是否按规定经有关部门审核批准，是否得到建设单位的同意。

(2) 图纸与说明书是否齐全，如分期出图，图纸供应是否满足需要。

(3) 地下构筑物、障碍物、管线是否探明并标注清楚。

(4) 图纸中有无遗漏、差错或相互矛盾之处(例如：漏画螺栓孔、漏列钢筋明细表、尺寸标注有错误等)。图纸的表示方法是否清楚和符合标准等。

(5) 地质及水文地质等基础资料是否充分、可靠，地形、地貌与现场实际情况是否相符。

(6) 所需材料的来源有无保证，能否替代；新材料、新技术的采用有无问题。

(7) 所提出的施工工艺、方法是否合理，是否切合实际，是否存在不便于施工之处，能否保证质量要求。

(8) 施工图或说明书中所涉及的各种标准、图册、规范、规程等，承包单位是否具备。

对于存在的问题，要求承包单位以书面形式提出，在设计单位以书面形式进行解释或确认后，才能进行施工。

2.1.3 施工过程质量控制

1. 作业技术准备状态的控制

所谓作业技术准备状态——在正式开展作业技术活动前，各项施工准备是否按预先计划的安排落实到位的状况。

1) 质量控制点的设置

质量控制点是指为了保证作业过程质量而确定的重点控制对象、关键部位或薄弱环节。

设置质量控制点是保证达到施工质量要求的必要前提。具体做法是承包单位事先分析可能造成质量问题的原因，针对原因制定对策，列出质量控制点明细表，提交监理工程师审查批准后，实施质量预控。

2) 选择质量控制点的一般原则

(1) 施工过程中的关键工序或环节以及隐蔽工程，例如预应力结构的张拉工序，钢筋混凝土结构中的钢筋架立。

(2) 施工中的薄弱环节，或质量不稳定的工序、部位或对象，例如地下防水层施工。

(3) 对后续工程施工或对后续工序质量或安全有重大影响的工序、部位或对象，例如预应力结构中的预应力钢筋质量、模板的支撑与固定等。

(4) 采用新技术、新工艺、新材料的部位或环节。

(5) 施工上无足够把握的、施工条件困难的或技术难度大的工序或环节，例如复杂曲线模板的放样等。是否设置为质量控制点，主要是视其对质量特性影响的大小、危害程度以及其质量保证的难度大小而定。

3) 作业技术交底的控制

作业技术交底是施工组织设计或施工方案的具体化。项目经理部中主管技术人员编制技术交底书，经项目总工程师批准。

技术交底的内容有施工方法、质量要求和验收标准，施工过程中需注意的问题，可能出现意外的措施及应急方案。

交底中要明确的问题：做什么、谁来做、如何做、作业标准和要求、什么时间完成等

关键部位或技术难度大，施工复杂的检验批，分项工程施工前，承包单位的技术交底书(作业指导书)要报监理工程师。经监理工程师审查后，如技术交底书不能保证作业活动的质量要求，承包单位要进行修改补充。没有做好技术交底的工序或分项工程，不得进入正式实施。

4) 进场材料构配件的质量控制

运到施工现场的原材料、半成品或构配件，进场前应向项目监理机构提交的文件如下。

(1) 《工程材料/构配件/设备报审表》。

(2) 产品出厂合格证及技术说明书。

(3) 由施工承包单位按规定要求进行检验的检验或试验报告。

经监理工程师审查并确认其质量合格后，方准进场。

凡是没有产品出厂合格证明及检验不合格者，不得进场。

如果监理工程师认为承包单位提交的有关产品合格证明的文件以及施工承包单位提交的检验或试验报告，仍不足以说明到场产品的质量符合要求时，监理工程师可以再进行组织复检或见证取样试验，确认其质量合格后方允许进场。

5) 环境状态的控制

(1) 施工作业环境的控制。作业环境条件包括水、电或动力供应、施工照明、安全防护设备、施工场地空间条件和通道以及交通运输和道路条件等。

监理工程师应事先检查承包单位是否已做好安排和准备妥当；当确认其准备可靠、有效后，方准许其进行施工。

(2) 施工质量管理环境的控制。

施工质量管理环境主要是指以下内容。

① 施工承包单位的质量管理体系和质量控制自检系统是否处于良好的状态。

② 系统的组织结构、管理制度、检测制度、检测标准、人员配备等方面是否完善和明确。

③ 质量责任制是否落实。

监理工程师做好承包单位施工质量管理环境的检查，并督促其落实，是保证作业效果的重要前提。

(3) 现场自然环境条件的控制。

6) 进场施工机械设备性能及工作状态的控制

(1) 进场检查。

进场前施工单位报送进场设备清单。清单包括机械设备规格、数量、技术性能、设备状况、进场时间。

进场后监理工程师进行现场核对：是否和施工组织设计中所列的内容相符。

(2) 工作状态的检查。

审查机械使用、保养记录、检查工作状态。

(3) 特殊设备安全运行的审核。

对于现场使用的塔吊及有关特殊安全要求的设备，进入现场后在使用前，必须经当地劳动安全部门鉴定，符合要求并办好相关手续后方允许承包单位投入使用。

(4) 大型临时设备的检查。

设备使用前，承包单位必须取得本单位上级安全主管部门的审查批准，办好相关手续后，监理工程师方可批准投入使用。

7) 施工测量及计量器具性能、精度的控制

(1) 试验室。承包单位应建立试验室，不能建立时，应委托有资质的专门试验室作为试验室。新建的试验室，要经计量部门认证，取得资质；如是中心试验室派出部分——应有委托书。

(2) 监理工程师对试验室的检查如下。

① 工程作业开始前，承包单位应向监理机构报送试验室(或外委试验室)的资质证明文件，列出本试验室所开展的试验、检测项目、主要仪器、设备；法定计量部门对计量器具的标定证明文件；试验检测人员上岗资质证明；试验室管理制度等。

② 监理工程师的实地检查。监理工程师应检查试验室资质证明文件、试验设备、检测仪器能否满足工程质量检查要求，是否处于良好的可用状态；精度是否符合需要；法定计

量部门标定资料，合格证、率定表，是否在标定的有效期内；试验室管理制度是否齐全，符合实际；试验、检测人员的上岗资质等。经检查，确认能满足工程质量检验要求，则予以批准，同意使用，否则，承包单位应进一步完善、补充，在没得到监理工程师同意之前，试验室不得使用。

(3) 工地测量仪器的检查。施工测量开始前，承包单位应向项目监理机构提交测量仪器的型号、技术指标、精度等级、法定计量部门的标定证明，测量工的上岗证明，监理工程师审核确认后，方可进行正式测量作业。在作业过程中监理工程师也应经常检查了解计量仪器、测量设备的性能、精度状况，使其处于良好的状态之中。

8) 施工现场劳动组织及作业人员上岗资格的控制

(1) 现场劳动组织的控制。劳动组织涉及从事作业活动的操作者及管理者，以及相应的各种管理制度。

① 操作人员：主要技术工人必须持有相关职业资格证书。

② 管理人员到位：作业活动的直接负责人(包括技术负责人)，专职质检人员，安全员，与作业活动有关的测量人员、材料员、试验员必须在岗。

③ 相关制度要健全。

(2) 作业人员应具备上岗资格。从事特殊作业的人员(如电焊工、电工、起重工、架子工、爆破工)，必须持证上岗。对此监理工程师要进行检查与核实。

2. 作业技术活动运行过程的控制

保证作业活动的效果与质量是施工过程质量控制的基础。

1) 承包单位自检与专检工作的监控

(1) 承包单位的自检系统。承包单位的自检体系表现在以下几点。

① 作业者——自检。

② 不同工序交接、转换——交接检查。

③ 专职质检员——专检。

承包单位的自检系统的保证措施如下。

① 承包单位必须有整套的制度及工作程序。

② 具有相应的试验设备及检测仪器。

③ 配备数量满足需要的专职质检人员及试验检测人员。

(2) 监理工程师的检查。监理工程师的质量监督与控制就是使承包单位建立起完善的质量自检体系并运转有效，对承包单位作业活动质量的复核与确认。

2) 技术复核工作监控

凡涉及施工作业技术活动基准和依据的技术工作，都应该严格进行专人负责的复核性检查。技术复核是承包单位应履行的技术工作责任，其复核结果应报送监理工程师复验确认后，才能进行后续相关的施工。

3) 见证取样送检工作的监控

(1) 见证取样的工作程序如下。

① 施工开始前，项目监理机构要督促承包单位尽快落实见证取样的送检试验室。对于承包单位提出的试验室，监理工程师要进行实地考察。试验室一般是和承包单位没有行政隶属关系的第三方。

② 项目监理机构要将选定的试验室报到负责本项目的质量监督机构备案并得到认可，要将项目监理机构中负责见证取样的监理工程师在该质量监督机构备案。

③ 承包单位实施见证取样前，通知见证取样的监理工程师，在该监理工程师现场监督下，承包单位完成取样过程。

④ 完成取样后，承包单位将送检样品装入木箱，由监理工程师加封，不能装入箱中的试件，如钢筋样品、钢筋接头，则贴上专用加封标志，然后送往试验室。

(2) 实施见证取样的要求如下。

① 见证试验室要具有相应的资质并进行备案、认可。

② 负责见证取样的监理工程师要具有材料、试验等方面的专业知识，且要取得从事监理工作的上岗资格(一般由专业监理工程师负责从事此项工作)。

③ 承包单位从事取样的人员一般应是试验室人员或专职质检人员担任。

④ 送往见证试验室的样品，要填写"送验单"，送验单要盖有"见证取样"专用章，并有见证取样监理工程师的签字。

⑤ 试验室出具的报告一式两份，分别由承包单位和项目监理机构保存，并作为归档材料和工序产品的质量评定的重要依据。

⑥ 见证取样的频率，国家或地方主管部门是有规定的，执行相关规定；施工承包合同中如有明确规定的，执行施工承包合同的规定。见证取样的频率和数量，包括在承包单位自检范围内，一般所占比例为30%。

⑦ 见证取样的试验费用由合同要求支付。

⑧ 实行见证取样，绝不能代替承包单位应对材料、构配件进场时必须进行的自检。自检频率和数量要按相关规范要求执行。

4) 工程变更的监控

工程变更的要求可能来自建设单位、设计单位或施工承包单位。为确保工程质量，不同情况下，工程变更的实施、设计图纸的澄清、修改，具有不同的工作程序。

(1) 施工承包单位的要求及处理。在施工过程中承包单位提出的工程变更要求是要求作某些技术修改或要求作设计变更。

① 对技术修改要求的处理。

技术修改是在不改变原设计图纸和技术文件的原则前提下，提出的对设计图纸和技术文件的某些技术上的修改要求，例如，对某种规格的钢筋采用替代规格的钢筋、对基坑开挖边坡的修改等。

承包单位向项目监理机构提交《工程变更单》，在该表中应说明要求修改的内容及原因或理由，并附图和有关文件。

技术修改问题一般由专业监理工程师组织承包单位和现场设计代表参加，经各方同意后签字并形成纪要，作为工程变更单附件，经总监理工程师批准后实施。

② 工程变更的要求。

工程变更是施工期间，对于设计单位在设计图纸和设计文件中所表达的设计标准状态的改变和修改。

首先，承包单位应就要求变更的问题填写《工程变更单》，送交项目监理机构。总监理工程师根据承包单位的申请，经与设计、建设、承包单位研究并作出变更的决定后，签发

《工程变更单》，并应附有设计单位提出的变更设计图纸。承包单位签收后按变更后的图纸施工。

这种变更一般均会涉及设计单位重新出图的问题。如果变更涉及结构主体及安全，该工程变更还要按有关规定报送施工图原审查单位进行审批，否则变更不能实施。

(2) 设计单位提出变更的处理。

① 设计单位首先将“设计变更通知”及有关附件报送建设单位。

② 建设单位会同监理、施工承包单位对设计单位提交的“设计变更通知”进行研究，必要时设计单位尚需提供进一步的资料，以便对变更作出决定。

③ 总监理工程师签发《工程变更单》并将设计单位发出的“设计变更通知”作为该《工程变更单》的附件，施工承包单位按新的变更图实施。

(3) 建设单位(监理工程师)要求变更的处理。

① 建设单位(监理工程师)将变更的要求通知设计单位，如果在要求中包括有相应的方案或建议，则应一并报送设计单位；否则，变更要求由设计单位研究解决。在提供审查的变更要求中，应列出所有受该变更影响的图纸、文件清单。

② 设计单位对《工程变更单》进行研究。

③ 根据建设单位的授权监理工程师研究设计单位所提交的建议设计变更方案或其对变更要求所附方案的意见，必要时会同有关的承包单位和设计单位一起进行研究，也可进一步提供资料，以便对变更作出决定。

④ 建设单位作出变更的决定后由总监理工程师签发《工程变更单》，指示承包单位按变更的决定组织施工。

需注意的是在工程施工过程中，无论是建设单位或者施工及设计单位提出的工程变更或图纸修改，都应通过监理工程师审查并经有关方面研究，确认其必要性后，由总监理工程师发布变更指令方能生效予以实施。

5) 见证点的实施控制

见证点是国际上对于重要程度不同及监督控制要求不同的质量控制点的一种区分方式。实际上它是质量控制点，只是由于它的重要性或其质量后果影响程度不同于一般质量控制点，所以在实施监督控制的运作程序和监督要求与一般质量控制点有区别。

6) 级配管理质量监控

做好原材料相关的质量控制工作。

(1) 拌和原材料的质量控制。

(2) 材料配合比的审查。

根据设计要求，承包单位首先进行理论配合比设计，进行试配试验后，确认2～3个能满足要求的理论配合比提交监理工程师审查。

(3) 现场作业的质量控制。

① 拌和设备状态及相关拌和材料计量装置，称重衡器的检查。

② 投入使用的原材料(如水泥、砂、外加剂、水、粉煤灰、粗骨料)的现场检查。

③ 现场作业实际配合比是否符合理论配合比，作业条件发生变化是否及时进行了调整。例如混凝土工程中，雨后开盘生产混凝土，砂的含水率发生了变化，对水灰比是否及时进行调整等。

④ 对现场所做的调整应按技术复核的要求和程序执行。

⑤ 在现场实际投料拌制时，应做好看板管理。

7) 计量工作质量监控

① 施工过程中使用的计量仪器、检测设备、称重衡器的质量控制。

② 从事计量作业人员技术水平资格的审核，尤其是现场从事施工测量的测量工，从事试验、检测的试验工。

③ 现场计量操作的质量控制。作业者的实际作业质量直接影响到作业效果，计量作业现场的质量控制主要是检查其操作方法是否得当。

8) 质量记录资料的监控

① 施工现场质量管理检查记录资料：现场管理制度、上岗证、图纸审查记录、施工方案。

② 工程材料质量记录：进场材料质量证明资料、实验检验报告、各种合格证。

③ 施工过程作业活动质量记录资料：质量自检资料、验收资料、各工序作业的原始施工记录。

9) 工地例会的管理

略。

10) 停、复工令的实施

(1) 工程暂停指令的下达。

① 施工作业活动存在重大隐患，可能造成质量事故或已经造成质量事故。

② 承包单位未经许可擅自施工或拒绝项目监理机构管理。

③ 在出现下列情况下，总监理工程师有权行使质量控制权，下达停工令，及时进行质量控制。

(a) 施工中出现质量异常情况，经提出后，承包单位未采取有效措施，或措施不力未能扭转异常情况者。

(b) 隐蔽作业未经依法查验确认合格，而擅自封闭者。

(c) 已发生质量问题迟迟未按监理工程师要求进行处理，或者是已发生质量缺陷或问题，如不停工则质量缺陷或问题将继续发展的情况下。

(d) 未经监理工程师审查同意，而擅自变更设计或修改图纸进行施工者。

(e) 未经技术资质审查的人员或不合格人员进入现场施工。

(f) 使用的原材料、构配件不合格或未经检查确认者；擅自采用未经审查认可的代用材料者。

(g) 擅自使用未经项目监理机构审查认可的分包单位进场施工。

总监理工程师在签发工程暂停令时，应根据停工原因的影响范围和影响程度，确定工程项目停工范围。

(2) 恢复施工指令的下达。

承包单位经过整改具备恢复施工条件时，承包单位向项目监理机构报送复工申请及有关材料，证明造成停工的原因已消失。经监理工程师现场复查，认为已符合继续施工的条件，造成停工的原因确已消失，总监理工程师应及时签署工程复工报审表，指令承包单位继续施工。

(3) 总监理工程师下达停工令及复工指令，宜事先向建设单位报告。

3. 作业技术活动结果的控制

1) 作业技术活动结果的控制内容

作业技术活动结果的控制是施工过程中间产品及最终产品质量控制的方式，只有作业活动的中间产品质量都符合要求，才能保证最终单位工程产品的质量，主要内容如下。

(1) 基槽(基坑)验收。

(2) 隐蔽工程验收。

(3) 工序交接验收。

(4) 检验批、分项、分部工程的验收。

(5) 联动试车或设备的试运转。

(6) 单位工程或整个工程项目的竣工验收。

(7) 不合格的处理如下。

① 上道工序不合格——不准进入下道工序施工。

② 不合格的材料、构配件、半成品——不准进入施工现场且不允许使用，已经进场的不合格品应及时做出标识、记录，指定专人看管，避免用错，并限期清除出现场。

③ 不合格的工序或工程产品——不予计价。

2) 作业技术活动结果检验程序

作业技术活动结果检验程序：施工承包单位竣工自检——《工程竣工报验单》——总监理工程师组织专业监理工程师——竣工初验——初验合格，报建设单位——建设单位组织正式验收。

与建设工程质量管理有关的管理制度

(1) 项目法人责任制：项目法人对项目的策划、资金筹措、建设实施、生产经营、债务偿还和资产的保值增值实行全过程负责的制度。

(2) 建设工程施工许可制：建设工程开工前，建设单位应当按照国家有关规定向工程所在地县级以上人民政府建设行政主管部门申请领取施工许可证。

(3) 从业资格与资质制。

(4) 建设工程招投标制。

(5) 建设工程监理制。

(6) 合同管理制。

(7) 安全生产责任制。

(8) 工程质量责任制。

(9) 工程质量保修制。

(10) 工程竣工验收制。

(11) 建设工程质量备案制。

(12) 建设工程终身责任制。

(13) 工程项目决策咨询制。

(14) 建设工程设计审查制。

(15) 建设工程质量监督制。

2.2 施工项目质量控制方法

施工项目质量控制的方法，主要是审核有关技术文件、报告、进行现场质量检验或必要的试验、质量控制统计法等。

2.2.1 审核有关技术文件、报告或报表

对技术文件、报告、报表的审核，是项目经理对工程质量进行全面控制的重要手段，其具体内容如下。

(1) 审核有关技术资质证明文件。

(2) 审核开工报告，并经现场核实。

(3) 审核施工方案、施工组织设计和技术措施。

(4) 审核有关材料、半成品的质量检验报告。

(5) 审核反映工序质量动态的统计资料或控制图表。

(6) 审核设计变更、修改图纸和技术核定书。

(7) 审核有关质量问题的处理报告。

(8) 审核有关应用新工艺、新材料、新技术、新结构的技术鉴定书。

(9) 审核有关工序交接检查、分项、分部工程质量检查报告。

(10) 审核并签署现场有关技术签证、文件等。

2.2.2 现场质量检验

1. 现场质量检验的内容

(1) 开工前检查。目的是检查是否具备开工条件，开工后能否连续正常施工，能否保证工程质量。

(2) 工序交接检查。对于重要的工序或对工程质量有重大影响的工序，在自检、互检的基础上，还要组织专职人员进行工序交接检查。

(3) 隐蔽工程检查。凡是隐蔽工程均应检查认证后方能掩盖。

(4) 停工后复工前的检查。因处理质量问题或某种原因停工后需复工时，亦应经检查认可后方能复工。

(5) 分项、分部工程完工后，应经检查认可，签署验收记录后，才许进行下一工程项目施工。

(6) 成品保护检查。检查成品有无保护措施或保护措施是否可靠。

此外，负责质量工作的领导和工作人员还应经常深入现场，对施工操作质量进行巡视检查；必要时，还应进行跟班或追踪检查。

2. 现场质量检验工作的作用

(1) 质量检验工作。质量检验就是根据一定的质量标准，借助一定的检测手段来估价

工程产品、材料或设备等的性能特征或质量状况的工作。

质量检验工作在检验每种质量特征时，一般包括以下工作。

① 明确某种质量特性的标准。

② 量度工程产品或材料的质量特征数值或状况。

③ 记录与整理有关的检验数据。

④ 将量度的结果与标准进行比较。

⑤ 对质量进行判断与估价。

⑥ 对符合质量要求的作出安排。

⑦ 对不符合质量要求的进行处理。

(2) 质量检验的作用。要保证和提高施工质量，质量检验是必不可少的手段。概括起来，质量检验的主要作用如下。

① 它是质量保证与质量控制的重要手段。为了保证工程质量，在质量控制中，需要将工程产品或材料、半成品等的实际质量状况(质量特性等)与规定的某一标准进行比较，以便判断其质量状况是否符合要求的标准，这就需要通过质量检验手段来检测实际情况。

② 质量检验为质量分析与质量控制提供了所需依据的有关技术数据和信息，所以它是质量分析、质量控制与质量保证的基础。

③ 通过对进场和使用的材料、半成品、构配件及其他器材、物资进行全面的质量检验工作，可以避免因材料、物资的质量问题而导致工程质量事故的发生。

④ 在施工过程中，通过对施工工序的检验取得数据，可以及时判断质量，采取措施，防止质量问题的延续与积累。

3. 现场质量检查的方法

现场进行质量检查的方法有目测法、实测法和试验法 3 种。

(1) 目测法。其手段可归纳为看、摸、敲、照 4 个字。

看，就是根据质量标准进行外观目测。如装饰工程墙、地砖铺的四角对缝是否垂直一致，砖缝宽度是否一致，横平竖直。又如，清水墙面是否洁净，喷涂是否密实和颜色是否均匀，内墙抹灰大面及口角是否平直，地面是否光洁平整，油漆浆活表面观感，施工顺序是否合理，工人操作是否正确等，均是通过目测检查、评价。

摸，就是手感检查，主要用于装饰工程的某些检查项目，如水刷石、干粘石粘结牢固程度，油漆的光滑度，浆活是否掉粉，地面有无起砂等，均可通过手摸加以鉴别。

敲，是运用工具进行声感检查。对地面工程、装饰工程中的水磨石、面砖、锦砖和大理石贴面等，均应进行敲击检查，通过声音的虚实确定有无空鼓，还可根据声音的清脆和沉闷，判定属于面层空鼓或底层空鼓。此外，用手敲玻璃，如发出颤动声响，一般是底灰不满或压条不实。

照，对于难以看到或光线较暗的部位，则可采用镜子反射或灯光照射的方法进行检查。

(2) 实测法：就是通过实测数据与施工规范及质量标准所规定的允许偏差对照，来判别质量是否合格。实测检查法的手段，也可归纳为靠、吊、量、套 4 个字。

靠，是用直尺、塞尺检查墙面、地面、屋面的平整度。

吊，是用托线板以线坠吊线检查垂直度。

量，是用测量工具和计量仪表等检查断面尺寸、轴线、标高、湿度、温度等的偏差。

套，是以方尺套方，辅以塞尺检查。如对阴阳角的方正、踢脚线的垂直度、预制构件的方正等项目的检查。对门窗口及构配件的对角线(窜角)检查，也是套方的特殊手段。

(3) 试验检查：指必须通过试验手段，才能对质量进行判断的检查方法。如对桩或地基的静载试验，确定其承载力；对钢结构进行稳定性试验，确定是否产生失稳现象；对钢筋对焊接头进行拉力试验，检验焊接的质量等。

2.2.3 质量控制统计法

1. 排列图

排列图又称主次因素分析法，是找出影响工程质量的一种有效方法。

1) 排列图的画法和主次因素分类

(1) 决定调查对象，调查范围，内容和提取数据的方法，收集一批数据(如废品率、不合格率、规格数量等)。

(2) 整理数据，按问题或原因的频数(或点数)，从大到小排列，并计算其发生的频率和累计频率。

(3) 作排列图。

(4) 分类。通常把累计频率百分数分为3类：0～80%为A类，是主要因素；80%～90%为B类，是次要因素；90%～100%为C类，是一般因素。

(5) 注意点：主要因素最好是1～2个，最多不超过3个，否则，就失去找主要矛盾的意义；注意分层，从几个不同方面进行排列。

2) 排列图的应用实例

案例 2-1

某施工企业构件加工厂出现钢筋混凝土构件不合格品增多的质量问题，对一批构件进行检查，有200个检查点不合格，影响其质量的因素有混凝土强度、截面尺寸、侧向弯曲、钢筋强度、表面平整、预埋件、表面缺陷等，统计各因素发生的次数列于表2-1中，试作排列图并确定影响质量的主要因素。

解：表2-1已列出因素项目，只需从统计频数入手作排列图即可。

表 2-1 不合格项目统计分析表

构件批号	混凝土强度	截面尺寸	侧向弯曲	钢筋强度	表面平整	预埋件	表面缺陷
1	5	6	2	1	—	—	1
2	10	—	4	—	2	1	—
3	20	4	—	2	—	1	—
4	5	3	5	—	4	1	—
5	8	2	—	1	—	—	1
6	4	—	3	—	1	—	—
7	18	6	—	3	—	—	1
8	25	6	4	—	1	—	—
9	4	3	—	2	—	—	—
10	6	20	2	1	—	1	—
合计	105	50	20	10	8	4	3

频数、频率、累积频率的统计结果见表 2-2，排列图如图 2.2 所示。

表 2-2　频率计算表

序号	影响质量的因素	频数	频率/%	累计频率/%
1	混凝土强度	105	52.5	52.5
2	截面尺寸	50	25	77.5
3	侧向弯曲	20	10	87.5
4	钢筋强度	10	5	92.5
5	表面平整	8	4	96.5
6	预埋件	4	2	98.5
7	表面缺陷	3	1.5	100
合计		200	100	—

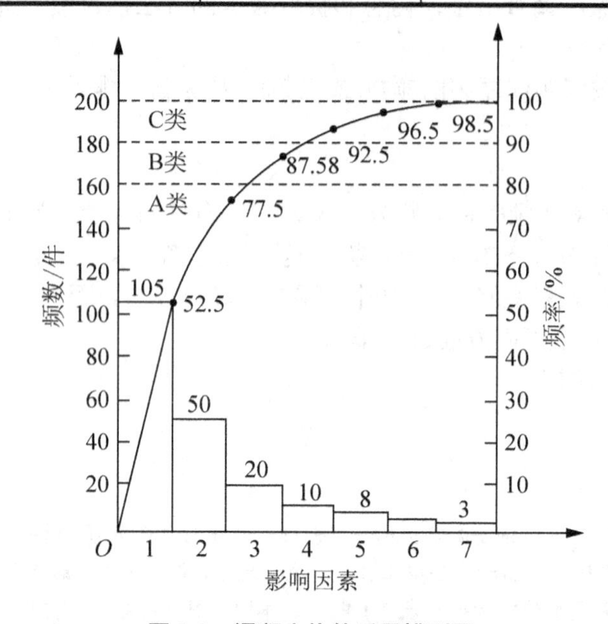

图 2.2　混凝土构件质量排列图

表 2-2、图 2.2 都表明，A 类因素(影响钢筋混凝土构件质量的主要因素)有混凝土强度和截面尺寸两项，应针对这两个因素制定改进措施。

2. 因果分析图

因果分析图也叫特性要因图，用来表示因果关系。特性指生产中出现的质量问题；要因指质量问题有影响的因素或原因。此法是对质量问题特性有影响的重要因素进行分析和分类，通过整理、归纳、分析，查找原因，以便采取措施，解决质量问题。

要因一般可从 5 方面来找，即人员、材料、机械设备、工艺方法和环境。

1) 因果图画法

(1) 确定需要分析的质量特性，画出带箭头的主干线。

(2) 分析造成质量问题的各种原因，逐层分析，由大到小，追查原因中的原因，直到可以针对原因采取具体措施解决的程度为止。

(3) 按原因大小以枝线逐层标记于图上。

(4) 找出关键原因，并标注在图上，向有关部门提供质量情报。

2) 应用举例

某工程混凝土强度低的因果分析图

图 2.3 是某工程混凝土强度低的因果分析图，其主要原因是搅拌与养护方法不当，搅拌机问题，材料储存条件和操作人员的责任心。

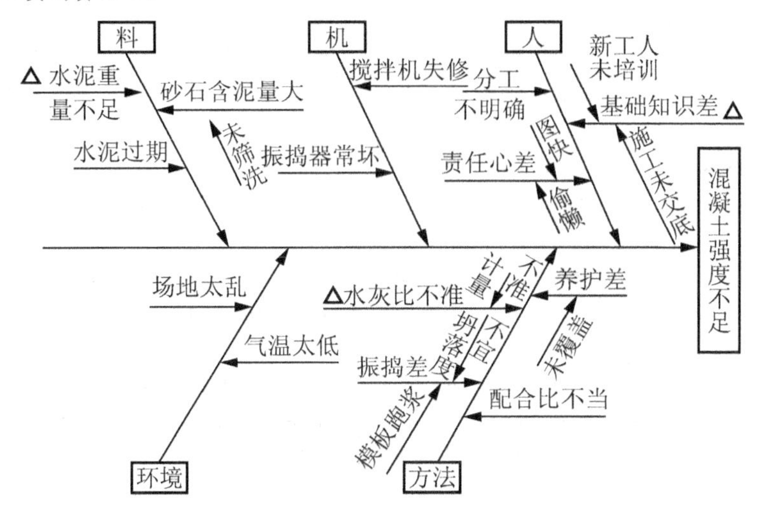

图 2.3　混凝土强度低的因果分析图

3. 直方图法

直方图法又称频数分布直方图法，它是将收集到的质量数据进行分组整理，绘制成频数分布直方图，用以描述质量分布状态的一种方法。所以直方图又称质量分布图。

产品质量由于受到各种因素的影响，必然会出现波动。即使用同一批材料，同一台设备，由同一操作者采用相同工艺生产出来的产品，质量也不会完全一致。但是，产品质量的波动有一定范围和规律，质量分布就是指质量波动的范围和规律。

产品质量的状态是用指标数据反映的，质量的波动表现为数据的波动。直方图就是通过频数分布分析、研究数据的集中程度和波动范围的一种统计方法，是把收集到的产品质量特征数据，按大小顺序加以整理，进行适当分组，计算每一组中数据的个数(频数)，将这些数据在坐标纸上画一些矩形图，横坐标为样本的取值范围，纵坐标为数据落入各组的频数，以此来分析质量分布的状态。

1) 直方图的作图步骤和方法

某工地在一个时期拌制 C40 混凝土，共做试块 35 组，其抗压强度见表 2-3，求作直方图。

表 2-3　混凝土试块抗压强度统计表

序号	强度等级/(N·mm^{-2})					最大值	最小值
1	41.2	41.5	35.5	37.5	38.2	41.5	35.5
2	41.0	40.8	39.6	40.6	41.7	41.7	39.6
3	40.5	47.1	42.8	43.1	38.7	47.1	38.7
4	35.2	41.0	45.9	38.8	43.2	45.9	35.2
5	39.7	38.0	34.0	44.0	44.5	44.5	34.0*
6	47.5	44.1	43.8	39.9	36.1	47.5	36.1
7	47.3	49.0	41.4	42.3	43.7	49.0*	41.4

解：(1) 收集整理数据。

根据数理统计的原因，从需要分析的质量问题的总体中随机抽取一定数量的数据作为样本，通过分析样本来判断总体的状态。样本的数量不能太少。因为样本容量越大，越能代表总体的状态。样本的数量一般不应少于 30 个。

(2) 找出全体数据的最大值 X_{max}，最小值 X_{min}。

$$X_{max} = 49.0\text{N/mm}^2 \qquad X_{min} = 34.0\text{N/mm}^2$$

(3) 计算极差 R。

极差表示全体数据的最大值与最小值之差，也就是全体数据的分布极限范围。

$$R = X_{max} - X_{min} = 49.0 - 34.0 = 15.0\text{N/mm}^2$$

(4) 确定组距和分组数。

组距大小，应根据对测量数据的要求精度而定；组数应根据收集数据总数的多少而定，组数太少会掩盖组内数据的变动情况，组数太多又会使各组的高度参差不齐，从而看不出明显的规律。分组数可参考表 2-4 确定。组距用 h 来表示；组数用 k 来表示。通常先定组数，后定组距。组数、组距、极差三者之间的关系为：

$$h = \frac{R}{k}$$

本例中，取组数 $k = 7$，则组距为：

$$h = \frac{15.0}{7} = 2.1\text{N/mm}^2$$

表 2-4　分组数 k 值的参考表

样本数量N	分组数k
小于50	5～7
50～100	6～10
100～250	7～12
250以下	10～20

(5) 确定各组边界值。

为避免数据正好落在边界值上，一般可采用区间分界值比统计数据提高一级精度的办法。为此，可按下列公式计算第一区间的上下界值。

$$第一区间下界值 = X_{min} - \frac{h}{2}$$

$$第一区间上界值 = X_{min} + \frac{h}{2}$$

本例中，第一区间的下界值为：

$$34.0-\frac{2.1}{2}=34.0-1.05=32.95\text{N/mm}^2$$

第一区间上界值为：

$$34.0+1.05=35.05\text{N/mm}^2$$

第一组的上界值就是第二组的下界值，第二组的上界值等于第二组的下界值加上组距，其余类推。

(6) 制表并统计频数。

根据分组情况，分别统计出各组数据的个数，得到频数统计表。

本例频数统计见表 2-5。

表 2-5 频数分布统计表

序号	分组界限	频数统计	频数	频率
1	32.95～35.05	一	1	0.029
2	35.05～37.15	下	3	0.086
3	37.15～39.25	正	5	0.143
4	39.25～41.35	正𠄟	9	0.256
5	41.35～43.45	正丅	7	0.200
6	43.45～45.55	正	5	0.143
7	45.55～47.65	𠄟	4	0.114
8	47.65～49.75	一	1	0.029
—	—	—	35	1.000

(7) 画直方图。

直方图是一张坐标图，横坐标表示分组区间的划分，纵坐标表示各分组区间值的发生频数。

本例的混凝土强度频数分布直方图如图 2.4 所示。

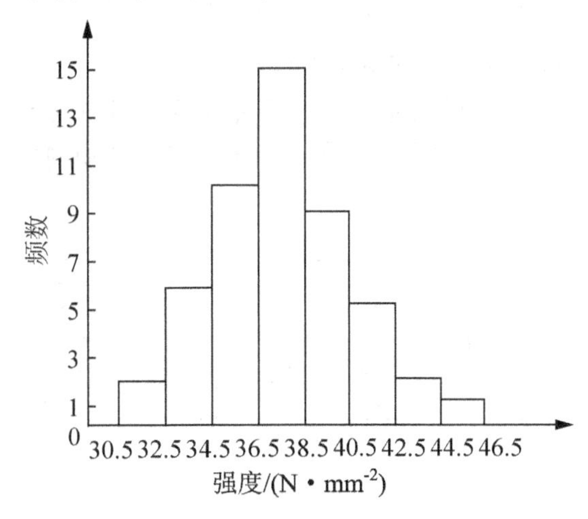

图 2.4 混凝土强度频数分布直方图

2) 直方图的观察与分析

(1) 分析直方图的整体形状。

正常情况下的直方图应接近正态分析图，即中间高，两边低，左右对称。图 2.5(a)接近正态分布，属于正常情况。如果出现其他形状的图形，说明分布异常，应及时查明原因，采取措施加以纠正。

常见的异常图形有以下几种。

① 锯齿型。直方图出现参差不齐的形状，造成这种现象的原因不是生产上控制的偏向，而是分组过多或测量错误。应减少分组，重新作图，如图 2.5(b)所示。

② 缓坡型。直方图在控制之内，但峰顶偏向一侧，另一侧出现缓坡。说明生产中控制有偏向，或操作者习惯因素造成，如图 2.5(c)所示。

③ 孤岛型。这是生产过程中短时间的情况异常造成的，如少量材料不合格，临时更换设备，不熟练工人上岗等，如图 2.5(d)所示。

④ 双峰型。表示数据出自不同的来源，如由工艺水平相差很大的两个班组生产的产品，使用两种质量相差很大的材料，两种不同的作业环境等。因此纠集数据必须区分来源，如图 2.5(e)所示。

⑤ 绝壁型。通常是由于数据输入不正常，可能有意识地去掉下限以下的数据，或是在检测过程中存在某种人为因素所造成的，如图 2.5(f)所示。

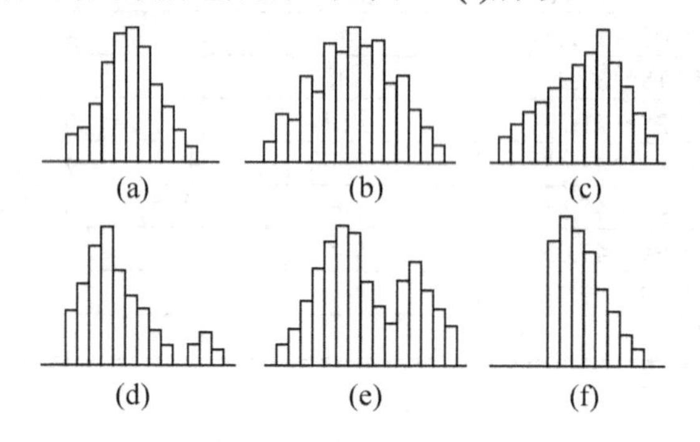

图 2.5 常见的直方图图形

(a) 正常型；(b) 锯齿型；(c) 缓坡型；(d) 孤岛型；(e) 双峰型；(f) 绝壁型

(2) 将直方图与质量标准比较，判断实际生产过程的能力。

通过前面的观察与分析，若图形正常，并不能说明质量分布就完全合理，还要与质量标准即标准公差相比较，如图 2.6 所示。图中 B 表示实际的质量特性分布范围，T 表示规范规定的标准公差的界限(T=容许上限−容许下限)。

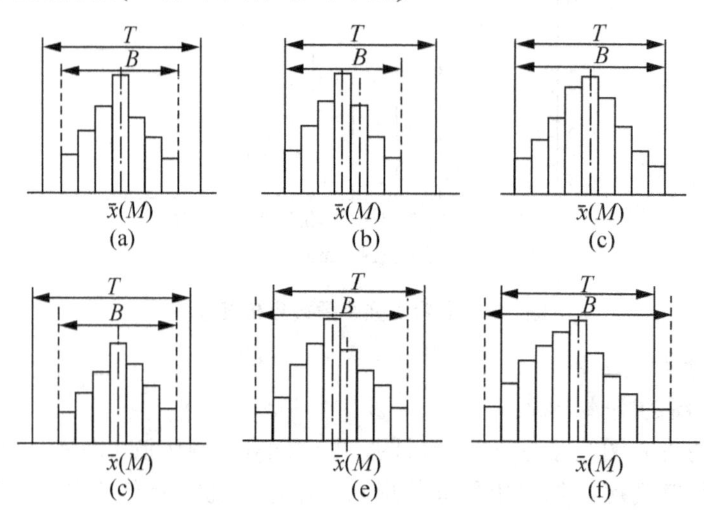

图 2.6 实际分布与标准公差的比较

正常形状的直方图与标准公差相比较，常见的有以下几种情况。

① 实际分布的中心与标准公差的中心基本吻合，属理想状态，B 在 T 中间，两边略有余地，不会出现不合格品，如图 2.6(a)所示。

② B 虽然在 T 中间，但已明显偏向一侧，B 与 T 的中心不吻合，说明控制中心线偏移，应及时采取措施纠正，如图 2.6(b)所示。

③ B 与 T 相等，中心吻合，但两边没有余地。说明控制精度不够，容易出废品。应提高控制精度，以缩小实际分布的范围，如图 2.6(c)所示。

④ B 在 T 中间，中心也基本吻合，但两边富余过多。说明控制精度过高，虽然不出废品，但不经济，应适当放宽控制精度，如图 2.6(d)所示。

⑤ B 的中心严重偏离 T 的中心，其中一侧已超出公差。说明没有达到质量标准控制，应采取措施及时纠正，按质量标准重新确定控制中心线，如图 2.6(e)所示。

⑥ B 大于 T，两边均有超差。说明控制不严，已超出标准规定的允许偏差，出现了废品，必须加大控制力度，减小质量波动的范围，如图 2.6(f)所示。

上面叙述是 6 种一般的情况，实际工作中要根据质量问题的性质分别判断，采取恰当的改进措施。

4. 控制图法

控制图又称管理图，是分析和控制质量分布动态的一种方法。产品的生产过程是连续不断的，因此应对产品质量的形成过程进行动态监控。控制图法就是一种对质量分布进行动态控制的方法。

1) 控制图的原理

控制图是依据正态分布原理，合理控制质量特征数据的范围和规律，对质量分布动态进行监控。控制图的基本形式如图 2.7 所示。

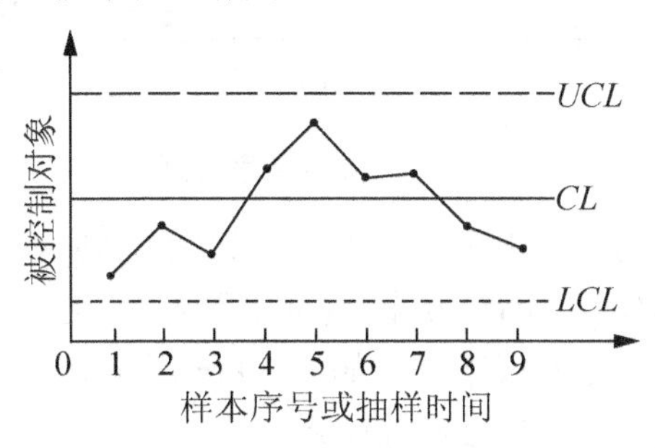

图 2.7 控制图的基本形式

该图的横坐标表示取样时间或编号，纵坐标表示质量特征。坐标内有 3 条控制线，控制中心线取数据的平均数 μ，用符号 CL 表示，在图上是一条实线；上控制界限在上面，图上是一条虚线，用符号 UCL 表示，取 $\mu+3\sigma$(σ 为标准差)；下控制界限在下面，在图上也是一条虚线，用符号 LCL 表示，取 $\mu-3\sigma$。根据数理统计原理，在正态分布条件下，按 $\mu\pm3\sigma$ 控制上下限，如果只考虑偶然因素的影响，最多有千分之三的数据超出控制限。这种方法又称为“千分之三”法则。

2) 控制图的作法

绘制控制图的关键是确定中心线和控制上下界限。但控制图有多种类型，如$\overline{x}$(平均值)控制图、S(标准偏差)控制图、R(极差)控制图、$\overline{x}-R$(平均值－极差)控制图、P(不合格率)控制图等，每一种控制图的中心线和上下界限的确定方法不一样。为了应用方便，人们已将各种控制图的参数计算公式推导出来，使用时只需查表经简单计算即可。

3) 控制图的分析

(1) 数据分布范围分析。数据分布应在控制上下限内，凡跳出控制界限，说明波动过大。

(2) 数据分布规律分析。数据分布就是正态分布，如果出现图 2.8 所示情况，视为异常排列。

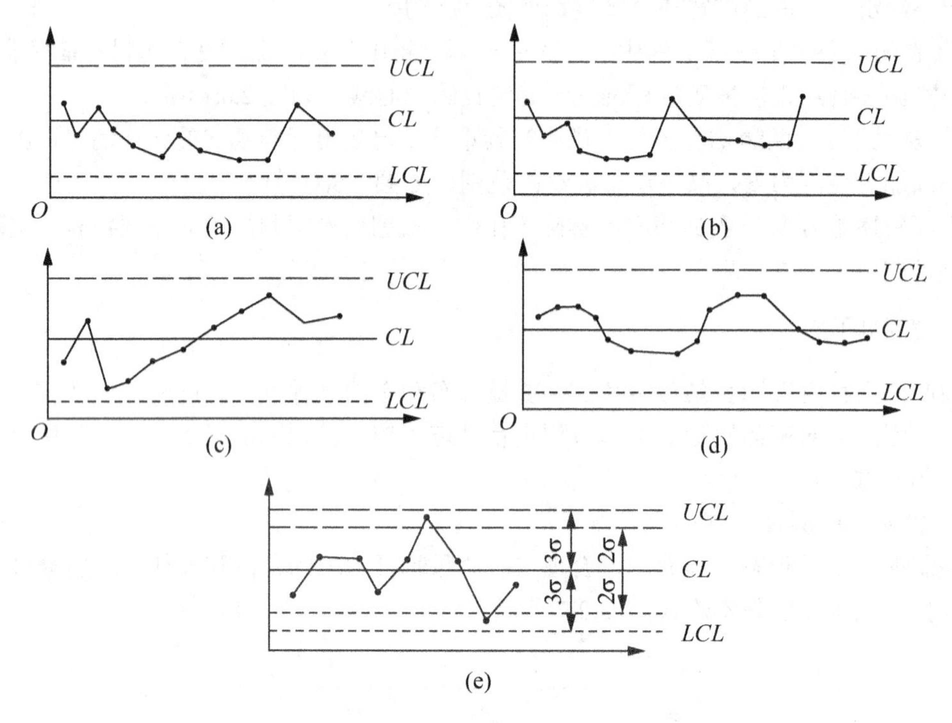

图 2.8　数据异常排列

① 数据点在中心线一侧连续出现 7 次以上，如图 2.8(a)所示。

② 连续 11 个数据点中，至少有 10 个点(可以不连续)在中心线一侧，如图 2.8(b)所示。

③ 数据连续 7 个以上点上升或下降，如图 2.8(c)所示。

④ 数据点呈周期性变化，如图 2.8(d)所示。

⑤ 连续 3 个数据点中，至少有 2 个点(可以不连续)在±2σ 界限以外，如图 2.8(e)所示。

5．相关图法

相关图又称散布图。在质量控制中它是用来显示两种质量数据之间关系的一种图形。相关图分析的两个变量，可以是质量特征和因素，质量特征和质量特征，因素和因素等。

1) 相关图的原理及作法

将两种需要确定关系的质量数据用点标注在坐标图上，从而根据点的散布情况判别两种数据之间的关系，以便进一步弄清影响质量特征的主要因素。

2) 相关图的类型

相关图的基本类型如图 2.9 所示。

(1) 正相关。点的散布呈一条向上的直线带，表明 y 受 x 的直接影响，如图 2.9(a)所示。

(2) 弱正相关。点的散布呈向上的直线带趋势，表明除 x 外，还有其他因素在影响 y，如图 2.9(b)所示。

(3) 不相关。点的散布无规律，表明 x 与 y 没有关系，如图 2.9(c)所示。

(4) 负相关。点的散布呈一条向下的直线带，表明 y 受 x 负影响，如图 2.9(d)所示。

(5) 弱负相关。点的散布呈向下的直线带趋势，表明除 x 的负影响外，还有其他因素在影响 y，如图 2.9(e)所示。

(6) 非线性相关。点的分布呈非直线带，表明 y 受 x 的非线性影响，如图 2.9(f)所示。

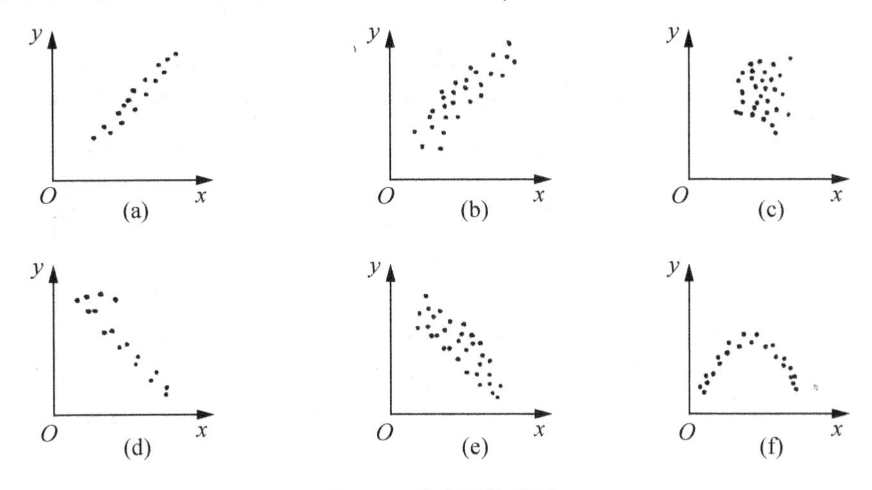

图 2.9 散布图的类型

6. 分层法和调查表法

1) 分层法

分层法又叫分类法，是将调查收集的原始数据，根据不同的目的和要求，按某一性质进行分组、整理的分析方法。分层的结果使数据各层间的差异突出地显示出来，层内的数据差异减少。在此基础上再进行层间、层内的比较分析，可以更深入地发现和认识质量问题的原因。由于产品质量是多方面因素共同作用的结果，因而对同一批数据，可以按不同性质分层，使我们能从不同角度去考虑、分析产品存在的质量问题和影响因素。常用的分层标志如下。

(1) 按操作班组或操作者分层。

(2) 按使用机械设备型号分层。

(3) 按操作方法分层。

(4) 按原材料供应单位、供应时间或等级分层。

(5) 按施工时间分层。

(6) 按检查手段、工作环境等分层。

现举例说明分层法的应用。

案例 2-4

钢筋焊接质量的调查分析，共检查了 50 个焊接点，其中不合格 19 个，不合格率为 38%。存在严重的质量问题，试用分层法分析质量问题的原因。

现已查明这批钢筋的焊接是由 A、B、C 三个师傅操作的，而焊条是由甲、乙两个厂家提供的。因此，分别按操作者和焊条生产厂家进行分层分析，即考虑一种因素单独的影响，见表 2-6 和表 2-7。

表 2-6　按操作者分层

操作者	不合格	合格	不合格率/%
A	6	13	32
B	3	9	25
C	10	9	53
合　计	19	31	38

表 2-7　按供应焊条厂家分层

操作者	不合格	合格	不合格率/%
甲	9	14	39
乙	10	17	37
合　计	19	31	38

由表 2-6 和表 2-7 分层分析可见，操作者 B 的质量较好，不合格率 25%；而不论是采用甲厂还是乙厂的焊条，不合格率都很高且相差不大。为了找出问题之所在，再进一步采用综合分层进行分析，即考虑两种因素共同影响的结果，见表 2-8。

表 2-8　综合分层分析焊接质量

<table>
<tr><th rowspan="2">操作者</th><th rowspan="2">焊接
质量</th><th colspan="2">甲　厂</th><th colspan="2">乙　厂</th><th colspan="2">合　计</th></tr>
<tr><th>焊接点</th><th>不合格率/%</th><th>焊接点</th><th>不合格率/%</th><th>焊接点</th><th>不合格率/%</th></tr>
<tr><td rowspan="2">A</td><td>不合格</td><td>6</td><td rowspan="2">75</td><td>0</td><td rowspan="2">0</td><td>6</td><td rowspan="2">32</td></tr>
<tr><td>合　格</td><td>2</td><td>11</td><td>13</td></tr>
<tr><td rowspan="2">B</td><td>不合格</td><td>0</td><td rowspan="2">0</td><td>3</td><td rowspan="2">43</td><td>3</td><td rowspan="2">25</td></tr>
<tr><td>合　格</td><td>5</td><td>4</td><td>9</td></tr>
<tr><td rowspan="2">C</td><td>不合格</td><td>3</td><td rowspan="2">30</td><td>7</td><td rowspan="2">78</td><td>10</td><td rowspan="2">53</td></tr>
<tr><td>合　格</td><td>7</td><td>2</td><td>9</td></tr>
<tr><td rowspan="2">合　计</td><td>不合格</td><td>9</td><td rowspan="2">39</td><td>10</td><td rowspan="2">37</td><td>19</td><td rowspan="2">38</td></tr>
<tr><td>合　格</td><td>14</td><td>17</td><td>31</td></tr>
</table>

从表 2-8 的综合分层法分析可知，在使用甲厂的焊条时，应采用 B 师傅的操作方法为好；在使用乙厂的焊条时，应采用 A 师傅的操作方法为好，这样会使合格率大大地提高。

分层法是质量控制统计分析方法中最基本的一种方法。其他统计方法一般都要与分层法配合使用，如排列图法、直方图法、控制图法、相关图法等，常常是首先利用分层法将原始数据分门别类，然后再进行统计分析的。

2) 调查表法

调查表法又称统计调查分析法，它是利用专门设计的统计表对质量数据进行收集、整理和粗略分析质量状态的一种方法。

在质量控制活动中，利用统计调查表收集数据，简便灵活，便于整理，实用有效。它没有固定格式，可根据需要和具体情况，设计出不同统计调查表。常用的调查表如下。

(1) 分项工程作业质量分布调查表。

(2) 不合格项目调查表。

(3) 不合格原因调查表。

(4) 施工质量检查评定用调查表等。

表 2-9 是混凝土空心板外观质量问题调查表。

表 2-9 混凝土空心板外观质量问题表

产品名称	混凝土空心板		生产班组		
日生产总数	200块	生产时间	年 月 日	检查时间	年__月__日
检查方式	全数检查		检查员		
项目名称	检查记录		合计		
露筋	正𤴓		9		
蜂窝	正正一		11		
孔洞	丅		2		
裂缝	一		1		
其他	下		3		
总计			26		

应当指出，统计调查表往往同分层法结合起来应用，可以更好、更快地找出问题的原因，以便采取改进的措施。

2.3 施工项目质量控制手段

1. 工序质量控制

工程项目的施工过程，是由一系列相互关联、相互制约的工序所构成，工序质量是基础，直接影响工程项目的整体质量。要控制工程项目施工过程的质量，首先必须控制工序的质量。

工序质量包含两方面的内容：一是工序活动条件的质量；二是工序活动效果的质量。从质量控制的角度来看，这两者是互为关联的，一方面要控制工序活动条件的质量，即每道工序投入品的质量(即人、材料、机械、方法和环境的质量)是否符合要求；另一方面又要控制工序活动效果的质量，即每道工序施工完成的工程产品是否达到有关质量标准。

2. 质量控制点的设置

质量控制点是指为了保证施工项目质量需要进行控制的重点，或关键部位，或薄弱环节，以便在一定时期内、一定条件下进行强化管理，使施工质量处于良好的受控状态。质量控制点的设置，要根据工程的重要程度或某部位质量特性值对整个工程质量的影响程度来确定。为此，在设置质量控制点时，首先要对施工的工程对象进行全面分析、比较，以明确质量控制点；而后进一步分析所设置的质量控制点在施工中可能出现的质量问题或造成质量隐患的原因，针对隐患的原因，相应地提出对策措施予以预防。由此可见，设置质量控制点，是对工程质量进行预控的有力措施。

质量控制点的涉及面较广，根据工程特点，视其重要性、复杂性、精确性、质量标准和要求，可能是结构复杂的某一工程项目，也可能是技术要求高、施工难度大的某一结构构件或分项、分部工程，也可能是影响质量关键的某一环节中的某一工序或若干工序。总之，无论是操作、材料、机械设备、施工顺序、技术参数、自然条件、工程环境等，均可作为质量控制点来设置，主要是视其对质量特征影响的大小及危害程度而定。

3．检查检测手段

在施工项目质量控制过程中，常用的检查、检测手段有以下几方面。

(1) 日常性的检查，即是在现场施工过程中，质量控制人员(专业工长、质检员、技术人员)对操作人员进行操作情况及结果的检查和抽查，及时发现质量问题或质量隐患、事故苗头，以便及时进行控制。

(2) 测量和检测，利用测量仪器和检测设备对建筑物水平和竖向轴线、标高、几何尺寸、方位进行控制，对建筑结构施工的有关砂浆或混凝土强度进行检测，严格控制工程质量，发现偏差及时纠正。

(3) 试验及见证取样，各种材料及施工试验应符合相应规范和标准的要求，诸如原材料的性能，混凝土搅拌的配合比和计量，坍落度的检查和成品强度等物理力学性能及打桩的承载能力等，均需通过试验的手段进行控制。

(4) 实行质量否决制度，质量检查人员和技术人员对施工中存有的问题，有权以口头方式或书面方式要求施工操作人员停工或者返工，纠正违章行为责令不合格的产品推倒重做。

(5) 按规定的工作程序控制，预检、隐检应由专人负责并按规定检查，作出记录，第一次使用的混凝土配合比要进行开盘鉴定，混凝土浇筑应经申请和批准，完成的分项工程质量要进行实测实量的检验评定等。

(6) 对使用安全与功能的项目实行竣工抽查检测。严把分项工程质量检验评定关。

4．成品保护措施

在施工过程中，有些分项、分部工程已经完成，其他工程尚在施工，或者某些部位已经完成，其他部位正在施工，如果对已完成的成品，不采取妥善的措施加以保护就会造成损伤，影响质量。这样，不仅会增加修补工作量，浪费工料，拖延工期；更严重的是有的损伤难以恢复到原样，成为永久性的缺陷。因此，搞好成品保护，是一项关系到确保工程质量，降低工程成本，按期竣工的重要环节。

加强成品保护，首先要教育全体职工树立质量观念，对国家、对人民负责，自觉爱护公物，尊重他人和自己的劳动成果，施工操作时要珍惜已完成的和部分完成的成品。其次，要合理安排施工顺序，采取行之有效的成品保护措施。

1) 施工顺序与成品保护

合理地安排施工顺序，按正确的施工流程组织施工，是进行成品保护的有效途径之一。例如以下情况。

(1) 遵循“先地下后地上”、“先深后浅”的施工顺序，就不至于破坏地下管网和道路路面。

(2) 地下管道与基础工程相配合进行施工，可避免基础完工后再打洞挖槽安装管道，影响质量和进度。

(3) 先在房心回填土后再做基础防潮层，则可保护防潮层不致受填土夯实损伤。

(4) 装饰工程采取自上而下的流水顺序，可以使房屋主体工程完成后，有一定沉降期；已做好的屋面防水层，可防止雨水渗漏。这些都有利于保护装饰工程质量。

(5) 先做地面，后做顶棚、墙面抹灰，可以保护下层顶棚、墙面抹灰不致受渗水污染；但在已做好的地面上施工，需对地面加以保护。若先做顶棚、墙面抹灰，后做地面时，则要求楼板灌缝密实，以免漏水污染墙面。

(6) 楼梯间和踏步饰面，宜在整个饰面工程完成后，再自上而下地进行；门窗扇的安装通常在抹灰后进行；一般先油漆，后安装玻璃；这些施工顺序，均有利于成品保护。

(7) 当采用单排外脚手砌墙时，由于砖墙上面有脚手洞眼，故一般情况下内墙抹灰需待同一层外粉刷完成，脚手架拆除，洞眼填补后，才能进行，以免影响内墙抹灰的质量。

(8) 先喷浆而后安装灯具，可避免安装灯具后又修理浆活，从而污染灯具。

(9) 当铺贴连续多跨的卷材防水屋面时，应按先高跨后低跨，先远(离交通进出口)后近，先天窗油漆、玻璃后铺贴卷材屋面的顺序进行。这样可避免在铺好的卷材屋面上行走和堆放材料、工具等物，有利于保护屋面的质量。

以上示例说明，只要合理安排施工顺序，便可有效地保护成品的质量，也可有效地防止后道工序损伤或污染前道工序。

2) 成品保护的措施

成品保护主要有护、包、盖、封等4种措施。

(1) 护。护就是提前保护，以防止成品可能发生的损伤和污染。如为了防止清水墙面污染，在脚手架、安全网横杆、进料口四周以及临近水刷石墙面上，提前钉上塑料布或纸板；清水墙楼梯踏步采用护棱角铁上下连通固定；门口在推车易碰部位，在小车轴的高度钉上防护条或槽型盖铁；进出口台阶应垫砖或方木，搭脚手板过人；外檐水刷石大角或柱子要立板固定保护；门扇安好后要加楔固定等。

(2) 包。包就是进行包裹，以防止成品被损伤或污染。如大理石或高级水磨石块柱子贴好后，应用立板包裹捆扎；楼梯扶手易污染变色，油漆前应裹纸保护；铝合金门窗应用塑料布包扎；炉片、管道污染后不好清理，应包纸保护；电气开关、插座、灯具等设备也应包裹，防止喷浆时污染等。

(3) 盖。盖就是表面覆盖，防止堵塞、损伤。如预制水磨石、大理石楼梯应用木板、加气板等覆盖，以防操作人员踩踏和物体磕碰；水泥地面、现浇或预制水磨石地面，应铺干锯末保护；高级水磨石地面或大理石地面，应用苫布或棉毡覆盖；落水口、排水管安好后要加覆盖，以防堵塞；散水交活后，为保水养护并防止磕碰，可盖一层土或砂子；其他需要防晒、防冻、保温养护的项目，也要采取适当的覆盖措施。

(4) 封。封就是局部封闭，如预制磨石楼梯、水泥抹面楼梯施工后，应将楼梯口暂时封闭，待达到上人强度并采取保护措施后再开放；室内塑料墙纸、木地板油漆完成后，均应立即锁门；屋面防水做完后，应封闭上屋面的楼梯门或出入口；室内抹灰或浆活交活后，为调节室内温湿度，应有专人开关外窗等。

总之，在工程项目施工中，必须充分重视成品保护工作。道理很简单，哪怕生产出来的产品是优质品、上等品，若保护不好，遭受损伤或污染，那也就将会成为次品、废品、不合格品。所以，成品保护，除合理安排施工顺序，采取有效的对策、措施外，还必须加强对成品保护工作的检查。

【背景】

某网球馆工程采用筏形基础，按流水施工方案组织施工，在第一段施工过程中，材料已送检，为了在雨期来临之前完成基础工程施工，施工单位负责人未经监理许可，在材料送检时，擅自施工，待筏基浇筑完毕后，发现水泥实验报告中某些检验项目质量不合格，如果返工重做，工期将拖延 15 天，经济损失达 1.32 万元。

【问题】

(1) 施工单位未经监理单位许可即进行混凝土浇筑，该做法是否正确？如果不正确，施工单位应如何做？

(2) 为了保证该网球馆工程质量达到设计和规范要求，施工单位对进场材料应如何进行质量控制？

(3) 简述材料质量控制的要点。

(4) 材料质量控制的内容有哪些？

[分析与答案]

(1) 施工单位未经监理许可即进行筏基混凝土浇筑的做法是错误的。

正确做法：施工单位运进水泥前，应向项目监理机构提交《工程材料报审表》，同时附有水泥出厂合格证、技术说明书、按规定要求进行送检的检验报告，经监理工程师审查并确认其质量合格后，方准进场。

施工单位还可以采用(ISO 9000)质量管理和质量保证标准中有关检验和试验程序中的“紧急放行”和“例外放行”。

通常不允许使用未经检验合格的物资，确因生产急需又来不及检验和试验而投入使用的物资，需经相应授权人员(如由施工单位申请，监理工程师批准)批准，作出明确标识并做好记录，保证一旦发现不符合规定要求时，能够立即追回或更换，这种做法，习惯上成为“紧急放行”。本例适合采用“紧急放行”程序，但其风险由施工单位承担。

通常不允许检验、试验未完成或必要的检验和试验报告未经验证合格而将工作转入下一过程，确因生产急需来不及完成检验和试验或检验和试验报告完成前就要转入下一过程时，需经相应授权人员批准(如一层混凝土浇筑的试验报告还没完成，急需进入二层混凝土浇筑，由施工单位申请，监理工程师批准，进入二层浇筑)，作出明确标识并做好记录，保证一旦发现不符合规定要求，能够立即追回或更换，这种做法，习惯上成为“例外放行”。其风险由施工单位承担。

(2) 材料质量控制方法主要是严格检查验收，正确合理的使用，建立管理台账，进行收、发、储、运等环节的技术管理，避免混料和将不合格的原材料使用到工程上。

(3) 进场材料质量控制要点如下。

材料(包括原材料、成品、半成品、构配件)是工程施工的物质基础，没有材料就无法施工；材料质量是工程质量的基础，材料质量不符合要求，工程质量也就不可能符合标准。所以加强材料的质量控制，是提高工程质量的重要保证。

① 掌握材料信息，优选供货厂家。

② 合理组织材料供应，确保施工正常进行。

③ 合理组织材料使用，减少材料损失。

④ 加强材料检查验收，严把材料质量关。

⑤ 要重视材料的使用认证，以防错用或使用不合格的材料。

⑥ 加强现场材料管理。

(4) 材料质量控制的内容主要有材料的质量标准，材料的性能，材料取样、试验方法，材料的适用范围和施工要求等。材料的质量标准是用以衡量材料质量的尺度，也是作为验收、检验材料质量的标准。材料质量检验的取样必须有代表性，必须按规定的部位、数量及采选的操作要求进行。材料的检验的方法有书面检验、外观检验、理化检验和无损检验。材料质量的检验程度有免检、抽检和全数检验。

本章小结

通过本章的学习，要求学生了解有关技术文件、报告或报表审核方法、掌握现场质量检验方法、质量控制统计方法，熟悉工序质量控制、质量控制点的设置、检查检测、成品保护等施工项目质量控制手段。

施工质量控制的依据主要是工程项目施工质量验收标准。施工准备的质量控制包括：施工承包单位资质的核查、施工组织设计(质量计划)的审查；施工过程质量控制包括：作业技术准备状态的控制、技术复核工作监控、见证取样送检工作的监控、工程变更的监控、见证点的实施控制、级配管理质量监控、计量工作质量监控、质量记录资料的监控、工地例会的管理、停、复工令的实施。

施工项目质量控制的方法，主要是审核有关技术文件、报告、进行现场质量检验或必要的试验、质量控制统计法等。质量控制统计法主要有排列图、因果分析图、直方图法、控制图法、相关图法、分层法和调查表法。

施工项目质量控制手段包括：工序质量控制、质量控制点的设置、检查检测手段、成品保护措施。

习 题

一、单选题

1. 设计单位在设计方案中，决定采用将钢筋锚入原结构混凝土后挑出原结构，然后支模浇筑混凝土后作为外挑梁。在钢筋锚入原结构混凝土的设计中，使用了一种新型的胶粘剂。为了确保施工质量，需要审查该新材料的(　　)。

A. 试验室各项数据　　B. 鉴定证书

C. 现场试验报告和鉴定报告　　D. 现场试验报告

2. 在工序交接检查中，对于重要的工序或对过程质量有重大影响的工序，应严格执行“三检”制度，即自检、互检、(　　)。

A. 免检　　B. 抽检　　C. 交接检　　D. 全检

3. 施工现场质量检查过程中，通常用“靠、吊、量、套”等方法进行实测检查。其中，对于地面平整度的检查通常采用的手段是(　　)。

A. 靠　　B. 吊　　C. 量　　D. 套

4. 为了确保使用钢材的质量，专门对该钢材进行了抗拉试验，抗拉试验属于(　　)。

A. 物理力学性能试验　　B. 化学性能试验

C. 无损试验　　D. X射线探伤试验

5. 对进入施工现场的钢筋取样后进行力学性能检测，属于施工质量控制方法中的(　　)。

A. 目测法　　B. 实测法　　C. 试验法　　D. 无损检验法

6. 在材料、构配件的质量控制中，借助专门的试验设备对材料机械性能进行检查的方法是(　　)。

A. 书面检验　　B. 外观检验　　C. 理化检验　　D. 无损检验

7. 设计单位在设计前拟采用无损试验测试既有建筑结构混凝土强度情况，常用的无损试验是(　　)。

A. 冷拉试验　　B. 混凝土试块坍落度试验

C. 混凝土试块抗压试验　　D. 超声波探伤

8. 施工现场混凝土坍落度试验属于现场质量检查方法中的(　　)。

A. 目测法　　B. 实测法　　C. 现货试验法　　D. 无损检测法

9. 施工过程中，施工测量复核结果应报送(　　)复验确认后才能进行后续相关工序的施工。

A. 项目经理　　B. 监理工程师　　C. 业主技术负责人　　D. 项目技术负责人

10. 工程施工前，应由项目技术人员编写技术交底方案，并经(　　)批准后实施。

A. 项目经理　　B. 监理单位技术负责人

C. 施工单位技术负责人　　D. 项目技术负责人

11. 工程施工作业前，应由项目技术负责人向承担施工的负责人进行(　　)技术交底。

A. 书面　　B. 示范性　　C. 例行性　　D. 口头

12. 技术交底文件应由(　　)编制。

A. 项目经理　　B. 监理人员　　C. 项目技术人员　　D. 企业总工程师

13. 技术交底文件应由(　　)批准后实施。

A. 项目经理　　B. 项目技术负责人

C. 质量员　　D. 企业总工程师

14. 技术交底应在施工作业前由(　　)进行交底。

A. 项目技术负责人向承担施工的负责人

B. 项目经理向承担施工的负责人

C. 企业总工程师向项目技术负责人

D. 监理工程师向项目技术人员

15. 施工单位承建某建设工程项目，该项目建设工期很紧，为了保证工程建设的顺利进行，建设单位向施工单位及时提供了原始基准点、基准线和标高等测量控制点等资料。施工单位应(　　)。

A. 按照建设单位提供的资料及时开始施工

B. 首先进行复核，然后将复测结果报监理单位审核

C. 首先进行复核，然后将复测结果报设计单位审核

D. 首先进行复核，然后将复测结果报勘察单位审核

16. 控制作为施工项目质量管理的基础工作，其主要任务是(　　)。

A. 统一计量工具制度，组织量值传递，保证量值统一

B. 统一计量工具制度，组织量值传递，保证量值分离

C. 统一计量单位制度，组织量值传递，保证量值分离

D. 统一计量单位制度，组织量值传递，保证量值统一

17. 过程的质量控制，必须以其作为基础和核心的选项是(　　)。

A. 工序的质量控制　　B. 最终产品质量控制

C. 实体质量控制　　D. 质量控制点

18. 施工条件控制是指对工序施工活动的(　　)质量进行有效控制。

A. 合同条件和法规条件　　B. 工艺顺序和组织条件

C. 投入要素和环境条件　　D. 工期条件与赶工措施

19. 地基基础设计等级为甲级或地质条件复杂、成桩质量可靠性低的灌注桩所形成的地基及复合地基，应采用(　　)进行检验。

A. 静载荷试验的方法　　B. 低应变法

C. 高应变法　　D. 动载荷试验的方法

二、多选题

1. 事中质量控制的重点是(　　)。

A. 工序质量、工作质量的控制

B. 质量控制点的控制

C. 做好准备工作

D. 发现施工质量方面的缺陷，并通过分析提出质量改进的措施，保持质量处于受控状态

E. 防患于未然

2. 下列施工质量控制的依据中，属于专门技术法规性依据的是(　　)。

A. 工程建设合同

B. 设计交底和图纸会审记录

C. 施工工艺质量方面的技术法规性文件

D. 工程建设项目质量检验评定标准

E. 有关新材料、新设备的质量规定和鉴定意见

3. 下列施工现场质量检查，属于实测法检查的有(　　)。

A. 肉眼观察墙面喷涂的密实度

B. 用敲击工具检查地面砖铺贴的密实度

C. 用直尺检查地面的平整度

D. 用线锤吊线检查墙面的垂直度

E. 现场检测混凝土试件的抗压强度

4. 施工测量控制中，民用建筑的测量复核通常包括(　　)。

A. 建筑物定位测量　　B. 墙体皮数杆检测

C. 架空管线施工检测　　D. 楼层间高程传递检测

E. 动力设备基础与预埋螺栓检测

5. 工程和生产中计量控制的主要工作包括(　　)。

A. 投料计量　　B. 施工测量　　C. 施工机械设备数量计量

D. 监测计量　　E. 施工人员数量计量

6. 试验法进行质量检查中，需要进行现场试验的有(　　)。

A. 桩的静载试验　　B. 下水管道的通水试验

C. 防水层的蓄水试验　　D. 混凝土试块强度试验

E. 供热管道的压力试验

7. 按有关施工质量验收规范规定，必须进行现场质量检测且质量合格后方可进行下道工序的有(　　)。

A. 地基基础工程　　B. 主体结构工程

C. 模板工程　　D. 建筑幕墙工程

E. 钢结构及管道工程

8. 质量控制点的原则通常包括(　　)。

A. 施工中的薄弱环节　　B. 对下道工序有较大影响的上道工序

C. 施工投入资源大的工序和部位　　D. 施工无把握、施工条件困难的工序

E. 采用新技术或者新员工的部位或环节

三、简答题

1. 施工项目质量控制的方法有哪些？
2. 项目经理对工程质量进行全面控制，主要审核文件有哪些？
3. 现场质量检验的内容有哪些？
4. 现场质量检查的方法有哪些？
5. 质量控制统计法有哪些？各适用于哪些场合？
6. 施工项目质量控制手段有哪些？

第3章 施工质量控制措施

教学目标

熟悉地基与基础工程质量控制方法、手段，掌握钢筋混凝土结构工程质量控制方法、手段，熟悉砌筑工程质量控制方法、手段，熟悉装饰工程质量控制方法、手段，熟悉防水工程质量控制方法、手段。

教学要求

能力目标	知识要点	权重
熟悉地基与基础工程质量控制方法、手段	土方工程质量控制 灰土、砂石地基质量控制 强夯地基质量控制 桩基础质量控制	10%
掌握钢筋混凝土结构工程质量控制方法、手段	钢筋工程质量控制 模板工程质量控制 混凝土工程质量控制	10%
熟悉砌筑工程质量控制方法、手段	砌砖工程质量控制 砌块工程质量控制	20%
熟悉装饰工程质量控制方法、手段	抹灰工程质量控制 饰面板(砖)工程质量控制 涂饰工程质量控制	20%
熟悉防水工程质量控制方法、手段	屋面防水工程质量控制 地下室防水工程质量控制	40%

引例

2002 年 7 月的一天凌晨两点左右，某市联合大学学生宿舍楼发生一起在 6 层上悬臂式雨篷根部突然断裂的恶性质量事故，雨篷悬挂在墙面上。幸好是凌晨两点，因而未造成人员伤亡。该工程为 6 层砖混结构宿舍楼，建筑面积 2784m^2，经事故调查、原因分析，发现造成该质量事故的主要原因是施工人员。在施工时将受力钢筋位置放错，使悬臂结构受拉区无钢筋而产生脆性破坏。

思考：

(1) 施工单位现场质量检查的内容有哪些？

(2) 为了满足质量要求，施工单位进行现场质量检查目测法和实测法有哪些常用手段？

(3) 针对该钢筋工程隐蔽验收的要点有哪些？

3.1 地基与基础工程质量控制

3.1.1 土方工程质量控制

1. 场地和基坑开挖施工

1) 土方开挖施工技术要求

(1) 场地挖方。

① 土方开挖应具有一定的边坡坡度，防止塌方和发生施工安全事故。

② 挖方上边缘至土堆坡脚的距离应根据挖方深度、边坡高度和土的类别确定，当土质干燥密实时，不得小于 3m；当土质松软时，不得小于 5m。

(2) 基坑(槽)开挖。

① 基坑(槽)和管沟开挖上部应有排水措施，防止地面水流入坑内，以防冲刷边坡，造成塌方和破坏基土。

② 挖深 5m 之内应按规定放坡，为防止事故应设支撑。

③在已有建筑物侧挖基坑(槽)应分段进行，每段不超过 2.5m，相邻的槽段应待已挖好槽段基础回填夯实后进行。

④ 开挖基坑深于邻近建筑物基础时，开挖应保持一定的距离和坡度，要满足 $H/L\leqslant 0.5\sim1$(H 为相邻基础高差，L 为相邻两基础外边缘水平距离)。

⑤ 正确确定基坑护面措施，确保施工安全。

2) 深基坑开挖的技术要求

(1) 有合理的经评审过的基坑围护设计，降水和挖土施工方案。

(2) 挖土前，围护结构达到设计要求，基坑降水至坑底以下 500mm。

(3) 挖土过程中，对周围邻近建筑物、地下管线进行监测。

(4) 挖土过程中保证支撑、工程桩和立桩的稳定。

(5) 施工现场配备必要的抢险物资，及时减小事故的扩大。

3) 土方开挖施工质量控制

(1) 在挖土过程中及时排除坑底表面积水。

(2) 在挖土过程中若发生边坡滑移、坑涌，则必须立即暂停挖土，根据具体情况采取必要的措施。

(3) 基坑严禁超挖，在开挖过程中，用水准仪跟踪监测标高，机械挖土遗留 200～300mm 原余土，采用人工修土。

2. 土方工程质量验收标准

(1) 柱基、基坑、基槽和管沟基底的土质必须符合设计要求，并严禁扰动。

(2) 填方的基底处理必须符合设计要求或施工规范规定。

(3) 填方柱基、坑基、基槽、管沟回填的土料必须符合设计要求和施工规范要求。

(4) 填方柱基、坑基、基槽、管沟的回填必须按规定分层夯压密实。

(5) 土方工程的允许偏差和质量检验标准见表 3-1、表 3-2。

表 3-1 土方开挖工程质量检验标准

项目	序号	检验项目	允许偏差或允许值/mm					检验方法
			柱基、坑基、基槽	挖方场地平整		管沟	地(路)面基层	
				人工	机械			
主控项目	1	标高	−50	±30	±50	−50	−50	用水准仪检查
	2	分层压实系数	按设计要求					按规定方法
一般项目	3	表面平整度	20	20	50	20	20	用2m靠尺和楔形塞尺检查
	1	回填土料	按设计要求					取样检查或直观鉴别
	2	分层厚度及含水量	按设计要求					用水准仪及抽样检查

表 3-2 填方工程质量检验标准

项目	序号	项目	允许偏差或允许值/mm					检验方法
			柱基、坑基、基槽	挖方场地平整		管沟	地(路)面基层	
				人工	机械			
主控项目	1	标高	−50	±30	±50	−50	−50	用水准仪检查
	2	长度、宽度(由设计中心线向两边量)	+200 −50	+300 −100	+500 −150	+100	—	用经纬仪和钢尺检查
	3	边坡坡度	按设计要求					观察或用坡度尺检查
一般项目	1	表面平整度	20	20	50	20	20	用2m靠尺和楔形塞尺检查
	2	基本土性	按设计要求					观察或土样分析

注：地(路)面基层的偏差只适用于直接在挖、填方上做地(路)面的基层。

3.1.2　灰土、砂石地基质量控制

灰土、砂石地基工程质量控制流程如图 3.1 所示。

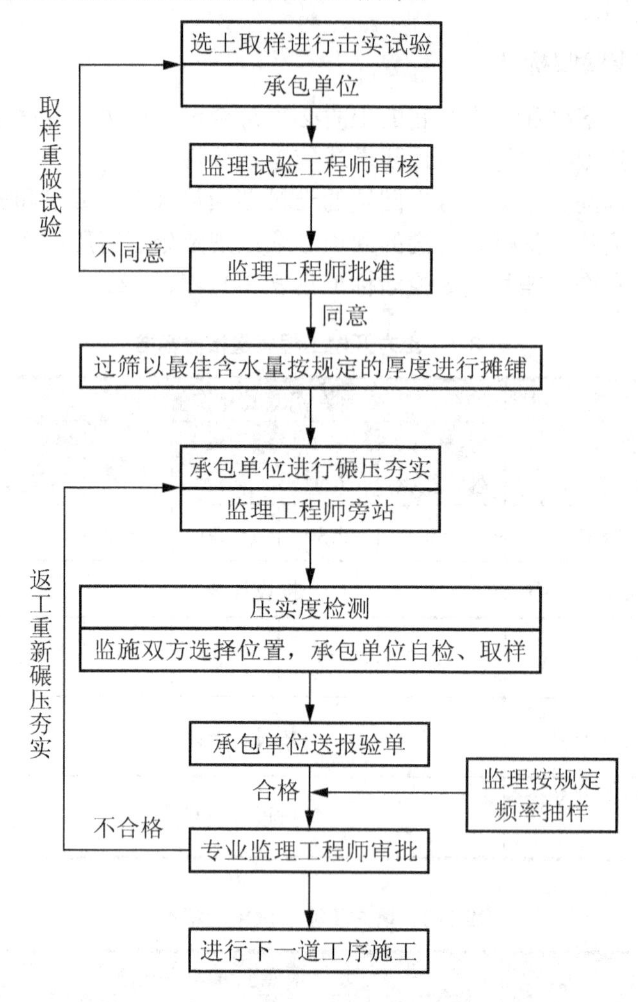

图 3.1　灰土、砂石地基工程质量控制流程

1. 施工过程技术要求

(1) 灰土、砂和砂石地基施工前，应进行验槽，合格后方可进行施工。

(2) 施工前应检查槽底是否有积水、淤泥，清除干净并干燥后再施工。

(3) 检查灰土的配料是否正确，除设计有特殊要求外，一般按 2∶8 或 3∶7 的体积比配制；检查砂石的级配是否符合设计或试验要求。

(4) 控制灰土的含水量，以“手握成团，落地开花”为好。

(5) 检查控制地基的铺设厚度，灰土为 200～300 mm、砂或砂石为 150～350 mm。

(6) 检查每层铺设压实后的压实密度，合格后方可进行下一道工序的施工。

(7) 检查分段施工时上、下两层搭接部位和搭接长度是否符合规定。

2．质量检验标准和检验方法

(1) 灰土地基质量检验标准与检验方法见表3-3。

表3-3 灰土地基质量检验标准与检验方法

项目	序号	检查项目	允许偏差或允许值		检查方法
			单位	数值	
主控项目	1	地基承载力	符合设计要求		由设计提出要求，在施工结束一定间歇时间后进行灰土地基的承载力检验。具体检验方法可按当地设计单位的习惯、经验等选用标惯、静力触探、十字板剪切强度及荷载试验等方法。其结果必须符合设计要求标准
主控项目	2	配合比	符合设计要求		土料、石灰或水泥材料质量、配合比、拌和时体积比应符合设计要求；观察检查，必要时检查材料抽样试验报告
	3	压实系数	符合设计要求		现场实测。常用环刀法取样、贯入仪或动力触探等方法。检查施工记录及灰土压实系数检测报告
一般项目	1	石灰粒径	mm	≤5	检查筛子及实施情况
	2	土料有机质含量	%	≤5	检查焙烧实验报告和观察检查
	3	土颗粒粒径	mm	≤1	检查筛子及实施情况
	4	含水量(与要求的最优含水量比较)	%	±2	现场观察检查和检查烘干报告
	5	分层厚度偏差(与设计要求比较)	mm	±50	水准仪和钢尺测量

(2) 灰土地基质量检验数量。

① 主控项目。

第1项：每个单位工程不少于3点。1000m^{2}以上，每100 m^{2}抽查一点；3000m^{2}以上，每300m^{2}抽查一点；独立柱每柱抽查一点；基槽每20延长米抽查一点。

第2项：配合比每工作班至少检查两次。

第3项：采用环刀法取样应位于每层厚度的2/3深处，大基坑每50～100m^{2}不应少于一点，基槽每10～20m不应少于一点；每个独立柱基不应少于一点。采用贯入仪或动力触探，每分层检验点间距应小于4m。

② 一般项目。

基坑每50～100m^{2}取一点，基槽每10～20m取一点，且均不少于5点；每个独立柱基不少于一点。

(3) 砂和砂石地基工程质量检验标准和检验方法。

① 砂和砂石地基质量检验标准与检查方法见表3-4。

② 砂和砂石地基质量检验数量。

(a) 主控项目。第 1 项：同灰土地基。第 2 项：同灰土地基。第 3 项：大基坑每 50～100m² 不应少于一点，基槽每 10～20m 不应少于一点；每个独立柱基不应少于一点。采用贯入仪、动力触探时，每个分层检验点间距应小于 4m。

(b) 一般项目：同灰土地基。

表 3-4　砂和砂石地基质量检验标准与检验方法

项目	序号	检查项目	允许偏差或允许值		检查方法
			单位	数值	
主控项目	1	地基承载力	符合设计要求		同灰土地基
	2	配合比	符合设计要求		现场实测体积比或重量比，检查施工记录及抽样试验报告
	3	压实系数	符合设计要求		采用贯入仪、动力触探或灌砂法、灌水法检验，检查试验报告
一般项目	1	砂石料有机质含量	%	≤5	检查焙烧试验报告和观察检查
	2	砂石料含泥量	%	≤5	现场检查及检查水洗试验报告
	3	砂石料粒径	mm	≤100	检查筛分报告
	4	含水量(与要求的最优含水量比较)	%	±2	检查烘干报告
	5	分层厚度偏差(与设计要求比较)	mm	±50	与设计厚度比较。水准仪和钢尺检查

3.1.3　强夯地基质量控制

1. 强夯地基施工过程的检查项目

(1) 开夯前应检查夯锤的重量和落距，以确保单击夯击能量符合设计要求。

(2) 检查测量仪器的使用情况，核对夯击点位置及标高，仔细审核测量及计算结果。

(3) 夯击前，应对夯点放线进行复核，夯完后检查夯坑位置，发现偏差或漏击应及时纠正。

(4) 按设计要求检查每个夯点的夯击次数和每击的沉降量以及两遍之间的时间间隔等。

(5) 按设计要求做好质量检验和夯击效果检验，未达到要求或预期效果时应及时补救。

(6) 施工过程中应对各项施工参数及施工情况进行详细记录，作为质量控制的依据。

2. 强夯地基工程质量检验标准和检验方法

(1) 强夯地基工程质量检验标准与检验方法见表 3-5。

(2) 强夯地基工程质量检验数量。

① 主控项目。第 1 项：同灰土地基。第 2 项：同灰土地基。

② 一般项目。第 1 项：每工作班不少于 3 次。第 2 项：全数检查。第 3 项：全数检查。第 4 项：按夯击点数量的 5%抽查。第 5 项：全数检查。第 6 项：全数检查并记录。

表 3-5 强夯地基工程质量检验标准与检验方法

项目	序号	检查项目	允许偏差或允许值		检查方法
			单位	数值	
主控项目	1	地基强度	符合设计要求		按设计指定方法检测，强度达到设计要求
主控项目	2	地基承载力	符合设计要求		根据土性选用原位测试和室内土工试验；对于一般工程应采用两种或两种以上的方法进行检验，相互校验，常用的方法主要有剪切试验、触探试验、荷载试验及动力测试等。对重要工程应增加检验项目，必要时也可做现场大压板荷载试验
一般项目	1	夯锤落距	mm	±300	钢索设标志，观察检查
	2	锤重	kg	±100	施工前称重
	3	夯击遍数及顺序	符合设计要求		现场观测计数，检查记录
	4	夯点间距	mm	±500	用钢尺量
	5	夯击范围(超出基础范围距离)	符合设计要求		按设计要求在放线挖土时放宽放长，用经纬仪和钢卷尺放线量测。每边超出基础外宽度为宜，设计处理深度的1/2～2/3，并不宜小于3m
	6	前后两遍间歇时间	符合设计要求		观察检查(施工记录)

3.1.4 桩基础质量控制

1. 灌注桩施工质量控制

1) 灌注桩钢筋笼制作质量控制

(1) 钢筋笼制作允许偏差按“规范”执行。

(2) 主筋净距必须大于混凝土粗骨料粒径 3 倍以上，当因设计含钢量大而不能满足时，应通过设计调整钢筋直径加大主筋之间净距，以确保混凝土灌注时达到密实度要求。

(3) 箍筋宜设在主筋外侧，主筋需设弯钩时，弯钩不得向内圆伸入，以免钩住灌筑导管，妨碍导管正常工作。

(4) 钢筋笼的内径应比导管接头处的外径大 100mm 以上。

(5) 分节制作的钢筋笼，主筋接头宜用焊接，由于在灌注桩孔口进行焊接只能做单面焊，搭接长度保证 10 倍主筋直径以上。

(6) 沉放钢筋笼前，在钢筋笼上套上或焊上主筋保护层垫块或耳环，使主筋保护层偏差符合以下规定：水下灌注混凝土桩±20mm，非水下浇筑混凝土桩±10mm。

2) 泥浆护壁成孔灌注桩施工质量控制

(1) 泥浆制备和处理的施工质量控制。

① 制备泥浆的性能指标按“规范”执行。

② 一般地区施工期间护筒内的泥浆面应高出地下水位 1.0m 以上。在受潮水涨落影响地区施工时，泥浆面应高出最高水位 1.5m 以上。以上数据应记入开孔通知单或钻孔班报表中。

③ 在清孔过程中要不断置换泥浆，直至浇筑水下混凝土时才能停止置换，以保证已清好符合沉渣厚度要求的孔底沉渣不会出现由于泥浆静止渣土下沉而导致孔底实际沉渣度超差的弊病。

④ 浇筑混凝土前，孔底 500mm 以内的泥浆相对密度应小于 1.25；含砂率不大于 8%；黏度不大于 28s。

(2) 正反循环钻孔灌注桩施工质量控制。

① 孔深大于 30m 的端承型桩，钻孔机具工艺选择时宜用反循环工艺成孔或清孔。

② 为了保证钻孔的垂直度，钻机应设置导向装置。潜水钻的钻头上应有不小于 3 倍钻头直径长度的导向装置；利用钻杆加压的正循环回转钻机，在钻具中应加设扶正器。

③ 孔达到设计深度后，清孔应符合下列规定：端承桩≤50mm；摩擦端承桩、端承摩擦桩≤100mm；摩擦桩≤300mm。

④ 正反循环钻孔灌注桩成孔施工的允许偏差应满足“规范”表的规定要求。

(3) 冲击成孔灌筑桩施工质量控制。

① 冲孔桩孔口护筒的内径应大于钻头直径 200mm，护筒设置要求按“规范”条款规定执行。

② 护壁要求见“规范”相应条款执行。

(4) 水下混凝土浇筑施工质量控制。

① 水下混凝土配制的强度等级应有一定的余量，能保证水下灌注混凝土强度等级符合设计强度的要求(并非在标准条件下养护的试块达到设计强度等级即判定符合设计要求)。

② 水下混凝土必须具备良好的和易性，坍落度宜为 180～220mm，水泥用量不得少于 360kg/m^3。

③ 水下混凝土的含砂率宜控制在 40%～45%，粗骨料粒径应小于 40mm。

④ 导管使用前应试拼装、试压、试水压力取 0.6～1.0MPa，防止导管渗漏发生堵管现象。

⑤ 隔水栓应有良好的隔水性能，并能使隔水栓顺利从导管中排出，保证水下混凝土灌注成功。

⑥ 用以储存混凝土的初灌斗的容量必须满足第一斗混凝土灌下后能使导管一次埋入混凝土面以下 0.8m 以上。

⑦ 灌注水下混凝土时应有专人测量导管内外混凝土面标高，保证混凝土在埋管 2～6m 深时才提升导管。当选用吊车提拔导管时，必须严格控制导管提拔时导管离开混凝土面的可能，防止发生断桩事故。

⑧ 严格控制浮桩标高，凿除泛浆高度后必须保证暴露的桩顶混凝土达到设计强度值。

2. 混凝土预制桩施工

1) 预制桩钢筋骨架质量控制

(1) 桩主筋可采用对焊或电弧焊，同一截面的主筋接头不得超过50%，相邻主筋接头截面的距离应大于 35d 且不小于 500mm。

(2) 为了防止桩顶击碎，桩顶钢筋网片位置要严格控制按图施工，并采取措施使网片位置固定正确、牢固。保证混凝土浇筑时不移位；浇筑预制桩混凝土时，从柱顶开始浇筑，要保证柱顶和桩尖不积聚过多的砂浆。

(3) 为防止锤击时桩身出现纵向裂缝，导致桩身击碎，被迫停锤，预制桩钢筋骨架中主筋距桩顶的距离必需严格控制，绝不允许出现主筋距桩顶面过近甚至触及桩顶的质量问题出现。

(4) 预制桩分段长度的确定应在掌握地层土质的情况下进行，决定分段桩长度时要避开桩应接近硬持力层或桩尖处于硬持力层中接桩，防止桩尖停在硬层内接桩，电焊接桩应抓紧时间，以免耗时长，桩摩阻得到恢复，使桩下沉产生困难。

2) 混凝土预制桩的起吊、运输和堆存质量控制

(1) 预制桩达到设计强度 70%方可起吊，达到 100%才能运输。

(2) 桩水平运输，应用运输车辆，严禁在场地上直接拖拉桩身。

(3) 垫木和吊点应保持在同一横断面上，且各层垫木上下对齐，防止垫木参差不齐而桩被剪切断裂。

(4) 根据许多工程的实践经验，只有龄期和强度都达到的预制桩才能顺利打入土中，且很少打裂。沉桩应做到强度和龄期双控制。

3) 混凝土预制桩接桩施工质量控制

(1) 硫磺胶泥锚接法仅适用于软土层，管理和操作要求较严；一级建筑桩基或承受拔力的桩应慎用。

(2) 焊接接桩材料：钢板宜用低碳钢，焊条宜用 E43；焊条使用前必须经过烘焙，降低烧焊时含氢量，防止焊缝产生气孔而降低其强度和韧性；焊条烘焙应有记录。

(3) 焊接接桩时，应先将 4 角点焊固定，焊接必须对称进行，以保证设计尺寸正确，使上下节桩对中好。

4) 混凝土预制桩沉桩质量控制

(1) 沉桩顺序是打桩施工方案的一项十分重要的内容，必须正确选择确定，避免桩位偏移、上拔、地面隆起过多、邻近建筑物破坏等事故发生。

(2) 沉桩中停止锤击应根据桩的受力情况确定，摩擦型桩以标高为主，贯入度为辅，而端承型桩应以贯入度为主，标高为辅，并进行综合考虑，当两者差异较大时，应会同各参与方进行研究，共同研究确定停止锤击桩标准。

(3) 为避免或减少沉桩挤土效应和对邻近建筑物、地下管线的影响，在施打大面积密集桩群时，可采取预钻孔，设置袋装砂井或塑料排水板，消除部分超孔隙水压力以减少挤压，有备无患。

(4) 插桩是保证桩位正确和桩身垂直度的重要开端，插桩应控制桩的垂直度，并应逐桩记录，以备核对查验避免打偏。

3.2 钢筋混凝土结构工程质量控制

混凝土结构子分部工程质量控制工作流程如图 3.2 所示。

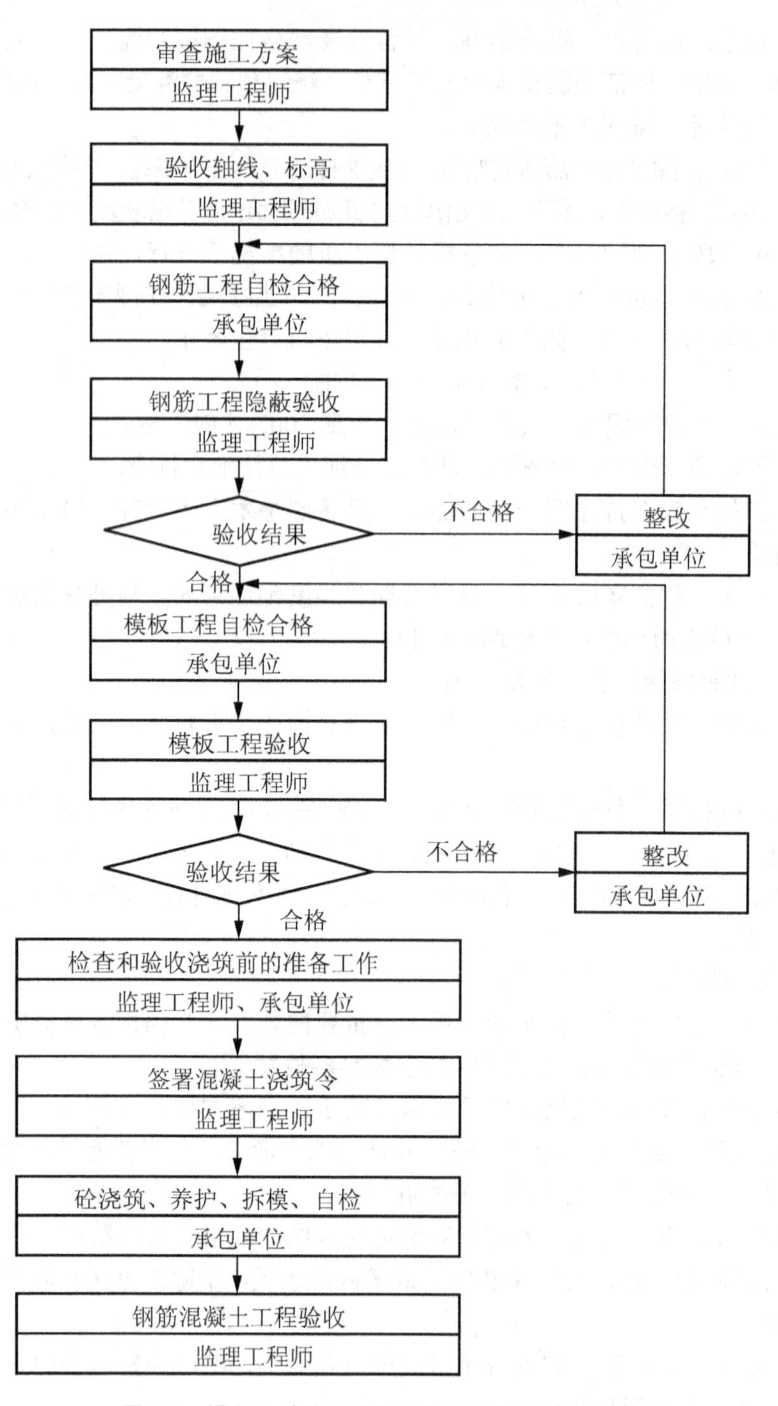

图 3.2　混凝土结构子分部工程质量控制工作流程

3.2.1　钢筋工程质量控制

钢筋分项工程质量控制工作流程如图 3.3 所示。

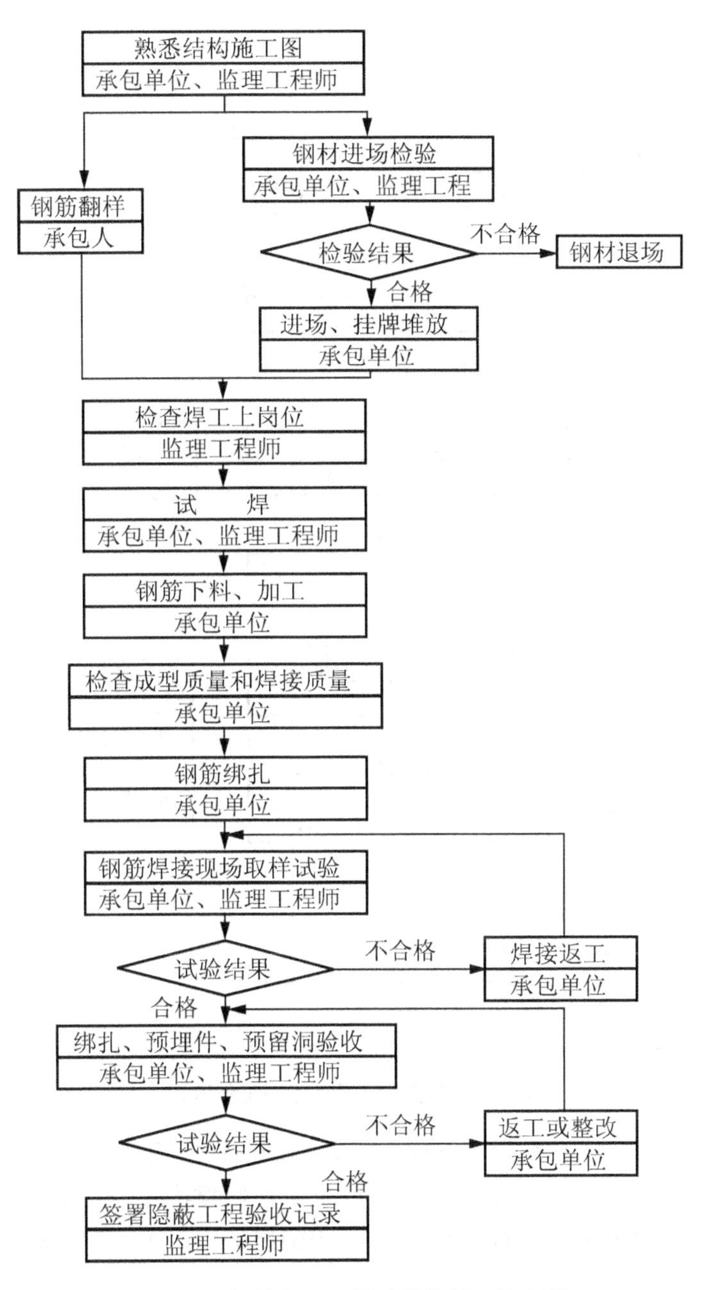

图 3.3　钢筋分项工程质量控制工作流程

1. 一般规定

钢筋采购与进场验收需符合以下规定。

(1) 钢筋进场时，应按国家现行相关标准的规定抽取试件做力学性能和重量偏差检验，检验结果必须符合有关标准的规定。

检查数量：按进场的批次和产品的抽样检验方案确定。

检验方法：检查产品合格证、出厂检验报告和进场复验报告。

工程材料质量控制工作流程如图 3.4 所示。

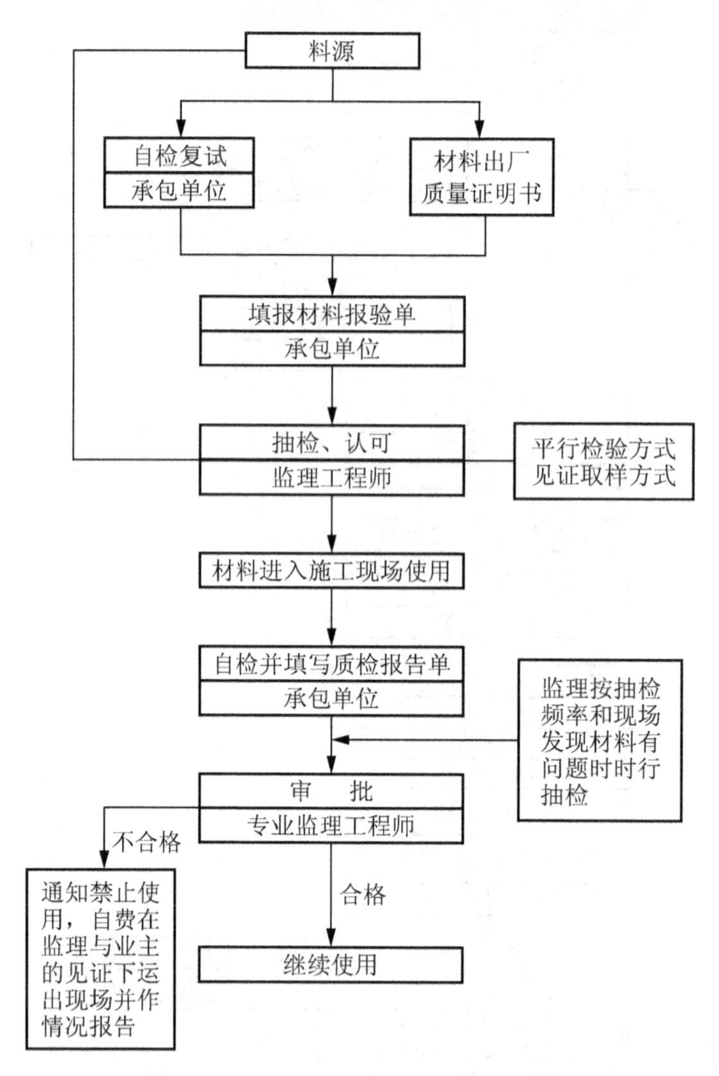

图 3.4　工程材料质量控制工作流程

(2) 对有抗震设防要求的结构，其纵向受力钢筋的性能应满足设计要求；当设计无具体要求时，对按一、二、三级抗震等级设计的框架和斜撑构件(含梯段)中的纵向受力钢筋应采用 HRB400E、HRBF335E、HRBF400E 或 HRBF500E 钢筋，其强度和最大力下总伸长率的实测值应符合下列规定。

① 钢筋的抗拉强度实测值与屈服强度实测值的比值不应小于 1.25。

② 钢筋的屈服强度实测值与屈服强度标准值的比值不应大于 1.30。

③ 钢筋的最大力下总伸长率不应小于 9%。

检查数量：按进场的批次和产品的抽样检验方案确定。

检验方法：检查进场复验报告。

(3) 当发现钢筋脆断、焊接性能不良或力学性能显著不正常等现象时，应对该批钢筋进行化学成分检验或其他专项检验。

检验方法：检查化学成分等专项检验报告。

(4) 钢筋应平直、无损伤，表面不得有裂纹、油污、颗粒状或片状老锈。

检查数量：进场时和使用前全数检查。

检验方法：观察。

2．钢筋加工

(1) 钢筋的弯钩和弯折应符合的规定如下。

① 受力钢筋的弯钩和弯折应符合下列规定：HPB300级钢筋末端应作180°弯钩，其弯弧内直径不应小于钢筋直径的2.5倍，弯钩的弯后平直部分长度不应小于钢筋直径的3倍。

② 当设计要求钢筋末端需作135°弯钩时，HRB400级钢筋的弯弧内直径不应小于钢筋直径的4倍，弯钩的弯后平直部分长度应符合设计要求。

③ 钢筋作不大于90°的弯折时，弯折处的弯弧内直径不应小于钢筋直径的5倍。

检查数量：按每工作班同一类型钢筋、同一加工设备抽查不应少于3件。

检验方法：钢尺检查。

(2) 除焊接封闭环式箍筋外，箍筋的末端应作弯钩，弯钩形式应符合设计要求；当设计无具体要求时，应符合下列规定：①箍筋弯钩的弯弧内直径除应满足前面的规定外，尚应不小于受力钢筋直径；②箍筋弯钩的弯折角度，对一般结构，不应小于90°，对有抗震等要求的结构，应为135°；③箍筋弯后平直部分长度，对一般结构，不宜小于箍筋直径的5倍，对有抗震等要求的结构，不应小于箍筋直径的10倍。

检查数量：按每工作班同一类型钢筋、同一加工设备抽查不应少于3件。

检验方法：钢尺检查。

(3) 钢筋调直后应进行力学性能和重量偏差的检验，其强度应符合有关标准的规定。

盘卷钢筋和直条钢筋调直后的断后伸长率、重量偏差应符合表3-6的规定。

表3-6 盘卷钢筋和直条钢筋调直后的断后伸长率、重量偏差要求

<table>
<tr><th rowspan="2">钢筋牌号</th><th rowspan="2">断后伸长率A/%</th><th colspan="3">重量负偏差/%</th></tr>
<tr><th>直径6～12mm</th><th>直径14～20mm</th><th>直径22～50mm</th></tr>
<tr><td>HPB300</td><td>≥21</td><td>≤10</td><td>—</td><td>—</td></tr>
<tr><td>HRB400、HRBF400</td><td>≥15</td><td rowspan="3">≤8</td><td rowspan="3">≤6</td><td rowspan="3">≤5</td></tr>
<tr><td>RRB400</td><td>≥13</td></tr>
<tr><td>HRB500、HRBF500</td><td>≥14</td></tr>
</table>

注：1. 断后伸长率 A 的量测标距为5倍钢筋公称直径。

2. 重量负偏差(%)按公式$(W_o-W_d)/W_o\times 100$计算，其中W_o为钢筋理论重量(kg/m)，W_d为调直后钢筋的实际重量(kg/m)。

3. 对直径为28～40mm的带肋钢筋，表中断后伸长率可降低1%；对直径大于40mm的带肋钢筋，表中断后伸长率可降低2%。

采用无延伸功能的机械设备调直的钢筋可不进行本条规定的检验。

检查数量：同一厂家、同一牌号、同一规格调查钢筋，重量不大于30t为一批；每批见证取3件试件。

检验方法：3 个试件先进行重量偏差检验，再取其中 2 个试件经时效处理后进行力学性能检验。检验重量偏差时，试件切口应平滑且与长度方向垂直，且长度不应少于 500mm；长度和重量的量测精度分别不应低于 1mm 和 1g。

(4) 钢筋宜采用无延伸功能的机械设备进行调直，也可采用冷拉方法调直。当采用冷拉方法调直时，HPB300 光圆钢筋的冷拉率不宜大于 4%；HRB400、HRB500、HRBF400、HRBF500 及 RRB400 带肋钢筋的冷拉率不宜大于 1%。

检查数量：每工作班按同一类型钢筋、同一加工设备抽查不应少于 3 件。

检验方法：观察，钢尺检查。

(5) 钢筋加工的形状、尺寸应符合设计要求，其偏差应符合表 3-7 的规定。

检查数量：按每工作班同一类型钢筋、同一加工设备抽查不应少于 3 件。

检验方法：钢尺检查。

表 3-7　钢筋加工的允许偏差

项目	允许偏差/mm
受力钢筋腰长度万向全长的净尺寸	±10
弯起钢筋的弯折位置	±20
钢筋内净尺寸	±5

3. 钢筋连接

(1) 纵向受力钢筋的连接方式应符合设计要求。

(2) 在施工现场，应按国家现行标准《钢筋机械连接通用技术规程》JGJ 107、《钢筋焊接及验收规程》JGJ 18 的规定抽取钢筋机械连接接头、焊接接头试件做力学性能检验，其质量应符合有关规程的规定。

检查数量：按有关规程确定。

检验方法：检查产品合格证、接头力学性能试验报告。

(3) 钢筋的接头宜设置在受力较小处。同一纵向受力钢筋不宜设置两个或两个以上接头。接头末端至钢筋弯起点的距离不应小于钢筋直径的 10 倍。

(4) 在施工现场，应按国家现行标准《钢筋机械连接通用技术规程》JGJ 107、《钢筋焊接及验收规程》JGJ 18 的规定对钢筋机械连接接头、焊接接头的外观进行检查，其质量应符合有关规程的规定。

(5) 当受力钢筋采用机械连接接头或焊接接头时，设置在同一构件内的接头宜相互错开。

纵向受力钢筋机械连接接头及焊接接头连接区段的长度为 35 倍 d (d 为纵向受力钢筋的较大直径)且不小于 500mm，凡接头中点位于该连接区段长度内的接头均属于同一连接区段。同一连接区段内，纵向受力钢筋机械连接及焊接的接头面积百分率为该区段内有接头的纵向受力钢筋截面面积与全部纵向受力钢筋截面面积的比值。

同一连接区段内，纵向受力钢筋的接头面积百分率应符合设计要求；当设计无具体要求时，应符合下列规定：①在受拉区不宜大于 50%；②接头不宜设置在有抗震设防要求的框架梁端、柱端的箍筋加密区，当无法避开时，对等强度高质量机械连接接头不应大于 50%；③直接承受动力荷载的结构构件中不宜采用焊接接头，当采用机械连接接头时，不应大于 50%。

检查数量：在同一检验批内，对梁、柱和独立基础应抽查构件数量的 10%，且不少于 3 件；对墙和板应按有代表性的自然间抽查 10%，且不少于 3 间；对大空间结构，墙可按相邻轴线间高度 5m 左右划分检查面，板可按纵横轴线划分检查面，抽查 10%，且均不少于 3 面。

(6) 同一构件中相邻纵向受力钢筋的绑扎搭接接头宜相互错开。绑扎搭接接头中钢筋的横向净距不应小于钢筋直径，且不应小于 25mm。

钢筋绑扎搭接接头连接区段的长度为 $1.3l_1$(l_1 为搭接长度)，凡搭接接头中点位于该连接区段长度内的搭接接头均属于同一连接区段。同一连接区段内，纵向钢筋搭接接头面积百分率为该区段内有搭接接头的纵向受力钢筋截面面积与全部纵向受力钢筋截面面积的比值(图 3.5)。

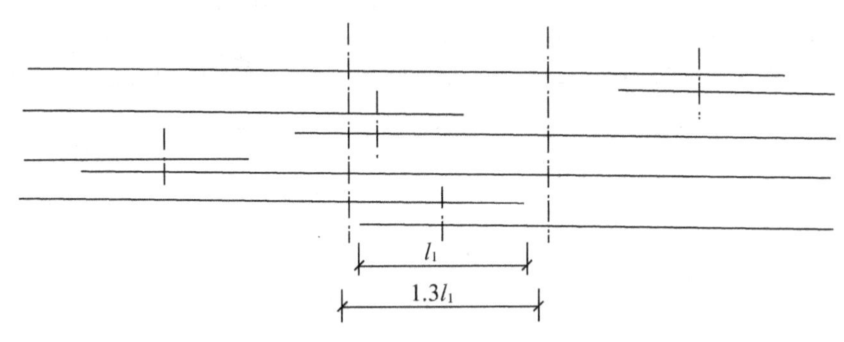

图 3.5　钢筋绑扎搭接接头连接区段及接头面积百分率

注：图中所示搭接接头同一连接区段内的搭接钢筋为两根，当各钢筋直径相同时，接头面积百分率为 50%。

同一连接区段内，纵向受拉钢筋搭接接头面积百分率应符合设计要求。当设计无具体要求时，应符合下列规定：①对梁类、板类及墙类构件，不宜大于 25%；②对柱类构件，不宜大于 50%；③当工程中确有必要增大接头面积百分率时，对梁类构件不应大于 50%；对其他构件可根据实际情况放宽。

纵向受力钢筋绑扎搭接接头的最小搭接长度应符合本规范规定。

检查数量：在同一检验批内，对梁、柱和独立基础应抽查构件数量的 10%，且不少于 3 件；对墙和板，应按有代表性的自然间抽查 10%，且不少于 3 间；对大空间结构，墙可按相邻轴线间高度 5m 左右划分检查面，板可按纵、横轴线划分检查面，抽查 10%，且均不少于 3 面。

(7) 在梁、柱类构件的纵向受力钢筋搭接长度范围内，应按设计要求配置箍筋。当设计无具体要求时，应符合下列规定：①箍筋直径不应小于搭接钢筋较大直径的 0.25 倍；②受拉搭接区段的箍筋间距不应大于搭接钢筋较小直径的 5 倍，且不应大于 100mm；③受压搭接区段的箍筋间距不应大于搭接钢筋较小直径的 10 倍，且不应大于 200mm；④当柱中纵向受力钢筋直径大于 25mm 时，应在搭接接头两个端面外 100mm 范围内各设置两个箍筋，其间距宜为 50mm。

检查数量：在同一检验批内，对梁、柱和独立基础，应抽查构件数量的 10%，且不少于 3 件；对墙和板，应按有代表性的自然间抽查 10%，且不少于 3 间；对大空间结构，墙可按相邻轴线间高度 5m 左右划分检查面，板可按纵、横轴线划分检查面，抽查 10%，且均不少于 3 面。

4．钢筋安装

(1) 钢筋安装时，受力钢筋的品种、级别、规格和数量必须符合设计要求。

(2) 钢筋安装位置的偏差应符合表 3-8 的规定。

检查数量：在同一检验批内，对梁、柱和独立基础应抽查构件数量的 10%，且不少于 3 件；对墙和板，应按有代表性的自然间抽查 10%，且不少于 3 间；对大空间结构，墙可按相邻轴线间高度 5m 左右划分检查面，板可按纵、横轴线划分检查面，抽查 10%，且均不少于 3 面。

表 3-8 钢筋安装位置的允许偏差和检验方法

<table>
<tr><th colspan="3">项目</th><th>允许偏差/mm</th><th>检验方法</th></tr>
<tr><td rowspan="2">绑扎钢筋网</td><td colspan="2">长、宽</td><td>±10</td><td>钢尺检查</td></tr>
<tr><td colspan="2">网眼尺寸</td><td>±20</td><td>钢尺量连续 3 挡，取最大值</td></tr>
<tr><td rowspan="2">绑扎钢筋骨架</td><td colspan="2">长</td><td>±10</td><td>钢尺检查</td></tr>
<tr><td colspan="2">宽、高</td><td>±5</td><td>钢尺检查</td></tr>
<tr><td rowspan="5">受力钢筋</td><td colspan="2">间距</td><td>±10</td><td rowspan="2">钢尺量两端、中间各一点，取最大值</td></tr>
<tr><td colspan="2">排距</td><td>±5</td></tr>
<tr><td rowspan="3">保护层厚度</td><td>基础</td><td>±10</td><td>钢尺检查</td></tr>
<tr><td>柱、梁</td><td>±5</td><td>钢尺检查</td></tr>
<tr><td>板、墙、壳</td><td>±3</td><td>钢尺检查</td></tr>
<tr><td colspan="3">绑扎箍筋、横向钢筋间距</td><td>±20</td><td>钢尺量连续 3 挡，取最大值</td></tr>
<tr><td colspan="3">钢筋弯起点位置</td><td>20</td><td>钢尺检查</td></tr>
<tr><td rowspan="2">预埋件</td><td colspan="2">中心线位置</td><td>5</td><td>钢尺检查</td></tr>
<tr><td colspan="2">水平高差</td><td>±3、0</td><td>钢尺和塞尺检查</td></tr>
</table>

注：1. 检查预埋件中心线位置时，应沿纵、横两个方向量测，并取其中的较大值；

2. 表中梁类、板类构件上部纵向受力钢筋保护层厚度的合格点率应达到 90%及以上，且不得有超过表中数值 1.5 倍的尺寸偏差。

3.2.2 模板工程质量控制

模板分项工程质量控制工作流程如图 3.6。

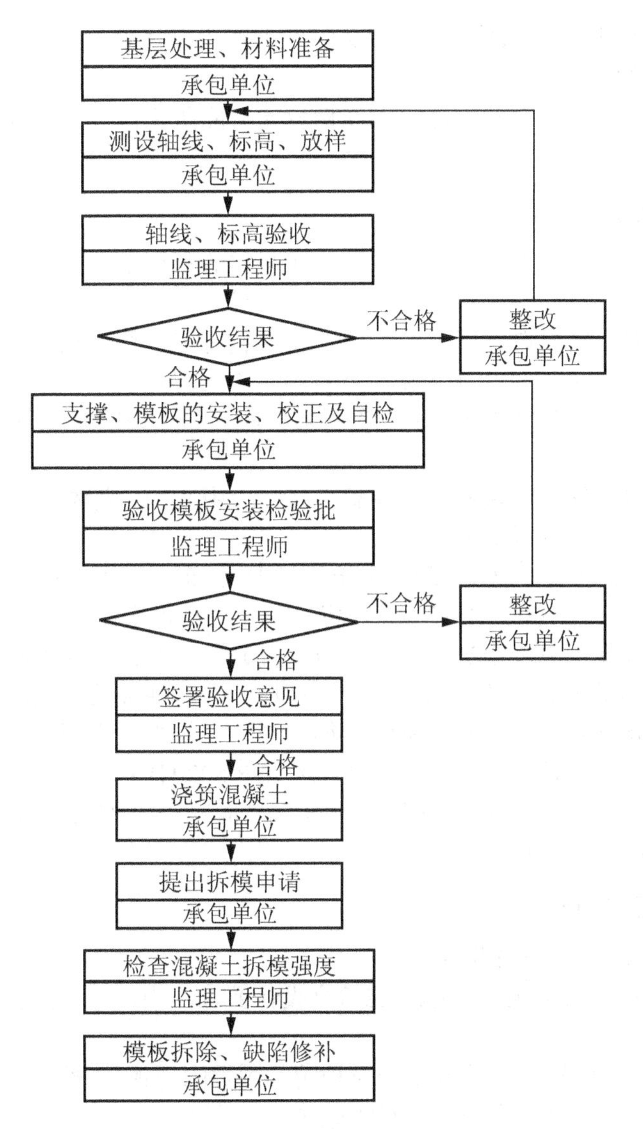

图 3.6 模板分项工程质量控制工作流程

1. 一般规定

(1) 模板及其支架必须符合下列规定。

① 保证工程结构和构件各部分形状尺寸和相互位置的正确。这就要求模板工程的几何尺寸、相互位置及标高满足设计图纸要求以及混凝土浇筑完毕后在其允许偏差范围内。

② 要求模板工程具有足够的承载力、刚度和稳定，能使它在静荷载和动荷载的作用下不出现塑性变形、倾覆和失稳。

③ 构造简单，拆装方便，便于钢筋的绑扎和安装以及混凝土的浇筑和养护，做到加工容易，集中制造，提高工效，紧密配合，综合考虑。

④ 模板的拼缝不应漏浆。对于反复使用的钢模板要不断进行整修，保证其棱角顺直、平整。

(2) 组合钢模板、大模板、滑升模板等的设计、制作和施工尚应符合国家现行标准的有关规定。

(3) 模板使用前应涂刷隔离剂。不宜采用油质类隔离剂。严禁隔离剂沾污钢筋与混凝土接槎处，以免影响钢筋与混凝土的握裹力以及混凝土接槎处不能有机相结合。故不得在模板安装后刷隔离剂。

(4) 对模板及其支架应定期维修。钢模板及支架应防止锈蚀，从而延长模板及其支架的使用寿命。

2．模板安装的质量控制

(1) 竖向模板和支架的支撑部分必须坐落在坚实的基土上，并应加设垫板，使其有足够的支撑面积。

(2) 一般情况下，模板自下而上地安装。在安装过程中要注意模板的稳定，可设临时支撑稳住模板，待安装完毕且校正无误后方可固定牢固。

(3) 模板安装要考虑拆除方便，宜在不拆梁的底模和支撑的情况下，先拆除梁的侧模，以利周转使用。

(4) 模板在安装过程中应多检查，注意垂直度、中心线、标高及各部位的尺寸；保证结构部分的几何尺寸和相邻位置的正确。

(5) 现浇钢筋混凝土梁、板，当跨度大于或等于 4m 时，模板应起拱；当设计无要求时，起拱高度宜为全跨长的 1/1000～3/1000。不准许起拱过小而造成梁、板底下垂。

(6) 现浇多层房屋和构筑物支模时，采用分段分层方法。下层混凝土须达到足够的强度以承受上层作业荷载传来的力，且上、下立柱应对齐，并铺设垫板。

(7) 固定在模板上的预埋件和预留洞不得遗漏，安装必须牢固，位置准确，其允许偏差应符合《混凝土结构工程施工质量验收规范》(GB 50204)中表 3-9 的规定。

(8) 现浇结构模板安装的允许偏差，应符合《混凝土结构工程施工质量验收规范》(GB 50204)中表 3-10 的规定。

3．模板拆除的质量控制

1) 混凝土结构拆模时的强度要求

模板及其支架拆除时的混凝土强度应符合设计要求，当设计无具体要求时，应符合下列规定。

(1) 侧模在混凝土强度能保证其表面及棱角不因拆除模板而受损坏后，方可拆除。

(2) 底模在混凝土强度符合表 3-9 的规定后，方可拆除。

表 3-9　现浇结构拆模时所需混凝土强度

结构类型	结构跨度/m	按设计的混凝土强度标准值的百分率计/%
板	≤2	≥50
	>2 且<8	≥75
	≥8	≥100
梁、拱、壳	≤8	≥75
	>8	≥100
悬臂构件	≤2	≥100
	>2	≥100

注：“设计的混凝土强度标准值”系指与设计混凝土强度等级相应的混凝土立方体抗压强度标准值。

2) 混凝土结构拆模后的强度要求

混凝土结构在模板和支架拆除后，需待混凝土强度达到设计混凝土强度等级后，方可承受全部使用荷载；当施工荷载所产生的效应比使用荷载的效应更为不利时，必须经过核算，加设临时支撑。

3) 其他注意事项

(1) 拆模时不要用力过猛过急，拆下来的模板和支撑用料要及时运走、整理。

(2) 拆模顺序一般应是后支的先拆，先支的后拆，先拆非承重部分，后拆承重部分。重大复杂模板的拆除，事先要制定拆模方案。

(3) 多层楼板模板支柱的拆除应按下列要求进行：上层楼板正在浇灌混凝土时，下一层楼板的模板支柱不得拆除，再下层楼板的支柱仅可拆除一部分；跨度4m及4m以上的梁上均应保留支柱，其间距不得大于3m。

表3-10 混凝土施工缝操作要点

项目	要点
已浇筑混凝土的最低强度	＞1.2MPa
已硬化混凝土的接缝面	(1) 将水泥浆膜、松动石子、软弱混凝土层以及钢筋上的油污、浮锈、旧浆等彻底清除 (2) 用水冲刷干净，但不得积水 (3) 先铺与混凝土成分相同的水泥砂浆，厚度10～15mm
新浇筑的混凝土	(1) 不宜在施工缝处首先下料，可由远及近地接近施工缝 (2) 细致捣实，使新旧混凝土成为整体 (3) 加强保湿养护

3.2.3 混凝土工程质量控制

混凝土分项工程质量控制工作流程如图3.7所示。

1. 混凝土搅拌的质量控制

1) 搅拌机的选用

混凝土搅拌机按搅拌原理可分为自落式和强制式两种。流动性及低流动性混凝土选用自落式，低流动性、干硬性选用强制式。

2) 混凝土搅拌前材料质量检查

在混凝土拌制前，应对原材料质量进行检查，合格原材料才能使用。

3) 混凝土工程的施工配料计量

在混凝土工程的施工中，混凝土质量与配料计量控制关系密切。但在施工现场有关人员为图方便，往往是骨料按体积比，加水量由人工凭经验控制，这样造成拌制的混凝土离散性很大，难以保证混凝土的质量，故混凝土的施工配料计量须符合下列规定。

(1) 水泥、砂、石子、混合料等干料的配合比，应采用重量法计量。

(2) 水的计量必须在搅拌机上配置水箱或定量水表。

(3) 外加剂中的粉剂可按水泥计量的一定比例先与水泥拌匀，在搅拌时加入；熔液掺入先按比例稀释为溶液，按用水量加入。

(4) 混凝土原材料每盘称量的偏差不得超过水泥及掺和料±2%，粗、细骨料±3%，水和外加剂±2%。

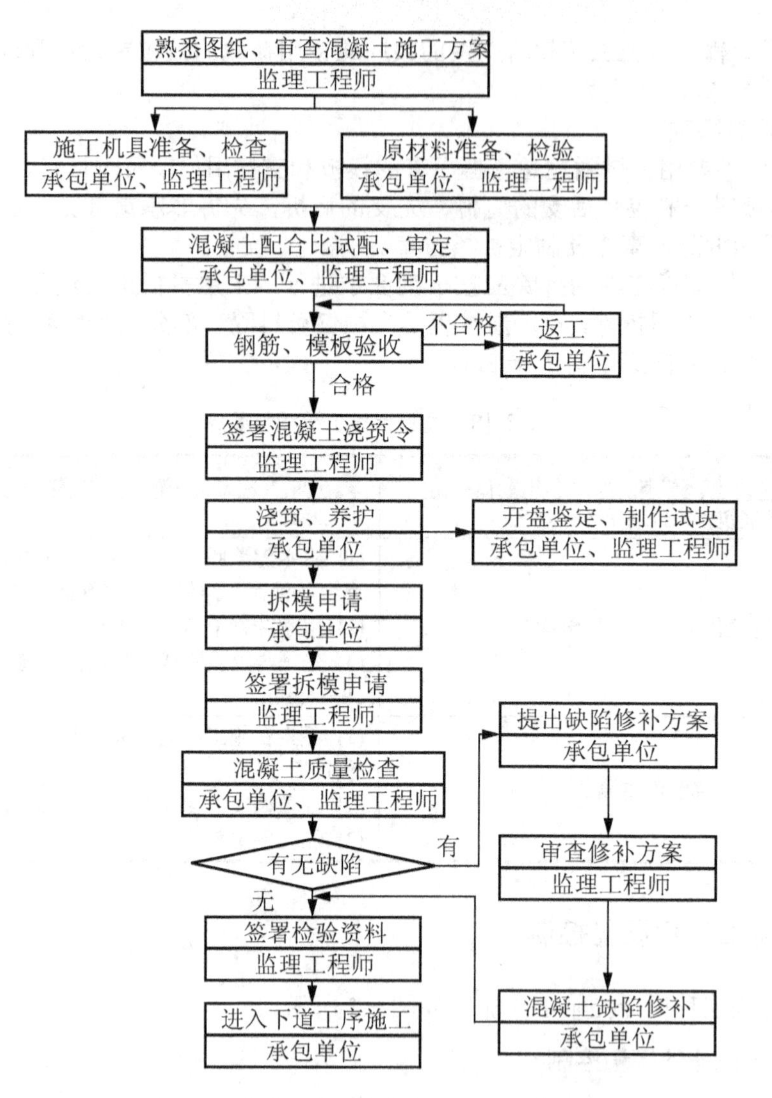

图 3.7　混凝土分项工程质量控制工作流程

4) 首拌混凝土的操作要求

上班第一盘混凝土是整个操作混凝土的基础，其操作要求如下。

(1) 空车运转的检查：旋转方向是否与机身箭头一致；空车转速约比重车快 2～3r / min；检查时间 2～3min。

(2) 上料前应先启动，待正常运转后方可进料。

(3) 为补偿黏附在机内的砂浆，第一盘减少石子约 30%；或多加水泥、砂各 15%。

5) 搅拌时间的控制

搅拌混凝土的目的是所有骨料表面都涂满水泥浆，从而使混凝土各种材料混合成匀质体。因此，必需的搅拌时间与搅拌机类型、容量和配合比有关。

2．混凝土浇捣质量控制

1) 混凝土浇捣前的准备

(1) 对模板、支架、钢筋、预埋螺栓、预埋铁的质量、数量、位置逐一检查，并作好记录。

(2) 与混凝土直接接触的模板，地基基土、未风化的岩石应清除淤泥和杂物，用水湿润。地基基土应有排水和防水措施。模板中的缝隙和孔应堵严。

(3) 混凝土自由倾落高度不宜超过2m。

(4) 根据工程需要和气候特点，应准备好抽水设备、防雨等物品。

2) 浇捣过程中的质量要求

(1) 分层浇捣时间间隔。

① 分层浇捣为了保证混凝土的整体性，浇捣工作原则上要求一次完成。但由于振捣机具性能、配筋等原因，混凝土需要分层浇捣时，其浇筑层的厚度应符合相应规定。

② 浇捣的时间间隔：浇捣应连续进行。当必须间歇时，其间歇时间应尽量缩短，并应在前层混凝土初凝之前将次层混凝土浇筑完毕。前层混凝土凝结时间不得超过相关规定，否则应留施工缝。

(2) 采用振动器振实混凝土时，每一振点的振捣时间应将混凝土振实至呈现浮浆和不再沉落为止。

(3) 在浇筑与柱和墙连成整体的梁与板时，应在柱和墙浇捣完毕后停歇1～1.5h再继续浇筑。梁和板宜同时浇筑混凝土。

(4) 大体积混凝土的浇筑应按施工方案合理分段、分层进行，浇筑应在室外气温较高时进行，但混凝土浇筑温度不宜超过35℃。

3) 施工缝的位置设置与处理

(1) 施工缝的位置设置。混凝土施工缝的位置宜留在剪力较小且便于施工的部位。柱应留水平缝，梁、板、墙应留竖直缝。具体要求如下。

① 柱子留置在基础的顶面，梁和吊车梁牛腿下面，吊车梁的上面，无梁楼板柱帽的下面。

② 与板连成整体的大截面梁留置在板底面以下20～30mm处；当板下有梁托时，留在梁托下部。

③ 单向板留置在平行于板的短边的任何位置。

④ 有主、次梁的楼板宜顺着次梁方向浇筑，施工缝应留置在次梁跨度的中间1/3范围内。

⑤ 双向受力板、大体积结构、拱、薄壳、蓄水池及其他结构复杂的工程，施工缝的位置应按设计要求留置。

⑥ 施工缝应与模板成90°。

(2) 施工缝处理。在混凝土施工缝处继续浇筑混凝土时，其操作要点见表3-10。

3. 现浇混凝土工程质量验收

1) 基本规定

(1) 混凝土结构施工现场质量管理应有相应的施工技术标准、健全的质量管理体系、施工质量控制和质量检验制度。

混凝土结构施工项目应有施工组织设计和施工技术方案，并经审查批准。

(2) 混凝土结构子分部工程可根据结构的施工方法分为两类：现浇混凝土结构子分部工程和装配式混凝土结构子分部工程；根据结构的分类，还可分为钢筋混凝土结构子分部工程和预应力混凝土结构子分部工程等。

混凝土结构子分部工程可划分为模板、钢筋、预应力、混凝土、现浇结构和装配式结构等分项工程。

各分项工程可根据与施工方式相一致且便于控制施工质量的原则，按工作班、楼层、结构缝或施工段划分为若干检验批。

(3) 对混凝土结构子分部工程的质量验收，应在钢筋、预应力、混凝土、现浇结构或装配式结构等相关分项工程验收合格的基础上，进行质量控制资料检查及观感质量验收，并应对涉及结构安全的材料、试件、施工工艺和结构的重要部位进行见证检测或结构实体检验。

(4) 分项工程的质量验收应在所含检验批验收合格的基础上，进行质量验收记录检查。

(5) 检验批的质量验收应包括如下内容。

① 实物检查，按下列方式进行：对原材料、构配件和器具等产品的进场复验，应按进场的批次和产品的抽样检验方案执行；对混凝土强度、预制构件结构性能等，应按国家现行有关标准和本规范规定的抽样检验方案执行；对本规范中采用计数检验的项目，应按抽查总点数的合格点率进行检查。

② 资料检查，包括原材料、构配件和器具等的产品合格证(中文质量合格证明文件、规格、型号及性能检测报告等)及进场复验报告、施工过程中重要工序的自检和交接检记录、抽样检验报告、见证检测报告、隐蔽工程验收记录等。

(6) 检验批合格质量应符合下列规定。

① 主控项目的质量经抽样检验合格。

② 一般项目的质量经抽样检验合格；当采用计数检验时，除有专门要求外，一般项目的合格点率应达到80%及以上，且不得有严重缺陷。

③ 具有完整的施工操作依据和质量验收记录。

对验收合格的检验批，宜作出合格标志。

(7) 检验批、分项工程、混凝土结构子分部工程的质量验收记录，质量验收程序和组织应符合国家《建筑工程施工质量验收统一标准》(GB 50300)的规定。

2) 钢筋安装

(1) 主控项目：钢筋安装时，受力钢筋的品种、级别、规格和数量必须符合设计要求。

检查数量：全数检查。检验方法：观察，钢尺检查。

(2) 一般项目：钢筋安装位置的偏差应符合表3-11的规定。

检查数量：在同一检验批内，对梁、柱和独立基础应抽查构件数量的10%，且不少于3间；对大空间结构，墙可按相邻轴线间高度5m左右划分检查面，板可按纵、横轴线划分检查面，抽查10%，且均不少于3面。

表3-11　钢筋安装位置的允许偏差和检验方法

项目		允许偏差/mm	检验方法
绑扎钢筋网	长、宽	±10	钢尺检查
	网眼尺寸	±20	钢尺量连续3挡，取最大值
绑扎钢筋骨架	长	±10	钢尺检查
	宽、高	±5	钢尺检查

续表

项目			允许偏差/mm	检验方法
受力钢筋	间距		±10	钢尺量两端、中间各一点，取最大值
	排距		±5	
	保护层厚度	基础	±10	钢尺检查
		柱、梁	±5	钢尺检查
		板、墙、壳	±3	钢尺检查
绑扎箍筋、横向钢筋间距			±20	钢尺连续3挡，取最大值
钢筋弯起点位置			20	钢尺检查
预埋件	中心线位置		5	钢尺检查
	水平高差		+3、0	钢尺和塞尺检查

3) 现浇筑混凝土工程

一般规定如下。

(1) 现浇结构的外观质量缺陷应由监理(建设)单位、施工单位等各方根据其对结构性能和使用功能影响的严重程度按表3-12确定。

表3-12　现浇结构外观质量缺陷

名称	现象	严重缺陷	一般缺陷
露筋	构件内钢筋未被混凝土包裹而外露	纵向受力钢筋有露筋	其他钢筋有少量露筋
蜂窝	混凝土表面缺少水泥砂浆而形成石子外露	构件主要受力部位有蜂窝	其他部位有少量蜂窝
孔洞	混凝土中孔穴深度和长度均超过保护层厚度	构件主要受力部位有孔洞	其他部位有少量孔洞
夹渣	混凝土中夹有杂物且深度超过保护层厚度	构件主要受力部位有夹渣	其他部位有少量夹渣
疏松	混凝土中局部不密实	构件主要受力部位有疏松	其他部位有少量疏松
裂缝	缝隙从混凝土表面延伸至混凝土内部	构件主要受力部位有影响结构性能或使用功能的裂缝	其他部位有少量不影响结构性能或使用功能的裂缝
连接部位缺陷	构件连接处混凝土缺陷及连接钢筋、连接件松动	连接部位有影响结构传力性能的缺陷	连接部位有基本不影响结构传力性能的缺陷
外形缺陷	缺棱掉角、棱角不直、翘曲不平、飞边凸肋等	清水混凝土构件有影响使用功能或装饰效果的外形缺陷	其他混凝土构件有不影响使用功能的外形缺陷
外表缺陷	构件表面麻面、掉皮、起砂、沾污等	具有重要装饰效果的清水混凝土构件有外表缺陷	其他混凝土构件有不影响使用功能的外表缺陷

(2) 现浇结构拆模后，应出监理(建设)单位、施工单位对外观质量和尺寸偏差进行检查、作出记录，并应及时按施工技术方案对缺陷进行处理。

4) 外观质量

(1) 主控项目：现浇结构的外观质量不应有严重缺陷。对已经出现的严重缺陷，应由施工单位提出技术处理方案，并经监理(建设)单位认可后进行处理。对经处理的部位，应重新检查验收。

检查数量：全数检查。

检验方法：观察，检查技术处理方案。

(2) 一般项目：现浇结构的外观质量不宜有一般缺陷。对已经出现的一般缺陷，应由施工单位按技术处理方案进行处理，并重新检查验收。

检查数量：全数检查。

检验方法：观察，检查技术处理方案。

5) 尺寸偏差

(1) 主控项目：现浇结构不应有影响结构性能和使用功能的尺寸偏差。混凝土设备基础不应有影响结构性能和设备安装的尺寸偏差。

对超过尺寸允许偏差且影响结构性能和安装、使用功能的部位，应由施工单位提出技术处理方案，并经监理(建设)单位认可后进行处理。对经处理的部位，应重新检查验收。

检查数量：全数检查。

检验方法：量测，检查技术处理方案。

(2) 一般项目：现浇结构拆模后的尺寸偏差应符合表 3-13。

检查数量：按楼层、结构缝或施工段划分检验批。在同一检验批内，对梁、柱和独立基础应抽查构件数量的 10%，且不少于 3 件；对墙和板，应按有代表性的自然间抽查 10%，且不少于 3 间；对大空间结构，墙可按相邻轴线间高度 5m 左右划分检查面，板可按纵、横轴线划分检查面，抽查 10%，且均不少于 3 面；对电梯井，应全数检查。对设备基础，应全数检查。

表 3-13　现浇结构尺寸允许偏差和检验方法

<table>
<tr><th colspan="3">项目</th><th>允许偏差/mm</th><th>检验方法</th></tr>
<tr><td rowspan="4">轴线位置</td><td colspan="2">基础</td><td>15</td><td rowspan="4">钢尺检查</td></tr>
<tr><td colspan="2">独立基础</td><td>10</td></tr>
<tr><td colspan="2">墙、柱、梁</td><td>8</td></tr>
<tr><td colspan="2">剪力墙</td><td>5</td></tr>
<tr><td rowspan="3">垂直度</td><td rowspan="2">层高</td><td>≤5m</td><td>8</td><td>经纬仪或吊线、钢尺检查</td></tr>
<tr><td>＞5m</td><td>10</td><td>经纬仪或吊线、钢尺检查</td></tr>
<tr><td colspan="2">全高(H)</td><td>H/1000 且≤30</td><td>经纬仪、钢尺检查</td></tr>
<tr><td rowspan="2">标高</td><td colspan="2">层高</td><td>±10</td><td rowspan="2">水准仪或拉线、钢尺检查</td></tr>
<tr><td colspan="2">全高</td><td>±30</td></tr>
<tr><td colspan="3">截面尺寸</td><td>+8、−5</td><td>钢尺检查</td></tr>
<tr><td rowspan="2">电梯井</td><td colspan="2">井筒长、宽对定位中心线</td><td>+25、0</td><td>钢尺检查</td></tr>
<tr><td colspan="2">井筒全高(H)垂直度</td><td>H/1000 且≤30</td><td>经纬仪、钢尺检查</td></tr>
<tr><td colspan="3">表面平整度</td><td>8</td><td>2m 靠尺和塞尺检查</td></tr>
<tr><td rowspan="3">预埋设施中心线位置</td><td colspan="2">预埋件</td><td>10</td><td rowspan="3">钢尺检查</td></tr>
<tr><td colspan="2">预埋螺栓</td><td>5</td></tr>
<tr><td colspan="2">预埋管</td><td>5</td></tr>
<tr><td colspan="3">预留洞中心线位置</td><td>15</td><td>钢尺检查</td></tr>
</table>

3.3　砌筑工程质量控制

砖砌体分项工程质量控制工作流程图 3.8 所示。

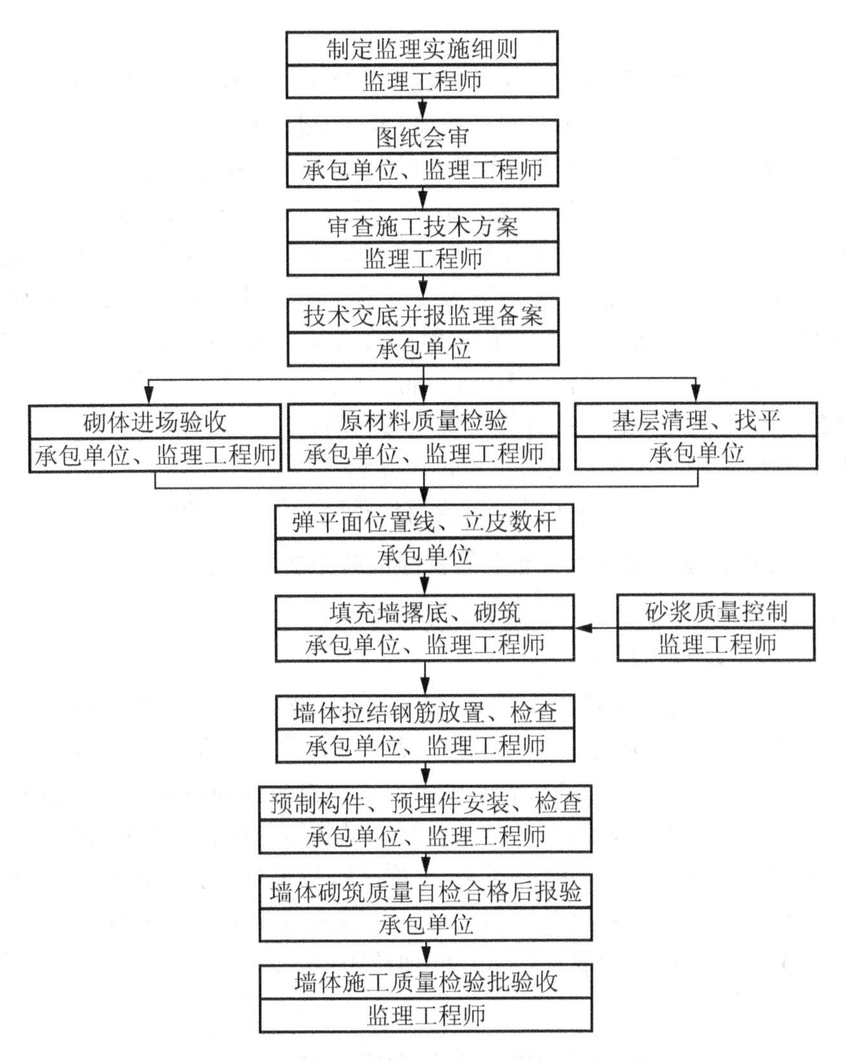

图 3.8 砖砌体分项工程质量控制工作流程

3.3.1 砌砖工程质量控制

1. 砌砖施工过程的检查项目

(1) 检查测量放线的测量结果并进行复核。标志板、皮数杆设置位置准确牢固。

(2) 检查砂浆拌制的质量。砂浆配合比、和易性应符合设计及施工要求。砂浆应随拌随用，常温下水泥和水泥混合砂浆应分别在 3h 和 4h 内用完，温度高于 30℃时，应再提前 1h。

(3) 检查砖的含水率，砖应提前 1～2 天浇水湿润。普通砖、多孔砖的含水率宜为 10%～15%，灰砂砖、粉煤灰砖宜为 8%～12%。现场可断砖以水浸入砖 10～15 mm 深为宜。

(4) 检查砂浆的强度。应在砂浆拌制地点留置砂浆强度试块，各类型及强度等级的砌筑砂浆每一检验批不超过 $250m^2$ 的砌体，每台搅拌机应至少制作一组试块(每组 6 块)，其标准养护 28 天的抗压强度应满足设计要求。

(5) 检查砌体的组砌形式。保证上、下皮砖至少错开 1/4 的砖长，避免产生通缝。

(6) 检查砌体的砌筑方法，应采取“三一”砌筑法。

(7) 施工过程中应检查是否按规定挂线砌筑，随时检查墙体平整度和垂直度，并应采取“三皮一吊、五皮一靠”的检查方法，保证墙面的横平竖直。

(8) 检查砂浆的饱满度。水平灰缝饱满度应达到80%，每层每轴线应检查1～2次，存在问题时应加大频度2倍以上。竖向灰缝不得出现透明缝、瞎缝和假缝。

(9) 检查转角处和交接处的砌筑及接槎的质量。施工中应尽量保证墙体同时砌筑，以提高砌体结构的整体性和抗震性。检查时要注意砌体的转角处和交接处应同时砌筑，严禁无可靠措施的内、外墙分砌施工。对不能同时砌筑而又必须留置的临时间断处应砌成斜槎，斜槎水平投影长度不应小于高度的2/3。当不能留斜槎时，除转角处外，也可留直槎(阳槎)。抗震设防区应按规定在转角和交接部位设置拉结钢筋。

(10) 检查预留孔洞、预埋件是否符合设计要求。

(11) 检查构造柱的设置、施工是否符合设计及施工规范的要求。

2．施工过程的检查项目砌砖工程质量检验标准和检验方法

(1) 砌砖工程质量检验标准和检验方法见表3-14。

(2) 砌砖工程质量检验数量。

主控项目第1项：每一生产厂家烧结砖15万块、多孔砖5万块、灰砂砖及粉煤灰砖10万块各为一个检验批，抽查数量为一组。第2项：同一类型、强度等级的砂浆试块不少于3组。每一检验批且不超过250mm^{3}砌体的各种类型及强度等级的砌筑砂浆，每台搅拌机应至少抽检一次(一组6块)，在搅拌机出料口随机取样(同盘砂浆只应制作一组试块)。第3项：每检验批抽查不少于5处。第4、5项：每检验批抽查20%接槎，且不应小于5处。第6项：承重墙、柱全数检查。第7项：外墙垂直度全高查阳角，不少于4处，每层每20m查1处；内墙按有代表性的自然间抽查10%，但不少于3间，每间不少于2处，柱不少于5根。

表3-14　砌砖工程质量检验标准和检验方法

项目	序号	检验项目	允许偏差或允许值	检查方法
主控项目	1	砖规格、品种、性能、强度等级	符合设计要求和产品标准	查进场试验报告及出厂合格证
	2	砂浆材料规格、品种、性能、配合比及强度等级	符合设计要求和产品标准	查砂浆试验报告
	3	砂浆饱满度	≥80%	用百格网检查砖底面与砂浆粘结痕迹面积，每处3块，取其平均值
	4	砌体转角处和交接处	应同时砌筑，严禁无可靠措施的内外墙分砌施工，对不能同时砌筑而又必须留置的临时间断处应砌成斜槎，斜槎水平投影长度不应小于高度的2/3	观察检查

续表

项目	序号	检验项目	允许偏差或允许值	检查方法
主控项目	5	临时间断处	非抗震设防及抗震设防6、7度地区，当不能留斜槎时，除转角外可留直槎，必须做成阳槎，并应加设拉结钢筋，按墙厚每120mm放一ϕ6钢筋(不少于2根)，间距沿墙高不超过500mm，伸入墙内不少于500mm(抗震区不少于1000mm)，末端应留有90°的弯钩 合格标准：留槎正确，拉结筋设置数量、直径正确，竖向间距偏差不超过100mm，留置长度基本符合规定	观察及尺量
	6	轴线位置/mm	≤10	经纬仪、尺量、拉线量测
	7	垂直度偏差/mm 每层	5	2m靠尺检查
		垂直度偏差/mm 全高 ≤10m	10	经纬仪、吊线和尺检查
		垂直度偏差/mm 全高 >10m	20	
一般项目	1	组砌方法	正确，上下错缝，内外搭接，砖柱无包心砌法	观察检查
	2	水平灰缝厚度10mm	±2	用尺量10倍皮砖高、2m长的砌体折算其灰缝厚(宽)度
	3	基础顶面和楼面标高	±15	用水平仪和尺检查，在结构板面上进行
	4	表面平整度偏差 清水墙	5	用2m靠尺和楔形塞尺检查。检查时，靠尺宜倾斜45°放置，每片墙宜检测1处
		表面平整度偏差 混水墙	8	
	5	门窗洞口高、宽(后塞口)	±5	用尺检查
	6	外墙上下窗口偏移	20	以底层窗口为准，用经纬仪或吊线检查，以中心线计算
	7	水平灰缝平直度 清水墙	7	拉10m线和尺检查，不足10m的墙按全墙长度
		水平灰缝平直度 混水墙	10	
	8	清水墙游丁走缝	20	吊线和尺检查，以第一层第一皮砖为准

3.3.2 砌块工程质量控制

小型砌块工程质量要求如下。

(1) 砌块的品种、强度等级必须符合设计要求。

(2) 砂浆品种必须符合设计要求，强度等级必须符合下列规定。

① 同一验收批砂浆立方体抗压强度各组平均值应等于或大于验收批砂浆设计强度等级所对应的立方体抗压强度。

② 同一验收批中砂浆立方体抗压强度的最小一组平均值应等于或大于 0.75 倍验收批砂浆设计强度等级所对应的立方体抗压强度。

③ 砌体砂浆必须密实饱满，水平灰缝的砂浆饱满度应按净面积计算，不得低于 90%，竖向灰缝的砂浆饱满度不得低于 80%。

④ 砌体的水平灰缝厚度和竖直灰缝宽度应控制在 8～12mm，砌筑时的铺灰长度不得超过 800mm，严禁用水冲浆灌缝。

⑤ 对设计规定的洞口、管道、沟槽和预埋件等，应在砌筑时预留或预埋，严禁在砌好的墙体上打凿。在小砌块墙体中不得预留水平沟槽。

⑥ 外墙的转角处严禁留直槎，其他临时间断处留槎的做法必须符合相应小砌块的技术规程。接槎处砂浆应密实，灰缝、砌块平直。

⑦ 小砌块缺少辅助规格时，墙体通缝不得超过两皮砌块高。

⑧ 预埋拉结筋的数量、长度及留置符合设计要求。

⑨ 清水墙组砌正确，墙面整洁，刮缝深度适宜。

⑩ 芯柱混凝土的拌制、浇筑、养护应符合《混凝土结构施工质量验收规范》的要求。

⑪ 砌块砌体的位置、垂直度、尺寸的允许偏差应符合表 3-15。

表 3-15　小砌块砌体的尺寸和位置的允许偏差

项目			允许偏差/mm	检验方法
轴线位置偏移			10	用经纬仪和尺检查
基础顶面和楼面标高			±15	用水平仪和尺检查
小砌块砌体垂直度	每层		5	用 2m 托线板检查
	全高	≤10m	10	用经纬仪、吊线和尺检查
		＞10m	20	
填充墙砌体垂直度		≥3m	5	用 2m 托线板和尺检查
		＞3m	10	
表面平整度		清水墙、柱	5	用 2m 靠尺和楔形塞尺检查
		混水墙、柱	8	
水平灰缝平直度		清水墙	7	拉 10m 线和尺检查
		混水墙	10	
门窗洞口高、宽(后塞口)			±5	用尺检查
外墙上下窗口偏移			20	用经纬仪或吊线检查，以底层窗口为准

3.4　装饰工程质量控制

建筑装饰装修分部工程质量控制工作流程如图 3.9 所示。

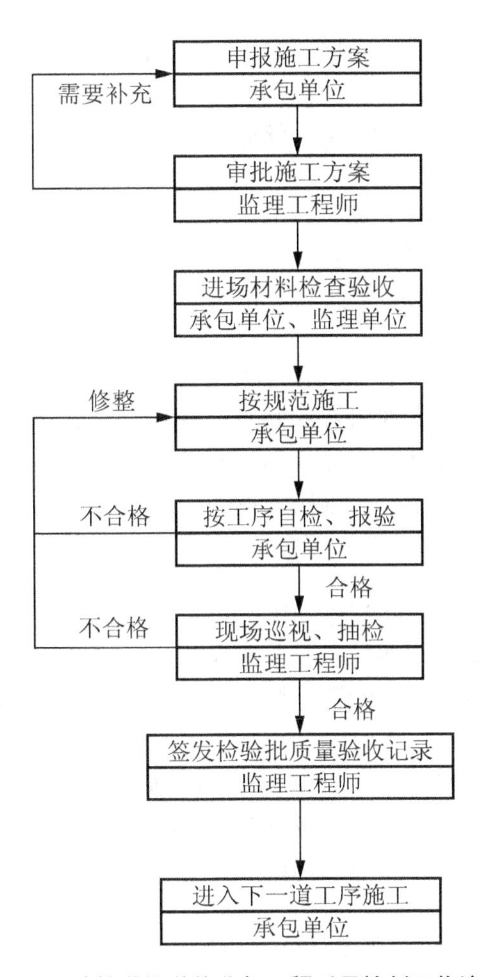

图 3.9　建筑装饰装修分部工程质量控制工作流程

3.4.1　抹灰工程质量控制

1. 抹灰工程施工一般规定

(1) 抹灰工程采用的砂浆品种应按设计要求选用，如设计无要求，应符合下列规定。

① 外墙门窗洞口的外侧壁、屋檐、勒脚、压檐墙等的抹灰——水泥砂浆或水泥混合砂浆。

② 湿度较大的房间和车间的抹灰——水泥砂浆或水泥混合砂浆。

③ 混凝土板和墙的底层抹灰——水泥混合砂浆、水泥砂浆或聚合物水泥砂浆。

④ 硅酸盐砌块、加气混凝土块和板的底层抹灰——水泥混合砂浆或聚合物水泥砂浆。

⑤ 板条、金属网顶棚和墙的底层和中层抹灰——麻刀石灰砂浆或纸筋石灰砂浆。

(2) 抹灰砂浆的配合比和稠度等应经检查合格后方可使用。水泥砂浆及掺有水泥或石膏拌制的砂浆应控制在初凝前用完。

(3) 木结构与砖石结构、混凝土结构等相接处基体表面的抹灰应先铺钉金属网，并绷紧牢固。金属网与各基体的搭接宽度不应小于100mm。

(4) 抹灰前，砖石、混凝土等基体表面的灰尘、污垢和油渍等应清除干净，并洒水润湿。

(5) 抹灰前，应先检查基体表面的平整度，并用与抹灰层相同砂浆设置标志或标筋。

(6) 室内墙面、柱面和门洞口的阳角，宜用 1∶2 水泥砂浆做护角，其高度不应低于 2m，每侧宽度不应小于 50mm。

(7) 外墙抹灰工程施工前，应安装好钢木门窗框、阳台栏杆和预埋铁件等，并将墙上的施工孔洞堵塞密实。

(8) 外墙窗台、窗楣、雨篷、阳台、压顶和突出腰线等，上面应做流水坡度，下面应做滴水线或滴水槽，滴水槽的深度和宽度均不应小于 10mm，并整齐一致。

(9) 各种砂浆的抹灰层，在凝结前应防止快干、水冲、撞击和振动；凝结后，应采取措施防止玷污和损坏。

(10) 水泥砂浆的抹灰层，应在湿润的条件下养护。

(11) 冬期施工，抹灰砂浆应采取保温措施。涂抹时，砂浆的温度不宜低于 5℃。

(12) 砂浆抹灰层硬化初期不得受冻。气温低于 5℃时，室外抹灰所用的砂浆可掺入混凝土防冻剂，其掺量应由试验确定。做涂料墙面的抹灰砂浆中不得掺入含氯盐的防冻剂。

2. 一般抹灰质量控制

(1) 一般抹灰按质量要求分为普通、中级和高级 3 级，主要工序如下：普通抹灰——分层赶平、修整，表面压光；中级抹灰——阳角找方，设置标筋，分层赶平、修整，表面压光；高级抹灰——阴阳角找方，设置标筋，分层赶平、修整，表面压光。

(2) 抹灰层的平均总厚度不得大于下列规定。

① 顶棚：板条、空心砖、现浇混凝土——15mm，预制混凝土——18mm，金属网——20mm。

② 内墙：普通抹灰——18mm，中级抹灰——20mm，高级抹灰——25mm。

③ 外墙——20mm；勒脚及突出墙面部分——25mm。

④ 石墙——35mm。

(3) 涂抹水泥砂浆每遍厚度宜为 5～7mm。涂抹石灰砂浆和水泥混合砂浆每遍厚度宜为 7～9mm。

(4) 面层抹灰经赶平压实后的厚度，麻英石灰不得大于 3mm；纸筋石灰、石膏灰不得大于 2mm。

(5) 水泥砂浆和水泥混合砂浆的抹灰层应待前一层抹灰层凝结后方可涂抹后一层；石灰砂浆的抹灰层应待前一层七八成干后方可涂抹后一层。

(6) 混凝土大板和大模板建筑的内墙面和楼板底面宜用腻子分遍刮平，各遍应粘结牢固，总厚度为 2～3mm。如用聚合物水泥砂浆、水泥混合砂浆喷毛打底，纸筋石灰罩面，以及用膨胀珍珠岩水泥砂浆抹面，总厚度为 3～5mm。

(7) 加气混凝土表面抹灰前，应清扫干净，并应作基层表面处理，随即分层抹灰，防止表面空鼓开裂。

(8) 板条、金属网顶棚和墙的抹灰尚应符合下列规定。

① 板条、金属网安装完成，必须经检查合格后，方可抹灰。

② 底层和中层宜用麻刀石灰砂浆或纸筋石灰砂浆，各层应分遍成活，每遍厚度为 3～6mm。

③ 底层砂浆应压入板条缝或网眼内，形成转脚以使结合牢固。

④ 顶棚的高级抹灰应加钉长 350～450mm 的麻束，间距为 400mm，并交错布置，分遍按放射状梳理抹进中层砂浆内。

⑤ 金属网抹灰砂浆中掺用水泥时，其掺量应由试验确定。

(9) 抹灰的面层应在踢脚板、门窗贴脸板和挂镜线等安装前涂抹。安装后与抹灰面相接处如有缝隙，应用砂浆或腻子填补。

(10) 采用机械喷涂抹灰，尚应符合下列规定。

① 喷涂石灰砂浆前，宜先做水泥砂浆护角、踢脚板、墙裙、窗台板的抹灰，以及混凝土过梁等底层的抹灰。

② 喷涂时，应防止沾污门窗、管道和设备，被沾污的部位应及时清理干净。

③ 砂浆稠度：用于混凝土面为90～100mm，用于砖墙面为100～120mm。

(11) 混凝土表面的抹灰宜使用机械喷涂，用手工涂抹时，宜先凿毛刮水泥浆(水灰比为0.37～0.40)，洒水泥砂浆或用界面处理剂处理。

3. 抹灰工程质量验收

(1) 检查数量室外，以4m左右高为一检查层，每20m长抽查一处(每处3延长米)，但不少于3处；室内按有代表性的自然间抽查10%，过道按10延长米，礼堂、厂房等大间可按两轴线为一间，但不少于3间。

(2) 检查所用材料的品种、面层的颜色及花纹等是否符合设计要求。

(3) 抹灰工程的面层不得有爆灰和裂缝。各抹灰层之间及抹灰层与基体之间应粘结牢固，不得有脱层、空鼓等缺陷。

(4) 抹灰分格缝的宽度和深度应均匀一致，表面光滑、无砂眼，不得有错缝，缺棱掉角。

(5) 一般抹灰面层的外观质量应符合下列规定。

① 普通抹灰：表面光滑、洁净，接槎平整。

② 中级抹灰：表面光滑、洁净，接槎平整，灰线清晰顺直。

③ 高级抹灰：表面光滑、洁净，颜色均匀、无抹纹，灰线平直方正、清晰美观。

(6) 装饰抹灰面层的外观质量应符合下列规定。

① 水刷石——石粒清晰，分布均匀，紧密平整，色泽一致，不得有掉粒和接槎痕迹。

② 水磨石——表面应平整、光滑，石子显露均匀，不得有砂眼、磨纹和漏磨处，分格条应位置准确，全部露出。

③ 斩假石——剁纹均匀顺直，深浅一致，不得有漏剁处。阳角处横剁和留出不剁的边条，应宽窄一致，棱角不得有损坏。

④ 干粘石——石粒粘结牢固，分布均匀，颜色一致，不露浆，不漏黏，阳角处不得有明显黑边。

⑤ 假面砖——表面应平整，沟纹清晰，留缝整齐，色泽均匀，不得有掉角、脱皮、起砂等缺陷。

⑥ 拉条灰——拉条清晰顺直，深浅一致，表面光滑洁净，上下端头齐平。

⑦ 拉毛灰、洒毛灰——花纹、斑点分布均布，不显接槎。

⑧ 喷砂——表面应平整，砂粒粘结牢固、均匀、密实。

⑨ 喷涂、滚涂、弹涂——颜色一致，花纹大小均匀，不显接槎。

⑩ 仿石、彩色抹灰——表面应密实，线条清晰。仿石的纹理应顺直，彩色抹灰的颜色应一致。

⑪ 干粘石、拉毛灰、洒毛灰、喷砂、滚涂和弹涂等，在涂抹面层前，应检查其中层砂浆表面的平整度。

(7) 一般抹灰工程质量的允许偏差应符合表 3-16 的规定。

表 3-16　一般抹灰质量的允许偏差

项次	项目	允许偏差/mm	检验方法		
		普通抹灰	中级抹灰	高级抹灰	
1	表面平整	5	4	2	用 2m 直尺和楔形塞尺检查
2	阴、阳角垂直	—	4	2	用 2m 托线板和尺检查
3	立面垂直	—	5	3	
4	阴、阳角方正	—	4	2	用 200mm 方尺检查
5	分隔条(缝)平直	—	3	—	拉 5m 线和尺检查

注：①外墙一般抹灰，立面总高度的垂直度偏差应符合现行《砖石工程施工级验收规范》、《混凝土结构工程施工及验收规范》和《装配式大板居住建筑结构设计和施工规程》的有关规定；②中级抹灰，本表第 4 项阴角方正可不检查；③顶棚抹灰，本表第 1 项表面平整可不检查，但应顺平。

(8) 装饰抹灰工程质量的允许偏差应符合表 3-17 的规定。

表 3-17　装饰抹灰工程质量的允许偏差

项次	项目	允许偏差/mm													检验方法
		水刷石	水磨石	斩假石	干粘石	假面砖	拉条灰	拉毛灰	洒毛灰	喷砂	喷涂	滚涂	弹涂	仿石彩色抹灰	
1	表面平整	3	2	3	5	4	4	4	4	5	4	4	4	3	用 2m 直尺和楔形塞尺检查
2	阴、阳角垂直	4	2	3	4	—	4	4	4	4	4	4	4	3	用 2m 托线板和尺检查
3	立面垂直	5	3	4	5	5	5	5	5	5	5	5	5	4	
4	阴、阳角方正	3	2	3	4	4	4	4	4	3	4	4	4	3	用 200mm 方尺检查
5	墙裙上口平直	3	3	3	—	—	—	—	—	—	—	—	—	3	拉 5m 线检查，不足 5m 拉通线检查
6	分隔条(缝)平直	3	2	3	3	3	—	—	—	3	3	3	3	3	

3.4.2　饰面板(砖)工程质量控制

1. 施工过程质量控制

(1) 检查时，首先查看设计图纸，了解设计对饰面板(砖)工程所选用的材料、规格、颜色、施工方法的要求，对工程所用材料检查其是否有产品出厂合格证或试验报告，特别对工程中所使用的水泥、胶粘剂，干挂饰面板和金属饰面板骨架所用的钢材、不锈钢连接件、膨胀螺栓等应严格把关。对钢材的焊接应检查焊缝的试验报告。当在高层建筑外墙饰面板干挂法安装时，采用膨胀螺栓固定不锈钢连接件，还应检查膨胀螺栓的抗拔试验报告，以保证饰面板安装安全可靠。

(2) 在对饰面板的检查中，外墙面采用干挂法施工时，应检查是否按要求做防水处理，如有遗漏应督促施工单位及时补做。检查不锈钢连接件的固定方法、每块饰面板的连接点数量是否符合设计要求。当连接件与建筑物墙面预埋件焊接时，应检查焊缝长度、厚度、宽度等是否符合设计要求，焊缝是否做防锈处理。对饰面板的销钉孔，应检查是否有隐性裂缝，深度是否满足要求。饰面板销钉孔的深度应为上下两块板的孔深加上板的接缝宽度稍大于销钉的长度，否则会因上块板的重量通过销钉传到下块板上，而引起饰面板损坏。

(3) 饰面板施铺时，着重检查钢筋网片与建筑物墙面的连接、饰面板与钢筋网片的绑扎是否牢固，检查钢筋焊缝长度、钢筋网片的防锈处理。施工中应检查饰面板灌浆是否按规定分层进行。

(4) 在饰面砖的检查中，应注意检查墙面基层的处理是否符合要求，这直接会影响饰面砖的镶贴质量。可用小锤检查基层的水泥抹灰有否空鼓，发现有空鼓应立即铲掉重做(板条墙除外)，检查处理过的墙面是否平整、毛糙。

(5) 为了保证建筑工程面砖的粘结质量，外墙饰面砖应进行粘结强度的检验。每 $300m^2$ 同类墙体取1组试样，每组3个，每楼层不得少于1组；不足 $300m^2$ 每两楼层取1组。每组试样的平均粘结强度不应小于 0.4MPa；每组可有一个试样的粘结强度小于 0.4MPa，但不应小于 0.3MPa。

(6) 对金属饰面板应着重检查金属骨架是否严格按设计图纸施工，安装是否牢固。检查焊缝的长度、宽度、高度、防锈措施是否符合设计要求。

2. 饰面板(砖)工程质量验收

(1) 饰面板(砖)工程验收时应检查的资料有饰面板(砖)工程的施工图、设计说明及其他设计文件；材料的产品合格证书、性能检测报告、进场验收记录和复验报告；后置埋件的现场拉拔检测报告；外墙饰面砖样板件的粘结强度检测报告；隐蔽工程验收记录；施工记录。

(2) 饰面板(砖)工程应进行复验的内容：室内用花岗石的放射性；粘贴用水泥的凝结时间、安定性和抗压强度；外墙陶瓷面砖的吸水率；寒冷地区外墙陶瓷面砖的抗冻性。

(3) 饰面板(砖)工程应进行验收的隐蔽工程项目：预埋件(或后置埋件)；连接节点；防水层。

(4) 分项工程检验批的划分规定：相同材料、工艺和施工条件的室内饰面板(砖)工程每50间(大面积房间和走廊按施工面积 $30m^2$ 为一间)应划分为一个检验批，不足50间也应划分为一个检验批。相同材料、工艺和施工条件的室外饰面板(砖)工程每 500～$1000m^2$ 划分为一个检验批，不足 $500m^2$ 也应划分为一个检验批。

检验数量的规定：室内每个检验批至少应抽查10%，并不得少于3间，不足3间时应全数检查。室外每个检验批每 $100m^2$ 至少抽查一处，每处不得小于 $10m^2$。

(5) 饰面板安装工程验收：

① 主控项目验收如下。

(a) 饰面板的品种、规格、颜色和性能应符合设计要求，木龙骨、木饰面板和塑料饰面板的燃烧性能等级应符合设计要求。

检验方法：观察；检查产品合格证书、进场验收记录和性能检测报告。

(b) 饰面板孔、槽的数量、位置和尺寸应符合设计要求。

检验方法：检查进场验收记录和施工记录。

(c) 饰面板安装工程的预埋件(或后置埋件)、连接件的数量、规格、位置、连接方法和防腐处理必须符合设计要求。后置埋件的现场拉拔强度必须符合设计要求。饰面板安装必须牢固。

检验方法：手扳检查；检查进场验收记录、现场拉拔检测报告、隐蔽工程验收记录和施工记录。

② 一般项目验收如下。

(a) 饰面板表面应平整、洁净、色泽一致，无裂痕和缺损。石材表面应无泛碱等污染。

检验方法：观察。

(b) 饰面板嵌缝应密实、平直，宽度和深度应符合设计要求，嵌填材料色泽应一致。

检验方法：观察；尺量检查。

(c) 采用湿作业法施工的饰面板工程，石材应进行防碱背涂处理。饰面板与基体之间的灌注材料应饱满、密实。

检验方法：用小锤轻击检查；检查施工记录。

(d) 饰面板上的孔洞应套割吻合，边缘应整齐。

检验方法：观察。

(e) 饰面板安装的允许偏差和检验方法应符合表 3-18 的规定。

表 3-18 饰面板安装的允许偏差和检验方法

项次	项目	允许偏差/mm							检验方法
		石材			瓷板	木材	塑料	金属	
		光面	剁斧石	蘑菇石					
1	光立面垂直度	2	3	3	2	1.5	2	2	用 2m 垂直检测尺检查
2	表面平整度	3	3	—	1.5	1	3	3	用 2m 靠尺和塞尺检查
3	阴阳角方正	2	4	4	2	1.5	3	3	用直角检测尺检查
4	接缝直线度	2	4	4	2	1	1	1	拉 5m 线，不足 5m 拉通线，用钢直尺检查
5	墙裙、勒脚上口直线度	2	3	3	2	2	2	2	拉 5m 线，不足 5m 拉通线，用钢直尺检查
6	接缝高低差	0.5	3	—	0.5	0.5	1	1	用钢直尺和塞尺检查
7	接缝宽度	1	2	2	1	1	1	1	用钢直尺检查

(6) 饰面砖粘贴工程验收内容如下。

① 主控项目验收内容如下。

(a) 饰面砖的品种、规格、图案、颜色和性能应符合设计要求。

检验方法：观察；检查产品合格证书、进场验收记录、性能检测报告和复验报告。

(b) 饰面砖粘贴工程的找平、防水、粘结和勾缝材料及施工方法应符合设计要求及国家现行产品标准和工程技术标准的规定。

检验方法：检查产品合格证书、复验报告和隐蔽工程验收记录。

(c) 饰面砖黏贴必须牢固。

检验方法：检查样板件粘结强度检测报告和施工记录。

(d) 满粘法施工的饰面砖工程应无空鼓、裂缝。

检验方法：观察；用小锤轻击检查。

② 一般项目验收内容如下。

(a) 饰面砖表面应平整、洁净、色泽一致，无裂痕和缺损。

检验方法：观察。

(b) 阴阳角处搭接方式、非整砖使用部位应符合设计要求。

检验方法：观察。

(c) 墙面突出物周围的饰面砖应整砖套割吻合，边缘应整齐。墙裙、贴脸突出墙面的厚度应一致。

检验方法：观察；尺量检查。

(d) 饰面砖接缝应平直、光滑，填嵌应连续、密实；宽度和深度应符合设计要求。

检验方法：观察；尺量检查。

(e) 有排水要求的部位应做滴水线(槽)。滴水线(槽)应顺直，流水坡向应正确，坡度应符合设计要求。

检验方法：观察；用水平尺检查。

(f) 饰面砖粘贴的允许偏差和检验方法应符合表 3-19 的规定。

表 3-19 饰面砖粘贴的允许偏差和检验方法

项次	项目	允许偏差/mm		检验方法
		外墙面砖	内墙面砖	
1	立面垂直度	3	2	用 2m 垂直检测尺检查
2	表面平整度	4	3	用 2m 靠尺和塞尺检查
3	阴阳角方正	3	3	用直角检测尺检查
4	接缝直线度	3	2	拉 5m 线，不足 5m 拉通线，用钢直尺检查
5	接缝高低差	1	0.5	用钢直尺和塞尺检查
6	接缝宽度	1	1	用钢直尺检查

3.4.3 涂饰工程质量控制

1. 施工过程中的质量控制

1) 材料质量检查

(1) 腻子：材料进入现场应有产品合格证、性能检验报告、出场质量保证书、进场验收记录，水泥、胶粘剂的质量应按有关规定进行复试，严禁使用安定性不合格的水泥，严禁使用粘结强度不达标的胶粘剂。普通硅酸盐水泥强度等级不宜低于 32.5。超过 90*d* 的水泥应进行复检，复检不达标的不得使用。

配套使用的腻子和封底材料必须与选用饰面涂料性能相适应，内墙腻子的主要技术指标应符合现行行业标准《建筑室内用腻子》(JG/T 298—2010)的规定，外墙腻子的强度应符合现行国家标准《复层建筑涂料》(GB 9779)的规定，且不易开裂。

民用建筑室内用胶粘剂材料必须符合《民用建筑工程室内环境污染控制规范》(GB 50325)的有关要求。

(2) 涂料：涂料类型的选用应符合设计要求。检查材料的产品合格证、性能检测报告及进场验收记录。进场涂料按有关规定进行复试，并经试验鉴定合格后方可使用。超过出场保质期的涂料应进行复验，复验达不到质量标准不得使用。

室内用水性涂料、溶剂型涂料必须符合《民用建筑工程室内环境污染控制规范》(GB 50325)的有关要求。

2) 基层处理质量检查

基层处理的质量是影响涂刷质量的最主要因素之一。基层质量应符合下列要求。

(1) 基层应牢固，不开裂、不掉粉、不起砂、不空鼓、无剥离、无石灰爆裂点和无附着力不良的旧涂层等。

(2) 基层应表面平整，立面垂直、阴阳角垂直、方正和无缺棱掉角，分格缝深浅一致且横平竖直。允许偏差应符合要求且表面应平而不光。

(3) 基层应清洁，表面无灰尘、无浮浆、无油迹、无锈斑、无霉点、无盐类析出物和无青苔等杂物。

(4) 基层应干燥，涂刷溶剂型涂料时，基层含水率不得大于 8%；涂刷乳液型涂料时，基层含水率不得大于 10%，木材基层的含水率不得大于 12%。

(5) 基层的 pH 不得大于 10。厨房、卫生间必须使用耐水腻子。

(3) 施工中质量检查

(1) 首先应注意施工的环境条件是否符合要求，在不符合要求时有否采取有效的措施。

(2) 检查组成腻子材料的石膏粉、大白粉、水泥、粘胶掺加物的计量方法能否保证计量精度，是否按方案进行配置，材料的品种有无变化，用水是否符合要求，检查腻子的稠度、和易性和均匀性。腻子应随时拌随时用，对拌制时间过长，有硬块现象无法搅拌均匀的要求弃用。

(3) 检查涂料的品种、型号、性能是否符合设计要求，涂料配制中色浆、掺加物、掺水量的计量方法，施工中能否按配合比的标准进行稀释、配色调制，通过色板对比查看配制的准确性，颜色、图案是否符合样板间(段)的要求。

(4) 检查施工的方法是否符合规定的要求。如施工顺序有否颠倒，喷涂的设备压力能否满足施工要求，滚刷、排刷在使用时能否达到工程的质量要求等。

(5) 检查涂料涂饰是否均匀，粘结牢固，涂料不得漏涂、透底、起皮和掉粉。

(6) 涂饰工程施工应按“底涂层、中间涂层、面涂层”的要求进行施工。施工中注意检查每道工序的前一次操作与后一次操作之间的间隔时间是否足够，具体时间间隔详见有关规定及有关产品说明书要求。

2．涂饰工程质量检验评定标准和检验方法

1) 检验批

(1) 室外涂饰工程每一栋楼的同类涂料涂饰的墙面每 500～1000m^2 应划分为一个检验批，不足 500m^2 也应划分为一个检验批。

(2) 室内涂饰工程同类涂料涂饰墙面每 50 间(大面积房间和走廊按涂饰面积 30 m^2 为一间)应划分为一个检验批，不足 50 间也应划分为一个检验批。

2) 检查数量

(1) 室外涂饰工程每 100m^2 应至少检查一处，每处不得小于 10m^2。

(2) 室内涂饰工程每个检验批应至少抽查 10%，并不得少于 3 间；不足 3 间时应全数检查。

3.5 防水工程质量控制

3.5.1 屋面防水工程质量控制

屋面防水子分部工程质量控制工作流程如图 3.10。

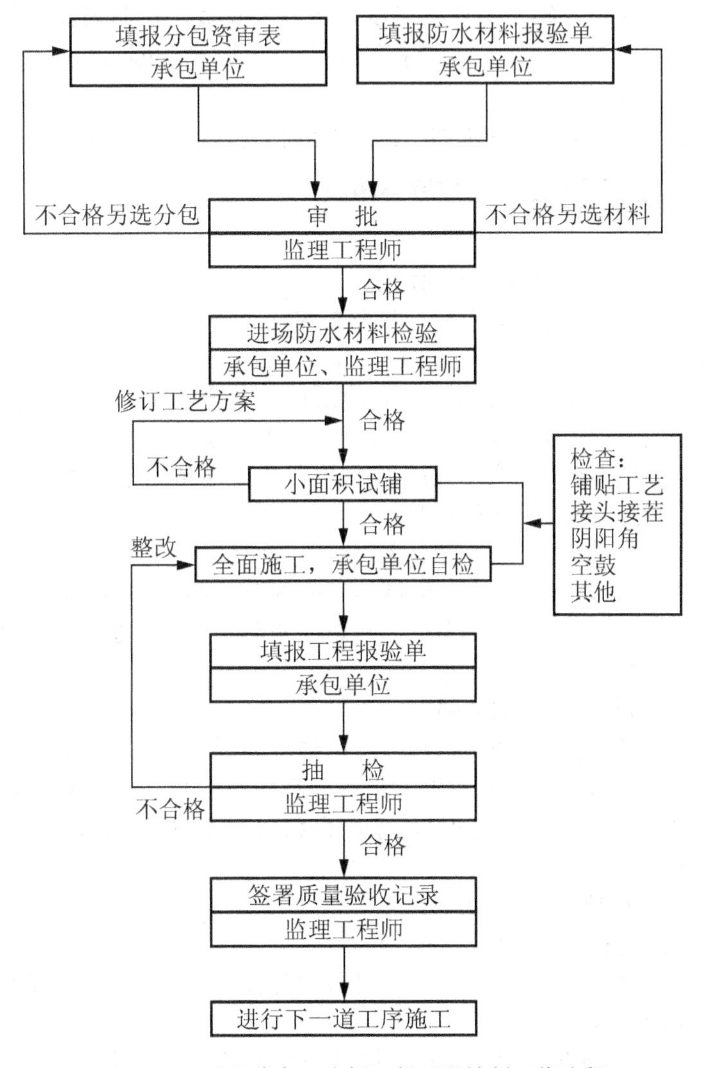

图 3.10　屋面防水子分部工程质量控制工作流程

屋面防水工程是房屋建筑的一项重要工程。根据建筑物的性质、重要程度、使用功能要求及防水层耐用年限等，将屋面防水分为Ⅰ、Ⅱ、Ⅲ、Ⅳ 4 个等级，并按不同等级设防。屋面防水常见种类：卷材防水屋面、涂膜防水屋面和刚性防水屋面等。

屋面工程所采用的防水，保温隔热材料应有合格证书和性能检测报告，材料的品种规格、性能等应符合现行国家产品标准和设计要求。屋面施工前，要编制施工方案，应建立各道工序的自检、交接检和专职人员检查的“三检”制度，并有完整的检查记录。伸出屋面的管道、设备或预埋件应在防水层施工前安设好。每道工序完成后，应经监理单位检查验收、合格后方可进行下道工序的施工。屋面工程的防水应由经资质审查合格的防水专业队伍进行施工，作业人员应持有当地建筑行政主管部门颁发的上岗证。

材料进场后，施工单位应按规定取样复检，提出试验报告。不得在工程中使用不合格材料。屋面的保温层和防水层严禁在雨天、雪天和 5 级以上大风下施工，温度过低也不宜施工，屋面工程完工后，应对屋面细部构造接缝、保护层等进行外观检验，并用淋水或蓄水进行检验，防水层不得有渗漏或积水现象。

屋面工程应建立管理、维修、保养制度，由专人负责，定期进行检查维修，一般应在每年的秋末冬初对屋面检查一次，主要清理落叶、尘土，以免堵塞水落口，雨季前再检查一次，发现问题及时维修。

下面就屋面防水工程常用做法的施工质量控制与验收进行介绍。

1. 卷材屋面防水工程施工质量控制与验收

1) 材料质量检查

防水卷材现场抽样复验应遵守下列规定。

(1) 同一品种、牌号、规格的卷材，抽验数量：大于 1000 卷取 5 卷，500～1000 卷抽取 4 卷，100～499 卷抽取 3 卷，小于 100 卷抽取 2 卷。

(2) 将抽验的卷材开卷进行规格、外观质量检验，全部指标达到标准规定时，即为合格。其中如有一项指标达不到要求，即应在受检产品中加倍取样复验，全部达到标准规定为合格。复验时有一项指标不合格，则判定该产品外观质量为不合格。

(3) 卷材的物理性能应检验下列项目。

① 沥青防水卷材：拉力、耐热度、柔性、不透水性。

② 高聚物改性沥青防水卷材：拉伸性能、耐热度、柔性、不透水性。

③ 合成高分子防水卷材：拉伸强度、断裂伸长率，低温弯折性、不透水性。

(4) 胶粘剂物理性能应检验下列项目。

① 改性沥青胶粘剂：粘结剥离强度。

② 合成高分子胶粘剂：粘结剥离强度，粘结剥离强度浸水后保持率。

防水卷材一般可用卡尺、卷尺等工具进行外观质量的测试。用手拉伸可进行强度、延伸率、回弹力的测试，重要的项目应送质量监督部门认定的检测单位进行测试。

2) 施工质量检查

(1) 卷材防水屋面的质量要求如下。

① 屋面不得有渗漏和积水现象。

② 屋面工程所用的合成高分子防水卷材必须符合质量标准和设计要求，以便能达到设计所规定的耐久使用年限。

③ 坡屋面和平屋面的坡度必须准确，坡度的大小必须符合设计要求。平屋面不得出现排水不畅和局部积水现象。

④ 找平层应平整坚固，表面不得有酥软、起砂、起皮等现象，平整度不应超过 5mm。

⑤ 屋面的细部构造和节点是防水的关键部位，所以，其做法必须符合设计要求和规范的规定，节点处的封闭应严密，不得开缝、翘边、脱落。水落口及突出屋面设施与屋面连接处应固定牢靠，密封严实。

⑥ 绿豆砂、细砂、蛭石、云母等松散材料保护层和涂料保护屋覆盖应均匀，粘结应牢固；刚性整体保护层与防水层之间应设隔离层，表面分格缝、分离缝留设应正确；块体保

护层应铺砌平整，勾缝平密，分格缝、分离缝留设位置、宽度应正确。

⑦ 卷材铺贴方法、方向和搭接顺序应符合规定，搭接宽度应正确，卷材与基层、卷材与卷材之间粘结应牢固，接缝缝口、节点部位密封应严密，无皱折、鼓包翘边。

⑧ 保温层厚度、含水率、表观密度应符合设计要求。

(2) 卷材防水屋面的质量检验如下。

① 卷材防水屋面工程施工中应做好从屋面结构层、找平层、节点构造直至防水屋面施工完毕，分项工程的交接检查，未经检查验收合格的分项工程不得进行后续施工。

② 对于多道设防的防水层，包括涂膜、卷材、刚性材料等，每一道防水层完成后，应由专人进行检查，每道防水层均应符合质量要求、不渗水，才能进行下一道防水层的施工。使其真正起到多道设防的应有效果。

③ 检验屋面有无渗漏或积水，排水系统是否畅通，可在雨后或持续淋水2h以后进行。有可能做蓄水检验的屋面宜做蓄水24h检验。

④ 卷材屋面的节点做法、接缝密封的质量是屋面防水的关键部位，是质量检查的重点部位，节点处理不当或造成渗漏；接缝密封不好会出现裂缝、翘边、张口、最终导致渗漏；保护层质量低劣或厚度不够，会出现松散脱落、龟裂爆皮，失去保护作用，导致防水层过早老化而降低使用年限。所以，对这些项目应认真地进行外观检查，不合格的，应重做。

⑤ 找平层的平整度，用2mm直尺检查，面层与直尺间的最大空隙不应超过5mm，空隙应允许平缓变化，每米长度内不多于一处。

⑥ 对于用卷材作防水层的蓄水屋面，种植屋面应做蓄水24h检验。

2．涂膜屋面防水的施工质量控制与验收

1) 材料质量检查

进场的防水涂料和胎体增强材料抽样复验应符合下列规定。

(1) 同一规格、品种的防水涂料，每10t为一批，不足10t者按一批进行抽检；胎体增强材料，每3000m^{2}为一批，不足3000m^{2}者按一批进行抽检。

(2) 防水涂料应检查延伸或断裂延伸率、固体含量、柔性、不透水性和耐热度；胎体增强材料应检查拉力和延伸率。

2) 施工质量检查

(1) 涂膜防水屋面的质量要求如下。

① 屋面不得有渗漏和积水现象。

② 为保证屋面涂膜防水层的使用年限，所用防水涂料应符合质量标准和涂膜防水的设计要求。

③ 屋面坡度应准确，排水系统应通畅。

④ 找平层表面平整度应符合要求，不得有酥松、起砂、起皮、尖锐棱角现象。

⑤ 细部节点做法应符合设计要求，封固应严密，不得开缝、翘边。水落口及突出屋面设施与屋面连接处应固定牢靠、密封严实。

⑥ 涂膜防水层不应有裂纹、脱皮、流淌、鼓泡、胎体外露和皱皮等现象，与基层应粘结牢固，厚度应符合规范要求。

⑦ 胎体材料的铺设方法和搭接方法应符合要求；上下层胎体不得互相垂直铺设，搭接缝应错开，间距不应小于幅宽的1/3。

⑧ 松散材料保护层、涂料保护层应覆盖均匀严密、粘结牢固。刚性整体保护层与防水层间应设置隔离层，其表面分格缝的留设应正确。

(2) 涂膜防水屋面的质量检查要求如下。

① 屋面工程施工中应对结构层、找平层、细部节点构造、施工中的每遍涂膜防水层、附加防水层、节点收头、保护层等做分项工程的交接检查，未经检查验收合格不得进行后续施工。

② 涂膜防水层或与其他材料进行复合防水施工时，每一道涂层完成后，应由专人进行检查，合格后方可进行下一道涂层和下一道防水层的施工。

③ 检验涂膜防水层有无渗漏和积水、排水系统的是否通畅应雨后或持续淋水 2h 以后进行。有可能做蓄水检验的屋面宜做蓄水检验，其蓄水时间不宜少于 24h。淋水或蓄水检验应在涂膜防水层完全固化后再进行。

④ 涂膜防水屋面的涂膜厚度可用针刺或测厚仪控测等方法进行检验；每 $100m^2$ 的屋面不应少于一处；每一屋面不应少于 3 处，并取其平均值评定。

涂膜防水层的厚度应避免采用破坏防水层整体性的切割取片测厚法。

⑤ 找平层的平整度应用 2m 直尺检查；面层与直尺间最大空隙不应大于 5mm；空隙应平缓变化，每米长度内不应多于一处。

3.5.2 地下防水工程质量控制

地下防水工程是防止地下水对地下构筑物或建筑物基础的长期浸透，保证地下构筑或地下室使用功能正常使用发挥的一项重要工程。由于地下工程常年受到地表水、潜水、上层滞水、毛细管水等的作用，所以，对地下工程防水的处理比屋面防水工程要求更高、防水技术难度更大，一般应遵循“防、排、截、堵”结合，刚柔相济，因地制宜，综合治理的原则，根据使用要求，自然环境条件及结构形式等因素确定。地下工程的防水应采用经过试验、检测和鉴定并经实践检验质量可靠的材料行之有效的新技术、新工艺，一般可采用钢筋混凝土结构自防水、卷材防水和涂膜防水等技术措施，现就后两种措施的质量控制和验收加以介绍。

1. 地下工程卷材防水施工质量控制与验收

(1) 地下工程卷材防水所使用的合成高分子防水卷材和新型沥青防水卷材的材质证明必须齐全。

(2) 防水卷材进场后，应对材质分批进行抽样复检，其技术性能指标必须符合所用卷材规定的质量要求。

(3) 防水施工的每道工序必须经检查验收合格后方能进行后续工序的施工。

(4) 卷材防水层必须确认无任何渗漏隐患后方能覆盖隐蔽。

(5) 卷材与卷材之间的搭接宽度必须符合要求。搭接缝嵌缝宽度不得小于 10mm，并且必须用封口条对搭接缝进行封口和密封处理。

(6) 防水层不允许有皱折、孔洞、脱层、滑移和虚黏等现象存在。

(7) 地下工程防水施工必须做好隐蔽工程记录，预埋件和隐蔽物需变更设计方案时必须有工程洽商单。

2．地下工程涂膜防水质量控制与验收

(1) 涂膜防水材料的技术性能指标必须符合合成高分子防水涂料的质量要求和高聚物碱性沥青防水涂料的质量要求。

(2) 进场防水涂料的材质证明文件必须齐全。这些文件中所列出的技术性能数据必须和现场取样进行检测的试验报告以及其他有关质量证明文件中的数据相符合。

(3) 涂膜防水层必须形成一个完整的闭合防水整体，不允许有开裂、脱落、气泡、粉裂点和末端收头密封不严等缺陷存在。

(4) 涂膜防水层必须均匀固化，不应有明显的凹坑凸起等现象存在，涂膜的厚度应均匀一致，合成高分子防水涂料的总厚度不应小于 2mm，无胎体硅橡胶防水涂膜的厚度不宜小于 1.2mm，复合防水时不应小于 1mm；高聚物性沥青防水涂膜的厚度不应小于 3mm，复合防水时不应小于 1.5mm。涂膜的厚度可用针刺法或测厚法进行检查，针眼处用涂料覆盖，以防基层结构发生局部位移时，将针眼拉大，留下渗漏隐患，必要时，也可造点割开检查，割开处用同种涂料刮平修复，此后再用胎体增强材料补强。

案例

【背景】

某市路南区建设一综合楼，结构型式采用现浇框架——剪力墙结构体系，地上 20 层，地下 2 层，建筑物檐高 66.75m，建筑面积 5.6 万平方米，混凝土强度等级为 C35，于 2000 年 3 月 12 日开工，在工程施工中出现了质量问题：试验测定地上 3 层和 4 层混凝土标准养护试块强度未达到设计要求，监理工程师采用回弹法测定，结果仍不能满足设计要求，最后法定检测单位从 3 层和 4 层钻取部分芯样，为了进行对比，又在试块强度检验合格的 2 层钻取部分芯样，检测结果发现，试块强度合格的芯样强度能达到设计要求，而试块强度不合格的芯样强度仍不能达到原设计要求。

【问题】

(1) 针对该工程，施工单位应采取哪些质量控制的对策来保证工程质量？

(2) 为避免以后施工中出现类似质量问题，施工单位应采取何种方法对工程质量进行控制？

(3) 简述该建筑施工项目质量控制的过程。

(4) 针对工程项目的质量问题，现场常用的质量检查的方法有哪些？

【分析与答案】

(1) 质量控制的对策主要有以下几种。

① 以人的工作质量确保工程质量。

② 严格控制投入品的质量。

③ 全面控制施工过程，重点控制工序质量。

④ 严把分项工程质量检验评定关。

⑤ 贯彻“预防为主”的方针。

⑥ 严防系统性因素的质量变异。

(2) 质量控制的方法主要是审核有关技术文件和报告，直接进行现场质量检验或必要的试验等。

(3) 施工项目的质量控制的过程是从工序质量到分项工程质量、分部工程质量、单位工程质量的系统控制过程；也是一个由投入原材料的质量控制开始，直到完成工程质量检验为止的全过程的系统过程。

(4) 现场质量检查的方法有目测法、实测法和试验法 3 种。

目测法，即凭感官进行检查。

实测法，就是利用量测工具或计量仪表，通过实际量测并与规定的质量标准或规范的要求相对照，从而判断质量是否符合要求。

试验法，指通过进行现场试验或实验室试验等理化试验手段，分析判断质量情况，主要包括理化试验和无损试验。

本章小结

通过本章的学习，要求学生掌握地基与基础工程、钢筋混凝土结构工程、砌筑工程、装饰工程、防水工程等质量控制方法、手段。

地基与基础工程质量控制包括土方工程质量控制、灰土、砂石地基质量控制、强夯地基质量控制、桩基质量控制等。

钢筋混凝土结构工程质量控制包括钢筋工程质量控制、模板工程质量控制、混凝土工程质量控制。

砌筑工程质量控制包括砌砖工程质量控制、砌块工程质量控制。

装饰工程质量控制包括抹灰工程质量控制、饰面板(砖)工程质量控制、涂饰工程质量控制。

防水工程质量控制包括屋面防水工程质量控制、地下室防水工程质量控制。

习　　题

一、单选题

1. (　　)负责组织组织实施住宅工程质量通病控制。

A. 建设单位　　B. 施工单位　　C. 监理单位　　D. 设计单位

2. 住宅工程中使用的新技术、新产品、新工艺、新材料应经过(　　)技术鉴定，并应制定相应的技术标准。

A. 省建设行政主管部门　　B. 省质量监督技术部门

C. 法定检测单位　　D. 设计单位

3. 建筑物在施工和使用期间应进行沉降观测。设计等级为甲级、地质条件复杂、设置沉降后浇带及软土地区的建筑物，沉降观测应由(　　)检测。

A. 设计单位　　B. 测绘部门

C. 有资质的检测单位　　D. 测量工程师

4. 采用桩基和地基处理的，若缺乏地区经验时，必须在开工前进行(　　)试验。

A. 强度　　B. 承载力　　C. 施工工艺　　D. 桩基和地基的密实度

5. 浇筑顶面应高于桩顶设计标高和地下水位 0.5～1.0m 以上，确有困难时，应高于桩顶设计标高不少于(　　)m。

A. 0.5　　B. 1　　C. 1.5　　D. 2

6. 防水混凝土掺入的外加剂掺和料应按规范复试符合要求后使用，其掺量应经(　　)确定。

A. 设计　　B. 试验　　C. 监理　　D. 产品说明书计算

7. 防水混凝土水平构件表面宜覆盖塑料薄膜或双层草袋浇水养护，竖向构件宜采用喷涂养护液进行养护，养护时间不应少于(　　)天。

A. 7　　B. 14　　C. 21　　D. 28

8. 顶层及女儿墙砌筑砂浆的强度等级不应小于(　　)。粉刷砂浆中宜掺入抗裂纤维或采用预拌砂浆。

A. M2.5　　B. M5　　C. M7.5　　D. M10

9. 混凝土小型空心砌块、蒸压加气混凝土砌块等轻质墙体，当墙长大于 5m 时，应增设间距不大于 3m 的构造柱；每层墙高的中部应增设高度为(　　)mm，与墙体同宽的混凝土腰梁、砌体无约束的端部必须增设构造柱，预留的门窗洞口应采取钢筋混凝土框加强。

A. 80　　B. 120　　C. 180　　D. 240

10. 砌体洞口宽度大于(　　)m 时，两边应设置构造柱。

A. 1.8　　B. 2　　C. 2.4　　D. 2.6

11. 填充墙砌至接近梁底、板底时，应留有一定的空隙，填充墙砌筑完并间隔(　　)天以后，方可将其补砌挤紧；补砌时，对双侧竖缝用高强度等级的水泥砂浆嵌填密实。

A. 7　　B. 10　　C. 15　　D. 24

12. 砌体结构砌筑完成后宜(　　)天后再抹灰，并不应少于 30 天。

A. 35　　B. 45　　C. 50　　D. 60

13. 砌体每天砌筑高度宜控制在(　　)m 以下，并应采取严格的防风、防雨措施。

A. 1　　B. 1.5　　C. 1.8　　D. 2

14. 外墙等防水墙面的洞口应采用防水微膨砂浆分次堵砌，迎水面表面(　　)粉刷。孔洞填塞应由专人负责，并及时办理专项隐蔽验收手续。

A. 混合砂浆　　B. 水泥净浆

C. 1∶3 水泥砂浆　　D. 1∶3 防水砂浆

15. 严格控制现浇板的厚度和现浇板中钢筋保护层的厚度。阳台、雨篷等悬挑现浇板的负弯矩钢筋下面应设置间距不大于(　　)mm 的钢筋保护层支架，在浇筑混凝土时，保证钢筋不位移。

A. 500　　B. 600　　C. 700　　D. 800

16. 混凝土后浇带应在其两侧混凝土龄期大于(　　)天后再施工，浇筑时，应采用补偿收缩混凝土，其混凝土强度应提高一个等级。

A. 14　　B. 28　　C. 42　　D. 60

17. 应在混凝土浇筑完毕后的(　　)h 以内对混凝土加以覆盖和保湿养护。

A. 8　　B. 12　　C. 24　　D. 18

18. 混凝土养护时间应根据(　　)确定。

A. 环境温度　　B. 施工工艺　　C. 水泥用量　　D. 所用水泥品种

19. 有防水要求的地面施工完毕后，应进行(　　)h 蓄水试验，蓄水高度为 20～30mm，不渗不漏为合格。

A. 12　　B. 24　　C. 36　　C. 48

20. 烟道根部向上(　　)mm 范围内宜采用聚合物防水砂浆粉刷，或采用柔性防水层。

A. 120　　B. 240　　C. 300　　C. 480

21. 回填土应按规范要求分层取样做密实度实验，压实系数必须符合设计要求。当设计无要求时，压实系数不应小于(　　)。

A. 0.9　　B. 0.93　　C. 0.94　　D. 0.96

22. 抹灰工程中，不同材料基体交接处必须铺设抗裂钢丝网或玻纤网，与各基体间的搭接宽度不应小于(　　)mm。

A. 60　　B. 90　　C. 120　　D. 150

23. 设有外保温的墙面(　　)采用湿做法饰面板。

A. 应　　B. 宜　　C. 不宜　　D. 不得

24. 纸面石膏板吊顶宜优先选用轻钢龙骨，其主龙骨壁厚不应小于 1.2mm，次龙骨壁厚不宜小于(　　)mm。

A. 0.8　　B. 0.9　　C. 1.0　　D. 1.2

25. 铝合金窗的型材壁厚不得小于(　　)mm，门的型材壁厚不得小于 2mm。

A. 0.8　　B. 1.0　　C. 1.2　　D. 1.4

26. 砌体栏杆压顶应设现浇钢筋混凝土压梁，并与主体结构和小立柱可靠连接。压梁高度不应小于(　　)mm，宽度不宜小于砌体厚度，纵向钢筋不宜小于 4Φ10。

A. 80　　B. 100　　C. 120　　D. 140

27. 临空栏杆玻璃安装前，应做(　　)试验。

A. 强度　　B. 拉力　　C. 承载力　　D. 抗冲击性能

28. 屋面防水卷材施工时，相邻两幅卷材的接头应相互错开(　　)mm 以上。

A. 200　　B. 240　　C. 300　　D. 360

29. 变形缝的泛水高度不应小于(　　)mm。

A. 200　　B. 250　　C. 300　　D. 360

30. 伸出屋面管道与基层交接处应预留的凹槽，槽内用(　　)密封材料嵌填严密。

A. 10mm×10mm　　B. 15mm×15mm　　C. 20mm×20mm　　D. 30mm×30mm

二、多选题

1. 桩基(地基处理)施工后，应有一定的休止期，挤土时砂土、黏性土、饱和软土分别不少于(　　)天，以保证桩身强度和桩周土体的超孔隙水压力的消散和被扰动土体强度的恢复。

A. 14　　B. 21　　C. 28　　D. 42　　E. 48

2. 桩基工程验收前，按规范和相关文件规定进行(　　)检验。检验结果不符合要求的，在扩大检测和分析原因后，由设计单位核算认可或出具处理方案进行加固处理。

A. 桩身质量　　B. 桩身强度　　C. 承载力

D. 钢筋笼深度　　E. 钢筋长度

3. 防水混凝土水平构件表面宜(　　)养护，竖向构件宜采用(　　)进行养护，养护时间不应少于 14 天。

A. 覆盖塑料薄膜　　B. 或双层草袋　　C. 喷涂养护液　　D. 浇水　　E. 浇油

4. 地下室混凝土墙体不应留垂直施工缝。墙体水平施工缝不应留在(　　)处，应留在高出底板不小于 300mm 的墙体上。

A. 剪力最大　　B. 弯矩最大　　C. 压力最大

D. 底板与侧墙交接　　E. 弯矩最小

5. 地下室防水应选用(　　)好的防水卷材或防水涂料作地下柔性防水层，且柔性防水层应设置在迎水面。

A. 承载力　　B. 强度

C. 耐久性　　　D. 延伸性　　　E. 抗冻性

6. 混凝土小型空心砌块、蒸压加气混凝土砌块等轻质墙体，当墙长大于 5m 时，应增设间距不大于 3m 的构造柱；每层墙高的中部应增设高度为 120mm，与墙体同宽的混凝土腰梁、砌体无约束的端部必须增设(　　)，预留的门窗洞口应采取(　　)加强。

A. 框架柱　　　B. 砖柱

C. 构造柱　　　D. 钢筋混凝土框　E. 钢筋混凝土梁

7. 当框架顶层填充墙采用(　　)材料时，墙面粉刷应采取满铺镀锌钢丝网等措施。

A. 灰砂砖　　　B. 粉煤灰砖

C. 混凝土空心砌块　　　D. 蒸压加气混凝土砌块等

E. 混凝土

8. 装饰施工前，应认真复核房间的(　　)等几何尺寸，发现超标时，应及时进行处理。

A. 轴线　　　B. 标高

C. 门窗洞口　　　D. 面积　　　E. 高度

9. 浇筑混凝土用的水泥宜优先采用早期强度较高的(　　)，进场时应对其品种、级别、包装或批次、出厂日期和进场的数量等进行检查，并应对其强度、安定性及其他必要的性能指标进行复验。

A. 硅酸盐水泥　　　B. 普通硅酸盐水泥

C. 火山灰水泥　　　D. 粉煤灰水泥　　　E. 大坝水泥

10. 为减少混凝土的裂缝，混凝土应采用(　　)的外加剂，其减水率不应低于 12%。掺用矿物掺和料的质量应符合相关标准规定，掺量应根据试验确定。

A. 延迟水泥水化效果好　　　B. 减水率高

C. 分散性能好　　　D. 对混凝土收缩影响较小

E. 黏聚性好

11. 混凝土后浇带应在其两侧混凝土龄期大于(　　)天后再施工，浇筑时，应采用补偿收缩混凝土，其混凝土强度应(　　)。

A. 42　　　B. 60

C. 和两边混凝土中强度等级相同　　　D. 提高一个等级

E. 降低一个等级

12. 混凝土养护时间应根据所用水泥品种确定。采用(　　)拌制的混凝土，养护时间不应少于 7 天 。(　　)或(　　)的混凝土，养护时间不应少于 14 天。

A. 硅酸盐水泥　　　B. 普通硅酸盐水泥

C. 对掺用缓凝型外加剂　　　D. 有抗渗性能要求

E. 无抗渗性能要求

13. 住宅工程厨卫间和有防水要求的楼板周边除门洞外，应向上做一道高度不小于(　　)mm 的混凝土翻边，与楼板一同浇筑，地面标高应比室内其他房间地面低(　　)mm 以上。

A. 200　　　B. 120

C. 60　　　D. 30　　　E. 100

14. 外墙抹灰用砂含泥量应低于 2%，细度模数不小于 2.5。严禁使用(　　)。

A. 细砂　　　B. 特细砂　　　C. 石粉　　　D. 混合粉　　　E. 石屑

15. 每一遍抹灰前，必须对前一遍的抹灰质量(　　)检查处理。

A. 强度　　B. 空鼓　　C. 裂缝　　D. 起砂　　E. 湿度

16. 刚性防水层应采用细石防水混凝土，其强度等级不应小于 C30，厚度不应小于(　　)mm，分格缝间距不宜大于 3m，缝宽不应大于(　　)mm，且不小于(　　)mm。

A. 50　　B. 30　　C. 20　　D. 12　　E. 100

17. 变形缝的防水构造处理应符合下列要求的有(　　)。

A. 变形缝的泛水高度不应小于 250mm

B. 防水层应铺贴到变形缝两侧砌体的上部

C. 变形缝内应填充聚苯乙烯泡沫塑料，上部填放衬垫材料，并用卷材封盖

D. 变形缝顶部应加扣混凝土或金属盖板，混凝土盖板的接缝应用密封材料嵌填

E. 防水层应铺贴到变形缝两侧砌体的下部

18. 伸出屋面管道周围的找平层应做成圆锥台，管道与找平层间应留凹槽，并嵌填密封材料；防水层收头处应用金属箍箍紧，并用密封材料封严，具体构造应符合下列要求的有(　　)。

A. 管道根部 500mm 范围内，砂浆找平层应抹出高 30mm 坡向周围的圆锥台，以防根部积水

B. 管道与基层交接处预留 20mm×20mm 的凹槽，槽内用密封材料嵌填严密

C. 管道根部周围做附加增强层，宽度和高度不小于 300mm

D. 防水层贴在管道上的高度不应小于 300mm，附加层卷材应剪出切口，上下层切缝粘贴时错开，严密压盖。附加层及卷材防水层收头处用金属箍箍紧在管道上，并用密封材料封严

E. 管道根部周围做附加增强层，宽度和高度不小于 600mm

三、简答题

1. 土方工程质量如何控制？
2. 灰土、砂石地基如何控制？
3. 强夯地基质量如何控制？
4. 桩基质量如何控制？
5. 钢筋工程质量如何控制？
6. 模板工程质量如何控制？
7. 混凝土工程质量如何控制？
8. 砌筑工程质量如何控制？
9. 抹灰工程质量如何控制？
10. 饰面板(砖)工程质量如何控制？
11. 涂饰工程质量如何控制？
12. 屋面防水工程质量如何控制？
13. 地下室防水工程质量如何控制？
14. 土方工程施工前应进行哪些方面的检查工作？
15. 砖砌体的转角处和交接处如何进行砌筑？
16. 模板拆除工程质量检验标准和检查方法是什么？
17. 屋面卷材防水层施工过程应检查哪些项目？
18. 饰面砖粘贴工程验收主控项目有哪些？

第4章 工程质量评定及验收

教学目标

了解建筑工程施工质量验收规范体系，熟悉建筑工程施工质量验收的基本规定，掌握建筑工程施工质量验收的划分方法，掌握检验批质量验收、分项工程质量验收、分部(子分部)工程质量验收、单位(子单位)工程质量验收等的验收要求及验收不合格的处理方法，熟悉建筑工程质量验收的程序。

教学要求

能力目标	知识要点	权重
了解建筑工程施工质量验收规范体系	建筑工程施工质量验收规范体系 建筑工程施工质量验收术语	10%
熟悉建筑工程施工质量验收的基本规定	建筑工程施工质量验收的基本规定	10%
掌握建筑工程施工质量验收的划分方法	建筑工程施工质量验收的划分	20%
掌握检验批质量验收、分项工程质量验收、分部(子分部)工程质量验收、单位(子单位)工程质量验收等的验收要求及验收不合格的处理方法	检验批质量验收 分项工程质量验收 分部(子分部)工程质量验收 单位(子单位)工程质量验收 验收不合格的处理	40%
熟悉建筑工程质量验收的程序	检验批及分项工程的验收程序与组织 分部工程的验收程序与组织 单位(子单位)工程的验收程序与组织	20%

引例

A 大学与 B 公司签订一份《建筑安装工程承包合同》，约定由 A 大学将其“A 大学图书馆”工程承包给 B 公司施工，工程建筑面积约 10500m^2，承包范围为除桩基外的全部土建、安装、装饰工程，工期 425 天，B 公司必须按施工图及国家有关规定施工，保证工程质量符合设计要求和现行有关国家验收合格标准，B 公司要严格执行隐蔽工程验收制度，隐蔽工程完成后必须经过验收，做出记录，方能进行下一道工序的施工。

在施工过程中，B 公司依约严格执行隐蔽工程验收制度，每项隐蔽工程均经 A 大学检查验收，且 A 大学派驻工地代表亦对逐项隐蔽工程进行了检查监督并作出意见。经 A 大学工地代表签证认可的《隐蔽工程检查验收记录》中的验收意见栏中有签证人作出的“符合设计要求”、“同意进行下道工序”等对工程认可的意见。此外，A 大学还自工程开工时起即委托 C 监理公司对“A 大学图书馆”工程实行监理。工程完工后，由建设单位即 A 大学、设计单位、施工单位即 B 公司、省质监站四家联合对“A 大学图书馆”主体工程进行验收。

经验收评定，结论如下。

(1) 主体结构几何尺寸准确，外观良好。

(2) 资料基本齐全。

(3) 混凝土强度等级符合设计要求。

(4) 墙砌体饱满度符合要求，平整垂直度符合规范。

最后得出验收意见：质量资料基本齐全，经外观检查评定符合设计要求，核验等级为优良。

参加验收单位及代表均在《主体工程验收证明书》上签字盖章。

随后，施工单位即 B 公司、设计单位、建设单位即 A 大学、开户银行、监督单位 5 家单位以及其他参加核验人员组成核验组，对 B 公司承建的“A 大学图书馆”工程进行核查验收。经过打分评定，认为 B 公司承建工程符合建筑安装工程质量检验评定标准，定为优良工程。参加核验单位及其他参加核验人员均在《工程竣工验收质量核验证书》上签字盖章。

后来，A 大学致省建筑工程质量监督站《关于图书馆工程验收质量评定等级问题的函》，该函对工程合格无异议，但对评为优良工程提出质疑，要求该站对工程质量等级评定予以复议。但 A 大学未得到该站答复。

A 大学委托省建筑试验中心对“A 大学图书馆”楼板砼的厚度、强度及钢筋保护层厚度进行检测，检测 9 个点的结果：楼板厚度在 96mm 以下，最薄处为 55mm。A 大学以 B 公司施工楼板未达到设计标准，要求 B 公司赔偿施工缺陷所造成的损失。双方未能达成一致意见，遂成诉讼。根据以上认定的事实，当地人民法院认为：A 大学与 B 公司签订的《建筑安装工程承包合同》未违反有关法律、政策的规定，且系双方的真实意思表示，故双方所签合同合法有效。B 公司已依约完成工程的承建义务，且所建工程按有关程序及标准经检查认定施工符合设计要求，各项指标也均认定合格。说明 B 公司已经全面履行合同规定的义务。A 大学称 B 公司承建工程楼板厚度达不到要求以及工程存在其他质量问题，要求索赔。但 B 公司承建的工程尤其系隐蔽工程始终在 A 大学及其委托的监理公司监督检查之下进行，且每道工序均须经检查达到设计要求后才准许下一道工序的施工。况且所有的检查验收签证亦均显示隐蔽工程合格。A 大学对已经认可的质量过后再提出质量问题无理。工程楼板厚度不够，A 大学自施工时就知道或应当知道。现 A 大学在保修期届满，工程交付使用已 2 年 8 个月之后方就质量问题提起诉讼，显然已经过诉讼时效。期间 A 大学就工程是否应评定优良等级问题，曾向省建筑工程质量监督站发函要求重新审定，函中仅反映 A 大学对工程评定优良有异议，但未否认工程合格。该函不能证明 A 大学向 B 公司主张过权利，故该函不能作为诉讼时效中断的事由。A 大学的诉讼请求因超过法定诉讼时效而不受法律保护。

问题：

(1) 工程施工质量如何评定？

(2) 如何组织工程验收？

4.1 工程质量评定及验收基础知识

工程施工质量验收是工程建设质量控制的一个重要环节，它包括工程施工质量的中间验收和工程的竣工验收两个方面。通过对工程建设中间产品和最终产品的质量验收，从过程控制和终端把关两个方面进行工程项目的质量控制，以确保达到业主所要求的功能和使用价值，实现建设投资的经济效益和社会效益。

工程项目的竣工验收，是项目建设程序的最后一个环节，是全面考核项目建设成果、检查设计与施工质量、确认项目能否投入使用的重要步骤。竣工验收的顺利完成，标志着项目建设阶段的结束和使用阶段的开始。

4.1.1 建筑工程施工质量验收规范体系

为了加强建筑工程质量管理，统一建筑工程施工质量的验收，保证工程质量，2013 年住房和城乡建设部发布了《建筑工程施工质量验收统一标准》(GB 50300—2013)，并从 2014 年 6 月 1 日开始实施，这个标准连同 15 个施工质量验收规范，组成了一个技术标准体系，统一了房屋工程质量的验收方法、程序和质量标准。这个技术标准体系是将以前的施工及验收规范和工程质量检验评定标准合并，组成了新的工程质量验收规范体系。

建筑工程质量验收规范系列标准框架体系各规范名称如下。

(1)《建筑工程施工质量验收统一标准》(GB 50300)。

(2)《建筑地基基础工程施工质量验收规范》(GB 50202)。

(3)《砌体工程施工质量验收规范》(GB 50203)。

(4)《混凝土结构工程施工质量验收规范》(GB 50204)。

(5)《钢结构工程施工质量验收规范》(GB 50205)。

(6)《木结构工程施工质量验收规范》(GB 50206)。

(7)《屋面工程质量验收规范》(GB 50207)。

(8)《地下防水工程质量验收规范》(GB 50208)。

(9)《建筑地面工程施工质量验收规范》(GB 50209)。

(10)《建筑装饰装修工程质量验收规范》(GB 50210)。

(11)《建筑给水排水及采暖工程施工质量验收规范》(GB 50242)。

(12)《通风与空调工程施工质量验收规范》(GB 50243)。

(13)《建筑电气工程施工质量验收规范》(GB 50303)。

(14)《电梯工程施工质量验收规范》(GB 50310)。

(15)《智能建筑工程施工质量验收规范》(GB 50339)。

(16)《建筑节能工程施工质量验收规范》(GB 50411)。

该技术标准体系总结了我国建筑施工质量验收的实践经验，坚持了“验评分离、强化验收、完善手段、过程控制”的指导思想。

验评分离：是将以前验评标准中的质量检验与质量评定的内容分开，将以前施工及验收规范中的施工工艺和质量验收的内容分开，将验评标准中的质量检验与施工规范中的质量验收衔接，形成工程质量验收规范。施工及验收规范中的施工工艺部分作为企业标准或行业推荐性标准；验评标准中的评定部分，主要是为企业操作工艺水平进行评价，可作为行业推荐性标准为社会及企业的创优评价提供依据。

强化验收：是将施工规范中的验收部分与验评标准中的质量检验内容合并起来，形成一个完整的工程质量验收规范，作为强制性标准，是建设工程必须完成的最低质量标准，是施工单位必须达到的施工质量标准，也是建设单位验收工程质量所必须遵守的规定。

强化验收体现在：①强制性标准；②只设合格一个质量等级；③强化质量指标都必须达到规定的指标；④增加检测项目。

完善手段：一是完善材料、设备的检测；二是改进施工阶段的施工试验；三是开发竣工工程的抽测项目，减少或避免人为因素的干扰和主观评价的影响。

工程质量检测，可分为基本试验、施工试验和竣工工程有关安全、使用功能抽样检测 3 个部分。基本试验具有法定性，其质量指标、检测方法都有相应的国家或行业标准，其方法、程序、设备仪器以及人员素质都应符合有关标准的规定，其试验一定要符合相应标准方法的程序及要求，要有复演性，其数据要有可比性。

施工试验是施工单位进行质量控制，判定质量时，要注意的技术条件，试验程序需要第三方见证，保证其统一性和公正性。

竣工抽样试验是确认施工检测的程序、方法、数据的规范性和有效性，统一施工检测及竣工抽样检测的程序、方法、仪器设备等。

过程控制：一是体现在建立过程控制的各项制度；二是在基本规定中，设置控制的要求，强化中间控制和合格控制，强调施工必须有操作依据，并提出了综合施工质量水平的考核，作为质量验收的要求；三是验收规范的本身，检验批、分项、分部、单位工程的验收，就是过程控制。

施工质量验收系列规范 16 字方针：验评分离，强化验收，完善手段，过程控制，如图 4.1 所示。

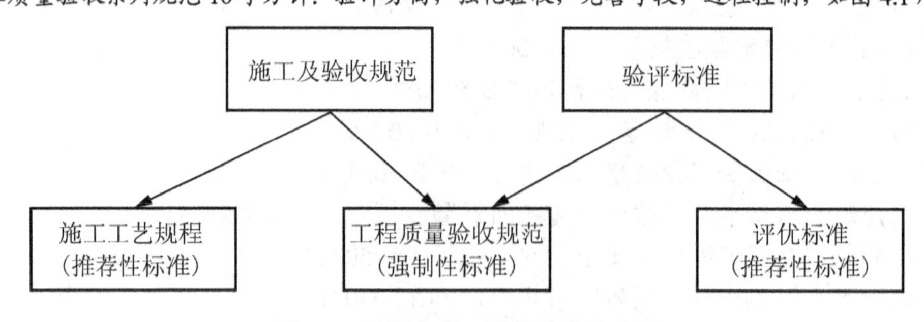

图 4.1　验评分离、强化验收示意图

《建筑工程施工验收规范》的支撑

工程施工质量验收支持体系如图 4.2 所示。

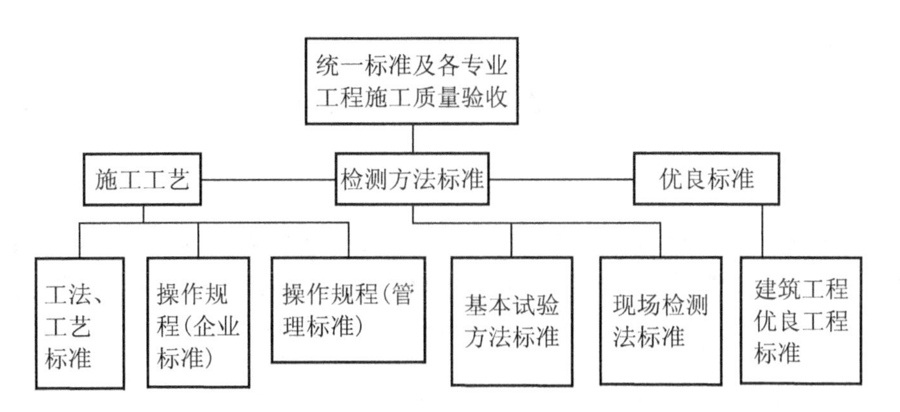

图 4.2　工程施工质量验收支持体系示意图

(1) 施工工艺(做某个工程的具体规范)：质量验收规范必须有企业的企业标准作为施工操作、上岗培训、质量控制和质量验收的基础，来保证质量验收规范的落实。

(2) 检测方法标准：要达到有效控制和科学管理，使质量验收的指标数据化，必须有完善的检测试验手段、试验方法和规定的设备等，才有可比性和规范性。

(3) 优良标准：国家强制性要求是质量合格标准，优良标准采用是推荐性的，而这些检测方法、规程是多种多样的，在一个规范中是规定不了的，必须依靠专门的国家标准及行业标准。

4.1.2　建筑工程施工质量验收术语

《建筑工程施工质量验收统一标准》(GB 50300)中共给出 17 个术语，这些术语对规范有关建筑工程施工质量验收活动中的用语，加深对标准条文的理解，特别是更好地贯彻执行标准是十分必要的。

1. 建筑工程

通过对各类房屋建筑及其附属设施的建造和与其配套线路、管道、设备等的安装所形成的工程实体。

2. 检验

对被检验项目的特征、性能进行量测、检查、试验等，并将结果与标准规定的要求进行比较，以确定项目每项性能是否合格的活动。

3. 进场检验

对进入施工现场的建筑材料、构配件、设备及器具等，按相关标准的要求进行检验，并对其质量、规格及型号等是否符合要求做出确认的活动。

4. 见证检验

施工单位在工程监理单位或建设单位的见证下，按照有关规定从施工现场随机抽取试样，送至具备相应资质的检测机构进行检验的活动。

5. 复验

建筑材料、设备等进入施工现场后，在外观质量检查和质量证明文件核查符合要求的基础上，按照有关规定从施工现场抽取试样送至试验室进行检验的活动。

6. 检验批

按相同的生产条件或按规定的方式汇总起来供抽样检验用的，由一定数量样本组成的检验体。

7. 验收

建筑工程质量在施工单位自行检查合格的基础上，由工程质量验收责任方组织，工程建设相关单位参加，对检验批、分项、分部、单位工程及其隐蔽工程的质量进行抽样检验，对技术文件进行审核，并根据设计文件和相关标准以书面形式对工程质量是否达到合格做出确认。

8. 主抓控项目

建筑工程中对安全、节能、环境保护和主要使用功能起决定性作用的检验项目。

9. 一般项目

除主控项目以外的检验项目。

10. 抽样方案

根据检验项目的特性所确定的抽样数量和方法。

11. 计数检验

通过确定抽样样本中不合格的个体数量，对样本总体质量做出判定的检验方法。

12. 计量检验

以抽样样本的检测数据计算总体均值、特征值或推定值，并以此判断或评估总体质量的检验方法。

13. 错判概率

合格批被判为不合格批的概率，即合格批被拒收的概率，用α表示。

14. 漏判概率

不合格批被判为合格批的概率，即不合格批被误收的概率，用β表示。

15. 观感质量

通过观察和必要的测试所反映的工程外在质量和功能状态。

16. 返修

对施工质量不符合标准规定的部位采取的整修等措施。

17. 返工

对施工质量不符合标准规定的部位采取的更换、重新制作、重新施工等措施。

4.2 建筑工程施工质量验收的基本规定

在建筑工程施工质量验收的过程中，一些基本的规定如下。

(1) 施工现场质量管理应有相应的施工技术标准、健全的质量管理体系、施工质量检验制度和综合施工质量水平评定考核制度。

施工现场质量管理检查记录应由施工单位按表4-1填写，总监理工程师(建设单位项目负责人)进行检查，并做出检查结论。

表4-1 施工现场质量管理检查记录　　　　开工时间：

工程名称			施工许可证号		
建设单位			项目负责人		
设计单位			项目负责人		
监理单位			总监理工程师		
施工单位		项目负责人		项目技术负责人	
序号	项　目		内　容		
1	项目部质量管理体系				
2	质量责任制				
3	主要专业工种操作上岗证书				
4	分包单位管理制度				
5	图纸会审记录				
6	地质勘察资料				
7	施工技术标准				
8	施工组织设计、编制及审批				
9	物资采购管理制度				
10	施工设施和机械设备管理制度				
11	计量设备配备				
12	检测试验管理制度				
13	工程质量检查验收制度				
自查结果 施工单位项目负责人：　　年　月　日			检查结论 总监理工程师　　年　月　日		

(2) 建筑工程应按下列规定进行施工质量控制。

① 建筑工程采用的主要材料、半成品、成品、建筑构配件、器具和设备应进行现场验收。凡涉及安全、功能的有关产品，应按各专业工程质量验收规范规定进行复验，并应经监理工程师(建设单位技术负责人)检查认可。②各工序应按施工技术标准进行质量控制，每道工序完成后，应进行检查。③相关各专业工种之间，应进行交接检验，并形成记录。未经监理工程师(建设单位技术负责人)检查认可，不得进行下道工序施工。

(3) 建设工程施工质量应按下列要求进行验收。

① 建筑工程施工质量应符合本标准和相关专业验收规范的规定。

② 建筑工程施工应符合工程勘察、设计文件的要求。

③ 参加工程施工质量验收的各方人员应具备规定的资格。

④ 工程质量的验收均应在施工单位自行检查评定的基础上进行。

⑤ 隐蔽工程在隐蔽前应由施工单位通知有关单位进行验收，并应形成验收文件。

⑥ 涉及结构安全的试块、试件以及有关材料，应按规定进行见证取样检测。

⑦ 检验批的质量应按主控项目和一般项目验收。

⑧ 对涉及结构安全和使用功能的重要分部工程应进行抽样检测。

⑨ 承担见证取样检测及有关结构安全检测的单位应具有相应资质。

⑩ 工程的观感质量应由验收人员通过现场检查，并应共同确认。

(4) 检验批的质量检验，应根据检验项目的特点在下列抽样方案中进行选择。

① 计量、计数或计量－计数等抽样方案。

② 一次、两次或多次抽样方案。

③ 根据生产连续性和生产控制稳定性情况，尚可采用调整型抽样方案。

④ 对重要的检验项目当可采用简易快速的检验方法时，可选用全数检验方案。

⑤ 经实践检验有效的抽样方案。

(5) 在制定检验批的抽样方案时，对生产方风险(或错判概率 α)和使用方风险(或漏判概率 β)可按下列规定采取。

① 主控项目：对应于合格质量水平的 α 和 β 均不宜超过 5%。

② 一般项目：对应于合格质量水平的 α 不宜超过 5%，β 不宜超过 10%。

4.3 建筑工程施工质量验收的划分

建筑工程施工质量验收涉及建筑工程施工过程控制和竣工验收控制，合理划分建筑工程施工质量验收层次是非常必要的。特别是不同专业工程的验收批如何确定，将直接影响到质量验收工作的科学性、经济性、实用性及可操作性，通过验收批和中间验收层次及最终验收单位的确定，实施对工程施工质量的过程控制和终端把握，确保工程施工质量达到工程项目决策阶段所确定的质量目标和水平。

(1) 建筑工程质量验收应划分为单位(子单位)工程、分部(子分部)工程、分项工程和检验批。

(2) 单位工程的划分应按下列原则确定。

① 具备独立施工条件并能形成独立使用功能的建筑物及构筑物为一个单位工程。②建筑规模较大的单位工程，可将其能形成独立使用功能的部分作为一个子单位工程。

(3) 分部工程的划分应按下列原则确定。

① 分部工程的划分应按专业性质、建筑部位确定。②当分部工程较大或较复杂时，可按材料种类、施工特点、施工程序、专业系统及类别等划分为若干子分部工程。

(4) 分项工程应按主要工种、材料、施工工艺、设备类别等进行划分。

(5) 分项工程可由一个或若干检验批组成，检验批可根据施工及质量控制和专业验收需要按楼层、施工段、变形缝等进行划分。

建筑工程的分部(子分部)、分项工程可按表 4-2 采用。

表 4-2 建筑工程分部工程、分项工程划分

序号	分部工程	子分部工程	分项工程
1	地基与基础	土方工程	土方开挖，土方回填，场地平整
		基坑支护	排桩，重力式挡土墙，型钢水泥土搅拌墙，土钉墙与复合土钉墙，地下连续墙，沉井与沉箱，钢或混凝土支撑，锚杆，降水与排水
		地基处理	灰土地基、砂和砂石地基、土工合成材料地基，粉煤灰地基，强夯地基，注浆地基，预压地基，振冲地基，高压喷射注浆地基，水泥土搅拌桩地基，土和灰土挤密桩地基，水泥粉煤灰碎石桩地基，夯实水泥土桩地基，砂桩地基
		桩基础	先张法预应力管桩，混凝土预制桩，钢桩，混凝土灌注桩
		地下防水	防水混凝土，水泥砂浆防水层，卷材防水层，涂料防水层，塑料防水板防水层，金属板防水层，膨润土防水材料防水层；细部构造；锚喷支护，地下连续墙，盾构隧道，沉井，逆筑结构；渗排水、盲沟排水，隧道排水，坑道排水，塑料排水板排水；预注浆、后注浆，裂缝注浆
		混凝土基础	模板、钢筋、混凝土，后浇带混凝土，混凝土结构缝处理
		砌体基础	砖砌体，混凝土小型空心砌块砌体，石砌体，配筋砌体
		型钢、钢管混凝土基础	型钢、钢管焊接与螺栓连接，型钢、钢管与钢筋连接，浇筑混凝土
		钢结构基础	钢结构制作，钢结构安装，钢结构涂装
2	主体结构	混凝土结构	模板，钢筋，混凝土，预应力、现浇结构，装配式结构
		砌体结构	砖砌体，混凝土小型空心砌块砌体，石砌体，配筋砖砌体，填充墙砌体
		钢结构	钢结构焊接，紧固件连接，钢零部件加工，钢构件组装及预拼装，单层钢结构安装，多层及高层钢结构安装，空间格构钢结构制作，空间格构钢结构安装，压型金属板，防腐涂料涂装，防火涂料涂装、天沟安装、雨棚安装
		型钢、钢管混凝土结构	型钢、钢管现场拼装，柱脚锚固，构件安装，焊接、螺栓连接，钢筋骨架安装，型钢、钢管与钢筋连接，浇筑混凝土
		轻钢结构	钢结构制作，钢结构安装，墙面压型板，屋面压型板
		索膜结构	膜支撑构件制作，膜支撑构件安装，索安装，膜单元及附件制作，膜单元及附件安装
		铝合金结构	铝合金焊接，紧固件连接，铝合金零部件加工，铝合金构件组装，铝合金构件预拼装，单层及多层铝合金结构安装，空间格构铝合金结构安装，铝合金压型板，防腐处理，防火隔热
		木结构	方木和原木结构，胶合木结构，轻型木结构，木结构防护
3	建筑装饰装修	地面	基层，整体面层，板块面层，地毯面层，地面防水，垫层及找平层
		抹灰	一般抹灰，保温墙体抹灰，装饰抹灰，清水砌体勾缝
		门窗	木门窗安装，金属门窗安装，塑料门窗安装，特种门安装，门窗玻璃安装
		吊顶	整体面层吊顶、板块面层吊顶、格栅吊顶
		轻质隔墙	板材隔墙，骨架隔墙，活动隔墙，玻璃隔墙
		饰面板	石材安装，瓷板安装，木板安装，金属板安装，塑料板安装、玻璃板安装
		饰面砖	外墙饰面砖粘贴，内墙饰面砖粘贴
		涂饰	水性涂料涂饰，溶剂型涂料涂饰，美术涂饰
		裱糊与软包	裱糊、软包
		外墙防水	砂浆防水层，涂膜防水层，防水透气膜防水层
		细部	橱柜制作与安装，窗帘盒和窗台板制作与安装，门窗套制作与安装，护栏和扶手制作与安装，花饰制作与安装
		金属幕墙	构件与组件加工制作，构架安装，金属幕墙安装
		石材与陶板幕墙	构件与组件加工制作，构架安装，石材与陶板幕墙安装
		玻璃幕墙	构件与组件加工制作，构架安装，玻璃幕墙安装

续表

序号	分部工程	子分部工程	分项工程
4	屋面工程	基层与保护	找平层，找坡层，隔汽层，隔离层，保护层
		保温与隔热	板状材料保温层，纤维材料保温层，喷涂硬泡聚氨酯保温层，现浇泡沫混凝土保温层，种植隔热层，架空隔热层，蓄水隔热层
		防水与密封	卷材防水层，涂膜防水层，复合防水层，接缝密封防水
		瓦面与板面	烧结瓦和混凝土瓦铺装，沥青瓦铺装，金属板铺装，玻璃采光顶铺装
		细部构造	檐口，檐沟和天沟，女儿墙和山墙，水落口，变形缝，伸出屋面管道，屋面出入口，反水过水孔，设施基座，屋脊，屋顶窗
5	建筑给水、排水及采暖	室内给水系统	给水管道及配件安装，给水设备安装，室内消火栓系统安装，消防喷淋系统安装，管道防腐，绝热
		室内排水系统	排水管道及配件安装，雨水管道及配件安装，防腐
		室内热水供应系统	管道及配件安装，辅助设备安装，防腐，绝热
		卫生器具安装	卫生器具安装，卫生器具给水配件安装，卫生器具排水管道安装
		室内采暖系统	管道及配件安装，辅助设备及散热器安装，金属辐射板安装，低温热水地板辐射采暖系统安装，系统水压试验及调试，防腐，绝热
		室外给水管网	给水管道安装，消防水泵接合器及室外消火栓安装，管沟及井室
		室外排水管网	排水管道安装，排水管沟与井池
		室外供热管网	管道及配件安装，系统水压试验及调试、防腐，绝热
		建筑中水系统及游泳池系统	建筑中水系统管道及辅助设备安装，游泳池水系统安装
		供热锅炉及辅助设备安装	锅炉安装，辅助设备及管道安装，安全附件安装，烘炉、煮炉和试运行，换热站安装，防腐，绝热
		太阳能热水系统	预埋件及后置锚栓安装和封堵，基座、支架、散热器安装，接地装置安装，电线、电缆敷设，辅助设备及管道安装，防腐，绝热
6	通风与空调	送排风系统	风管与配件制作，部件制作，风管系统安装，空气处理设备安装，消声设备制作与安装，风管与设备防腐，风机安装，系统调试
		防排烟系统	风管与配件制作，部件制作，风管系统安装，防排烟风口、常闭正压风口与设备安装，风管与设备防腐，风机安装，系统调试
		除尘系统	风管与配件制作，部件制作，风管系统安装，除尘器与排污设备安装，风管与设备防腐，风机安装，系统调试
		空调风系统	风管与配件制作，部件制作，风管系统安装，空气处理设备安装，消声设备制作与安装，风管与设备防腐，风机安装，风管与设备绝热，系统调试
		净化空调系统	风管与配件制作，部件制作，风管系统安装，空气处理设备安装，消声设备制作与安装，风管与设备防腐，风机安装，风管与设备绝热，高效过滤器安装，系统调试
		制冷设备系统	制冷机组安装，制冷剂管道及配件安装，制冷附属设备安装，管道及设备的防腐与绝热，系统调试
		空调水系统	管道冷热（媒）水系统安装，冷却水系统安装，冷凝水系统安装，阀门及部件安装，冷却塔安装，水泵及附属设备安装，管道与设备的防腐与绝热，系统调试
		地源热泵系统	地埋管换热系统，地下水换热系统，地表水换热系统，建筑物内系统，整体运转、调试
7	建筑电气	室外电气	架空线路及杆上电气设备安装，变压器、箱式变电所安装，成套配电柜、控制柜（屏、台）和动力、照明配电箱（盘）及控制柜安装，电线、电缆导管和线槽敷设，电线、电缆穿管和线槽敷设，电缆头制作、导线连接和线路电气试验，建筑物外部装饰灯具、航空障碍标志灯安装，庭院路灯安装，建筑照明通电试运行，接地装置安装
		变配电室	变压器、箱式变电所安装，成套配电柜、控制柜（屏、台）和动力、照明配电箱（盘）安装，裸母线、封闭母线、插接式母线安装，电缆沟内和电缆竖井内电缆敷设，电缆头制作、导线连接和线路电气试验，接地装置安装，避雷引下线和变配电室接地干线敷设

续表

序号	分部工程	子分部工程	分项工程
7	建筑电气	供电干线	裸母线、封闭母线、插接式母线安装，桥架安装和桥架内电缆敷设，电缆沟内和电缆竖井内电缆敷设，电线、电缆导管和线槽敷设，电线、电缆穿管和线槽敷线，电缆头制作、导线连接和线路电气试验
		电气动力	成套配电柜、控制柜（屏、台）和动力、照明配电箱（盘）及控制柜安装，低压电动机、电加热器及电动执行机构检查、接线，低压电气动力设备检测、试验和空载试运行，桥架安装和桥架内电缆敷设，电线、电缆导管和线槽敷设，电线、电缆穿管和线槽敷线，电缆头制作、导线连接和线路电气试验，插座、开关、风扇安装
		电气照明安装	成套配电柜、控制柜（屏、台）和动力、照明配电箱（盘）安装，电线、电缆导管和线槽敷设，电线、电缆导管和线槽敷线，槽板配线，钢索配线，电缆头制作、导线连接和线路电气试验，普通灯具安装，专用灯具安装，插座、开关、风扇安装，建筑照明通电试运行
		备用和不间断电源安装	成套配电柜、控制柜（屏、台）和动力、照明配电箱（盘）安装，柴油发电机组安装，不间断电源的其他功能单元安装，裸母线、封闭母线、插接式母线安装，电线、电缆导管和线槽敷设，电线、电缆导管和线槽敷线，电缆头制作、导线连接和线路电气试验，接地装置安装
		防雷及接地安装	接地装置安装，避雷引下线和变配电室接地干线敷设，建筑物等电位连接，接闪器安装
8	建筑智能化	通信网络系统	通信系统，卫星及有线电视系统，公共广播系统，视频会议系统
		计算机网络系统	信息平台及办公自动化应用软件，网络安全系统
		建筑设备监控系统	空调与通风系统，空气能量回收系统，室内空气质量控制系统，变配电系统，照明系统，给排水系统，热源和热交换系统，冷冻和冷却系统，电梯和自动扶梯系统，中央管理工作站与操作分站，子系统通信接口
		火灾报警及消防联动系统	火灾和可燃气体探测系统，火灾报警控制系统，消防联动系统
		会议系统与信息导航系统	会议系统、信息导航系统
		专业应用系统	专业应用系统
		安全防范系统	电视监控系统，入侵报警系统，巡更系统，出入口控制（门禁）系统，停车管理系统，智能卡应用系统
		综合布线系统	缆线敷设和终接，机柜、机架、配线架的安装，信息插座和光缆芯线终端的安装
		智能化集成系统	集成系统网络，实时数据库，信息安全，功能接口
		电源与接地	智能建筑电源，防雷及接地
		计算机机房工程	路由交换系统，服务器系统，空间环境，室内外空气能量交换系统，室内空调环境，视觉照明环境，电磁环境
		住宅（小区）智能化系统	火灾自动报警及消防联动系统，安全防范系统（含电视监控系统、入侵报警系统、巡更系统、门禁系统、楼宇对讲系统、住户对讲呼救系统、停车管理系统），物业管理系统（多表现场计量及与远程传输系统、建筑设备监控系统、公共广播系统、小区网络及信息服务系统、物业办公自动化系统），智能家庭信息平台
9	建筑节能	围护系统节能	墙体节能、幕墙节能、门窗节能、屋面节能、地面节能
		供暖空调设备及管网节能	供暖节能、通风与空调设备节能，空调与供暖系统冷热源节能，空调与供暖系统管网节能
		电气动力节能	配电节能、照明节能
		监控系统节能	监测系统节能、控制系统节能
		可再生能源	太阳能系统、地源热泵系统
10	电梯	电力驱动的曳引式或强制式电梯安装	设备进场验收，土建交接检验，驱动主机，导轨，门系统，轿厢，对重，安全部件，悬挂装置，随行电缆，补偿装置，电气装置，整机安装验收

续表

序号	分部工程	子分部工程	分项工程
10	电梯	液压电梯安装	设备进场验收，土建交接检验，液压系统，导轨，门系统，轿厢，对重，安全部件，悬挂装置，随行电缆，电气装置，整机安装验收
		自动扶梯、自动人行道安装	设备进场验收，土建交接检验，整机安装验收

(6) 室外工程可根据专业类别和工程规模划分单位(子单位)工程。

室外单位(子单位)工程、分部工程可按表 4-3 采用。

表 4-3　室外工程划分

单位工程	子单位工程	分部（子分部）工程
室外设施	道路	路基、基层、面层、广场与停车场、人行道、人形地道、挡土墙、附属构筑物
	边坡	土石方、挡土墙、支护
附属建筑及室外环境	附属建筑	车棚，围墙，大门，挡土墙
	室外环境	建筑小品，亭台，水景，连廊，花坛，场坪绿化，景观桥
室外安装	给水排水	室外给水系统，室外排水系统
	供热	室外供热系统
	供冷	供冷管道安装
	电气	室外供电系统，室外照明系统

4.4 建筑工程施工质量验收

4.4.1 检验批质量验收

检验批质量验收流程如图 4.3 所示。

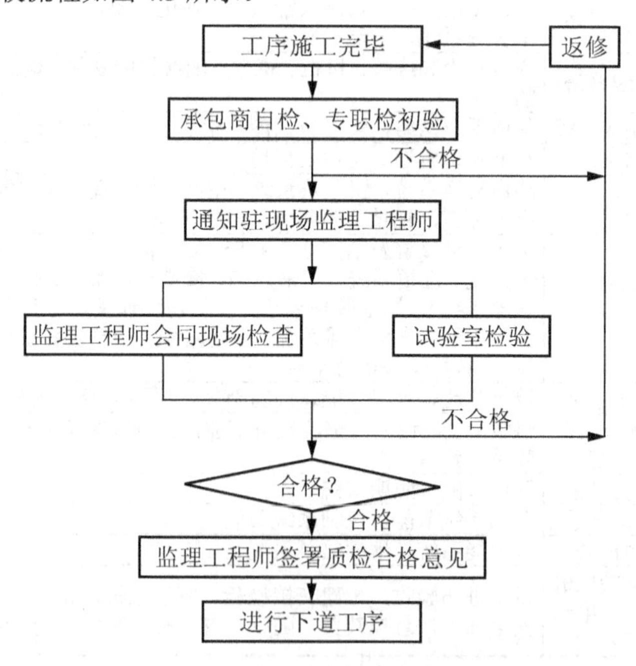

图 4.3　检验批质量验收流程图

1．检验批合格质量规定

(1) 主控项目和一般项目的质量经抽样检验合格。

(2) 具有完整的施工操作依据、质量检查记录。

检验批质量验收可按表4-4进行。

表4-4 检验批质量验收记录

单位(子单位)工程名称			分部(子分部)工程名称		分项工程名称	
施工单位			项目负责人		检验批容量	
分包单位			分包单位项目负责人		检验批部位	
施工依据				验收依据		
	验收项目		设计要求及规范规定	最小/实际抽样数量	检查记录	检查结果
主控项目	1					
	2					
	3					
	4					
	5					
	6					
	7					
	8					
	9					
	10					
一般项目	1					
	2					
	3					
	4					
	5					
施工单位检查结果	专业工长： 项目专业质量检查员： 年 月 日					
监理单位验收结论	专业监理工程师： 年 月 日					

2．资料检查

质量控制资料反映了检验批从原材料到验收的各施工工序的施工操作依据、检查情况以及保证质量所必需的管理制度等，对其完整性的检查，实际上是对过程控制的确认。所要检查的资料主要包括如下内容：

(1) 图纸会审、设计变更、洽商记录。

(2) 建筑材料、成品、半成品、建筑构配件、器具和设备的质量证明及进场检(试)验报告。

(3) 工程测量、放线记录。

(4) 按专业质量验收规范规定的抽样检验报告。

(5) 隐蔽工程检查记录。

(6) 施工过程记录和施工过程检查记录。

(7) 新材料、新工艺的施工记录。

(8) 质量管理资料和施工单位操作依据等。

3. 主控项目和一般项目的检验

1) 主控项目

主控项目的条文是必须达到的要求，是保证工程安全和使用功能的重要检验项目，是对安全、卫生、环境保护和公众利益起决定性作用的检验项目，是确定该检验批主要性能的。如果达不到规定的质量指标，降低要求就相当于降低该工程项目的性能指标，就会严重影响工程的安全性能。

主控项目包括的内容主要如下。

(1) 重要材料、构件及配件、成品及半成品、设备性能及附件的材质、技术性能等。检查出厂证明及试验数据，如水泥、钢材的质量；预制楼板、墙板、门窗等构配件的质量；风机等设备的质量。检查出厂证明，其技术数据、项目符合有关技术标准规定。

(2) 结构的强度、刚度和稳定性等检验数据、工程性能的检测。如混凝土、砂浆的强度；钢结构的焊缝强度；管道的压力试验；风管的系统测定与调整；电气的绝缘、接地测试；电梯的安全保护、试运转结果等。检查测试记录，其数据及项目要符合设计要求和本验收规范规定。

(3) 一些重要的允许偏差项目，必须控制在允许偏差限值之内。

对一些有龄期的检测项目，在其龄期不到，不能提供数据时，可先将其他评价项目先评价，并根据施工现场的质量保证和控制情况，暂时验收该项目，待检测数据出来后，再填入数据。如果数据达不到规定数值，以及对一些材料、构配件质量及工程性能的测试数据有疑问时，应进行复试、鉴定及实地检验。

2) 一般项目

一般项目是除主控项目以外的检验项目，其质量要求也是应该达到的，只不对不影响工程安全和使用功能的少数规定可以适当放宽一些，这些规定虽不像主控项目那样重要，但对工程安全、使用功能，重点的美观都是有较大影响的。这些项目在验收时，绝大多数抽查的处(件)，其质量指标都必须达到要求，有的专业质量验收规范规定有 20%，虽可以超过一定的指标，也是有限的，与原“验评标准”比，通常不得超过规定值的 150%。

一般项目包括的内容主要如下。

(1) 允许有一定偏差的项目，用数据规定的标准，可以有个别偏差范围，最多不超过20%的检查点可以超过允许偏差值，但也不能超过允许值的 150%。

(2) 对不能确定偏差值而又允许出现一定缺陷的项目，则以缺陷的数量来区分。如砖砌体预埋拉结筋，其留置间距偏差；混凝土钢筋露筋，露出一定长度等。

(3) 一些无法定量的而采用定性的项目。如碎拼大理石地面颜色协调，无明显裂缝和坑洼；油漆工程中，中级油漆的光亮和光滑项目，卫生器具给水配件安装项目，接口严密，启闭部分灵活；管道接口项目，无外露油麻等。这些就要靠监理工程师来掌握了。

4.4.2 分项工程质量验收

分项工程验收程序如图 4.4 所示。

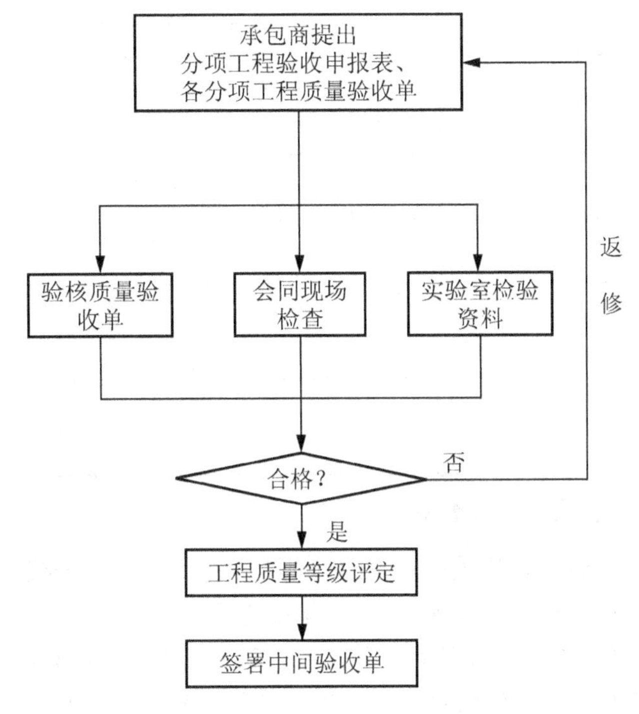

图 4.4 分项工程验收程序

1. 分项工程质量验收合格规定

分项工程质量验收合格应符合下列规定。

(1) 分项工程所含的检验批均应符合合格质量的规定。

(2) 分项工程所含的检验批的质量验收记录应完整。

分项工程质量验收可按表 4-5 进行。

表 4-5 ________分项工程质量验收记录

<table>
<tr><td colspan="2">单位(子单位)工程名称</td><td colspan="2"></td><td>分部(子分部)工程名称</td><td colspan="3"></td></tr>
<tr><td colspan="2">分项工程数量</td><td colspan="2"></td><td>检验批数量</td><td colspan="3"></td></tr>
<tr><td colspan="2">施工单位</td><td colspan="2"></td><td>项目负责人</td><td></td><td>项目技术负责人</td><td></td></tr>
<tr><td colspan="2">分包单位</td><td colspan="2"></td><td>分包单位项目负责人</td><td></td><td>分包内容</td><td></td></tr>
<tr><td>序号</td><td>检验批名称</td><td>检验批容量</td><td>部位/区段</td><td colspan="2">施工单位检查结果</td><td colspan="2">监理单位验收结论</td></tr>
<tr><td>1</td><td></td><td></td><td></td><td colspan="2"></td><td colspan="2"></td></tr>
<tr><td>2</td><td></td><td></td><td></td><td colspan="2"></td><td colspan="2"></td></tr>
<tr><td>3</td><td></td><td></td><td></td><td colspan="2"></td><td colspan="2"></td></tr>
<tr><td>4</td><td></td><td></td><td></td><td colspan="2"></td><td colspan="2"></td></tr>
<tr><td>5</td><td></td><td></td><td></td><td colspan="2"></td><td colspan="2"></td></tr>
<tr><td>6</td><td></td><td></td><td></td><td colspan="2"></td><td colspan="2"></td></tr>
</table>

续表

7					
8					
9					
10					
11					
12					
13					
14					
15					

说明：

施工单位 检查结果	项目专业技术负责人： 年　月　日
监理单位 验收结论	专业监理工程师： 年　月　日

2．分项工程质量的验收应注意的问题

分项工程质量的验收是在检验批验收的基础上进行的，是一个统计过程，有时也有一些直接的验收内容，所以在验收分项工程时应注意以下方面。

(1) 核对检验批的部位、区段是否全部覆盖分项工程的范围，有没有缺漏的部位。

(2) 一些在检验批中无法检验的项目，在分项工程中直接验收，如砖砌体工程中的全局垂直度、砂浆强度的评定等。

(3) 检验批验收记录的内容及签字人是否正确、齐全。

4.4.3　分部(子分部)工程质量验收

分部工程验收程序如图 4.5 所示。

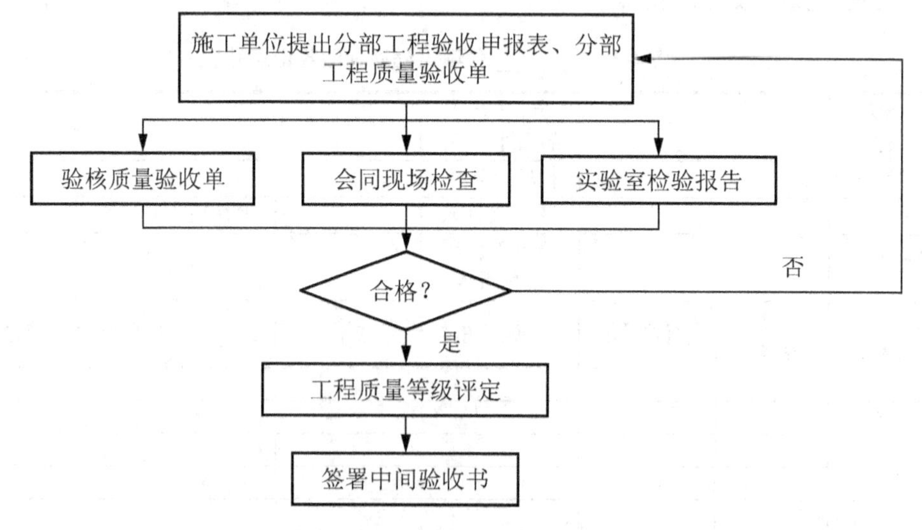

图 4.5　分部工程验收程序

分部、子分部工程的验收内容、程序都是一样的，应将各子分部的质量控制资料进行核查；对地基与基础、主体结构和设备安装工程等分部工程中的有关安全及功能的检验和抽样检测结果的资料核查；观感质量评价等。

分部(子分部)工程质量验收合格应符合下列规定。

(1) 分部(子分部)工程所含分项工程的质量均应验收合格。实际验收中，这项内容也是项统计工作，在做这项工作时应注意3点。

①检查每个分项工程验收是否正确；②注意查对所含分项工程，有没有漏、缺的分项工程没有归纳进来，或是没有进行验收；③注意检查分项工程的资料完整不完整，每个验收资料的内容是否有缺漏项，以及分项验收人员的签字是否齐全及符合规定。

(2) 质量控制资料应完整。

这项验收内容，实际也是统计、归纳和核查，主要包括3个方面的资料。

①核查和归纳各检验批的验收记录资料，查对其是否完整。②检验批验收时，应具备的资料应准确完整才能验收。③注意核对各种资料的内容、数据及验收人员的签字是否规范等。

在分部、子分部工程验收时，主要是核查和归纳各检验批的施工操作依据、质量检查记录，查对其是否配套完整，包括有关施工工艺(企业标准)、原材料、构配件出厂合格证及按规定进行的试验资料的完整程度。一个分部、子分部工程能否具有数量和内容完整的质量控制资料，是验收规范指标能否通过验收的关键。

(3) 地基与基础、主体结构和设备安装等分部工程有关安全及功能的检验和抽样检测结果应符合有关规定。

这项验收内容包括安全及功能和两个方面的检测资料。验收时应注意3个方面的工作。

①检查各规范中规定的检测的项目是否都进行了验收，不能进行检测的项目应该说明原因。②检查各项检测记录(报告)的内容、数据是否符合要求，所遵循的检测方法标准、检测结果的数据是否达到规定的标准。③核查资料的检测程序、有关取样人、检测人、审核人、试验负责人，以及公章签字是否齐全等。

(4) 观感质量验收应符合要求。

分部(子分部)工程的观感质量检查，是经过现场工程的检查，由检查人员共同确定评价的好、一般、差，在检查和评价时应注意以下几点。

① 分部(子分部)工程观感质量评价目的有两个。一是现在的工程体量越来越大，越来越复杂，待单位工程全部完工后再检查，有的项目要看的看不见了，看了还应修的修不了，只能是既成事实。另一方面竣工后一并检查，由于工程的专业多，而检查人员中又不能太多，专业不全，不能将专业工程中的问题看出来。有些项目完工以后，工地上项目少了，各工种人员分批撤出去，即使检查出问题来，再让各工种人员来修理，用的时间也长。二是对专业承包企业分包承包的工程，完工以后也应该有个评价，也便于对这些企业的监管。

② 在进行检查时，要注意一定要在现场，将工程的各个部位全部看到，能操作的应操作，观察其方便性、灵活性或有效性等；能打开观看的应打开观看，不能只看“外观”，应全面了解分部(子分部)的实物质量。

③ 观感质量没有放在重要位置，只是一个辅助项目，其评价内容只列出了项目，其具体标准没有具体化，多数在一般项目内。检查评价人员宏观掌握，如果没有较明显达不到要求的，就可以评一般；如果某些部位质量较好，细部处理到位，就可评好；如果有的部位达不到要求，或有明显的缺陷，但不影响安全或使用功能的，则评为差。评为差的项目能进行返修的应进行返修，不能返修只要不影响结构安全和使用功能的可通过验收。有影响安全或使用功能的项目，不能评价，应修理后再评价。

分部(子分部)工程质量验收应按表 4-6 进行。

表 4-6 ________分部(子分部)工程验收记录

<table>
<tr><td colspan="2">单位(子单位)工程名称</td><td colspan="2"></td><td>分部(子分部)工程名称</td><td colspan="3"></td></tr>
<tr><td colspan="2">分项工程数量</td><td colspan="2"></td><td>检验批数量</td><td colspan="3"></td></tr>
<tr><td colspan="2">施工单位</td><td colspan="2"></td><td>项目负责人</td><td></td><td>项目技术负责人</td><td></td></tr>
<tr><td colspan="2">分包单位</td><td colspan="2"></td><td>分包单位项目负责人</td><td></td><td>分包内容</td><td></td></tr>
<tr><td>序号</td><td>检验批名称</td><td>检验批容量</td><td>部位/区段</td><td colspan="2">施工单位检查结果</td><td colspan="2">监理单位验收结论</td></tr>
<tr><td>1</td><td></td><td></td><td></td><td colspan="2"></td><td colspan="2"></td></tr>
<tr><td>2</td><td></td><td></td><td></td><td colspan="2"></td><td colspan="2"></td></tr>
<tr><td>3</td><td></td><td></td><td></td><td colspan="2"></td><td colspan="2"></td></tr>
<tr><td>4</td><td></td><td></td><td></td><td colspan="2"></td><td colspan="2"></td></tr>
<tr><td>5</td><td></td><td></td><td></td><td colspan="2"></td><td colspan="2"></td></tr>
<tr><td>6</td><td></td><td></td><td></td><td colspan="2"></td><td colspan="2"></td></tr>
<tr><td>7</td><td></td><td></td><td></td><td colspan="2"></td><td colspan="2"></td></tr>
<tr><td>8</td><td></td><td></td><td></td><td colspan="2"></td><td colspan="2"></td></tr>
<tr><td>9</td><td></td><td></td><td></td><td colspan="2"></td><td colspan="2"></td></tr>
<tr><td>10</td><td></td><td></td><td></td><td colspan="2"></td><td colspan="2"></td></tr>
<tr><td>11</td><td></td><td></td><td></td><td colspan="2"></td><td colspan="2"></td></tr>
<tr><td>12</td><td></td><td></td><td></td><td colspan="2"></td><td colspan="2"></td></tr>
<tr><td>13</td><td></td><td></td><td></td><td colspan="2"></td><td colspan="2"></td></tr>
<tr><td>14</td><td></td><td></td><td></td><td colspan="2"></td><td colspan="2"></td></tr>
<tr><td>15</td><td></td><td></td><td></td><td colspan="2"></td><td colspan="2"></td></tr>
<tr><td colspan="8">说明：</td></tr>
<tr><td colspan="2">施工单位检查结果</td><td colspan="6">项目专业技术负责人：
年 月 日</td></tr>
<tr><td colspan="2">监理单位验收结论</td><td colspan="6">专业监理工程师：
年 月 日</td></tr>
</table>

4.4.4 单位(子单位)工程质量验收

单位工程竣工验收工作流程如图 4.6 所示。

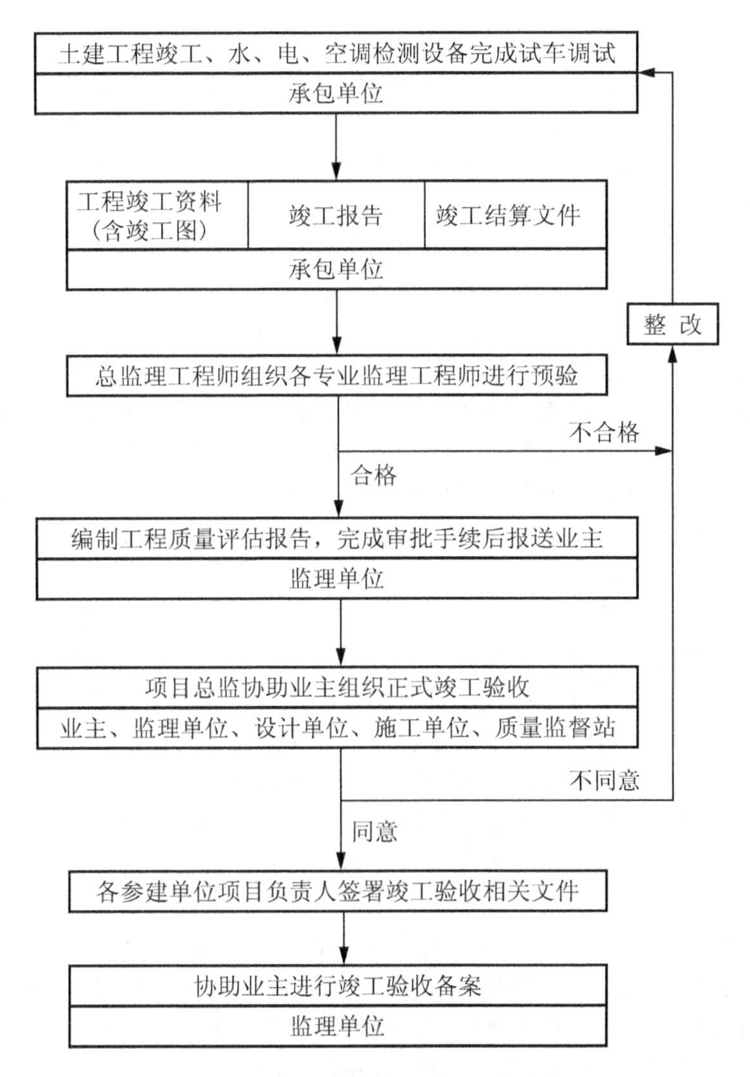

图 4.6　单位工程竣工验收工作流程

单位工程质量验收是对工程交付使用前的最后一道工序把好关，是对工程质量的一次总体综合评价，是工程质量管理的一道重要程序。

单位(子单位)工程质量验收合格应符合下列规定。

(1) 单位(子单位)工程所含分部(子分部)工程的质量均应验收合格。

总承包单位应事前进行认真准备，将所有分部、子分部工程质量验收的记录表，及时进行收集整理，并列出目次表，依序将其装订成册。在核查及整理过程中，应注意以下 3 点。

① 核查各分部工程中所含的子分部工程是否齐全。

② 核查各分部、子部分工程质量验收记录表的质量评价是否完善，有分部、子分部工程质量的综合评价、有质量控制资料的评价、地基与基础、主体结构和设备安装分部、子分部工程规定的有关安全及功能的检测和抽测项目的检测记录，以及分部、子分部观感质量的评价等。

③ 核查分部、子分部工程质量验收记录表的验收人员是否是规定的有相应资质的技术人员，并进行了评价和签认。

(2) 质量控制资料应完整。

总承包单位应将各分部、子分部工程应有的质量控制资料进行核查，图纸会审及变更记录，定位测量放线记录、施工操作依据、原材料、构配件等质量证书、按规定进行检验的检测报告、隐蔽工程验收记录、施工中有关施工试验、测试、检验等，以及抽样检测项目的检测报告等。

总监理工程师进行核查确认时，可按单位工程所包含的分部、子分部工程分别核查，也可综合抽查。其目的是强调建筑结构、设备性能、使用功能方面主要技术性能的检验。每个检验批规定了“主控项目”，并提出了主要技术性能的要求，但检查单位工程的质量控制资料，对主要技术性能进行系统的核查。

质量控制资料将是整个技术资料的核心。从工程质量管理出发可将技术资料分为：工程质量验收资料、工程质量记录资料、施工技术管理资料和竣工图等。

建筑工程质量控制资料是反映建筑工程施工过程中，各个环节工程质量状况的基本数据和原始记录；反映完工项目的测试结果和记录。这些资料是反映工程质量的客观见证，是评价工程质量的主要依据。

工程质量资料是工程的“合格证”和技术证明书。由于工程的安全性能要求高，所以工程质量资料比产品的合格证更重要。从广义质量来说，工程质量资料就是工程质量的一部分，同时，工程质量资料是工程技术资料的核心，是企业经营管理的重要组成部分，更是质量管理的重要方面，是反映一个企业管理水平高低的重要见证。

在验收一个分部、子分部工程的质量时，为了系统核查工程的结构安全和重要使用功能，虽然在分项工程验收时，已核查了规定提供的技术资料，但仍有必要再进行复核，只是不再像验收检验批、分项工程质量那样进行微观检查，而是从总体上通过核查质量控制资料来评价分部、子分部工程的结构安全与使用功能控制情况和质量水平。

(3) 单位(子单位)工程所含分部工程有关安全和功能的检测资料应完整。

在分部、子分部工程检查和验收时，应进行检测来保证和验证工程的综合质量和最终质量。该检测(检验)应由施工单位来检测，检测过程中可请监理工程师或建设单位有关负责人参加监督检测工作，达到要求后，并形成检测记录签字认可。在单位工程、子单位工程验收时，监理工程师应对各分部、子分部工程应检测的项目进行核对，对检测资料的数量、数据及使用的检测方法标准、检测程序进行核查，以及核查有关人员的签认情况等。

(4) 主要功能项目的抽查结果应符合相关专业质量验收规范的规定。

主要功能抽查目的主要是综合检验工程质量能否保证工程的功能，满足使用要求。这项抽查检测多数还是复查性的和验证性的。

主要功能抽测项目已在各分部、子分部工程中列出，有的是在分部、子分部工程完成后进行检测，有的还要待相关分部、子分部工程完成后才能检测，有的则需要待单位工程全部完成后进行检测。这些检测项目应在单位工程完工，施工单位向建设单位提交工程验收报告之前，全部进行完毕，并将检测报告写好。

(5) 观感质量验收应符合要求。

观感质量的验收方法和内容与分部、子分部工程的观感质量评价一样，只是分部、子分部工程的范围小一些而已，一些分部、子分部工程的观感质量，可能在单位工程检查时已经看不到了。所以单位工程的观感质量更宏观一些。

观感质量检查应按表4-7进行。

表 4-7 单位(子单位)工程质量竣工验收记录

单位(子单位)工程名称		子分部工程数量		分项工程数量	
施工单位		项目负责人		技术(质量)负责人	
分包单位		分包单位负责人		分包内容	
施工依据			验收依据		
序号	子分部工程名称	分项工程名称	检验批数量	施工单位检查结果	监理单位验收结论
1					
2					
3					
4					
5					
6					
质量控制资料					
安全和功能检验结果					
观感质量检验结果					
综合验收结论					
施工单位 项目负责人： 年 月 日	勘察单位 项目负责人： 年 月 日	设计单位 项目负责人： 年 月 日	监理单位 项目负责人： 年 月 日		

注：1. 地基与基础分部工程的验收应由施工、勘察、设计单位项目负责人和总监理工程师参加并签字。

2. 主体结构、节能分部工程的验收应由施工、设计单位项目负责人和总监理工程师参加并签字。

4.4.5 验收不合格的处理

一般情况下，不合格现象在检验批的验收时就应发现并及时处理，所有质量隐患必须尽快消灭在萌芽状态，否则将影响后续检验批和相关的分项工程、分部工程的验收。非正常情况的处理分以下5种情况。

(1) 经返工重做或更换器具、设备的检验批，应重新进行验收。

重新验收质量时，要对该项目工程按规定重新抽样、选点、检查和验收，重新填检验批质量验收记录表。

(2) 经有资质的检测单位检测鉴定能够达到设计要求的检验批，应予以验收。

这种情况是指个别检验批发现试块强度等不满足要求等问题，难以确定是否足够验收时，应请有资质的法定检测单位检测。当鉴定结果能够达到设计要求时，该检验批应允许通过验收。

(3) 经有资质的检测单位检测鉴定达不到设计要求，但经原设计单位核算认可能够满足结构安全和使用功能的检验批，可予以验收。

这种情况与第(2)种情况一样，多是某项质量指标达不到设计的要求，多数也是指留置的试块失去代表性或是因故缺少试块的情况，以及试块试验报告有缺陷，不能有效证明该项工程的质量情况，或是对该试验报告有怀疑时，要求对工程实体质量进行检测。经有资质的检测单位检测鉴定达不到设计要求，但这种数据距达到设计要求的差距有限，不是差距太大。经过原设计单位进行验算，认为仍可满足结构安全和使用功能，可不进行加固补强。

如规范中规定的能够满足结构安全和使用功能的混凝土强度最低为 27 MPa，而设计时选用了 C30 级混凝土，经检测的结果是 29 MPa，虽未达到设计的 C30 级的要求，但仍能大于 27 MPa 是安全的。又如某五层砖混结构，一、二、三层用 M10 砂浆砌筑，四、五层为 M5 砂浆砌筑。在施工过程中，由于管理不善等，其三层砂浆强度仅达到 7.4 MPa，没达到设计要求，按规定应不能验收，但经过原设计单位验算，砌体强度尚可满足结构安全和使用功能，可不返工和加固。

由设计单位出具正式的认可证明，由注册结构工程师签字，并加盖单位公章。由设计单位承担质量责任。

以上 3 种情况都应视为是符合规范规定质量合格的工程。只是管理上出现了一些不正常的情况，使资料证明不了工程实体质量，经过补办一定的检测手续，证明质量是达到了设计要求，给予通过验收是符合规范规定的。

(4) 经返修或加固处理的分项、分部工程，虽然改变外形尺寸但仍能满足安全使用要求，可按技术处理方案和协商文件进行验收。

这种情况是指更为严重的缺陷或者范围超过检验批的更大范围内的缺陷可能影响结构的安全性和使用功能。

如经法定检测单位检测鉴定后认为达不到规范标准的相应要求，即不能满足最低限度的安全性要求，则必须按照一定的技术方案进行加固处理，使之能保证其满足安全使用的基本要求。这样会造成一些永久性的缺陷，如改变结构的外形尺寸，影响一些次要的使用功能等。为了避免社会财富更大的损失，在不影响安全和主要使用功能条件下可以按处理技术方案和协定文件进行验收，但不能作为轻视质量而回避责任的一种出路，这是应该特别注意的。

(5) 通过返修或加固处理仍不能满足安全使用要求的分部工程、单位(子单位)工程，严禁验收。

这种情况通常是在制定加固技术方案之前，就知道加固补强措施效果不会太好，或是加固费用太高不值得加固处理，或是加固后仍达不到保证安全、功能的情况。这种情况就应该坚决拆掉，不要再花大的代价来加固补强。这条是规范中的强制性条文，必须贯彻执行。

4.5 建筑工程质量验收的程序和组织

4.5.1 检验批及分项工程的验收程序与组织

检验批及分项工程应由监理工程师(建设单位项目技术负责人)组织施工单位项目专业质量(技术)负责人等进行验收。

验收前，施工单位先填好检验批和分项工程的验收记录表(有关监理记录和结论不填)，并由项目专业质量检验员和项目专业技术负责人分别在检验批和分项工程质量检验记录中相关栏目中签字，然后由监理工程师组织严格按规定程序进行验收。

4.5.2 分部工程的验收程序与组织

分部工程应由总监理工程师(建设单位项目负责人)组织施工单位项目负责人和技术、质量负责人等进行验收。由于地基基础、主体结构技术性能要求严格，技术性强，关系到整个工程的安全，因此，地基与基础、主体结构分部工程的验收由勘察、设计单位工程项目负责人和施工单位技术、质量部门负责人参加相关分部工程验收。

4.5.3 单位(子单位)工程的验收程序与组织

1. 竣工初验收的程序

竣工初验收的程序如图4.7所示。

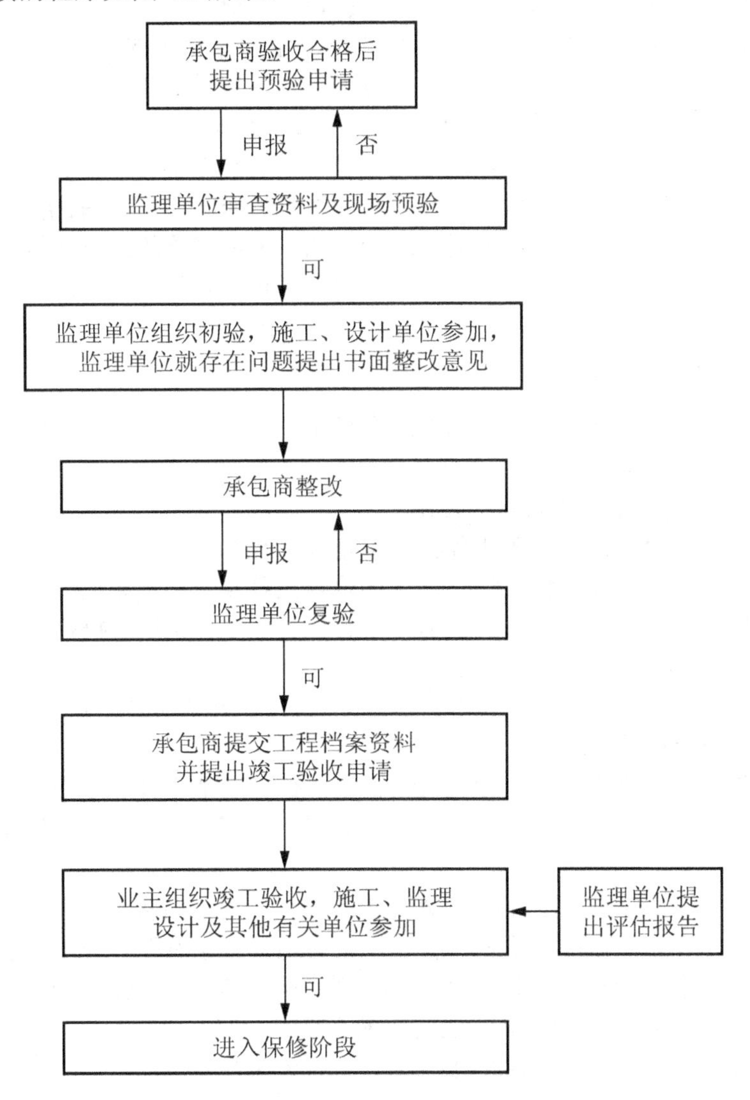

图4.7 竣工初验收的程序

当单位工程达到竣工验收条件后，施工单位应在自查、自评工作完成后，填写工程竣工报验单，并将全部竣工资料报送项目监理机构，申请竣工验收。

总监理工程师应组织各专业监理工程师对竣工资料及各专业工程的质量情况进行全面检查，对检查出的问题，应督促施工单位及时整改。对需要进行功能试验的项目(包括单机试车和无负荷试车)，监理工程师应督促施工单位进行试验，并对重要项目进行监督、检查，必要时请建设单位和设计单位参加，并应认真审查试验报告单并督促施工单位搞好成品保护和现场清理。

经项目监理机构对竣工资料及实物全面检查、验收合格后，由总监理工程师签署工程竣工报验单，并向建设单位提出质量评估报告。

2．正式验收

建设单位收到工程验收报告后，应由建设单位(项目)负责人组织施工(含分包单位)、设计、监理等，单位(项目)负责人进行单位(子单位)工程验收。

单位工程有分包单位施工时，分包单位对所承包的工程项目应按规定的程序检查评定，总包单位应派人参加。分包工程完成后，应将工程有关资料交总包单位。

《建设工程质量管理条例》第十六条规定，建设工程竣工验收应当具备下列条件。

①完成建设工程设计和合同约定的各项内容；②有完整的技术档案和施工管理资料；③有工程使用的主要建筑材料、构配件和设备的进场试验报告；④有勘察、设计、施工、工程监理等单位分别签署的质量合格文件；⑤有施工单位签署的工程保修书。

当参加验收各方对工程质量验收意见不一致时，可请当地建设行政主管部门或工程质量监督机构协调处理。

3．单位工程竣工验收备案

单位工程质量验收合格后，建设单位应在规定时间内将工程竣工验收报告和有关文件报建设行政管理部门备案。

1) 房屋建筑工程竣工验收备案的范围

凡在我国境内新建、扩建、改建各类房屋建筑工程和市政基础设施工程，都应按照有关规定进行备案。抢险救灾工程、临时性房屋建筑工程和农民自建底层住宅工程，不适用此规定。军用房屋建筑工程竣工验收备案，按照中央军委有关规定执行。

2) 房屋建筑工程竣工验收备案的期限

建设单位应当自工程竣工验收合格之日起15日内，依照规定，向工程所在地的县级以上地方人民政府建设行政主管部门备案。

备案机关收到建设单位报送的竣工验收备案文件，验证文件齐全后，应当在工程竣工验收备案表上签署文件收讫。工程竣工验收备案表一式两份，一份由建设单位保存，一份留备案机关存档。

工程质量监督机构应当在工程竣工验收之日起5日内，向备案机关提交工程质量监督报告。备案机关发现建设单位在竣工验收过程中有违犯国家有关建设工程质量管理规定行为的，应当在收讫竣工验收备案文件15日内，责令停止使用，重新组织竣工验收。

3) 房屋建筑工程竣工验收备案时应提交的文件

建设单位办理工程竣工验收备案时应提交下列文件。

① 工程竣工验收备案表。

② 工程竣工验收报告。竣工验收报告应当包括工程报建日期，施工许可证号，施工图设计文件审查意见，勘察、设计、施工、工程监理等单位分别签署的质量合格文件及验收

人员签署的竣工验收原始文件，市政基础设施的有关质量检测和功能性试验资料以及备案机关认为需要提供的有关资料。

③ 法律、行政法规规定应当由规划、公安消防、环保等部门出具的认可文件或者准许使用的文件。

④ 施工单位签署的工程质量保修书。

⑤ 法规、规章规定必须提供的其他文件。

商品住宅还应当提交《住宅质量保证书》和《住宅使用说明书》。

案例

某建筑公司承接了一项综合楼任务，建筑面积109828m^2，地下3层，地上26层，箱形基础，主体为框架剪力墙结构。该项目地处城市主要街道交叉路口，是该地区的标志性建筑物。因此，施工单位在施工过程中加强了对工序指令的控制。在第5层楼板钢筋隐蔽工程验收时发现整个楼板受力钢筋型号不对、位置放置错误，施工单位非常重视，及时进行了返工处理。在第10层混凝土部分试块检测时发现强度达不到设计要求，但实体经有资质的检测单位检测鉴定，强度达到了要求。由于加强了预防和检查，没有再发生类似情况。该楼最终顺利完工，达到验收条件后，建设单位组织了竣工验收。

分析：

工序质量控制的内容主要有：①制定工序质量控制的计划；②严格遵守施工工艺规程；③主动控制工序活动条件的质量；④及时检查工序活动效果的质量；⑤设置工序质量控制点。

在施工过程中，测得的工序特性数据是有波动的，产生波动的原因有两种，因此波动也分为两类。一类是操作人员在相同的技术条件下按照工艺标准操作，可是不同产品的工序特性数据却存在着波动，这种波动在目前的技术条件下还不能控制，是由无数客观原因引起的波动，此类因素称为偶然因素，如构件允许范围内的尺寸误差、季节气候的变化、机具的正常磨损等。另一类是在施工过程中发生了异常现象，如：不遵守工艺标准，违反操作规程，机械、设备发生故障，仪器、仪表失灵等，这类因素称为异常因素，经有关人员的共同努力在技术上是可以控制的。工序管理就是分析和发现影响施工中每道工序质量的异常因素，并采取相应的技术和管理措施使这些异常因素被控制在允许范围内，从而保证每道工序的质量。工序管理的实质是工序质量控制，是为把工序质量的波动限制在要求的范围内所进行的质量控制活动，一旦工序质量波动超出允许范围，立即对影响工序质量波动的因素进行分析，针对问题采取必要的管理措施，使工序质量处于稳定受控状态。另外，工序质量控制还需做好施工中重、难点工序的质量控制。

在验收第5层钢筋隐蔽工程时应注意以下要点：①按施工图核查纵向受力钢筋，检查钢筋品种、直径、数量、位置、间距、形状；②检查混凝土保护层厚度，构造钢筋是否符合构造要求；③钢筋锚固长度，钢筋加密区及加密间距；④检查钢筋接头：如绑扎搭接要检查搭接长度，接头位置和数量(错开长度、接头百分率)；焊接接头或机械连接要检查外观质量、取样试件力学性能试验是否达到要求，接头位置(相互错开)数量(接头百分率)。

在第10层发现的质量问题不需要处理因为虽然达不到设计要求，但经有资质的检测单位鉴定强度满足要求可以予以验收。如果第10层实体混凝土强度经检测都未达到要求，施工单位应返工重做或者采取加固补强措施。

单位工程竣工验收应当具备下列条件：①完成建设工程设计和合同约定的各项内容；②有完整的技术档案和施工管理资料；③有工程使用的主要建筑材料、建筑构配件和设备的进场试验报告；④有勘察、设计、施工、工程监理等单位分别签署的质量合格文件；⑤有承包商签署的工程保修书。

本章小结

通过本章的学习，要求学生了解建筑工程施工质量验收规范体系、建筑工程施工质量验收术语，熟悉建筑工程施工质量验收的基本规定、建筑工程施工质量验收的划分，掌握检验批、分项工程、分部(子分部)工程、单位(子单位)工程等质量验收方法内容，了解验收不合格的处理方法，熟悉检验批及分项工程、分部工程、单位(子单位)工程等的验收程序。

工程施工质量验收是工程建设质量控制的一个重要环节，它包括工程施工质量的中间验收和工程的竣工验收两个方面。通过对工程建设中间产品和最终产品的质量验收，从过程控制和终端把关两个方面进行工程项目的质量控制，以确保达到业主所要求的功能和使用价值，实现建设投资的经济效益和社会效益。

工程项目的竣工验收，是项目建设程序的最后一个环节，是全面考核项目建设成果、检查设计与施工质量、确认项目能否投入使用的重要步骤。竣工验收的顺利完成，标志着项目建设阶段的结束和使用阶段的开始。

建筑工程施工质量验收涉及建筑工程施工过程控制和竣工验收控制，合理划分建筑工程施工质量验收层次是非常必要的。建筑工程质量验收应划分为单位(子单位)工程、分部(子分部)工程、分项工程和检验批验收。

习　　题

一、单选题

1. 见证取样检测是检测试样在(　　)见证下，由施工单位有关人员现场取样，并委托检测机构所进行的检测。

A. 监理单位具有见证人员证书的人员
B. 建设单位授权的具有见证人员证书的人员
C. 监理单位或建设单位具备见证资格的人员
D. 设计单位项目负责人

2. 检验批的质量应按主控项目和(　　)验收。

A. 保证项目　　B. 一般项目　　C. 基本项目　　D. 允许偏差项目

3. 建筑工程质量验收应划分为单位(子单位)工程、分部(子分部)工程、分项工程和(　　)。

A. 验收部位　　B. 工序　　C. 检验批　　D. 专业验收

4. 分项工程可由(　　)检验批组成。

A. 若干个　　B. 不少于十个　　C. 不少于三个　　D. 不少于四个

5. 分部工程的验收应由(　　)组织。

A. 监理单位　　B. 建设单位
C. 总监理工程师(建设单位项目负责人)　　D. 监理工程师

6. 单位工程的观感质量应由验收人员通过现场检查，并应由(　　)确认。

A. 监理单位　　B. 施工单位　　C. 建设单位　　D. 共同

7. 建筑地面工程属于(　　)分部工程。

A. 建筑装饰　　B. 建筑装修　　C. 地面与楼面　　D. 建筑装饰装修

8. 门窗工程属于(　　)分部工程。

A. 建筑装饰　　B. 建筑装修　　C. 门窗　　D. 建筑装饰装修

9. 建筑幕墙工程属于(　　)工程分部。

A. 建筑装饰　　B. 建筑装修　　C. 主体工程　　D. 建筑装饰装修

10. 隐蔽工程在隐蔽前，施工单位应当通知(　　)。

A. 建设单位　　B. 建设行政主管部门

C. 工程质量监督机构　　D. 建设单位和工程质量监督机构

11. 相关各专业工种之间，应进行(　　)验收。

A. 相互　　B. 交接　　C. 各自　　D. 单独

12. 用于粘贴外墙面砖的水泥应进行(　　)。

A. 见证抽检　　B. 复验　　C. 自检　　D. 平行检测

13. 经工程质量检测单位检测鉴定达不到设计要求，经设计单位验算可满足结构安全和使用功能的要求，应视为(　　)。

A. 符合规范规定质量合格的工程

B. 不符合规范规定质量不合格，但可使用的工程

C. 质量不符合要求，但可协商验收的工程

D. 质量不符合要求，不可协商验收的工程

14. 如发现工程质量隐患，工程质量监督站应通知(　　)。

A. 建设单位　　B. 监理单位　　C. 设计单位　　D. 施工单位

15. 建设工程竣工验收备案系指工程竣工验收合格后，(　　)在指定的期限内，将与工程有关的文件资料送交备案部门查验的过程。

A. 建设单位　　B. 监理单位　　C. 设计单位　　D. 施工单位

16. 分项工程评为优质时，分项工程所含检验批(　　)%及以上应达到检验批优质标准的规定。

A. 50　　B. 60　　C. 80　　D. 90

17. 单位(子单位)工程评为优质工程时，综合评分应≥(　　)分。

A. 80　　B. 85　　C. 90　　D. 95

18. 地下防水工程的混凝土结构构件无明显裂缝，裂缝宽度不大于0.20mm，且不渗水。按地下室建筑面积计算每(　　)m^2裂缝数量不大于1条，满足抗渗和混凝土耐久性要求。

A. 500　　B. 600　　C. 800　　D. 1000

19. 评为优质结构工程时，结构实体钢筋的混凝土保护层厚度(　　)钢筋保护层厚度均应在允许偏差范围内。

A. 80%　　B. 85%　　C. 90%　　D. 全部

20. 申报优质结构工程由(　　)在开工前向当地工程质量监督机构申报。

A. 建设单位　　B. 设计单位　　C. 监理单位　　D. 施工单位

21. 混凝土楼板厚度实测合格率大于(　　)方可评为优质优质工程。

A. 80%　　B. 85%　　C. 90%　　D. 95%

22. 吊顶工程采用膨胀螺栓时，应进行拉拔试验，其承载力安全系数不小于(　　)。

A. 1.3　　B. 1.5　　C. 1.8　　D. 2

23. 各种泛水高度均不得低于(　　)mm，管道不低于300mm。

A. 200　　B. 250　　C. 300　　D. 350

24. 地漏水封高度不得小于(　　)mm。

A. 30　　B. 40　　C. 50　　D. 60

25. 智能系统永久链路的电气性能测试余量应优于标准及技术文件(　　)dB 以上。

A. 3　　B. 5　　C. 8　　D. 10

26. 高层建筑及外侧贴有其他饰面材料的外墙外保温系统必须进行现场粘结强度试验，同种类保温系统测试(　　)个点。

A. 3　　B. 6　　C. 9　　D. 12

27. 观感质量抽查时的记录方法按下列规定：抽查点(处)为“好”的在质量状况栏中打“(　　)”。

A. △　　B. ×　　C. ○　　D √

28. 每个项目观感质量(　　)%及以上检查处(点)评为“好”的，该项目质量评价为“好”。

A. 60　　B. 70　　C. 80　　D. 90

29. 观感质量检查项目有(　　)%及以上评为“好”的，观感质量综合评价为“好”。

A. 60　　B. 70　　C. 80　　D. 90

30. 单位工程评价时综合评分≥(　　)分时，可评为优质工程。

A. 80　　B. 85　　C. 90　　D. 95

二、多选题

1. 质量检验的基本环节主要有(　　)。

A. 量测(度量)比较　　B. 判断

C. 处理　　D. 报告　　E. 总结

2. 质量检验的基本方式主要有(　　)。

A. 全数检验　　B. 抽样检验

C. 随机检验　　D. 自动检验　　E. 自查

3. 工程质量标准主要有(　　)。

A. 国家标准　　B. 行业标准

C. 地方标准　　D. 企业标准　　E. 施工标准

4. 对工程材料质量，主要控制其相应的(　　)。

A. 力学性能　　B. 物理性能

C. 化学性能　　D. 经济性能　　E. 使用性能

5. 建筑工程的建筑与结构部分最多可划分为(　　)分部工程。

A. 地基与基础　　B. 主体结构

C. 门窗　　D. 建筑装饰装修　　E. 建筑屋面

6. 建筑工程的建筑安装部分最多可划分为(　　)分部工程。

A. 建筑给水、排水及采暖　　B. 建筑电气

C. 智能建筑　　D. 通风与空调　　E. 电梯

7. 参加单位工程质量竣工验收的单位为(　　)等。

A. 建设单位　　B. 施工单位

C. 设计单位　　D. 勘察单位　　E. 监理单位

8. 检验批可根据施工及质量控制和专业验收需要按(　　)等进行划分。

A. 楼层　　B. 施工段

C. 变形缝　　D. 专业性质　　E. 施工程序

9. 标准分为(　　)标准。

A. 国家　　B. 部办

C. 行业　　D. 地方　　E. 企业

10. 建设单位在收到工程竣工报告后，对符合竣工验收要求的工程组织(　　)等单位和其他有关方面的专家组成验收组制定验收方案。

A. 勘察设计　　B. 施工单位

C. 监理单位　　D. 工程质量监督站

E. 建筑管理处(站)

三、简答题

1. 建筑工程施工质量验收的基本规定有哪些？
2. 建筑工程施工质量验收如何划分？
3. 单位工程的划分原则有哪些？
4. 分部工程的划分原则有哪些？
5. 检验批质量如何进行验收？
6. 分项工程质量如何进行验收？
7. 分部工程质量如何进行验收？
8. 单位工程质量如何进行验收？
9. 验收不合格工程如何处理？
10. 简述建筑工程质量验收程序。
11. 简述检验批及分项工程的验收程序。
12. 简述分部工程的验收程序。
13. 简述单位工程的验收程序。
14. 监理工程师在质量评定和竣工验收中有何作用？
15. 工程项目竣工验收的条件和主要内容是什么？

第5章

施工质量事故处理

教学目标

熟悉常见质量问题的成因，熟悉工程质量事故的特点及分类，掌握工程质量事故处理的依据和程序，熟悉工程质量事故处理方案的确定及鉴定验收，掌握质量通病及其防治方法。

教学要求

能力目标	知识要点	权重
熟悉常见质量问题的成因	常见质量问题的成因	10%
熟悉工程质量事故的特点及分类	工程质量事故的特点 工程质量事故的分类	10%
掌握工程质量事故处理的依据和程序	事故处理必备的条件 事故处理的基本要求及注意事项 工程质量事故处理的依据 监理单位编制质量事故调查报告 工程质量事故处理程序	40%
熟悉工程质量事故处理方案的确定及鉴定验收	工程质量事故处理方案的确定 工程质量事故处理方案的鉴定验收	10%
掌握质量通病及其防治方法	常见质量通病 工程质量通病防治措施	30%

引例

某建筑工程项目为框架结构，业主已委托监理单位进行施工阶段监理。

在主体结构施工时，在现浇钢筋混凝土柱的施工过程中，监理工程师对24根柱子的检查中发现有6根柱子拆模后存在轻度蜂窝、麻面现象，有13根柱子混凝土强度严重不足及表面蜂窝、麻面的质量问题，有5根柱子存在局部露筋，蜂窝、麻面较严重。

在主体结构悬臂式雨篷施工过程中，发生了一起第5层悬臂式雨篷根部突然断裂的严重质量事故，造成直接经济损失50万元，所幸无人员伤亡。

问题：

(1) 工程质量问题的处理方式有哪些？

(2) 对6根柱子拆模后轻度蜂窝、麻面的质量问题如何处理？

(3) 对13根柱子强度严重不足及蜂窝、麻面的质量问题应如何处理？

(4) 对5根柱子局部漏筋及蜂窝、麻面较严重的质量问题应如何处理？

(5) 质量事故处理应遵循什么程序进行？上述悬臂式雨篷根部突然断裂的质量事故属于哪类？说明理由。

(6) 事故处理的基本要求是什么？

(7) 事故处理验收结论通常有哪几种？

5.1 工程质量问题及处理

5.1.1 常见质量问题的成因

1. 违背建设程序

工程项目不经可行性论证，不做调查分析就拍板定案；没有搞清工程地质、水文地质情况就仓促开工；无证设计，无图施工，任意修改设计，不按图纸施工；工程竣工不进行试车运转、不经验收就交付使用等蛮干现象是使导致工程质量问题的重要原因。

2. 违反法规行为

工程项目无证设计；无证施工；越级设计；越级施工；工程招、投标中的不公平竞争；超常的低价中标；非法分包；转包、挂靠；擅自修改设计等行为。

3. 工程地质勘察失真

地质勘察或勘探时钻孔深度、间距、范围不符合规定要求，地质勘察报告不能全面反映实际的地基情况等，对基岩起伏、土层分布误判，或未查清地下软土层、墓穴、孔洞等，由此导致采用不恰当或错误的基础方案，造成地基不均匀沉降、失稳，使上部结构或墙体开裂、破坏，或引发建筑物倾斜、倒塌等质量问题。

4. 设计差错

设计考虑不周，盲目套用图纸、结构构造不合理、计算简图与实际情况不符、计算荷载取值过小、内力分析有误、沉降缝及伸缩缝设置不当、悬挑结构未进行抗倾覆验算或计算错误等，都是引发质量问题的原因。

5. 施工与管理不到位

不按图施工或未经设计单位同意擅自修改设计。例如，将铰接做成刚接，将简支梁做成连续梁，导致结构破坏；挡土墙不按图设滤水层、排水孔，导致压力增大，墙体破坏或倾覆；不按有关的施工规范和操作规程施工，浇筑混凝土时振捣不良，造成薄弱部位；砖砌体砌筑上下通缝、灰浆不饱满等均能导致砖墙或砖柱破坏。施工组织管理紊乱，不熟悉图纸，盲目施工，施工方案考虑不周，施工顺序颠倒；图纸未经会审，仓促施工；技术交底不清，违章作业；疏于检查、验收等，均可能导致质量问题。

6. 使用不合格的原材料、制品及设备

(1) 建筑材料及制品不合格。诸如，钢筋物理力学性能不良会导致钢筋混凝土结构产生裂缝；骨料中活性氧化硅会导致碱性骨料反应使混凝土产生裂缝；水泥安定性不合格会造成混凝土爆裂；此外，预制构件截面尺寸不足，支撑锚固长度不足，未可靠地建立预应力值，少放漏放钢筋等均可能出现板面断裂、坍塌。

(2) 建筑设备不合格，如变配电设备质量缺陷导致自燃或火灾，电梯质量不合格危及人身安全。

7. 自然环境因素

施工项目周期长，露天作业多，空气温度、湿度、暴雨、大风、洪水、雷电、日晒和浪潮等均可能成为质量问题的诱因。

8. 结构使用不当

未经校核验算就任意对建筑物加层，任意拆除承重结构部位；任意在结构物上开槽、打洞、削弱承重结构截面等也会引起质量问题。

5.1.2 成因分析方法

1. 基本步骤

(1) 进行细致的现场调查研究，观察记录全部实况，充分了解与掌握引发质量问题的现象和特征。

(2) 收集调查与问题有关的全部设计和施工资料，分析摸清工程在施工或使用过程中所处的环境及面临的各种条件和情况。

(3) 找出可能产生质量问题的所有因素。

(4) 分析、比较和判断，找出最可能造成质量问题的原因。

(5) 进行必要的计算分析或模拟试验予以论证确认。

2. 分析要领

分析的要领是逻辑推理法，其基本原理如下。

(1) 确定质量问题的初始点，即所谓原点，它是一系列独立原因集合起来形成的爆发点。因其反映质量问题的直接原因，而在分析过程中具有关键性作用。

(2) 围绕原点对现场各种现象和特征进行分析，区别导致同类质量问题的不同原因，逐步揭示质量问题萌生、发展和最终形成的过程。

(3) 确定诱发质量问题的起源点及真正原因。工程质量问题原因分析是对一堆模糊不清的事物和现象的客观属性及其内在联系的反映，它的准确性和监理工程师的能力学识、经验和态度有极大的关系，其结果不单是简单的信息描述，而是逻辑推理的产物，其推理可用于工程质量的事前控制。

5.1.3 工程质量问题的处理

在工程施工过程中，由于可能出现前述的诸多主观和客观原因，发生质量问题往往难以避免。为此，作为工程监理人员必须掌握如何防止和处理施工中出现的不合格项目和各种质量问题，对已发生的质量问题，应掌握其正确的处理程序。

1. 处理方式

在各项工程的施工过程中或完工以后，现场监理人员如发现工程项目存在着不合格项或质量问题，应根据其性质和严重程度按如下方式处理。

(1) 当发现质量问题是由施工引起并在萌芽状态时，应及时制止，并要求施工单位立即更换不合格材料、设备或不称职人员，或要求施工单位立即改变不正确的施工方法和操作工艺。

(2) 如因施工而引起的质量问题已出现，应立即向施工单位发出《监理通知》，要求其对质量问题进行补救处理，并采取足以保证施工质量的有效措施后，填报《监理通知回复单》报监理单位。

(3) 当某道工序或分项工程完工以后，出现不合格项，监理工程师应填写《不合格项目处置记录》，要求施工单位及时采取措施予以整改。监理工程师应对其补救方案进行确认，跟踪处理过程，对处理结果进行验收，否则不允许进行下道工序或分项工程的施工。

(4) 在交工使用后的保修期内发现的施工质量问题，监理工程师应及时签发《监理通知》，指令施工单位进行修补、加固或返工处理。

2. 处理程序

工程监理人员发现工程质量问题后，应按以下程序进行处理，如图 5.1 所示。

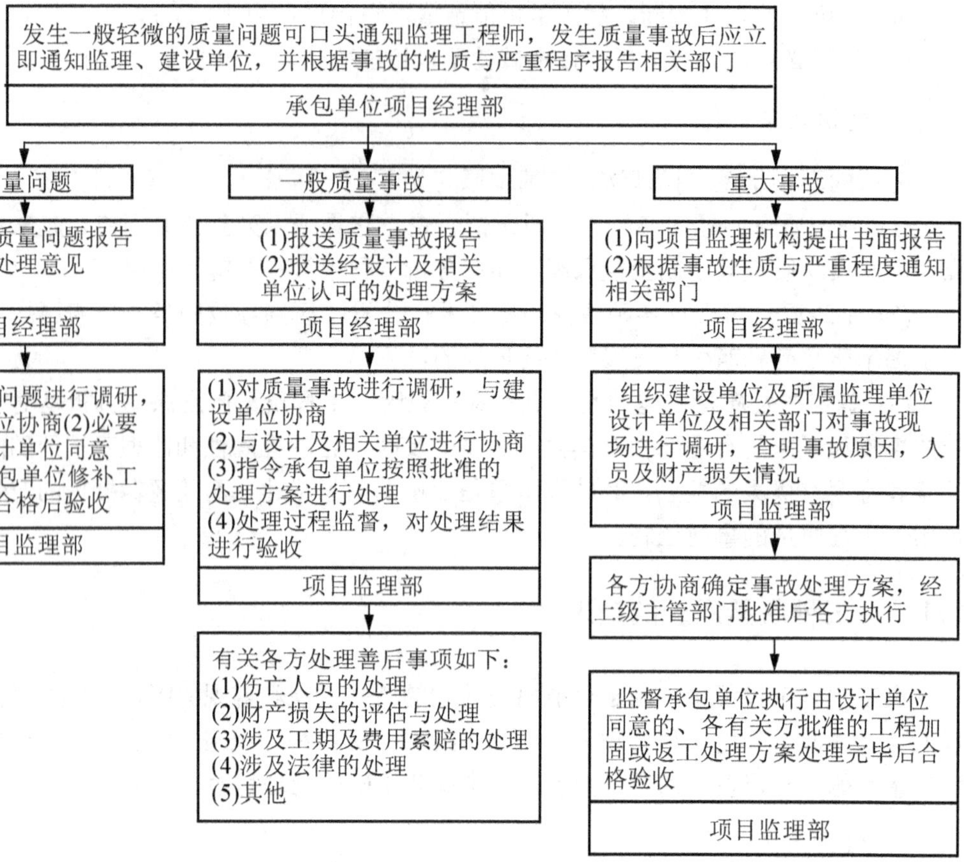

发生一般轻微的质量问题可口头通知监理工程师，发生质量事故后应立即通知监理、建设单位，并根据事故的性质与严重程序报告相关部门

承包单位项目经理部

质量问题

(1)报送质量问题报告
(2)提出处理意见

项目经理部

(1)对质量问题进行调研，与建设单位协商(2)必要时取得设计单位同意
(3)指令承包单位修补工程缺陷，合格后验收

项目监理部

一般质量事故

(1)报送质量事故报告
(2)报送经设计及相关单位认可的处理方案

项目经理部

(1)对质量事故进行调研，与建设单位协商
(2)与设计及相关单位进行协商
(3)指令承包单位按照批准的处理方案进行处理
(4)处理过程监督，对处理结果进行验收

项目监理部

有关各方处理善后事项如下：
(1)伤亡人员的处理
(2)财产损失的评估与处理
(3)涉及工期及费用索赔的处理
(4)涉及法律的处理
(5)其他

重大事故

(1)向项目监理机构提出书面报告
(2)根据事故性质与严重程度通知相关部门

项目经理部

组织建设单位及所属监理单位设计单位及相关部门对事故现场进行调研，查明事故原因，人员及财产损失情况

项目监理部

各方协商确定事故处理方案，经上级主管部门批准后各方执行

监督承包单位执行由设计单位同意的、各有关方批准的工程加固或返工处理方案处理完毕后合格验收

项目监理部

图 5.1　工程质量事故处理工作流程

(1) 当发生工程质量问题时，监理工程师首先应判断其严重程度。对可以通过返修或返工弥补的质量问题可签发《监理通知》，责令施工单位写出质量问题调查报告，提出处理方案，填写《监理通知回复单》报监理工程师审核后，批复承包单位处理，必要时应经建设单位和设计单位认可，处理结果应重新进行验收。

(2) 对需要加固补强的质量问题，或质量问题的存在影响下道工序和分项工程的质量时，应签发《工程暂停令》，指令施工单位停止有质量问题的部位和与其有关联部位及下道工序的施工。必要时，应要求施工单位采取防护措施，责成施工单位写出质量问题调查报告，由设计单位提出处理方案，并征得建设单位同意，批复承包单位处理。处理结果应重新进行验收。

(3) 施工单位接到《监理通知》后，在监理工程师的组织参与下，尽快进行质量问题调查并完成报告编写。调查应力求全面、详细、客观准确。调查报告主要应包括内容如下。

① 与质量问题相关的工程情况。

② 质量问题发生的时间、地点、部位、性质、现状及发展变化等详细情况。

③ 调查中的有关数据和资料。

④ 原因分析与判断。

⑤ 是否需要采取临时防护措施。

⑥ 质量问题处理补救的建议方案。

⑦ 涉及的有关人员和责任及预防该质量问题重复出现的措施。

(4) 监理工程师审核、分析质量问题调查报告，判断和确认质量问题产生的原因。必要时，工程监理人员应组织设计、施工、供货和建设单位各方共同参加分析。

(5) 在原因分析的基础上，认真审核并签写质量问题处理方案。

质量问题处理方案应以原因分析为基础，如果某些问题一时认识不清，且一时不致产生严重恶化，可以继续进行调查、观测，以便掌握更充分的资料和数据，做进一步分析，找出起源点，避免急于求成造成反复处理的不良后果。监理工程师审核确认处理方案应牢记：安全可靠，不留隐患，满足建筑物的功能和使用要求，技术可行，经济合理原则。针对确认不需专门处理的质量问题，应能保证它不构成对工程安全的危害，且满足安全和使用要求，并必须征得设计和建设单位的同意。

(6) 指令施工单位按既定的处理方案实施处理并进行跟踪检查。

发生的质量问题不论是否由于施工单位原因造成，应通过建设单位要求设计单位或责任单位提出处理方案，然后由施工单位负责实施处理。监理工程师应对处理过程和完工后一定时期进行跟踪检查。

(7) 质量问题处理完毕，监理工程师应组织有关人员对处理的结果进行严格的检查、鉴定和验收，写出质量问题处理报告，报建设单位和监理单位存档，主要内容如下。

① 基本处理过程描述。

② 调查与核查情况，包括调查的有关数据、资料。

③ 原因分析结果。

④ 处理的依据。

⑤ 审核认可的质量问题处理方案。

⑥ 实施处理方案中的有关原始数据、验收记录和资料。

⑦ 对处理结果的检查、鉴定和验收结论。

⑧ 质量问题处理结论。

5.2 工程质量事故的特点及分类

5.2.1 工程质量事故的特点

通过对诸多工程质量事故案例调查、分析表明，其具有复杂性、严重性、可变性和多发性的特点。

1. 复杂性

施工项目质量问题的复杂性主要表现在引发质量问题的因素复杂，从而增加了对质量问题的性质、危害的分析、判断和处理的复杂性。例如建筑物的倒塌可能是未认真进行地质勘察，地基的容许承载力与持力层不符；也可能是未处理好不均匀地基，产生过大的不均匀沉降；或是盲目套用图纸，结构方案不正确，计算简图与实际受力不符；或是荷载取值过小，内力分析有误，结构的刚度、强度、稳定性差；或是施工偷工减料、不按图施工、施工质量低劣；或是建筑材料及制品不合格，擅自代用材料等原因所造成的。由此可见，即使同一性质的质量问题，原因有时截然不同。

2. 严重性

工程项目一旦出现质量事故，轻者影响施工顺利进行、拖延工期、增加工程费用，重者则会留下隐患成为危险的建筑，影响使用功能或不能使用，更严重的还会引起建筑物的失稳、倒塌，造成人民生命、财产的巨大损失。例如，1995 年韩国汉城三峰百货大楼出现倒塌事故死亡达 400 余人，在国内外造成很大影响，甚至导致国内人心恐慌，韩国国际形象下降；1999 年我国重庆市綦江县彩虹大桥突然整体垮塌，造成 40 人死亡，14 人受伤，直接经济损失 631 万元，在国内一度成为人们关注的热点，引起全社会对建设工程质量整体水平的怀疑，构成社会不安定因素。所以对于建设工程质量问题和质量事故均不能掉以轻心，必须予以高度重视。

3. 可变性

许多工程的质量问题出现后，其质量状态并非稳定于发现的初始状态，而是有可能随着时间而不断地发展、变化。例如，桥墩的超量沉降可能随上部荷载的不断增大而继续发展；混凝土结构出现的裂缝可能随环境温度的变化而变化，或随荷载的变化及负担荷载的时间而变化等。因此，有些在初始阶段并不严重的质量问题，如不能及时处理和纠正，有可能发展成一般质量事故，一般质量事故有可能发展成为严重或重大质量事故。例如，开始时微细的裂缝有可能发展导致结构断裂或倒塌事故；土坝的涓涓渗漏有可能发展为溃坝。所以，在分析、处理工程质量问题时，一定要注意质量问题的可变性，应及时采取可靠的措施，防止其进一步恶化而发生质量事故；或加强观测与试验，取得数据，预测未来发展的趋势。

4. 多发性

施工项目中有些质量问题就像“常见病”、“多发病”一样经常发生，而成为质量通病；如屋面、卫生间漏水；抹灰层开裂、脱落；地面起砂、空鼓；排水管道堵塞；预制构件裂缝等。另有一些同类型的质量问题，往往一再重复发生，如雨篷的倾覆，悬挑梁、板的断裂，混凝土强度不足等。因此，总结经验，吸取教训，采取有效措施予以预防十分必要。

5.2.2 工程质量事故的分类

我国现行通常采用按工程质量事故造成损失的严重程度进行分类，其基本分类如下。

(1) 一般质量事故。凡具备下列条件之一者为一般质量事故。

① 直接经济损失在 5000 元(含 5000 元)以上，不满 5 万元的。

② 影响使用功能和工程结构安全，造成永久质量缺陷的。

(2) 严重质量事故。凡具备下列条件之一者为严重质量事故。

① 直接经济损失在 5 万元(含 5 万元)以上，不满 10 万元的。

② 严重影响使用功能或工程结构安全，存在重大质量隐患的。

③ 事故性质恶劣或造成人员死亡或重伤 3 人以上。

(3) 重大质量事故。凡具备下列条件之一为重大质量事故。

① 工程倒塌或报废。

② 由于质量事故，造成人员死亡或重伤 3 人以上。

③ 直接经济损失10万元。

按国家建设行政主管部门规定建设工程重大事故分为如下4个等级。

① 凡造成死亡30人以上或直接经济损失300万元以上为1级。

② 凡造成死亡10人以上，29人以下或直接经济损失100万元以上不满300万元为2级。

③ 凡造成死亡3人以上，9人以下或重伤20人以上，或直接经济损失30万元以上不满100万元为3级。

④ 凡造成死亡2人以上，或重伤3人以上，19人以下或直接经济损失10万元以上不满30万元为4级。

(4) 特别重大事故：凡具备国务院发布的《特别重大事故调查程序暂行规定》所发生一次死亡30人及其以上，或者直接经济损失达500万元及其以上，或其他性质特别严重，上述3个影响之一均属特别重大事故。

5.3 工程质量事故处理的依据和程序

5.3.1 事故处理必备的条件

建筑工程质量事故分析的最终目的是为了处理事故。由于事故处理具有复杂性、危险性、连锁性、选择性及技术难度大等特点，因此必须持科学、谨慎的观点，并严格遵守一定的处理程序。

(1) 处理目的应十分明确。

(2) 事故情况清楚。

一般包括事故发生的时间、地点、过程、特征描述、观测记录及发展变化规律等。

(3) 事故性质明确。

通常应明确3个问题：是结构性还是一般性问题；是实质性还是表面性问题；事故处理的紧迫程度。

(4) 事故原因分析准确、全面。

事故处理就像医生给人看病一样，只有弄清病因，方能对症下药。

(5) 事故处理所需资料应齐全。

资料是否齐全直接影响到分析判断的准确性和处理方法的选择。

5.3.2 事故处理的基本要求及注意事项

事故处理通常应达到以下4项要求：①安全可靠、不留隐患；②满足使用或生产要求；③经济合理；④施工方便、安全。要达到上述要求，事故处理必须注意以下事项。

(1) 综合治理。首先，应防止原有事故处理后引发新的事故；其次，注意处理方法的综合应用，以取得最佳效果；再者，一定要消除事故根源，不可治表不治里。

(2) 事故处理过程中的安全。避免工程处理过程中或者说在加固改造的过程中倒塌，造成了更大的人员和财产损失，为此应注意以下问题。

① 对于严重事故、岌岌可危、随时可能倒塌的建筑，在处理之前必须有可靠的支护。

② 对需要拆除的承重结构部分，必须事先制定拆除方案和安全措施。

③ 凡涉及结构安全的，处理阶段的结构强度和稳定性十分重要，尤其是钢结构容易失稳问题应引起足够重视。

④ 重视处理过程中由于附加应力引发的不安全因素。

⑤ 在不卸载条件下进行结构加固，应注意加固方法的选择以及对结构承载力的影响。

(3) 事故处理的检查验收工作。目前，对新建筑施工，由于引进人员工程监理，在“三控两管一协调”方面发挥了重要作用。但对于建筑物的加固改造和事故处理及检查验收工作重视程度不够，应予以加强。

5.3.3 工程质量事故处理的依据

进行工程质量事故处理的主要依据有 4 个方面：质量事故的实况资料；具有法律效力的，得到有关当事各方认可的工程承包合同、设计委托合同、材料或设备购销合同以及监理合同或分包合同等合同文件；有关的技术文件、档案和相关的建设法规。

在这 4 方面依据中，前 3 种是与特定的工程项目密切相关的具有特定性质的依据。第 4 种法规性依据是具有很高权威性、约束性、通用性和普遍性的依据，因而它在工程质量事故的处理事务中也具有极其重要的、不容置疑的作用。

1. 质量事故的实况资料

要搞清质量事故的原因和确定处理对策，首要的是要掌握质量事故的实际情况。有关质量事故实况的资料主要可来自以下几个方面。

1) 施工单位的质量事故调查报告

质量事故发生后，施工单位有责任就所发生的质量事故进行周密的调查、研究掌握情况，并在此基础上写出调查报告，提交监理工程师和业主。在调查报告中首先就与质量事故有关的实际情况做详尽的说明，其内容应包括下列这些。

(1) 质量事故发生的时间、地点。

(2) 质量事故状况的描述。发生的事故类型(如混凝土裂缝、砖砌体裂缝)；发生的部位(如楼层、梁、柱，及其所在的具体位置)；分布状态及范围；严重程度(如裂缝长度、宽度、深度等)。

(3) 质量事故发展变化的情况(其范围是否继续扩大，程度是否已经稳定等)。

(4) 有关质量事故的观测记录、事故现场状态的照片或录像。

2) 监理单位调查研究所获得的第一手资料

其内容大致与施工单位调查报告中有关内容相似，可用来与施工单位所提供的情况对照、核实。

2. 有关合同及合同文件

(1) 所涉及的合同文件可以是：工程承包合同、设计委托合同、设备与器材购销合同、监理合同等。

(2) 有关合同和合同文件在处理质量事故中的作用是确定在施工过程中有关各方是否按照合同有关条款实施其活动，借以探寻产生事故的可能原因。例如，施工单位是否在规定时间内通知监理单位进行隐蔽工程验收；监理单位是否按规定时间实施了检查验收；施工单位在材料进场时，是否按规定或约定进行了检验等。此外，有关合同文件还是界定质量责任的重要依据。

3．有关的技术文件和档案

1) 有关的设计文件

如施工图纸和技术说明等，它是施工的重要依据。在处理质量事故中，其作用一方面是可以对照设计文件，核查施工质量是否完全符合设计的规定和要求；另一方面是可以根据所发生的质量事故情况，核查设计中是否存在问题或缺陷，成为导致质量事故的一方面原因。

2) 与施工有关的技术文件、档案和资料

(1) 施工组织设计或施工方案、施工计划。

(2) 施工记录、施工日志等。根据它们可以查对发生质量事故的工程施工时的情况，如：施工时的气温、降雨、风、浪等有关的自然条件；施工人员的情况；施工工艺与操作过程的情况；使用的材料情况；施工场地、工作面、交通等情况；地质及水文地质情况等。借助这些资料可以追溯和探寻事故的可能原因。

(3) 有关建筑材料的质量证明资料。例如，材料批次、出厂日期、出厂合格证或检验报告、施工单位抽检或试验报告等。

(4) 现场制备材料的质量证明资料。例如，混凝土拌和料的级配、水灰比、坍落度记录；混凝土试块强度试验报告；沥青拌和料配比、出机温度和摊铺温度记录等。

(5) 质量事故发生后，对事故状况的观测记录、试验记录或试验报告等。例如，对地基沉降的观测记录；对建筑物倾斜或变形的观测记录；对地基钻探取样记录与试验报告，对混凝土结构物钻取试样的记录与试验报告等。

(6) 其他有关资料。

上述各类技术资料对于分析质量事故原因，判断其发展变化趋势，推断事故影响及严重程度，考虑处理措施等都是不可缺少的。

4．相关的建设法规

1998年3月1日《中华人民共和国建筑法》颁布实施，对加强建筑活动的监督管理，维护市场秩序，保证建设工程质量提供了法律保障。这部工程建设和建筑业大法的实施标志着我国工程建设和建筑业进入了法制管理新时期。通过几年的发展，国家已基本建立起以《建筑法》为基础与社会主义市场经济体制相适应的工程建设和建筑业法规体系，包括法律、法规、规章及示范文本等。与工程质量及质量事故处理有关的有以下几类，简述如下。

1) 勘察、设计、施工、监理等单位资质管理方面的法规

《建筑法》明确规定，“国家对从事建筑活动的单位实行资质审查制度”。这方面的法规由建设部于2001年以部令发布的《建设工程勘察设计企业资质管理规定》、《建筑业企业资质管理规定》和《工程监理企业资质管理规定》等。这类法规主要内容涉及勘察、设计、施工和监理等单位的等级划分；明确各级企业应具备的条件；确定各级企业所能承担

的任务范围；以及其等级评定的申请、审查、批准、升降管理等方面。

2) 从业者资格管理方面的法规

《建筑法》规定，对注册建筑师、注册结构工程师和注册监理工程师等有关人员实行资格认证制度。1995 年国务院颁布的《中华人民共和国注册建筑师条例》，1997 年建设部、人事部颁布的《注册结构工程师执业资格制度暂行规定》和 1998 年建设部、人事部颁发的监理工程师考试和注册试行办法》等。这类法规主要涉及建筑活动的从业者应具有相应的执业资格；注册等级划分；考试和注册办法；执业范围；权利、义务及管理等。

3) 建筑市场方面的法规

这类法律、法规主要涉及工程发包、承包活动，以及国家对建筑市场的管理活动。于 1999 年 10 月 1 日施行的《中华人民共和国合同法》和于 2000 年 1 月 1 日施行的《中华人民共和国招标投标法》是国家对建筑市场管理的两个基本法律。与之相配套的法规有 2001 年国务院发布的《工程建设项目招标范围和规模标准的规定》、国家计委《工程项目自行招标的试行办法》、建设部《建筑工程设计招标投标管理办法》、2001 年国家计委等七部委联合发布的《评标委员会和评标方法的暂行规定》等以及 2001 年建设部发布的《建筑工程发包与承包价格计价管理办法》和与国家工商行政管理总局共同发布的《建设工程勘察合同》、《建筑工程设计合同》、《建设工程施工合同》和《建设工程监理合同》等示范文本。这类法律、法规、文件主要是为了维护建筑市场的正常秩序和良好环境，充分发挥竞争机制，保证工程项目质量，提高建设水平。例如，《招标投标法》明确规定，“投标人不得以低于成本的报价竞标”，就是防止恶性杀价竞争，导致偷工减料引起工程质量事故。《合同法》明文规定，“禁止承包人将工程分包给不具备相应资质条件的单位，禁止分包单位将其承包的工程再分包。建设工程主体结构的施工必须由承包人自行完成”。对违反者处以罚款，没收非法所得直至吊销资质证书，这均是为了保证工程施工的质量，防止因操作人员素质低造成质量事故。

4) 建筑施工方面的法规

以《建筑法》为基础，国务院于 2000 年颁布了《建筑工程勘察设计管理条例》和《建设工程质量管理条例》。建设部于 1989 年发布《工程建设重大事故报告和调查程序的规定》，于 1991 年发布《建筑安全生产监督管理规定》和《建设工程施工现场管理规定》，于 1995 年发布《建筑装饰装修管理规定》，于 2000 年发布《房屋建筑工程质量保修办法》以及《关于建设工程质量监督机构深化改革的指导意见》、《建设工程质量监督机构监督工作指南》和《建设工程监理规范》等法规和文件，主要涉及施工技术管理、建设工程监理、建筑安全生产管理、施工机械设备管理和建设工程质量监督管理。它们与现场施工密切相关，因而与工程施工质量有密切关系或直接关系。例如《建设工程监理规范》明确了现场监理工作的内容、深度、范围、程序、行为规范和工作制度；《建设工程施工现场管理规定》则要求有施工技术、安全岗位责任制度、组织措施制度，对施工准备、计划、技术、安全交底、施工组织设计编制、现场总平面布置等均做了明确规定。特别是国务院颁布的《建设工程质量管理条例》，以《建筑法》为基础，全面系统地对与建设工程有关的质量责任和管理问题做了明确的规定，可操作性强。它不但对建设工程的质量管理具有指导作用，而且是全面保证工程质量和处理工程质量事故的重要依据。

5) 标准化管理方面的法规

2000年建设部发布的《工程建设标准强制性条文》和《实施工程建设强制性标准监督规定》是典型的标准化管理类法规，它们的实施为《建设工程质量管理条例》提供了技术法规支持，是参与建设活动各方执行工程建设强制性标准和政府实施监督的依据，同时也是保证建设工程质量的必要条件，是分析处理工程质量事故，判定责任方的重要依据。一切工程建设的勘察、设计、施工、安装、验收都应按现行标准进行，不符合现行强制性标准的勘察报告不得报出，不符合强制性条文规定的设计不得审批，不符合强制性标准的材料、半成品、设备不得进场，不符合强制性标准的工程质量必须处理，否则不得验收、不得投入使用。目前采用的是2009版式的《工程建设标准强制性条文》。

5.3.4 监理单位编制质量事故调查报告

调查的主要目的是要明确事故的范围、缺陷程度、性质、影响和原因，为事故的分析和处理提供依据。

调查报告的内容主要包括以下这些。

(1) 与事故有关的工程情况。

(2) 质量事故的详细情况，诸如质量事故发生的时间、地点、部位、性质、现状及发展变化情况等。

(3) 事故调查中有关的数据、资料和初步估计的直接损失。

(4) 质量事故原因分析与判断。

(5) 是否需要采取临时防护措施。

(6) 事故处理及缺陷补救的建议方案与措施。

(7) 事故涉及的有关人员的情况。

事故原因分析是确定事故处理措施方案的基础。正确的处理来源于对事故原因的正确判断。为此，监理工程师应当组织设计、施工、建设单位等各方参加事故原因分析。事故处理方案的制订应以事故原因分析为基础。如果某些事故一时认识不清，而且事故一时不致产生严重的恶化，可以继续进行调查、观测，以便掌握更充分的资料数据，做进一步分析，找出原因，以利制订处理方案；切忌急于求成，不能对症下药，采取的处理措施不能达到预期效果，造成反复处理的不良后果。

5.3.5 工程质量事故处理程序

工程监理人员应熟悉各级政府建设行政主管部门处理工程质量事故的基本程序，特别是应把握在质量事故处理过程中如何履行自己的职责。工程质量事故发生后，监理人员可按以下程序进行处理，如图5.2所示。

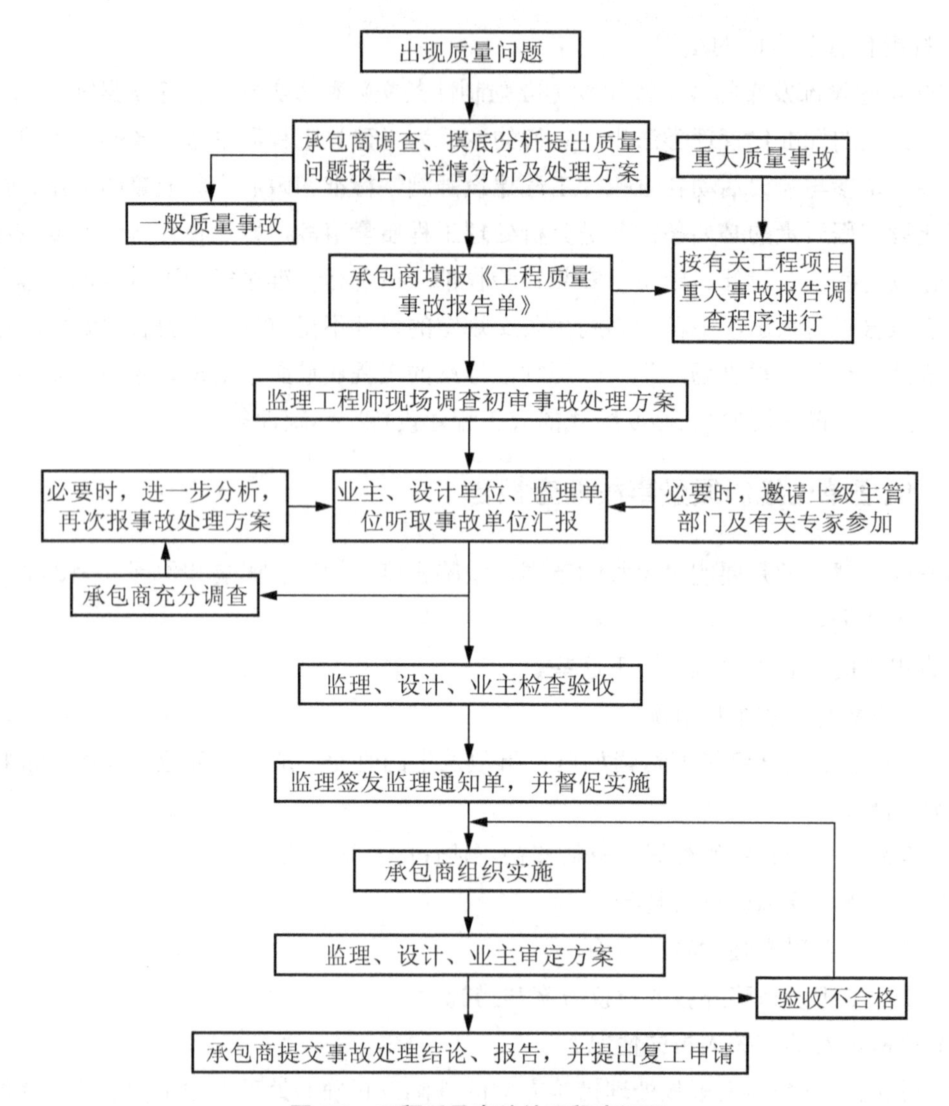

图 5.2　工程质量事故处理程序框图

(1) 工程质量事故发生后，总监理工程师应签发《工程暂停令》，并要求停止进行质量缺陷部位和与其有关联部位及下道工序施工，应要求施工单位采取必要的措施，防止事故扩大并保护好现场。同时，要求质量事故发生单位迅速按类别和等级向相应的主管部门上报，并于24h内写出书面报告。

质量事故报告应包括以下内容。

① 事故发生的单位名称、工程产品名称、部位、时间、地点。

② 事故的概况和初步估计的直接损失。

③ 事故发生后采取的措施。

④ 相关各种资料(有条件时)。

各级主管部门处理权限及组成调查组权限如下。

特别重大质量事故由国务院按有关程序和规定处理；重大质量事故由国家建设行政主管部门归口管理；严重质量事故由省、自治区、直辖市建设行政主管部门归口管理；一般质量事故由市、县级建设行政主管部门归口管理。

工程质量事故调查组由事故发生地的市、县以上建设行政主管部门或国务院有关主管部门组织成立。特别重大质量事故调查组组成由国务院批准；一、二级重大质量事故调查组由省、自治区、直辖市建设行政主管部门提出组成意见，人民政府批准；三、四级重大质量事故调查组由市、县级行政主管部门提出组成意见，相应级别人民政府批准；严重质量事故调查组由省、自治区、直辖市建设行政主管部门组织；一般质量事故调查组由市、县级建设行政主管部门组织；事故发生单位属国务院部委的，由国务院有关主管部门或其授权部门会同当地建设行政主管部门组织调查组。

(2) 监理工程师在事故调查组展开工作后，应积极协助，客观地提供相应证据，若监理方无责任，监理工程师可应邀参加调查组，参与事故调查；若监理方有责任，则应予以回避，但应配合调查组工作。质量事故调查组的职责如下。

① 查明事故发生的原因、过程、事故的严重程度和经济损失情况。

② 查明事故的性质、责任单位和主要责任人。

③ 组织技术鉴定。

④ 明确事故主要责任单位和次要责任单位，承担经济损失的划分原则。

⑤ 提出技术处理意见及防止类似事故再次发生应采取的措施。

⑥ 提出对事故责任单位和责任人的处理建议。

⑦ 写出事故调查报告。

(3) 当监理工程师接到质量事故调查组提出的技术处理意见后，可组织相关单位研究，并责成相关单位完成技术处理方案，并予以审核签认。质量事故技术处理方案一般应委托原设计单位提出，由其他单位提供的技术处理方案应经原设计单位同意签认。技术处理方案的制订应征求建设单位意见。技术处理方案必须依据充分，应在质量事故的部位、原因全部查清的基础上，必要时，应委托法定工程质量检测单位进行质量鉴定或请专家论证，以确保技术处理方案可靠、可行、保证结构安全和使用功能。

(4) 技术处理方案核签后，监理工程师应要求施工单位制定详细的施工方案，必要时应编制监理实施细则，对工程质量事故技术处理施工质量进行监理，技术处理过程中的关键部位和关键工序应进行旁站。

(5) 对施工单位完工自检后报验的结果，组织有关各方进行检查验收，必要时应进行处理结果鉴定。要求事故单位整理编写质量事故处理报告，并审核签认，组织将有关技术资料归档。

工程质量事故处理报告主要内容如下。

① 工程质量事故情况、调查情况、原因分析(选自质量事故调查报告)。

② 质量事故处理的依据。

③ 质量事故技术处理方案。

④ 实施技术处理施工中有关问题和资料。

⑤ 对处理结果的检查鉴定和验收。

⑥ 质量事故处理结论。

(6) 签发《工程复工令》，恢复正常施工。

5.4 工程质量事故处理方案的确定及鉴定验收

5.4.1 工程质量事故处理方案的确定

工程质量事故处理的目的是消除质量隐患，以达到建筑物的安全可靠和正常使用要求，并保证施工的正常进行，其方案属技术处理方案。

1. 质量事故处理方案的基本要求

(1) 处理应达到安全可靠，不留隐患，满足生产、使用要求，施工方便，经济合理的目的。

(2) 正确确定事故性质，重视消除事故的原因。这不仅是一种处理方向，也是防止事故重演的重要措施。

(3) 注意综合治理。既要防止原有事故的处理引发新的事故，又要注意处理方法的综合应用。

(4) 正确确定处理范围。除了直接处理事故发生的部位外，还应检查事故对相邻区域及整个结构的影响，以正确确定处理范围。

(5) 正确选择处理时间和方法。发现质量问题后，一般均应及时分析处理；但并非所有质量问题的处理都是越早越好，如裂缝、沉降，变形尚未稳定就匆忙处理往往不能达到预期的效果，而常会进行重复处理。处理方法的选择应根据质量问题的特点，综合考虑安全可靠、技术可行、经济合理、施工方便等因素，经分析比较，择优选定。

(6) 加强事故处理的检查验收工作。从施工准备到竣工均应根据有关规范的规定和设计要求的质量标准进行检查验收。

(7) 认真复查事故的实际情况。在事故处理中若发现事故情况与调查报告中所述的内容差异较大时，应停止施工，待查清问题的实质，采取相应的措施后再继续施工。

(8) 确保事故处理期的安全。事故现场中不安全因素较多，应事先采取可靠的安全技术措施和防护措施，并严格检查、执行。

监理工程师在审核质量事故处理方案时，应以分析事故原因为基础，结合实地勘查成果，正确掌握事故的性质和变化规律，并应尽量满足建设单位的要求。

2. 工程质量事故处理方案类型

1) 不进行处理

某些工程质量问题虽然不符合规定的要求和标准构成质量事故，但视其严重情况，经过分析、论证、法定检测单位鉴定和设计等有关单位认可，对工程或结构使用及安全影响不大，也不可进行专门处理。通常不用专门处理的情况有以下几种。

(1) 不影响结构安全和正常使用。例如：有的工业建筑物出现放线定位偏差，且严重超过规范标准规定，若要纠正会造成重大经济损失，经过分析、论证其偏差不影响生产工艺和正常使用，在外观上也无明显影响，可不做处理。又如：某些隐蔽部位结构混凝土表面裂缝，经检查分析，属于表面养护不够的干缩威裂，不影响使用及外观，也可不进行处理。

(2) 有些质量问题，经过后续工序可以弥补。例如：混凝土墙表面轻微麻面可通过后续的抹灰、喷涂或刷白等工序弥补，也可不做专门处理。

(3) 经法定检测单位鉴定合格。例如，某检验批混凝土试块强度值不满足规范要求，强度不足，在法定检测单位，对混凝土实体采用非破损检验等方法测定其实际强度已达规范允许和设计要求值时，可不做处理。对经检测未达要求值，但相差不多，经分析论证，只要使用前经再次检测达设计强度，也可不做处理，但应严格控制施工荷载。

(4) 出现的质量问题经检测鉴定达不到设计要求，但经原设计单位核算，仍能满足结构安全和使用功能。

例如，某一结构构件截面尺寸不足或材料强度不足，影响结构承载力，但经按实际检测所得截面尺寸和材料强度复核验算，仍能满足设计的承载力，可不进行专门处理。

2) 修补处理

这是最常用的一类处理方案。通常当工程的某个检验批、分项或分部的质量虽未达到规范、标准或设计要求，存在一定缺陷，但通过修补或更换器具、设备后还可达到要求的标准，又不影响使用功能和外观要求，在此情况下，可以进行修补处理。某些事故造成的结构混凝土表面裂缝，可根据其受力情况，仅作表面封闭保护。某些混凝土结构表面的蜂窝、麻面，经调查分析，可进行剔凿、抹灰等表面处理，一般不会影响其使用和外观。

3) 返工处理

当工程质量未达到规定的标准和要求，对结构的使用和安全构成重大影响，且又无法通过修补处理时，可对检验批、分项、分部甚至整个工程返工处理。

例如，某项目回填土填筑压实后，其压实土的干密度未达到规定值，经核算将影响土体的稳定且不能满足抗渗能力要求时，可挖除不合格土，重新填筑。又如某公路桥梁工程预应力按规定张力系数为 1.3，实际仅为 0.8，属于严重的质量缺陷，也无法修补，只有返工处理。对某些存在严重质量缺陷，且无法采用加固补强等修补处理或修补处理费用比原工程造价还高的工程，应进行整体拆除，全面返工。

监理工程师应牢记，不论哪种情况，特别是不做处理的质量问题，均要备好必要的书面文件，对技术处理方案、不做处理结论和各方协商文件等有关档案资料认真组织签认。对责任方应承担的经济责任和合同中约定的法则应正确判定。

3. 工程质量事故处理方案决策的辅助方法

选择工程质量事故处理方案是复杂而重要的工作，它直接关系到工程的质量、费用和工期，处理方案选择不合理，不仅劳民伤财，严重的会留有隐患，危及人身安全，特别是对需要返工或不做处理的方案，更应慎重对待。对于某些复杂的质量问题作出处理决定前，可采取以下辅助决策方法。

1) 实验验证

即对某些有严重质量缺陷的项目，可采取合同规定的常规试验以外的试验方法进一步进行验证，以便确定缺陷的严重程度。例如，混凝土构件的试件强度低于要求的标准不太大(例如10%以下)时，可进行加载试验，以证明其是否满足使用要求。又如，公路工程的沥青面层厚度误差超过了规范允许的范围，可采用弯沉试验，检查路面的整体强度等。监理工程师可根据对试验验证结果的分析、论证，再研究选择最佳的处理方案。

2) 定期观测

有些工程，在发现其质量缺陷时其状态可能尚未达到稳定仍会继续发展，在这种情况下一般不宜过早做出决定，可以对其进行一段时间的观测，然后再根据情况做出决定。属于这类的质量问题如桥墩或其他工程的基础在施工期间发生沉降超过预计的或规定的标准；混凝土表面发生裂缝，并处于发展状态等。有些有缺陷的工程，短期内其影响可能不十分明显，需要较长时间的观测才能得出结论。对此，监理工程师应与建设单位及施工单位协商，看是否可以留待责任期解决或采取修改合同、延长责任期的办法。

3) 专家论证

对于某些工程质量问题，可能涉及的技术领域比较广泛，或问题很复杂，有时仅根据合同规定难以决策，这时可提请专家论证。而采用这种办法时，应事先做好充分准备，尽早为专家提供尽可能详尽的情况和资料，以便使专家能够进行充分、全面和细致的分析与研究，提出切实可行的意见与建议。实践证明，采取这种方法，对于监理工程师正确选择重大工程质量缺陷的处理方案十分有益。

4) 方案比较

这是比较常用的一种方法。同类型和同一性质的事故可先设计多种处理方案，然后结合当地的资源情况、施工条件等逐项给出权重，可将其每一方案按经济、工期、效果等指标列项并分配相应权重值，进行对比，辅助决策，从而选择具有较高处理效果又便于施工的处理方案。

4．质量事故处理的应急措施

工程中的质量问题往往随时间、环境、施工情况等而发展变化，有的细微裂缝可能逐步发展成构件断裂，有的局部沉降、变形可能致使房屋倒塌。为此，在处理质量问题前，应及时对问题的性质进行分析，做出判断，对那些随着时间、温度、湿度、荷载条件变化的变形、裂缝要认真观测记录，寻找变化规律及可能产生的恶果；对那些可能发展成为构件断裂、房屋倒塌的恶性事故，更要及时采取应急补救措施。

在拟定应急措施时，一般应注意以下事项。

(1) 对危险性较大的质量事故，首先应予以封闭或设立警戒区，只有在确认不可能倒塌或进行可靠支护后，方准许进入现场处理，以免人员伤亡。

(2) 对需要进行部分拆除的事故，应充分考虑事故对相邻区域结构的影响，以免事故进一步扩大，且应制定可靠的安全措施和拆除方案，要严防对原有事故的处理引发新的事故，如托梁柱，稍有疏忽将会引起整幢房屋的倒塌。

(3) 凡涉及结构安全的情况，都应对处理阶段的结构强度、刚度和稳定性进行验算，提出可靠的防护措施，并在处理中严密监视结构的稳定性。

(4) 在不卸荷条件下进行结构加固时，要注意加固方法和施工荷载对结构承载力的影响。

(5) 要充分考虑对事故处理中所产生的附加内力对结构的作用，以及由此引起的不安全因素。

5.4.2 工程质量事故处理方案的鉴定验收

监理工程师应通过组织检查和必要的鉴定，确定质量事故的技术处理是否达到了预期目的，进行验收并予以最终确认。

1．检查验收

工程质量事故处理完成后，监理工程师在施工单位自检合格报验的基础上应严格按施工验收标准及有关规范的规定进行，结合监理人员的旁站、巡视和平行检验结果，依据质量事故技术处理方案设计要求，通过实际量测，检查各种资料数据进行验收，并应办理交工验收文件，组织各有关单位会签。

2．必要的鉴定

为确保工程质量事故的处理效果，凡涉及结构承载力等使用安全和其他重要性能的处理工作，常需做必要的试验和检验鉴定工作。或质量事故处理施工过程中建筑材料及构配件保证资料严重缺乏，或对检查验收结果各参与单位有争议时，常见的检验工作有：混凝土钻芯取样，用于检查密实性和裂缝修补效果，或检测实际强度；结构荷载试验，确定其实际承载力；超声波检测焊接或结构内部质量；池、罐、箱柜工程的渗漏检验等。检测鉴定必须委托政府批准的有资质的法定检测单位进行。

3．验收结论

对所有质量事故无论经过技术处理，通过检查鉴定验收还是不需专门处理的，均应有明确的书面结论。若对后续工程施工有特定要求，或对建筑物使用有一定限制条件，应在结论中提出。验收结论通常有以下几种。

(1) 事故已排除，可以继续施工。

(2) 隐患已消除，结构安全有保证。

(3) 经修补处理后，完全能满足使用要求。

(4) 基本上满足使用要求，但使用时应有附加限制条件，例如限制荷载等。

(5) 对耐久性的结论。

(6) 对建筑物外观影响的结论。

(7) 对短期内难以作出结论的，可进一步观测检验意见。

对于处理后符合《建筑工程施工质量统一标准》的规定，监理工程师应予验收、确认，并应注明责任方主要承担的经济责任。对经加固补强或返工处理仍不能满足安全使用要求的分部工程、单位(子单位)工程，应拒绝验收。

5.5 质量通病及其防治

5.5.1 常见质量通病

工程质量事故的表现形式千差万别，类型多种多样，例如结构倒塌、倾斜、错位、不均匀或超量沉陷、变形、开裂、渗漏、破坏、强度不足、尺寸偏差过大等，但究其原因，归纳起来主要有以下几方面。

1．违背基本建设法规

1) 违背基本建设程序

基本建设程序是工程项目建设过程及其客观规律的反映，但有些工程不按基建程序办事，例如未做好调查分析就拍板定案；未搞清地质情况就仓促开工；边设计、边施工；无图施工，不经竣工验收就交付使用等，它常是导致重大工程质量事故的重要原因。

2) 违反有关法规和工程合同的规定

例如，无证设计；无证施工；越级设计；越级施工；工程招、投标中的不公平竞争；超常的低价中标；擅自转包或分包；多次转包；擅自修改设计等。

2．地质勘察原因

诸如未认真进行地质勘察或勘探时钻孔深度、间距、范围不符合规定要求，地质勘察报告不详细、不准确、不能全面反映实际的地基情况等，从而使得地下情况不清，或对基岩起伏、土层分布误判，或未能查清地下软土层、墓穴、孔洞等，它们均会导致采用不恰当或错误的基础方案，造成地基不均匀沉降、失稳使上部结构或墙体开裂、破坏，或引发建筑物倾斜、倒塌等质量事故。

3．对不均匀地基处理不当

对软弱土、杂填土、冲填土、大孔性土或湿陷性黄土、膨胀土、红粘土、溶岩、土洞、岩层出露等不均匀地基未进行处理或处理不当也是导致重大事故的原因。必须根据不同地基的特点，从地基处理、结构措施、防水措施、施工措施等方面综合考虑，加以治理。

4．设计计算问题

诸如盲目套用图纸，采用不正确的结构方案，计算简图与实际受力情况不符，荷载取值过小，内力分析有误，沉降缝或变形缝设置不当，悬挑结构未进行抗倾覆验算以及计算错误等，都是引发质量事故的隐患。

5．建筑材料及制品不合格

诸如钢筋物理力学性能不良会导致钢筋混凝土结构产生裂缝或脆性破坏；骨料中活性氧化硅会导致碱骨料反应使混凝土产生裂缝；水泥安定性不良会造成混凝土爆裂；水泥受潮、过期、结块，砂石含泥量及有害物含量超标，外加剂掺量不符合要求，会影响混凝土强度、和易性、密实性、抗渗性，从而导致混凝土结构强度不足、裂缝、渗漏、蜂窝等质量事故。此外，预制构件断面尺寸不足，支承锚固长度不足，未可靠地建立预应力值，漏放或少放钢筋，板面开裂等均可能出现断裂、坍塌事故。

6．施工与管理问题

(1) 未经设计部门同意擅自修改设计，或不按图施工。例如将铰接做成刚接，将简支梁做成连续梁；用光圆钢筋代替异形钢筋等，导致结构破坏。挡土墙不按图设滤水层、排水孔，导致压力增大，墙体破坏或倾覆。

(2) 图纸未经会审即仓促施工；或不熟悉图纸，盲目施工。

(3) 不按有关的施工规范和操作规程施工。例如浇筑混凝土时振捣不良造成薄弱部位。

(4) 不懂装懂，蛮干施工，例如将钢筋混凝土预制梁倒置吊装，将悬挑结构钢筋放在受压区等均将导致结构破坏，造成严重后果。

(5) 管理紊乱，施工方案考虑不周，施工顺序错误，技术交底不清，违章作业，疏于检查、验收等，均可能导致质量事故。

(6) 自然条件影响：空气温度、湿度、暴雨、风、浪、洪水、雷电、日晒等均可能成为质量事故的诱因，施工中应特别注意并采取有效的措施预防。

7. 建筑结构或设施的使用不当

对建筑物或设施使用不当也易造成质量事故。例如未经校核验算就任意对建筑物加层、任意拆除承重结构部位、任意在结构物上开槽、打洞、削弱承重结构截面等。

5.5.2 工程质量通病防治措施

(1) 制订消除工程质量通病的规划。通过分析质量通病，一是列出哪些质量通病是本地区(部门)最普遍的，且危害性是比较大的；二是初步分析这些质量通病产生的原因；三是采取什么措施去治理较适宜；四是要不要外部给予协助。

(2) 消除因设计欠周密而出现的工程质量通病，属于设计方面原因的，通过改进设计方案来治理。

(3) 提高施工人员素质，改进操作工艺和施工工艺，认真按规范、规程及设计要求组织施工，对易形成的质量通病部位或工艺增设质量控制点。

(4) 对一些治理技术难度大的质量通病，要组织科研力量攻关。

(5) 技术不配套、不成熟的材料、工艺等应制止大面积推广。如合成高分子防水片材自身的质量很好，既耐久，又具有良好的防水性能，但其粘结剂的质量不能相应配套，致使做成防水层后，仍然出现翘边等质量通病。

(6) 要择优选购建筑材料、部件和设备。严禁购置生产情况不清、质量不摸底的建筑材料、部件和设备；购入的材料、部件及设备在使用前不仅检查有无出厂合格证，还要进行质量检验，经复验合格后方准予使用；对已进场的材料发现有少数不符合标准的，一定要经过挑选使用。对一些性能尚未完全过关的新材料慎重使用；建筑材料、部件及设备不仅要实施生产许可证制度，还要实施质量认证制度。

(7) 因工程造价控制过低而易发生影响安全或使用功能的质量通病的部位，不仅不能再降低工程造价，有些还应适当提高工程造价。

结构补强加固

结构补强加固用于结构或构件承载力不足事故的处理。

1. 加固补强方法

(1) 加大截面法。几乎所有的结构或构件的加固都常用这种方法。混凝土和砌体结构需要加大截面时，除了用常规的方法外，还可用喷射混凝土或砂浆层的方法，由此形成的补强层与原有结构的连接较可靠，当补强层较厚时，用喷射混凝土；厚度较薄时，宜用砂浆，以减少回弹物。当喷射混凝土层较厚时，通常都敷设一层钢丝网，若喷射层厚度大于75mm时，可用双层钢丝网，钢丝网格尺寸常用50～75mm。

(2) 组合结构法。用两种不同材料组成一个新的结构是加固补强常用的方法之一。例如砌体结构外包钢筋混凝土或外包钢；混凝土结构外包钢；砖墙两侧增设钢筋网或型钢后，再做砂浆或混凝土层，组成“夹板墙”；钢结构构件四周浇筑混凝土后，组成劲性钢-混凝土构件等。

(3) 粘贴钢板法。这种加固方法适用于承受静力作用的、混凝土强度等级高于 C15 的一般受弯构件。当构件正截面承载能力不足时，可在受拉区表面用结构胶粘贴钢板进行加固；当构件斜截面承载能力不足时，可用粘贴“U”形箍板进行加固。

(4) 灌浆法。当大体积混凝土内部出现不密实等缺陷时，常采用压力灌浆法进行加固。当混凝土结构产生裂缝时，为了恢复其整体性和使用功能，也可采用灌浆法处理，但对承载能力不足的裂缝，除了灌浆处理外，还应采取相应的加固措施。

(5) 增加钢筋法。当混凝土构件配筋不足时，可用凿除保护层，增设钢筋，并与原有钢筋焊牢后，再修复保护层的方法进行加固。有时还可采用增设密箍的方法，加固框架柱钢筋严重错位的节点；用螺旋筋约束柱法加固混凝土柱等。

(6) 加强连接法。当构件或节点连接承载力不足时，应根据结构类别与特征分别采用下述方法加固。钢结构采用加长、加厚焊缝，增加连接螺栓或铆钉等方法加强连接，必要时应加大连接件截面尺寸和长度；装配式混凝土结构采用加大连接件截面和扩大现浇接头尺寸或提高混凝土强度等级的方法。

(7) 提高抗倾覆能力。例如悬挑结构固定端处增加压重或加强与其他构件的连接；又如挡土墙增设锚定杆，提高抗倾覆能力等。

(8) 增设附加桁架。例如在钢梁下增设桁架，即用原梁作上弦，增设腹杆及下弦后加，以较大幅度地提高承载力。

(9) 增加钢板箍法。混凝土或砖烟囱产生竖向裂缝，常用此法进行加固。

(10) 置换法。将受损坏的或不良的混凝土局部或全部凿除，用强度等级高一级的混凝土替代，称为置换法，主要适用于受火灾或受腐蚀的混凝土结构的加固，对施工错误造成的混凝土强度低下、承载力大幅度下降的结构或构件也可采用此法加固。

(11) 绕丝法。用 $\phi 4$ 或 $\phi 5$ 钢丝(冷拔丝退火后用)在柱、梁外侧连续缠绕，使之成为约束混凝土，用来提高混凝土强度，或在梁的受剪区连续斜向缠绕，以直接承受剪力。这种方法主要用于结构构件承载力不足时的加固。

2. 加固补强设计与施工注意事项

加固补强设计与施工应注意以下事项。

(1) 对原有构件作出正确鉴定，以确定其可否利用或利用率。

(2) 后加的补强部分参与结构或构件的承载时，往往存在着应力滞后现象，因此在设计中应考虑适当的强度折减系数。

(3) 正确处理原有结构与加固部分的连接构造措施，确保两者共同工作。例如老混凝土凿毛、清洗与充分湿润；又如原有钢结构或构件的油漆、锈污清理等。

(4) 对原有结构或构件采用适当的保护措施。例如临时支护、控制处理阶段荷载、规定局部拆除方法与要求等。

(5) 明确规定加固补强后，允许加荷载的时间和其他要求。

综合应用案例

某办公大楼及员工宿舍楼组建开始，它将由 1 栋 10 层的办公大楼，3 栋 5 层高的员工宿舍楼和地下车库组成。基础形式为桩基础，结构型式为框架剪力墙结构，地下车库基础形式为独立柱基础，结构为框架结构。发生混凝土质量事故的为该工程中的 2#、3#楼，发生混凝土质量事故时施工至 8 层结构。

该工程根据施工单位编制的施工方案混凝土采用商品混凝土，施工单位经过与建设、监理共同研究择优选择了某商品混凝土公司。2#楼 8 层结构混凝土于 2008 年 1 月 1 日 17: 00 浇筑振捣完毕，在浇筑至电梯间处大约第 114m^3 混凝土时，监理、施工单位技术人员发现混凝土颜色和和易性有异常，建设单位立即通知了混凝土公司，因混凝土已浇筑下去，只能等拆模后组织相关人员对混凝土进行查看，施工单位于 1 月 7 日拆除剪力墙模板后，建设、监理、施工、混凝土公司等单位技术人员对混凝土质量进行了现场检查，发现电梯间处混凝土仍未水化凝固，混凝土呈离析状，部分结块，部分呈疏松状，强度低，用锤敲击，纷纷散落，混凝土强度显然没达到设计要求，工程被停。随后，监理公司下发了暂停令并紧急通知了建设工程质量监督站，于 2008 年 1 月 8 日上午组织了由质监站、建设、监理、施工、设计、商品混凝土公司等单位技术人员参加的混凝土质量事故专项会议。

当 2#楼发现问题后，混凝土供应单位就对该批混凝土进行了原因分析。对原材料及混凝土配合比进行了检查，对浇筑时留存的样品再次复验，该批混凝土所用的水泥、粉煤灰、缓凝减水剂、砂石等质量均符合国家标准，搅拌设备保存的数据也与配合比相符，但根据现场实际情况来看，初步判断是减水剂超掺造成的混凝土超缓凝。为保证混凝土工程质量，防止开裂，提高混凝土的耐久性，正确使用外加剂也是减少开裂的措施之一。

在混凝土的施工中，为了提高模板的周转率，往往要求新浇筑的混凝土尽早拆模。当混凝土温度高于气温时应适当考虑拆模时间，以免引起混凝土表面的早期裂缝。新浇筑早期拆模在表面引起很大的拉应力，出现“温度冲击”现象。在混凝土浇筑初期，由于水化热的散发，表面引起相当大的拉应力，此时表面温度亦较气温为高，此时拆除模板，表面温度骤降，必然引起温度梯度，从而在表面附加一拉应力，与水化热应力叠加，再加上混凝土干缩，表面的拉应力达到很大的数值，就有导致裂缝的危险，但如果在拆除模板后及时在表面覆盖一轻型保温材料，如泡沫海绵等，对于防止混凝土表面产生过大的拉应力，具有显著的效果。

3#楼再次出现类似问题，明显表现出混凝土黏性大，成团但不凝固，颜色呈酱红色(缓凝减水剂颜色)，更加判断是减水剂超掺造成的混凝土超缓凝。但百思不得其解的是，从保存的数据上反映不出外加剂超掺，为此，混凝土供应单位对混凝土生产的所有环节(包括从原材料进场到混凝土出厂)进行了全面检查，最终发现问题出现在生产环节上。主因是减水剂重力秤的控制蝶阀阀芯烧坏，当主机启动后，所有原材料都经设定的配合比重量称重后进入各自的料斗中，搅拌机启动后，原材料自动投入搅拌机搅拌至设定的搅拌时间后放入搅拌车中。但由于减水剂蝶阀阀芯烧坏，减水剂料斗关闭不严，致使减水剂徐徐流入搅拌机中，当重力秤中的减水剂重量与设定的重量不符时，电脑又会自动补偿至设定的重量而不显示累加，间隔时间越长，流入搅拌机的外加剂就越多，因种种原因出现问题的两车混凝土与前一车混凝土的间隔时间就相对较长，由此判定是由于混凝土供应单位的设备管理人员未及时更换蝶阀而造成了质量事故。

从理论上分析，新浇混凝土中所含水分完全可以满足水泥水化的要求而有余。但由于蒸发等原因常引起水分损失，从而推迟或妨碍水泥的水化，表面混凝土最容易而且直接受到这种不利影响。因此作者认为，除了主要的更换蝶阀的问题，在今后的施工工作中，混凝土浇筑后的最初几天是养护的关键时期，在施工中应切实重视起来。

根据工程特点和混凝土质量对工程结构的重要性，经各方研究讨论，制定如下处理措施。

(1) 暂停 2#、3#楼结构的施工。

(2) 施工、监理、建设单位项目部人员对已施工混凝土结构进行全面检查，找出存在混凝土质量问题的部位并在图纸上详细标明。

(3) 施工单位针对查出存在混凝土质量问题的部位，将混凝土全部凿除、清理、清洗，凡剪力墙根部或上部有观感不良或质量较差的一并凿除。

(4) 对钢筋重新进行处理。混凝土凿除处理完毕后首先将钢筋表面粘结物清理干净，然后重新进行钢筋的绑扎，施工单位自检合格经监理单位隐蔽验收后重新支模、浇筑混凝土。

(5) 浇筑混凝土前首先将浇筑混凝土结合部位用水清洗，用 1∶1 同强度等级水泥砂浆处理，再采用比原混凝土(混凝土强度等级为 C30)强度等级高一级的混凝土，即 C35 混凝土(内掺聚丙乙烯纤维)浇筑、振捣、养护并做好混凝土试块(标准养护和同条件养护)和施工资料记录。

(6) 对观感较好的结构混凝土，由于 7 天后混凝土试块强度分别达到设计强度的 86%、94%，28 天后混凝土试块强度分别达到设计强度的 161%、127%。初步判定混凝土质量仅存在于两栋楼混凝土观感不良的电梯间等部位，其余部位达到 600℃·d 进行实体检测后发现混凝土强度满足设计要求。

本章小结

通过本章的学习，要求学生熟悉常见质量问题的成因、成因分析方法、工程质量问题的处理方法，了解工程质量事故的特点及分类，熟悉工程质量事故处理的依据和程序、工程质量事故处理方案的确定及鉴定验收，质量通病及其防治方法。

工程质量问题及处理主要学习常见质量问题的成因、常见质量问题成因分析方法、工程质量问题的处理方法。

工程质量事故具有复杂性、严重性、可变性和多发性的特点。现行通常采用按工程质量事故造成损失的严重程度进行分类，其分为一般质量事故、严重质量事故、重大质量事故、特别重大事故。

建筑工程质量事故要严格遵守一定的处理程序。事故处理通常应达到安全可靠、不留隐患，满足使用或生产要求，经济合理，施工方便、安全。

进行工程质量事故处理的主要依据有4个方面：质量事故的实况资料；具有法律效力的，得到有关当事各方认可的工程承包合同、设计委托合同、材料或设备购销合同以及监理合同或分包合同等合同文件；有关的技术文件、档案和相关的建设法规。

监理工程师应当组织设计、施工、建设单位等各方参加事故原因分析。

各方人员应熟悉各级政府建设行政主管部门处理工程质量事故的基本程序，特别是应把握在质量事故处理过程中如何履行自己的职责。

习　　题

一、单选题

1. 凡工程质量不合格，由此造成直接经济损失在(　　)元以上的，称之为工程质量事故。
   A. 5000　　B. 8000　　C. 9000　　D. 10000
2. 发生的质量问题不论是否由于施工单位原因造成，通常都是先由(　　)负责实施处理。
   A. 建设单位　　B. 施工单位　　C. 设计单位　　D. 监理单位
3. 工程质量事故发生后，总监理工程师首先要做的事情是(　　)。
   A. 签发《工程暂停令》　　B. 要求施工单位保护现场
   C. 要求施工单位24h内上报　　D. 发出质量通知单
4. 严重质量事故的调查组由(　　)建设行政主管部门组织。
   A. 省、自治区、直辖市级　　B. 市、县级
   C. 国务院级　　D. 地区级
5. 工程质量事故技术处理方案一般应委托原(　　)提出。
   A. 设计单位　　B. 施工单位　　C. 监理单位　　D. 咨询单位
6. 当发生工程质量问题时，监理工程师首先应判断其(　　)。
   A. 发生地点　　B. 发生时间　　C. 责任人　　D. 严重性

7. 某一质量事故的原因是由于施工单位在施工过程中未严格执行材料检验程序，使用了不合格的钢结构构件造成的，按照事故产生的原因划分，该质量事故应判定为(　　)。

A. 社会原因引发的事故　　B. 经济原因引发的事故

C. 技术原因引发的事故　　D. 管理原因引发的事故

二、多选题

1. 工程质量问题、事故发生的原因主要有(　　)。

A. 违背建设程序和违反法规行为

B. 地质勘察失真和设计差错

C. 施工管理不到位

D. 使用不合格的原材料、制品和设备

E. 建设监理不力

2. 工程质量事故处理依据应包括(　　)。

A. 质量事故的实况资料

B. 有关的合同文件

C. 建设单位和监理单位的意见

D. 相关的建设法规

E. 相关的设计文件

3. 重大事故发生后，单位应在24h内写出书面报告，其报告内容包括(　　)。

A. 事故的预防措施

B. 事故再次发生的可能性

C. 事故发生的时间、地点、工程项目、企业名称等

D. 事故发生原因的初步判断

E. 事故发生后采取的措施及事故控制情况

4. 某工程两层柱混凝土施工时，直接将混凝土由柱模顶端分层灌入，每次灌注厚度40cm，用6m的长木杆加以振捣，在拆模时发生了严重的蜂窝和露筋现象。出现上述质量问题的原因可能有(　　)。

A. 混凝土强度等级太低　　B. 柱混凝土灌注高度太大

C. 分层厚度过大　　D. 振捣不充分

E. 养护时没有覆盖保温

5. 对柱蜂窝露筋的处理方法正确的有(　　)。

A. 不作处理

B. 剔除全部蜂窝四周的松散混凝土，湿透后支模并灌注加有早强剂的混凝土

C. 采用增加截面加固法

D. 在补强后进行超声波探伤

E. 覆盖保温

6. 在进场检验时，必须进行抽样检验或试验、合格后才能使用的材料有(　　)。

A. 水泥物理力学性能检验　　B. 钢筋力学性能检验

C. 砂、石强度检验　　D. 混凝土、砂浆常规检验

E. 防水涂料检验

7. 以下对梁板裂缝的处理方法，正确的为(　　)。

A. 不用处理

B. 对于不大于 0.2mm 的裂缝，可以采用表面密封法处理

C. 对于不大于 0.2mm 的裂缝，可以采用嵌缝密封法处理

D. 对于大于 0.3mm 的裂缝，可以采用嵌缝密封法处理

E. 所有裂缝应采用灌浆修补法处理

三、简答题

1. 常见质量问题的成因主要有哪些？
2. 如何分析质量问题成因？
3. 工程质量问题处理方式有哪些？
4. 简述工程质量问题处理程序。
5. 工程质量事故的特点有哪些？
6. 简述我国现行工程质量事故分类方法。
7. 事故处理的基本要求及注意事项有哪些？
8. 工程质量事故处理的依据有哪些？
9. 监理单位如何编制质量事故调查报告？
10. 简述工程质量事故处理程序。
11. 工程质量事故处理方案类型有哪些？
12. 质量事故处理的应急措施有哪些？
13. 如何进行工程质量事故处理方案鉴定验收？
14. 常见质量通病有哪些？
15. 工程质量通病防治措施有哪些？
16. 如何区分工程质量不合格、工程质量问题与质量事故？

第6章

施工项目安全管理责任与制度

教学目标

了解建筑工程安全生产管理的基本概念、特点、方针、原则，熟悉建设工程安全生产管理各方责任，熟悉安全生产管理主要内容，掌握安全生产管理机构的构成，熟悉建筑工程安全生产管理制度。

教学要求

能力目标	知识要点	权重
了解建筑工程安全生产管理的基本概念、特点、方针、原则	安全生产管理基本制度 建筑工程安全生产管理的基本概念 建筑工程安全生产管理的特点 建筑工程安全生产管理的方针 建筑工程安全生产管理的原则	10%
熟悉建设工程安全生产管理各方责任	建设单位的安全责任 施工单位的安全责任 勘察、设计单位的安全责任 工程监理单位的安全责任 安全生产监督管理职责 有关单位的安全责任	10%
熟悉安全生产管理主要内容	危险源辨识与风险评价 施工安全技术措施 安全检查	20%
掌握安全生产管理机构的构成	安全生产管理机构的职责 安全生产管理小组的组成 施工企业安全管理组织机构	20%
熟悉建筑工程安全生产管理制度	安全生产责任制度 安全教育制度 安全检查制度 安全措施计划制度 安全监察制度 “三同时”制度 安全生产许可证的管理制度 安全预评价制度	40%

引例

2010年1月12日12时许，安徽省芜湖市华强文化科技产业园配送中心工地，在混凝土浇筑过程中发生脚手架坍塌事故，事故造成8人死亡，3人受伤。

问题：

(1) 参与施工的各方各有哪些责任？

(2) 施工过程中如何进行安全检查？

(3) 施工单位如何建立安全生产保证体系？

(4) 安全生产管理制度有哪些？

6.1 安全管理的基本常识

6.1.1 安全生产管理基本制度

国务院1993年50号文《关于加强安全生产工作的通知》中正式提出：我国实行“企业负责、行业管理、国家监察、群众监督”的安全生产管理体制。

“企业负责”是市场经济体制下安全生产工作体制的基础和根本，即企业在其生产经营活动中必须对本企业的安全生产负全面责任。“行业管理”，即各级行业主管部门对生产经营单位的安全生产工作应加强指导，进行管理。“国家监察”就是各级政府部门对生产经营单位遵守安全生产法律、法规的情况实施监督检查，对生产经营单位违反安全生产法律、法规的行为实施行政处罚。“群众监督”，一方面，工会应当依法对生产经营单位的安全生产工作实行监督；另一方面，劳动者对违反安全生产及劳动保护法律、法规和危害生命及身体健康的行为，有权提出批评、检举和控告。

把“综合治理”充实到安全生产方针当中后，有学者进一步提出“政府监管与指导、企业负责与保障、员工权益与自律、社会监督与参与、中介服务与支持”的“五方结构”管理体制。

1. 政府监管与指导

国家安全生产综合监管和专项监察相结合，各级职能部门合理分工、相互协调，实施“监管—协调—服务”三位一体的行政执法系统。

由国家授权某政府部门对各类具有独立法人资格生产经营单位执行安全法规的情况进行监督和检查，用法律的强制力量推动安全生产方针、政策的正确实施，具有法律的权威性和特殊的行政法律地位。

安全监察必须依法进行，监察机构、人员依法设置；执法不干预企业内部事务；监察按程序实施。安全监察对象为重点岗位人员(厂、矿长；班组长；特种作业人员)、特种作业场所和有害工序、特殊产品的安全认证3大类。

2. 企业负责与保障

企业全面落实生产过程安全保障的事故防范机制，严格遵守《安全生产法》等安全生产法规要求，落实安全生产保障。

3. 员工权益与自律

即从业人员依法获得安全与健康权益保障，同时实现生产过程安全作业的“自我约束机制”。即所谓“劳动者遵章守纪”，要求劳动者在劳动过程中，必须严格遵守安全操作规程，珍惜生命，爱护自己，勿忘安全，广泛深入地开展不伤害自己、不伤害他人、不被他人伤害的“三不伤害”活动，自觉做到遵章守纪，确保安全。

4. 社会监督与参与

形成工会、媒体、社区和公民广泛参与监督的“社会监督机制”。

5. 中介服务与支持

与市场经济体制相适应，建立国家认证、社会咨询、第三方审核、技术服务、安全评价等功能的中介支持与服务机制。

6.1.2 建筑工程安全生产管理的基本概念

安全生产是指生产过程处于避免人身伤害、设备损坏及其他不可接受的损害风险(危险)的状态。不可接受的损害风险(危险)是指：超出了法律、法规和规章的要求；超出了方针、目标和企业规定的其他要求；超出了人们普遍接受的(通常是隐含)要求。

建筑工程安全生产管理是指建设行政主管部门、建设安全监督管理机构、建筑施工企业及有关单位对建筑安全生产过程中的安全工作，进行计划、组织、指挥、控制、监督、调节和改进等一系列致力于满足生产安全的管理活动。

6.1.3 建筑工程安全生产管理的特点

1. 安全生产管理涉及面广、涉及单位多

由于建筑工程规模大，生产工艺复杂、工序多，在建造过程中流动作业多，高处作业多，作业位置多变，遇到不确定因素多，所以安全管理工作涉及范围大，控制面广。安全

管理不仅是施工单位的责任，还包括建设单位、勘察设计单位、监理单位，这些单位也要为安全管理承担相应的责任与义务。

2. 安全生产管理动态性

(1) 由于建筑工程项目的单件性，使得每项工程所处的条件不同，所面临的危险因素和防范措施也会有所改变，例如员工在转移工地后，熟悉一个新的工作环境需要一定的时间，有些制度和安全技术措施会有所调整，员工同样有个熟悉的过程。

(2) 工程项目施工的分散性，因为现场施工是分散于施工现场的各个部位，尽管有各种规章制度和安全技术交底的环节，但是面对具体的生产环境时，仍然需要自己的判断和处理，有经验的人员还必须适应不断变化的情况。

(3) 安全生产管理的交叉性，建筑工程项目是开放系统，受自然环境和社会环境影响很大，安全生产管理需要把工程系统和环境系统及社会系统相结合。

(4) 安全生产管理的严谨性，安全状态具有触发性，安全管理措施必须严谨，一旦失控，就会造成损失和伤害。

6.1.4 建筑工程安全生产管理的方针

国家历来重视安全生产工作，提出了“安全第一、预防为主”的安全生产方针，《中华人民共和国建筑法》规定：“建筑工程安全生产管理必须坚持安全第一、预防为主的方针”。《中华人民共和国全民所有制工业企业法》规定：“企业必须贯彻安全生产制度，改善劳动条件，做好劳动保护和环境保护工作，做到安全生产和文明生产”。《安全生产法》在总结我国安全生产管理实践经验的基础上，再次将“安全第一、预防为主”规定为我国安全生产工作的基本方针。

《建设工程安全生产管理条例》第1章总则第3条规定“建设工程安全生产管理，坚持安全第一、预防为主的方针”。

“安全第一”是原则和目标，是把人身安全放在首位，安全为了生产，生产必须保证人身安全，充分体现了“以人为本”的理念。“安全第一”的方针，就是要求所有参与工程建设的人员，包括管理者和操作人员以及对工程建设活动进行监督管理的人员都必须树立安全的观念，不能为了经济的发展牺牲安全，当安全与生产发生矛盾时，必须先解决安全问题，在保证安全的前提下从事生产活动，也只有这样才能使生产正常进行，促进经济的发展，保持社会的稳定。

“预防为主”是实现安全第一的最重要的手段，在工程建设活动中，根据工程建设的特点，对下同的生产要素采取相应的管理措施，从而减少甚至消除事故隐患，尽量把事故消灭在萌芽状态，这是安全生产管理的最重要的思想。

6.1.5 建筑工程安全生产管理的原则

1. “管生产必须管安全”的原则

“管生产必须管安全”的原则是指建设工程项目各级领导和全体员工在生产过程中必须坚持在抓生产的同时抓好安全工作。它体现了安全与生产的统一，生产与安全是一个有机的整体，两者不能分割更不能对立起来，应将安全寓于生产之中。

2．“安全具有否决权”的原则

“安全具有否决权”的原则是指安全生产工作是衡量建设工程项目管理的一项基本内容，它要求在对项目各项指标考核、评优创先时，首先必须考虑安全指标的完成情况。安全指标没有实现，其他指标顺利完成，仍无法实现项目的最优化，安全具有一票否决的作用。

3．职业安全卫生“三同时”的原则

“三同时”原则是指一切生产性的基本建设和技术改造建设工厂项目，必须符合国家的职业安全卫生方面的法规和标准。职业安全卫生技术措施及设施应与主体同时设计、同时施工、同时投产使用，以确保项目投产后符合职业安全卫生要求。

4．事故处理“四不放过”的原则

在处理事故时必须坚持和实施“四不放过”的原则，即：事故原因分析不清不放过；事故责任者和群众没受到教育不放过；没有整改措施预防措施不放过；事故责任者和责任领导不处理不放过。

6.1.6 建筑工程安全生产管理的常用术语

1．安全生产管理体制

根据国务院发(1993)50号文，当前我国的安全生产管理体制是“企业负责、行业管理、国家监察和群众监督、劳动者遵章守法”。具体含义包括企业负责、行业管理、国家监察、群众(工会组织)监督、劳动者遵章守法。

2．安全生产责任制度

安全生产责任制度是建筑生产中最基本的安全管理制度，是所有安全规章制度的核心，安全生产责任制度是指将各种不同的安全责任落实到负责安全管理的人员和具体岗位人员身上的一种制度。这一制度是安全第一，预防为主方针的具体体现，是建筑安全生产的基本制度。安全生产责任制度的主要内容如下。一是从事建筑活动主体的负责人的责任制。比如，施工单位的法定代表人要对本企业的安全负主要的安全责任。二是从事建筑活动主体的职能机构或职能处室负责人及其工作人员的安全生产责任制。比如，施工单位根据需要设置的职能机构或职能处室负责人及其工作人员要对安全负责。三是岗位人员的安全生产责任制。岗位人员必须对安全负责。从事特种作业的安全人员必须进行培训，经过考试合格后才能上岗作业。

3．安全生产目标管理

安全生产目标管理就是根据建筑施工企业的总体规划要求，制定出在一定时期内安全生产方面所要达到的预期目标并组织实现此目标。其基本内容是：确定目标、目标分解、执行目标、检查总结。

4．施工组织设计

施工组织设计是组织建筑工程施工的纲领性文件，是指导施工准备和组织施工的全面性的技术、经济文件，是指导现场施工的规范性文件。施工组织设计必须在施工准备阶段完成。

5．安全技术措施

安全技术措施是指为防止工伤事故和职业病的危害，从技术上采取的措施。在工程施工中，是指针对工程特点、环境条件、劳力组织、作业方法、施工机械、供电设施等制定的确保安全施工的措施。安全技术措施也是建筑工程项目管理实施规划或施工组织设计的重要组成部分。

6．安全技术交底

安全技术交底是落实安全技术措施及安全管理事项的重要手段之一。重大安全技术措施及重要部位的安全技术由公司技术负责人向项目经理部技术负责人进行书面的安全技术交底；一般安全技术措施及施工现场应注意的安全事项由项目经理部技术负责人向施工作业班组、作业人员作出详细说明，并经双方签字认可。

7．安全教育

安全教育是实现安全生产的一项重要基础工作，它可以提高职工搞好安全生产的自觉性、积极性和创造性，增强安全意识，掌握安全知识，提高职工的自我防护能力，使安全规章制度得到贯彻执行。安全教育培训的主要内容包括：安全生产思想、安全知识、安全技能、安全规程标准、安全法规、劳动保护和典型事例分析。

8．班前安全活动

班前安全活动是指在上班前由组长组织并主持，根据本班目前工作内容，重点介绍安全注意事项、安全操作要点，以达到组员在班前掌握安全操作要领，提高安全防范意识，减少事故发生的目的。

9．特种作业

特种作业是指在劳动过程中容易发生伤亡事故，对操作者本人，尤其对他人和周围设施的安全有重大危害因素的作业。直接从事特种作业者，称特种作业人员。

10．安全检查

安全检查是指建筑行政主管部门、施工企业安全生产管理部门或项目经理部对施工企业、工程项目经理部贯彻国家安全生产法律法规的情况、安全生产情况、劳动条件、事故隐患等进行的检查。

11．安全事故

安全事故是人们在进行有目的的活动过程中，发生了违背人们意愿的不幸事件，使其有目的的行动暂时或永久地停止。重大安全事故，系指在施工过程中由于责任过失造成工程倒塌或废弃、机械设备破坏和安全设施失当造成人身伤亡或者重大经济损失的事故。

12．安全评价

安全评价是采用系统科学方法，辨别和分析系统存在的危险性并根据其形成事故的风险大小，采取相应的安全措施，以达到系统安全的过程。安全评价的基本内容：识别危险源、评价风险、采取措施，直至达到安全指标。

13. 安全标志

安全标志由安全色、几何图形和图形符号构成，以此表达特定的安全信息。其目的是引起人们对不安全因素的注意，预防事故发生。安全标志分为禁止标志、警告标志、指令标志、提示性标志4类。

6.2 建设工程安全生产管理各方责任

国务院颁发的《建设工程安全生产管理条例》对政府部门、有关企业及相关人员的建设工程安全生产和管理行为进行了全面规范，完善了目前的市场准入制度中施工企业资质和施工许可制度，规定了建设活动各方主体应当承担的安全生产责任和安全生产监督管理体制。其主要框架内容如下。

(1) 13 项基本管理制度：备案制度；整改制度；持证制度；专家论证审查制度；消防制度；登记制度；考核教育培训制度；意外伤害保险制度；监督检查制度；许可证制度；淘汰制度；救援制度；报告制度等。

(2) 明确规定了各方主体应当承担的安全责任。在《建设工程安全生产管理条例》中，对参与建设工程的各有关方，从勘察、设计、建设单位、施工企业、工程监理、监管单位等都各有相应的安全生产工作中所必须遵守安全生产规定及责任要求，并保证建设工程安全生产，依法承担建设工程安全生产责任。其中有专项对工程监理所必须遵守的安全生产法律、法规以及必须依法承担的安全生产责任。《建设工程安全生产管理条例》的颁发，从法律责任上更加明细化，承担责任的主体也呈多元化，同时加大了对违法行为的制裁力度。用法律明确了相关人员和部门承担的行政责任、民事责任及刑事责任。

6.2.1 建设单位的安全责任

1. 规定建设单位安全责任的必要性

(1) 建设单位是建筑工程的投资主体，在建筑活动中居于主导地位。

作为业主和甲方，建设单位有权选择勘察、设计、施工、工程监理的单位，可以自行选购施工所需的主要建筑材料，检查工程质量、控制进度、监督工程款使用，对施工的各个环节实行综合管理。

(2) 因建设单位的市场行为不规范所造成的事故居多，必须依法规范。

有的建设单位为降低工程造价，不择手段地追求利润最大化，在招投标中压价，将工程发包价压低于成本价。为降低成本，向勘察、设计和监理单位提出违法要求，强令改变勘察设计；对安全措施费不认可，拒付安全生产合理费用，安全投入低；强令施工单位压缩工期，偷工减料，搞“豆腐渣工程”；将工程交给不具备资质和安全条件的单位或者个人施工或者拆除。

《建设工程安全生产管理条例》针对建设单位的不规范行为，从7个方面做出了严格的规定。

2．建设单位应当如实向施工单位提供有关施工资料

《建设工程安全生产管理条例》第六条规定，建设单位应当向施工单位提供施工现场及毗邻区域内供水、排水、供电、供气、供热、通信、广播电视等地下观测资料，相邻建筑物和构筑物、地下工程的有关资料，并保证资料的真实、准确、完整。这里强调了 4 个方面内容，一是施工资料的真实性，不得伪造、篡改。二是施工资料的科学性，必须经过科学论证，数据准确。三是施工资料的完整性，必须齐全，能够满足施工需要。四是有关部门和单位应当协助提供施工资料，不得推诿。

3．建设单位不得向有关单位提出非法要求，不得压缩合同工期

《建设工程安全生产管理条例》第七条规定，建设单位不得对勘察、设计、施工、工程监理等单位提出不符合建设工程安全生产法律、法规和强制性标准规定的要求，不得要求压缩合同的工期。

(1) 遵守建设工程安全生产法律、法规和安全标准，是建设单位的法定义务。进行建筑活动，必须严格遵守法定的安全生产条件，依法进行建设施工。违法从事建设工程建设，将要承担法律责任。

(2) 要求勘察、设计、施工、工程监理等单位违法从事有关活动，必然会给建设工程带来重大结构性的安全隐患和施工中的安全隐患，容易造成事故。建设单位不得为了盲目赶工期，简化工序，粗制滥造，或者留下建设工程安全隐患。

(3) 压缩合同工期必然带来事故隐患，必须禁止。压缩工期是建设单位为了早发挥效益，迫使施工单位增加人力、物力，损害承包方利益，其结果是赶工期、简化工序和违规操作，诱发很多事故，或者留下了结构性安全隐患。确定合理工期是保证建设施工安全和质量的重要措施。合理工期应经双方充分论证、协商一致确定，具有法律效力。要采用科学合理的施工工艺、管理方法和工期定额，保证施工质量和安全。

4．必须保证必要的安全投入

《建设工程安全生产管理条例》第 8 条规定，建设单位在编制工程概算时，应当确定建设工程安全作业环境及安全施工所需要费用。

这是对《安全生产法》第 18 条的规定的具体落实。要保证建设施工安全，必须要有相应的资金投入。安全投入不足的直接结果，必然是降低工程造价，不具备安全生产条件，甚至导致建设施工事故的发生。工程建设中改善安全作业环境、落实安全生产措施及其相应资金一般由施工单位承担，但是安全作业环境及施工措施所需费用应由建设单位承担。一是安全作业环境及施工措施所需费用是保证建设工程安全和质量的重要条件，该项费用已纳入工程总造价，应由建设单位支付。二是建设工程作业危险复杂，要保证安全生产，必须有大量的资金投入，应由建设单位支付。安全作业环境和施工措施所需费用应当符合《建设施工安全检查标准》的要求，建设单位应当据此承担的安全施工措施费用，不得随意降低取费标准。

5．不得明示或者暗示施工单位购买不符合安全要求的设备、设施、器材和用具

《安全生产法》第 31 条规定，国家对严重危及生产安全的工艺、设备实行淘汰制度。生产经营单位不得使用国家明令淘汰、禁止使用的危及生产安全的工艺、设备。《建设工程

安全生产管理条例》第九条进一步规定，建设单位不得明示或者暗示施工单位购买、租赁、使用不符合安全施工要求的安全防护用具、机械设备、施工机具及配件、消防设施和器材。

为了确保工程质量和施工安全，施工单位应当严格按照勘察设计文件、施工工艺和施工规范的要求选用符合国家质量标准、卫生标准和环保标准的安全防护用具、机械设备、施工机具及配件、消防设施和器材。但实践中违反国家规定使用不符合要求的安全防护用具、机械设备、施工机具及配件、消防设施和器材，导致生产安全事故屡见不鲜的重要原因之一就是受利益驱动的，建设单位干预施工单位造成的。施工单位购买不安全的设备、设施、器材和用具，对施工安全和建筑物安全构成极大威胁。为此，《建设工程安全生产管理条例》严禁建设单位明示或者暗示施工单位购买不符合安全要求的设备、设施、器材和用具，并规定了相应的法律责任。

6．开工前报送有关安全施工措施的资料

依照《建设工程安全生产管理条例》第10条的规定，建设单位在申请领取施工许可证时，应当提供建设工程有关安全施工措施的资料。依法批准开工报告的建设工程，建设单位应当自开工报告批准之日起15日内，将保证安全施工的措施报送建设工程所在地的县级以上人民政府建设行政主管部门或者其他有关部门备案。建设单位在申请领取施工许可证前，应当提供安全施工措施的资料。

(1) 施工现场总平面布置图。

(2) 临时设施规划方案和已搭建情况。

(3) 施工现场安全防护设施(防护网、棚)搭设(设置)计划。

(4) 施工进度计划，安全措施费用计划。

(5) 施工组织设计(方案、措施)。

(6) 拟进入现场使用的起重机械设备(塔式起重机、物料提升机、外用电梯)的型号、数量。

(7) 工程项目负责人、安全管理人员和特种作业人员持证上岗情况。

(8) 建设单位安全监督人员和工程监理人员的花名册。

建设单位在申请领取施工许可证时，所报送的安全施工措施资料应当真实、有效，能够反映建设工程的安全生产准备情况、达到的条件和施工实施阶段的具体措施。必要时，建设行政主管部门收到资料后，应当尽快派员到现场进行实地勘察。

安全要求不够明确，致使拆除工程安全没有纳入法律规范，比较混乱，从事拆除工程活动的单位中有的无资质和无技术力量，拆除工程事故频发。为了规范拆除工程安全，《建设工程安全生产管理条例》第11条规定，建设单位应当将拆除工程发包给具有相应资质等级的施工单位。建设单位应当在拆除工程施工15日前将下列资料报送建设工程所在地县级以上人民政府建设行政主管部门或者其他有关部门备案。

(1) 施工单位资质等级证明。

(2) 拟拆除建筑物、构筑物及可能危及毗邻建筑的说明。

(3) 拆除施工组织方案。

(4) 堆放、清除废弃物的措施。

实施爆破作业的，应当遵守国家有关民用爆炸物品管理的规定。依照《中华人民共和国民用爆炸物品管理条例》的规定，进行大型爆破作业，或在城镇与其他居民聚集的地方、风景名胜区和重要工程设施附近进行控制爆破作业，施工单位必须事先将爆破作业方案，

报县、市以上主管部门批准，并征得所在县、市公安局同意，方准实施爆破作业。

6.2.2 施工单位的安全责任

1. 主要负责人、项目负责人的安全责任

《建设工程安全生产管理条例》(以下称条例)第 21 条规定：施工单位的主要负责人依法对本单位的安全生产工作全面负责。这里的“主要负责人”并不仅限于法定代表人，而是指对施工单位有生产经营决策权的人。该条第 2 款规定，施工单位的项目负责人对建设工程项目的安全负责。具体说，项目负责人就应当对公司交给的工程项目的安全施工负责。

项目负责人的安全责任主要如下。

(1) 落实安全生产责任制度、安全生产规章制度和操作规程。

(2) 确保安全生产费用的有效使用。

(3) 根据工程的特点组织制定安全施工措施，消除安全施工隐患。

(4) 及时、如实报告生产安全事故。

2. 施工单位依法应当采取的安全措施

1) 编制安全技术措施、施工现场临时用电方案和专项施工方案

(1) 编制安全技术措施。条例第 26 条规定：施工单位应当在施工组织设计中编制安全技术措施。

《建设工程施工现场管理规定》第 11 条规定了施工组织设计应当包括的主要内容，其中对安全技术措施作了相关规定。

(2) 编制施工现场临时用电方案。临时用电方案直接关系到用电人员的安全，应当严格按照《施工现场临时用电安全技术规范》(JGJ46—2005)进行编制，保障施工现场用电防止触电和电气火灾事故的发生。

(3) 编制专项施工方案。对下列达到一定规模的危险性较大的分部分项工程编制专项施工方案，并附具安全验算结果，经单位技术负责人、总监理工程师签字后实施，由专职安全生产管理人员进行现场监督：基坑支护与降水工程；土方开发工程；模板工程；起重吊装工程；脚手架工程；拆除、爆破工程；其他危险性较大大工程。

2) 安全施工技术交底

条例第 27 条规定：建设工程施工前，施工单位负责项目管理的技术人员应当对有关安全施工的技术要求向施工作业班组、作业人员作出详细说明，并由双方签字确认。施工前的安全施工技术交底的目的就是让所有的安全生产从业人员都对安全生产有所了解，最大限度避免安全事故的发生。

3) 施工现场设置安全警示标志

条例第 28 条第 1 款规定：施工单位应当在施工现场入口处、施工起重机械、临时用电设施、脚手架、出入通道口、楼梯口、电梯井口、孔洞口、桥梁口、隧道口、基坑边沿、爆破物及有害危险气体和液体存放处等危险部位，设置明显的安全警示标志。安全警示标志必须符合国家标准。《民法通则》第 125 条规定：在公共场所、道旁或者通道上挖坑、修缮安装地下设施等，没有设置明显标志和采取安全措施造成他人损害的，施工人应当承担民事责任。设置安全警示标志，既是对他人的警示，也时时刻刻提醒自己要注意安全。

安全警示标志可以采取各种标牌、文字、符号、灯光等形式。

4) 施工现场的安全防护

条例第 28 条第 2 款规定：施工单位应当根据不同施工阶段和周围环境及季节、气候的变化，在施工现场采取相应的安全施工措施。施工现场暂时停止施工的，施工单位应当做好现场防护，所需费用由责任方承担，或者按照合同约定执行。

5) 施工现场的布置应当符合安全和文明的要求

条例第 29 条规定：施工单位应当将施工现场的办公、生活区与作业区分开设置，并保持安全距离；办公、生活区的选址应当符合安全性要求。职工的膳食、饮水、休息场所等应当符合卫生标准。施工单位不得在尚未竣工的建筑物内设置员工集体宿舍。

6) 对周边环境采取防护措施

工程建设不能以牺牲环境为代价，施工时必须采取措施减少对周边环境的不良影响。

《建筑法》第 41 条规定：建筑施工企业应当遵守有关环境保护和安全生产的法律、法规的规定，采取控制和处理施工现场的各种粉尘、废气、废水、固体废物以及噪声、振动对环境的污染和危害的措施。

条例第 30 条规定：施工单位对因建设工程施工可能造成损害的毗邻建筑物、构筑物和地下管线等，应当采取专项防护措施。施工单位应当遵守有关环境保护法律、法规的规定，在施工现场采取措施，防止或者减少粉尘、废气、废水、固体废物、噪声、振动和施工照明对人和环境的危害和污染。在城市市区内的建设工程，施工单位应当对施工现场实行封闭围挡。

《建设工程施工现场管理规定》第 31、32 条规定：施工单位应当遵守国家有关环境保护的法律规定，采取措施控制施工现场的各种粉尘、废气、废水、固体废弃物，以及噪声、振动对环境的污染和危害。施工单位应当采取下列防止环境污染的措施：①妥善处理泥浆水，未经处理不得直接排入城市排水设施和河流；②除设有符合规定的装置外，不得在施工现场熔融沥青或者焚烧油毡、油漆以及其他会产生有毒有害烟尘和恶臭气体的物质；③使用密封式的圈筒或者采取其他措施处理高空废弃物；④采取有效措施控制施工过程中的扬尘；⑤禁止将有毒有害废弃物用作土方回填；⑥对产生噪声、振动的施工机械，应采取有效控制措施，减轻噪声扰民。

7) 建立健全施工现场的消防安全措施

8) 建立健全安全防护设备的使用和管理制度

6.2.3 勘察、设计单位的安全责任

建设工程具有投资规模大、建设周期长、生产环节多、参与主体多等特点。安全生产是贯穿于工程建设的勘察、设计、工程监理及其他有关单位的活动。勘察单位的勘察文件是设计和施工的基础材料和重要依据，勘察文件的质量又直接关系到设计工程质量和安全性能。设计单位的设计文件质量又关系到施工安全操作、安全防护以及作业人员和建设工程的主体结构安全。工程监理单位是保证建设工程安全生产的重要一方，对保证施工单位作业人员的安全起着重要的作用。施工机械设备生产、租赁、安装以及检验检测机构等与工程建设有关的其他单位是否依法从事相关活动，直接影响到建设工程安全。

1. 勘察单位的安全责任

建设工程勘察是指根据工程要求，查明、分析、评价建设场地的地址地理环境特征和岩土工程条件，编制建设工程勘察文件的活动。

(1) 勘察单位的注册资本、专业技术人员、技术装备和业绩应当符合规定，取得相应等级资质证书后，在许可范围内从事勘察活动。

(2) 勘察必须满足工程强制性标准的要求。工程建设强制性标准是指工程建设标准中，直接涉及人民生命财产安全、人身健康、环境保护和其他公共利益的，必须强制执行的条款。只有满足工程强制性标准，才能满足工程对安全、质量、卫生、环保等多方面的要求。因此，必须严格执行。如房屋建筑部分的工程建设强制性标准主要由建筑设计、建筑防火、建筑设备、勘察和地质基础、结构设计、房屋抗震设计、结构鉴定和加固、施工质量和安全等 8 个方面的相关标准组成。

(3) 勘察单位提供的勘察文件应当真实、准确，满足安全生产的要求。工程勘察就是要通过测量、测绘、观察、调查、钻探、试验、测试、鉴定、分析资料和综合评价等工作查明场地的地形、地貌、地质、岩型、地质构造、地下水条件和各种自然或者人工地质现象，并提出基础、边坡等工程设计准则和工程施工的指导意见，提出解决岩土工程问题的建议，进行必要的岩土工程治理。

(4) 勘察单位应当严格执行操作规程、采取措施保证各类管线、设施和周边建筑物、构筑物的安全。一是勘察单位应当按照国家有关规定，制定勘察操作规程和勘查钻机、精探车、经纬仪等设备和检测仪器的安全操作规程，并严格遵守，防止生产安全事故的发生。二是勘察单位应当采取措施，保证现场各类管线、设施和周边建筑物、构筑物的安全。

2. 设计单位的安全责任

(1) 设计单位必须取得相应的等级资质证书，在许可范围内承揽设计业务。

(2) 设计单位必须依法和标准进行设计，保证设计质量和施工安全。

(3) 设计单位应当考虑施工安全和防护需要，对涉及施工安全的重点部位和环节，在设计文件中注明，并对防范生产安全事故提出指导意见。

(4) 采用新结构、新材料、新工艺的建设工程以及特殊结构的工程，设计单位应当提出保障施工作业人员安全和预防生产安全事故的措施建议。

(5) 设计单位和注册建筑师等注册执业人员应当对其设计负责。

6.2.4 工程监理单位的安全责任

(1) 工程监理单位应当审查施工组织设计中的安全技术措施或者专项施工方案是否符合工程建设强制性标准。

(2) 工程监理单位在实施监理过程中，发现事故隐患的，应当要求施工单位整改；情节严重的，应当要求施工单位停止施工，并及时报告建设单位。施工单位拒不整改或者不停止施工的，工程监理单位应当及时向有关主管部门报告。

(3) 工程监理单位和监理工程师应当按照法律、法规和工程建设强制性标准实施监理，对建设工程安全生产承担监理职责。

6.2.5 安全生产监督管理职责

根据《建设工程安全生产管理条例》第39条，国务院负责安全生产监督管理的部门依照《安全生产法》对全国建筑工程安全生产工作实施综合监督管理。县级以上地方人民政府负责安全生产监督管理的部门依照《安全生产法》对本行政区域内建筑工程安全生产工作实施综合监督管理。

建筑工程安全生产的行业监督管理职责如下。

(1) 根据《建设工程安全生产管理条例》第40条第1款，国务院建设行政主管部门主管全国建筑工程安全生产的行业监督管理工作，其主要职责如下。

① 贯彻执行国家有关安全生产的法规和方针、政策，起草或者制定建筑安全生产管理的法规、标准。

② 统一监督管理全国工程建设方面的安全生产工作，完善建筑安全生产的组织保证体系。

③ 制定建筑安全生产管理的中、长期规划和近期目标，组织建筑安全生产技术的开发与推广应用。

④ 指导和监督检查省、自治区、直辖市人民政府建筑行政主管部门开展建筑安全生产的行业监督管理工作。

⑤ 统计全国建筑职工因工伤亡人数，掌握并发布全国建筑安全生产动态。

⑥ 负责对申报资质等级一级企业和国家一、二级企业以及国家和部级先进建筑企业进行安全资格审查或者审批，行使安全生产否决权。

⑦ 组织全国建筑安全生产检查，总结交流建筑安全生产管理经验，并表彰先进。

⑧ 检查和督促工程建设重大事故的调查处理，组织或者参与工程建设特别重大事故的调查。

根据《建设工程安全生产管理条例》第40条第1款，国务院铁路、交通、水利等有关部门按照国务院规定的职责分工，负责有关专业建筑工程安全生产的监督管理。

(2) 根据《建设工程安全生产管理条例》第40条第2款，县级以上地方人民政府建设行政主管部门负责本行政区域建筑工程安全生产的行业监督管理工作，其主要职责如下。

① 贯彻执行国家和地方有关安全生产的法规、标准和方针、政策，起草或者制定本行政区域建筑安全生产管理的实施细则或者实施办法。

② 制定本行政区域建筑安全生产管理的中、长期规划和近期目标，组织建筑安全生产技术的开发与推广应用。

③ 建立建筑安全生产的监督管理体系，制定本行政区域建筑安全生产监督管理工作制度，组织落实各级领导分工负责的建筑安全生产责任制。

④ 负责本行政区域建筑职工因工伤亡的统计和上报工作，掌握和发布本行政区域建筑安全生产动态。

⑤ 负责对申报晋升企业资质等级、企业升级和报评先进企业的安全资格进行审查或者审批，行使安全生产否决权。

⑥ 组织或者参与本行政区域工程建设中人身伤亡事故的调查处理工作，并依照有关规定上报重大伤亡事故。

⑦ 组织开展本行政区域建筑安全生产检查，总结交流建筑安全生产管理经验，并表彰先进。

⑧ 监督检查施工现场、构配件生产车间等安全管理和防护措施，纠正违章指挥和违章作业。

⑨ 组织开展本行政区域建筑企业的生产管理人员、作业人员的安全生产教育、培训、考核及发证工作，监督检查建筑企业对安全技术措施费的提取和使用。

⑩ 领导和管理建筑安全生产监督机构的工作。

根据《建设工程安全生产管理条例》第 40 条第 2 款，县级以上地方人民政府交通、水利等有关部门在各自的职责范围内，负责本行政区域内的专业建筑工程安全生产的监督管理。

(3) 建筑工程安全生产监督机构根据同级人民政府建设行政主管部门的授权，依据有关的法规、标准，对本行政区域内建筑工程安全生产实施监督管理。

6.2.6 有关单位的安全责任

(1) 提供机械设备和配件的单位的安全责任。为建设工程提供机械设备和配件的单位，应当按照安全施工的要求配备齐全有效的保险、限位等安全设施和装置。一是向施工单位提供安全可靠的起重机、挖掘机械、土方铲运机械、凿岩机械、基础及凿井机械、钢筋、混凝土机械、筑路机械以及其他施工机械设备。二是应当依照国家有关法律法规和安全技术规范进行有关机械设备和配件的生产经营活动。三是机械设备和配件的生产制造单位应当严格按照国家标准进行生产，保证产品的质量和安全。

(2) 出租单位的安全责任。一是出租机械设备、施工机具及配件，应当具有生产(制造)许可证、产品合格证。二是应当对出租机械设备、施工机具及配件的安全性能进行检测，在签订租赁协议时，应当出具检测合格证明。三是禁止出租检测不合格的机械设备、施工机具及配件。

(3) 现场安装、拆卸单位的安全责任。一是在施工现场安装、拆卸施工起重机械和整体提升脚手架、模板等自升式架设设施，必须具有相应的资质的单位承担。二是安装、拆卸起重机械、整体提升脚手架、模板等自升式架设设施，应当编制拆装方案、制定安全施工措施，并由专业技术人员现场监督。三是施工起重机械、整体提升脚手架、模板等自升式架设设施安装完毕后，安装单位应当自检，出具自检合格证明，并向施工单位进行安全使用说明，办理验收手续并签字。

《建设工程安全生产管理条例》规定，施工起重机械、整体提升脚手架、模板等自升式架设设备的使用达到国家规定的检验检测期限的，必须经具有专业资质的检验检测机构检测。经检测不合格的，不得继续使用。检验检测机构对检测合格的施工起重机械和整体提升脚手架、模板等自升式架设设备，应当出具安全合格证明文件，并对检测结果负责。

(4) 检验检测机构的安全责任。《建设工程安全生产管理条例》第 10 条规定：“检验检测机构对检测合格的施工起重机械和整体提升脚手架、模板等自升式架设设施，应出具安全合格证明文件，并对检测结果负责。”

设备检验检测机构进行设备检验检测时发现严重事故隐患，应当及时告知施工单位，并立即向特种设备安全监督管理部门报告。

6.3 安全生产管理主要内容

6.3.1 危险源辨识与风险评价

1. 两类危险源

危险源是安全管理的主要对象，在实际生活和生产过程中的危险源是以多种多样的形式存在的。虽然危险源的表现形式不同，但从本质上说，能够造成危害后果的(如伤亡事故、人身健康受损害、物体受破坏和环境污染等)，均可归结为能量的意外释放或约束、限制能量和危险物质措施失控的结果。所以，存在能量、有害物质以及对能量和有害物质失去控制是危险源导致事故的根源和状态。

根据危险源在事故发生发展中的作用把危险源分为两大类。即第一类危险源和第二类危险源。

1) 第一类危险源

能量和危险物质的存在是危害产生的最根本原因，通常把可能发生意外释放的能量(能源或能量载体)或危险物质称作第一类危险源。第一类危险源是事故发生的物理本质，一般地说，系统具有的能量越大，存在的危险物质越多，则其潜在的危险性和危害性也就越大。例如，锅炉爆炸产生的冲击波、温度和压力、高处作业或吊起重物的势能、带电导体的电能、噪声的声能、生产中需要的热能、机械和车辆的动能、各类辐射能等，在一定条件下都可能造成事故，能破坏设备和物体的效能，损伤人体的生理机能和正常的代谢功能。例如，在油漆作业中，苯和其他溶剂中毒是主要的职业危害。急性苯中毒主要是对中枢神经系统有麻醉作用，另外尚有肌肉抽搐和黏膜刺激作用。慢性苯中毒可引起造血器官损害，使得白细胞和血小板减少，最后导致再生障碍性贫血，甚至白血病。

2) 第二类危险源

造成约束、限制能量和危险物质措施失控的各种不安全因素称作第二类危险源。第二类危险源主要体现在设备故障或缺陷(物的不安全状态)、人为失误(人的不安全行为)和管理缺陷等几个方面。它们之间会互相影响，大部分是随机出现的，具有渐变性和突发性的特点，很难准确判定它们何时、何地、以何种方式发生，是事故发生的条件和可能性的主要因素。

设备故障或缺陷极易产生安全事故，如：电缆绝缘层破坏会造成人员触电；压力容器破裂会造成有毒气体或可燃气体泄漏导致中毒或爆炸；脚手架扣件质量低劣给高处坠落事故提供了条件；起重机钢绳断裂导致重物坠落伤人毁物等。

人的不安全行为大多是因为对安全不重视、态度不正确、技能或知识不足、健康或生理状态不佳和劳动条件不良等因素造成的。人的不安全行为可归纳为操作失误、忽视安全、忽视警告，造成安全装置失效；使用不安全设备；用手代替工具操作；物体存放不当；冒险进入危险场所；攀、坐不安全位置；在吊物下作业、停留；在机器运转时进行加油、修理、检查、调整、焊接、清扫等工作；有分散注意力行为；在必须使用个人防护用品用具的作业或场合中，忽视其使用；不安全装束；对易燃、易爆等危险物品处理错误等行为。

管理缺陷会引起设备故障或人员失误，许多事故的发生是由于管理不到位而造成的。

2．危险源辨识

1) 危险源类型

在平地上滑倒(跌倒)；人员从高处坠落(包括从地平处坠入深坑)；工具和材料等从高处坠落；头顶以上空间不足；用手举起、搬运工具、材料等有关的危险源；与装配、试车、操作、维护、改造、修理和拆除等有关的装置、机械的危险源；车辆危险源，包括场地运输和公路运输等；火灾和爆炸；临近高压线路和起重设备伸出界外；可吸入的物质；可伤害眼睛的物质或试剂；可通过皮肤接触和吸收而造成伤害的物质；可通过摄入(如通过口腔进入体内)而造成伤害的物质；有害能量(如电、辐射、噪声以及振动等)；由于经常性的重复动作而造成的与工作有关的上肢损伤；不适的热环境(如过热等)；照度；易滑、不平坦的场地(地面)；不合适的楼梯护栏和扶手等。以上所列并不全面，应根据工程项目的具体情况，提出各自的危险源提示表。

2) 危险源辨识方法

① 专家调查法是通过向有经验的专家咨询、调查，辨识、分析和评价危险源的一类方法，其优点是简便、易行，其缺点是受专家的知识、经验和占有资料的限制，可能出现遗漏。常用的有：头脑风暴法和德尔菲法。头脑风暴法是通过专家创造性的思考，从而产生大量的观点、问题和议题的方法。德尔菲法是采用背对背的方式对专家进行调查，其特点是避免了集体讨论中的从众性倾向，更代表专家的真实意见。要求对调查的各种意见进行汇总统计处理，再反馈给专家反复征求意见。

② 安全检查表法。安全检查表实际上就是实施安全检查和诊断项目的明细表。运用已编制好的安全检查表，进行系统的安全检查，辨识工程项目存在的危险源。检查表的内容一般包括分类项目、检查内容及要求、检查以后处理意见等。可以用“是”、“否”作回答或“√”、“×”符号作标记，同时注明检查日期，并由检查人员和被检单位同时签字。

3．风险评价

1) 风险评价的目的

风险评价是评估危险源所带来的风险大小及确定风险是否可容许的全过程。根据评价结果对风险进行分级，按不同级别的风险有针对性地采取风险控制措施。

2) 风险评价方法

风险大小的计算：根据风险的概念，用某一特定危险情况发生的可能性和它可能导致后果的严重程度的乘积来表示风险的大小，可以用以下公式表达。

$$R=P\times f \tag{6-1}$$

式中 R——风险的大小；

P——危险情况发生的可能性；

F——发生危险造成后果的严重程度。

风险等级的划分：根据上述公式计算风险的大小，可以用近似的方法来估计。首先把危险发生的可能性 P 分为“很大”、“中等”和“极小”3 个等级；然后把发生危险可能产生后果的严重程度 f 分为“轻度损失(轻微伤害)”、“中度损失(伤害)”和“重大损失(严重伤害)”3 个等级；P 和 f 的乘积就是风险的大小 R，可以近似按级别分为：“可忽略风险”、“可容许风险”、“中度风险”、“重大风险”和“不容许风险”共5级，见表6-1。

表6-1 风险等级评估表

可能性＼后果	轻度损失	中度损失	重大损失
很　大	III	IV	V
中　等	II	III	IV
极　小	I	II	III

注：I——可忽略风险；II——可容许风险；III——中度风险；IV——重大风险；V——不容许风险。

4. 风险控制策划原则

风险评价后，应分别列出所找出的所有危险源和重大危险源清单。有关单位和项目部一般需要对已经评价出的不容许的和重大风险(重大危险源)进行优先排序，由工程技术主部门的有关人员制定危险源控制措施和管理方案。对于一般危险源可以通过日常管理程序来实施控制。

(1) 尽可能完全消除有不可接受风险的危险源，如用安全品取代危险品。

(2) 如果是不可能消除有重大风险的危险源，应努力采取降低风险的措施，如使用低压电器等。

(3) 在条件允许时，应使工作适合于人，如考虑降低人的精神压力和体能消耗。

(4) 应尽可能利用技术进步来改善安全控制措施。

(5) 应考虑保护每个工作人员的措施。

(6) 将技术管理与程序控制结合起来。

(7) 应考虑引入诸如机械安全防护装置的维护计划的要求。

(8) 在各种措施还不能绝对保证安全的情况下，作为最终手段，还应考虑使用个人防护用品。

(9) 应有可行、有效的应急方案。

(10) 预防性测定指标是否符合监视控制措施计划的要求。

6.3.2 施工安全技术措施

1. 施工安全控制

1) 施工安全控制的特点

(1) 控制面广：由于建筑工程规模较大，生产工艺复杂、工序多，在建造过程中流动作业多，高处作业多，作业位置多变，遇到的不确定因素多，安全控制工作涉及范围大，控制面广。

(2) 控制的动态性：由于建筑工程项目的单件性，每项工程所处的条件不同，所面临的危险因素和防范措施也会有所改变，员工在转移工地后，熟悉一个新的工作环境需要一定的时间，有些工作制度和安全技术措施也会有所调整，员工同样有个熟悉的过程。

建筑工程项目施工的分散性。因为现场施工是分散于施工现场的各个部位，尽管有各种规章制度和安全技术交底的环节，但是面对具体的生产环境时，仍然需要自己的判断和处理，有经验的人员还必须适应不断变化的情况。

(3) 控制系统交叉性：建筑工程项目是开放系统，受自然环境和社会环境影响很大，同时也会对社会和环境造成影响，安全控制需要把工程系统、环境系统及社会系统结合起来。

(4) 控制的严谨性：由于建筑工程施工的危害因素复杂、风险程度高、伤亡事故多，所以预防控制措施必须严谨，如有疏漏就可能发展到失控，而酿成事故，造成损失和伤害。

2) 施工安全控制程序

包括确定每项具体建筑工程项目的安全目标，编制建筑工程项目安全技术措施计划，安全技术措施计划的落实和实施，安全技术措施计划的验证，持续改进等。

2．施工安全技术措施的一般要求

1) 施工安全技术措施必须在工程开工前制定

施工安全技术措施是施工组织设计的重要组成部分，应在工程开工前与施工组织设计一同编制。为保证各项安全设施的落实，在工程图纸会审时，就应特别注意考虑安全施工的问题，并在开工前制定好安全技术措施，使得用于该工程的各种安全设施有较充分的时间进行采购、制作和维护等准备工作。

2) 施工安全技术措施要有全面性

按照有关法律法规的要求，在编制工程施工组织设计时，应当根据工程特点制定相应的施工安全技术措施。对于大中型工程项目、结构复杂的重点工程，除必须在施工组织设计中编制施工安全技术措施外，还应编制专项工程施工安全技术措施，详细说明有关安全方面的防护要求和措施，确保单位工程或分部分项工程的施工安全。对爆破、拆除、起重吊装、水下、基坑支护和降水、土方开挖、脚手架、模板等危险性较大的作业，必须编制专项安全施工技术方案。

3) 施工安全技术措施要有针对性

施工安全技术措施是针对每项工程的特点制定的，编制安全技术措施的技术人员必须掌握工程概况、施工方法、施工环境、条件等一手资料，并熟悉安全法规、标准等，才能制定有针对性的安全技术措施。

4) 施工安全技术措施应力求全面、具体、可靠

施工安全技术措施应把可能出现的各种不安全因素考虑周全，制定的对策措施方案应力求全面、具体、可靠，这样才能真正做到预防事故的发生。但是，全面具体不等于罗列一般通常的操作工艺、施工方法以及日常安全工作制度、安全纪律等。这些制度性规定，安全技术措施中不需要再作抄录，但必须严格执行。

5) 施工安全技术措施必须包括应急预案

由于施工安全技术措施是在相应的工程施工实施之前制定的，所涉及的施工条件和危险情况大都是建立在可预测的基础上，而建筑工程施工过程是开放的过程，在施工期间的变化是经常发生的，还可能出现预测不到的突发事件或灾害(如地震、火灾、台风、洪水等)。所以，施工技术措施计划必须包括面对突发事件或紧急状态的各种应急设施、人员逃生和救援预案，以便在紧急情况下，能及时启动应急预案，减少损失，保护人员安全。

6) 施工安全技术措施要有可行性和可操作性

施工安全技术措施应能够在每个施工工序之中得到贯彻实施，既要考虑保证安全要求，又要考虑现场环境条件和施工技术条件能够做得到。

6.3.3 安全检查

1. 安全检查的注意事项

(1) 安全检查要深入基层、紧紧依靠职工，坚持领导与群众相结合的原则，组织好检查工作。

(2) 建立检查的组织领导机构，配备适当的检查力量，挑选具有较高技术业务水平的专业人员参加。

(3) 做好检查的各项准备工作，包括思想、业务知识、法规政策和物资、奖金准备。

(4) 明确检查的目的和要求。既要严格要求，又要防止一刀切，要从实际出发，分清主次矛盾，力求实效。

(5) 把自查与互查有机结合起来。基层以自检为主，企业内相应部门间互相检查，取长补短，相互学习和借鉴。

(6) 坚持查改结合。检查不是目的，只是一种手段，整改才是最终目的。发现问题，要及时采取切实有效的防范措施。

(7) 建立检查档案。结合安全检查表的实施，逐步建立健全检查档案，收集基本的数据，掌握基本安全状况，为及时消除隐患提供数据，同时也为以后的职业健康安全检查奠定基础。

(8) 在制定安全检查表时，应根据用途和目的具体确定安全检查表的种类。安全检查表的主要种类有：设计用安全检查表；厂级安全检查表；车间安全检查表；班组及岗位安全检查表；专业安全检查表等。制定安全检查表要在安全技术部门的指导下，充分依靠职工来进行。初步制定出来的检查表，要经过群众的讨论，反复试行，再加以修订，最后由安全技术部门审定后方可正式实行。

2. 安全检查的主要内容

(1) 查思想：检查企业领导和员工对安全生产方针的认识程度，建立健全安全生产管理和安全生产规章制度。

(2) 查管理：主要检查安全生产管理是否有效，安全生产管理和规章制度是否真正得到落实。

(3) 查隐患：主要检查生产作业现场是否符合安全生产要求，检查人员应深入作业现场，检查工人的劳动条件、卫生设施、安全通道，零部件的存放、防护设施状况、电气设备、压力容器、化学用品的储存、粉尘及有毒有害作业部位点的达标情况、车间内的通风照明设施、个人劳动防护用品的使用是否符合规定等。要特别注意对一些要害部位和设备加强检查，如锅炉房、变电所、各种剧毒、易燃、易爆等场所。

(4) 查整改：主要检查对过去提出的安全问题和发生生产事故及安全隐患是否采取了安全技术措施和安全管理措施，进行整改的效果如何。

(5) 查事故处理：检查对伤亡事故是否及时报告，对责任人是否已经作出严肃处理。在安全检查中必须成立一个适应安全检查工作需要的检查组，配备适当的人力物力。检查结束后应编写安全检查报告，说明已达标项目，未达标项目，存在问题，原因分析，作出纠正和预防措施的建议。

3. 施工安全生产规章制度的检查

为了实施安全生产管理制度，工程承包企业应结合本身的实际情况，建立健全一整套本企业的安全生产规章制度，并落实到具体的工程项目施工任务中。在安全检查时，应对企业的施工安全生产规章制度进行检查。施工安全生产规章制度一般应包括内容为安全生产奖励制度；安全值班制度；各种安全技术操作规程；危险作业管理审批制度；易燃、易爆、剧毒、放射性、腐蚀性等危险物品生产、储运使用的安全管理制度；防护物品的发放和使用制度；安全用电制度；加班加点审批制度；危险场所动火作业审批制度；防火、防爆、防雷、防静电制度；危险岗位巡回检查制度；安全标志管理制度。

6.4 安全生产管理机构

安全生产管理机构是指建筑施工企业在建筑工程项目中设置的负责安全生产管理工作的独立职能部门，其工作人员都是专职安全生产管理人员。安全生产管理机构的作用是落实国家有关安全生产法律法规，组织生产经营单位内部各种安全检查活动，负责日常安全检查；及时整改各种事故隐患，监督安全生产责任制落实等；生产经营单位安全生产的重要组织保证。

1. 安全生产管理机构的职责

(1) 落实国家有关安全生产法律法规和标准。

(2) 编制并适时更新安全生产管理制度。

(3) 组织开展全员安全教育培训及安全检查等活动。

2. 安全生产管理小组的组成

按照《建筑施工企业安全生产管理机构设置及专职安全生产管理人员配备办法》规定：建筑工程项目应当成立由项目经理负责的安全生产管理小组，小组成员应包括企业派驻到项目的专职安全生产管理人员，对专职安全生产管理机构人数的要求如下。

(1) 建筑工程、装修工程按照建筑面积配备人数如下。

① 1万平方米及以下，≥1人。

② 1～5万平方米，≥2人。

③ 5万平方米以上≥3人，且应当设置安全主管，按土建、机电设备等专业设置专职安全生产管理人员。

(2) 土木工程、线路管道、设备按照安装总造价配备要求如下。

① 5000万元以下，≥1人。

② 5000万～1亿元，≥2人。

③ 1亿元以上≥3人，且应当设置安全主管，按土建、机电设备等专业设置专职安全生产管理人员。

(3) 劳务分包企业建筑工程项目施工人员50人以下的，应当设置1名安全生产管理人员；50～200人的，应设2名专职安全生产管理人员；200人以上的，应根据所承担的分部分项工程施工危险实际情况增配，并不少于企业总人数的0.5%。

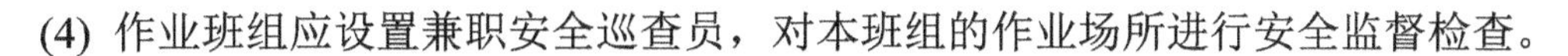

(4) 作业班组应设置兼职安全巡查员，对本班组的作业场所进行安全监督检查。

3. 施工企业安全管理组织机构

施工企业安全管理组织机构图如图 6.1 所示。

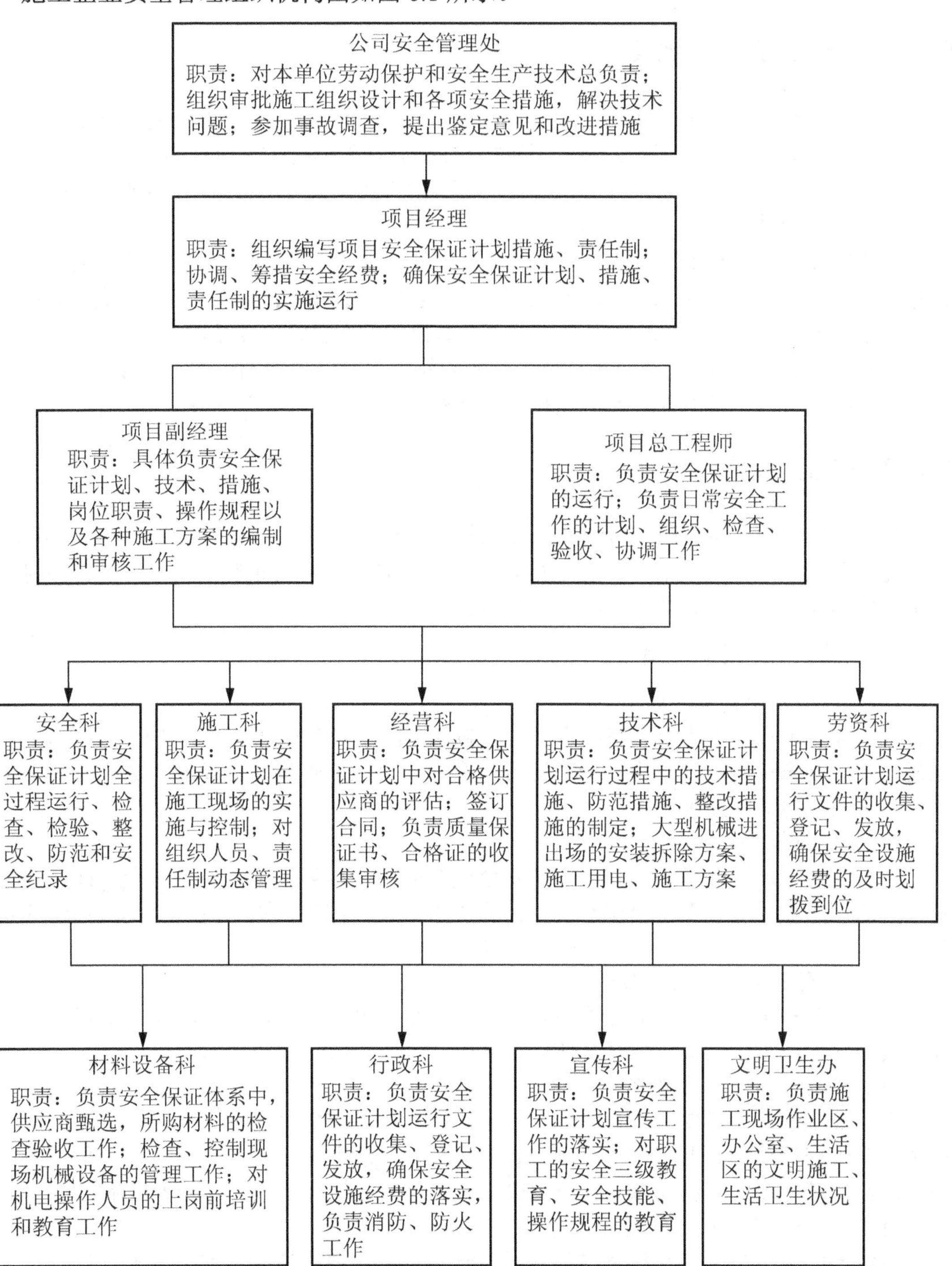

图 6.1　施工企业安全管理组织机构图

6.5 建筑工程安全生产管理制度

6.5.1 安全生产责任制度

安全生产责任制是最基本的安全管理制度，是所有安全生产管理制度的核心。安全生产责任制是按照安全生产管理方针和“管生产的同时必须管安全”的原则，将各级负责人员、各职能部门及其工作人员和各岗位生产工人在安全生产方面应做的事及应负的责任加以明确规定的一种制度。

企业实行安全生产责任制必须做到在计划、布置、检查、总结、评比生产的时候，同时计划、布置、检查、总结、评比安全工作。其内容大体分为两个方面：纵向方面是各级人员的安全生产责任制，即各类人员(从最高管理者、管理者代表到项目经理)的安全生产责任制；横向方面是各个部门的安全生产责任制，即各职能部门(如安全环保、设备、技术、生产、财务等部门)的安全生产责任制。只有这样，才能建立健全安全生产责任制，做到群防群治。

6.5.2 安全教育制度

根据原劳动部《企业职工劳动安全卫生教育管理规定》(劳部发〔1995〕405 号)和建设部《建筑业企业职工安全培训教育暂行规定》的有关规定，企业安全教育一般包括对管理人员、特种作业人员和企业员工的安全教育。

1. 管理人员的安全教育

1) 企业领导的安全教育

对企业法定代表人安全教育的主要内容包括：国家有关安全生产的方针、政策、法律、法规及有关规章制度；安全生产管理职责、企业安全生产管理知识及安全文化；有关事故案例及事故应急处理措施等。

2) 项目经理、技术负责人和技术干部的安全教育

项目经理、技术负责人和技术干部安全教育的主要内容包括：安全生产方针、政策和法律、法规；项目经理部安全生产责任；典型事故案例剖析；本系统安全及其相应的安全技术知识。

3) 行政管理干部的安全教育

行政管理干部安全教育的主要内容包括：安全生产方针、政策和法律、法规；基本的安全技术知识；本职的安全生产责任。

4) 企业安全管理人员的安全教育

企业安全管理人员安全教育内容应包括：国家有关安全生产的方针、政策、法律、法规和安全生产标准；企业安全生产管理、安全技术、职业病知识、安全文件；员工伤亡事故和职业病统计报告，以及调查处理程序；有关事故案例及事故应急处理措施。

5) 班组长和安全员的安全教育

班组长和安全员的安全教育内容包括：安全生产法律、法规、安全技术及技能、职业病和安全文化的知识；本企业、本班组和工作岗位的危险因素，以及安全注意事项；本岗位安全生产职责；典型事故案例；事故抢救与应急处理措施。

2. 特种作业人员的安全教育

1) 特种作业的定义

对操作者本人，尤其对他人或周围设施的安全有重大危害因素的作业，称为特种作业。直接从事特种作业的人，称为特种作业人员根据《特种作业人员安全技术考核管理规则》(GB 5306)。

2) 特种作业人员的范围

依据《特种作业人员安全技术考核管理规则》(GB 5036)，特种作业人员的范围有：电工作业；锅炉司炉；压力容器操作；起重机械操作；爆破作业；金属焊接(气割)作业；煤矿井下瓦斯检验；机动车辆驾驶；机动船舶驾驶和轮机操作；建筑登高架设作业；其他符合特种作业基本定义的作业。

特种作业人员应具备的条件是：必须年满18周岁以上，而从事爆破作业和煤矿井下瓦斯检验的人员，年龄不得低于20周岁；工作认真负责，身体健康，没有妨碍从事本种作业的疾病和生理缺陷；具有本种作业所需的文化程度和安全、专业技术知识及实践经验。

3) 特种作业人员的安全教育

由于特种作业较一般作业的危险性更大，所以，特种作业人员必须经过安全培训和严格考核。对特种作业人员的安全教育应注意以下3点。

(1) 特种作业人员上岗作业前，必须进行专门的安全技术和操作技能的培训教育，这种培训教育要实行理论教学与操作技术训练相结合的原则，重点放在提高其安全操作技术和预防事故的实际能力上。

(2) 培训后，经考核合格方可取得操作证，并准许独立作业。

(3) 取得操作证的特种作业人员，必须定期进行复审。复审期限除机动车辆驾驶按国家有关规定执行外，其他特种作业人员两年进行一次。凡未经复审者不得继续独立作业。

3. 企业员工的安全教育

企业员工的安全教育主要有新员工上岗前的三级安全教育、改变工艺和变换岗位安全教育、经常性安全教育3种形式。

1) 新员工上岗前的三级安全教育

三级安全教育通常是指进厂、进车间、进班组3级，对建筑工程来说，具体指企业(公司)、项目(或工区、工程处、施工队)、班组级。企业新员工上岗前必须进行三级安全教育，企业新员工须按规定通过三级安全教育和实际操作训练，并经考核合格后方可上岗。

2) 改变工艺和变换岗位时的安全教育

企业(或工程项目)在实施新工艺、新技术或使用新设备、新材料时，必须对有关人员进行相应级别的安全教育，要按新的安全操作规程教育和培训参加操作的岗位员工和有关人员，使其了解新工艺、新设备、新产品的安全性能及安全技术，以适应新的岗位作业的安全要求。

当组织内部员工发生从一个岗位调到另外一个岗位，或从某工种改变为另一工种，或因放长假离岗一年以上重新上岗的情况，企业必须进行相应的安全技术培训和教育，以使其掌握现岗位安全生产特点和要求。

3) 经常性安全教育

无论何种教育都不可能是一劳永逸的，安全教育同样如此，必须坚持不懈、经常不断地进行，这就是经常性安全教育。在经常性安全教育中，安全思想、安全态度教育最重要。进行安全思想、安全态度教育，要通过采取多种多样形式的安全教育活动，激发员工搞好安全生产的热情，促使员工重视和真正实现安全生产。经常性安全教育的形式有：每天的班前班后会上说明安全注意事项；安全活动日；安全生产会议；事故现场会；张贴安全生产招贴画、宣传标语及标志等。

6.5.3 安全检查制度

安全检查制度是清除隐患、防止事故、改善劳动条件的重要手段，是企业安全生产管理工作的一项重要内容。通过安全检查可以发现企业及生产过程中的危险因素，以便有计划地采取措施，保证安全生产。

安全检查要深入生产的现场，主要针对生产过程中的劳动条件、生产设备以及相应的安全卫生设施和员工的操作行为是否符合安全生产的要求进行检查。为保证检查的效果，应根据检查的目的和内容成立一个适应安全生产检查工作需要的检查组，配备适当的力量，决不能敷衍走过场。

6.5.4 安全措施计划制度

安全措施计划制度是指企业进行生产活动时，必须编制安全措施计划，它是企业有计划地改善劳动条件和安全卫生设施，防止工伤事故和职业病的重要措施之一，对企业加强劳动保护，改善劳动条件，保障职工的安全和健康，促进企业生产经营的发展都起着积极作用。

1. 安全措施计划的依据

(1) 国家发布的有关职业健康安全政策、法规和标准。
(2) 在安全检查中发现的尚未解决的问题。
(3) 造成伤亡事故和职业病的主要原因和所采取的措施。
(4) 生产发展需要所应采取的安全技术措施。
(5) 安全技术革新项目和员工提出的合理化建议。

2. 编制安全技术措施计划的一般步骤

(1) 工作活动分类。
(2) 危险源识别。
(3) 风险确定。
(4) 风险评价。
(5) 制定安全技术措施计划。
(6) 评价安全技术措施计划的充分性。

6.5.5 安全监察制度

安全监察制度是指国家法律、法规授权的行政部门，代表政府对企业的生产过程实施职业安全卫生监察，以政府的名义，运用国家权力对生产单位在履行职业安全卫生职责和执行职业安全卫生政策、法律、法规和标准的情况依法进行监督、检举和惩戒制度。

安全监察具有特殊的法律地位。执行机构设在行政部门，设置原则、管理体制、职责、权限、监察人员任免均由国家法律、法规所确定。职业安全卫生监察机构与被监察对象没有上下级关系，只有行政执法机构和法人之间的法律关系。

职业安全卫生监察机构的监察活动是以国家整体利益出发，依据法律、法规对政府和法律负责，既不受行业部门或其他部门的限制，也不受用人单位的约束。职业安全卫生监察机构对违反职业安全卫生法律、法规、标准的行为，有权采取行政措施，并具有一定的强制特点。这是因为它是以国家的法律、法规为后盾的，任何单位或个人必须服从，以保证法律的实施，维护法律的尊严。

6.5.6 “三同时”制度

“三同时”制度是指凡是我国境内新建、改建、扩建的基本建设项目(工程)，技术改建项目(工程)和引进的建设项目，其安全生产设施必须符合国家规定的标准，必须与主体工程同时设计、同时施工、同时投入生产和使用。安全生产设施主要是指安全技术方面的设施、职业卫生方面的设施、生产辅助性设施。《中华人民共和国劳动法》第 53 条规定：“新建、改建、扩建工程的劳动安全卫生设施必须与主体工程同时设计、同时施工、同时投入生产和使用”。《中华人民共和国安全生产法》第 24 条规定：“生产经营单位新建、改建、扩建工程项目的安全设施，必须与主体工程同时设计、同时施工、同时投入生产和使用。安全设施投资应当纳入建设项目概算”。

新建、改建、扩建工程的初步设计要经过行业主管部门、安全生产管理部门、卫生部门和工会的审查，同意后方可进行施工；工程项目完成后，必须经过主管部门、安全生产管理行政部门、卫生部门和工会的竣工检验；建设工程项目投产后，不得将安全设施闲置不用，生产设施必须和安全设施同时使用。

6.5.7 安全生产许可证的管理制度

1. 安全生产许可证的申请

建筑施工企业从事建筑施工活动前，应当依照本规定向省级以上建设主管部门申请领取安全生产许可证。

中央管理的建筑施工企业(集团公司、总公司)应当向国务院建设主管部门申请领取安全生产许可证。

前款规定以外的其他建筑施工企业，包括中央管理的建筑施工企业(集团公司、总公司)下属的建筑施工企业，应当向企业注册所在地省、自治区、直辖市人民政府建设主管部门申请领取安全生产许可证。

依据《建筑施工企业安全生产许可证管理规定》第 6 条，建筑施工企业申请安全生产许可证时，应当向建设主管部门提供下列材料。

(1) 建筑施工企业安全生产许可证申请表。

(2) 企业法人营业执照。

(3) 与申请安全生产许可证应当具备的安全生产条件相关的文件、材料。

建筑施工企业申请安全生产许可证，应当对申请材料实质内容的真实性负责，不得隐瞒有关情况或者提供虚假材料。

2. 安全生产许可证的有效期

《安全生产许可证条例》第 9 条规定，“安全生产许可证的有效期为 3 年。安全生产许可证有效期满需要延期的，企业应当于期满前 3 个月向原安全生产许可证颁发管理机关办理延期手续。企业在安全生产许可证有效期内，严格遵守有关安全生产的法律法规，未发生死亡事故的，安全生产许可证有效期届满时，经原安全生产许可证颁发管理机关同意，不再审查，安全生产许可证有效期延期3年”。

3. 安全生产许可证的变更与注销

建筑施工企业变更名称、地址、法定代表人等，应当在变更后10日内，到原安全生产许可证颁发管理机关办理安全生产许可证变更手续。

建筑施工企业破产、倒闭、撤销的，应当将安全生产许可证交回原安全生产许可证颁发管理机关予以注销。

建筑施工企业遗失安全生产许可证，应当立即向原安全生产许可证颁发管理机关报告，并在公众媒体上声明作废后，方可申请补办。

4. 安全生产许可证的管理

根据《安全生产许可证条例》和《建筑施工企业安全生产许可证管理规定》，建筑施工企业应当遵守如下强制性规定。

(1) 未取得安全生产许可证的，不得从事建筑施工活动。建设主管部门在审核发放施工许可证时，应当对已经确定的建筑施工企业是否有安全生产许可证进行审查，对没有取得安全生产许可证的，不得颁发施工许可证。

(2) 企业不得转让、冒用安全生产许可证或者使用伪造的安全生产许可证。

(3) 企业取得安全生产许可证后，不得降低安全生产条件，并应当加强日常安全生产管理，接受安全生产许可证颁发管理机构的监督检查。

6.5.8 安全预评价制度

安全预评价是在建设工程项目前期，应用安全评价的原理和方法对工程项目的危险性、危害性进行预测性评价。

开展安全预评价工作，是贯彻落实“安全第一，预防为主”方针的重要手段，是企业实施科学化、规范化安全管理的工作基础。科学、系统地开展安全评价工作，不仅直接起到了消除危险有害因素、减少事故发生的作用，有利于全面提高企业的安全管理水平，而且有利于系统地、有针对性地加强对不安全状况的治理、改造，最大限度地降低安全生产风险。

某工程项目施工安全保证体系及措施

1. 安全管理目标

1) 安全管理目标

认真贯彻“安全第一，预防为主”的方针，严格执行安全施工生产的规程、规范和安全规章制度，落实各级安全生产责任制及第一责任人制度，坚持“安全为了生产，生产必须安全”的原则，加强安全监测及支护，注重施工人员的劳动保护，确保人员、设备及工程安全，杜绝特大、重大安全事故，杜绝人身死亡事故和重大机械设备事故。

2) 安全管理目标的实施方案

建立严格的经济责任制是实施安全管理目标的中心环节；运用安全系统工程的思想，坚持以人为本、教育为先、预防为主、管理从严是做好安全事故的超前防范工作，是实现安全管理目标的基础；机构健全、措施具体、落实到位、奖罚分明是实现安全管理目标的关键。

项目部成立项目经理挂帅的安全生产领导小组，指定一名副经理分管安全生产，任领导小组副组长。施工队成立以队长为组长的安全生产小组，全面落实安全生产的保证措施，实现安全生产目标。

建立健全安全组织保证体系，落实安全责任考核制，实行安全责任金“归零”制度，把安全生产情况与每个员工的经济利益挂钩，使安全生产处于良好状态。

开展安全标准化工地建设，按安全标准化工地进行管理，采用安全易发事故点控制法，确保施工安全。

2. 施工安全管理组织机构及其主要职责

1) 施工安全管理组织机构

施工现场成立以项目经理领导下的，由安全副经理、总工程师、质量安全部、工程技术部、物资设备部、综合办公室、施工调度部等负责人组成的施工安全管理领导小组。各厂、队和部室负责人是本单位的安全第一责任人，保证全面执行各项安全管理制度，对本单位的安全施工负直接领导责任。各厂队设专职安全员，在质量安全部的监督指导下负责本厂、队及部门的日常安全管理工作，各施工作业班班长为兼职安全员，在队专职安全员的指导下开展班组的安全工作，对本班人员在施工过程中的安全和健康全面负责，确保本班人员按照业主的规定和作业指导书、安全施工措施进行施工，不违章作业。

施工安全管理组织机构如图6.2所示。

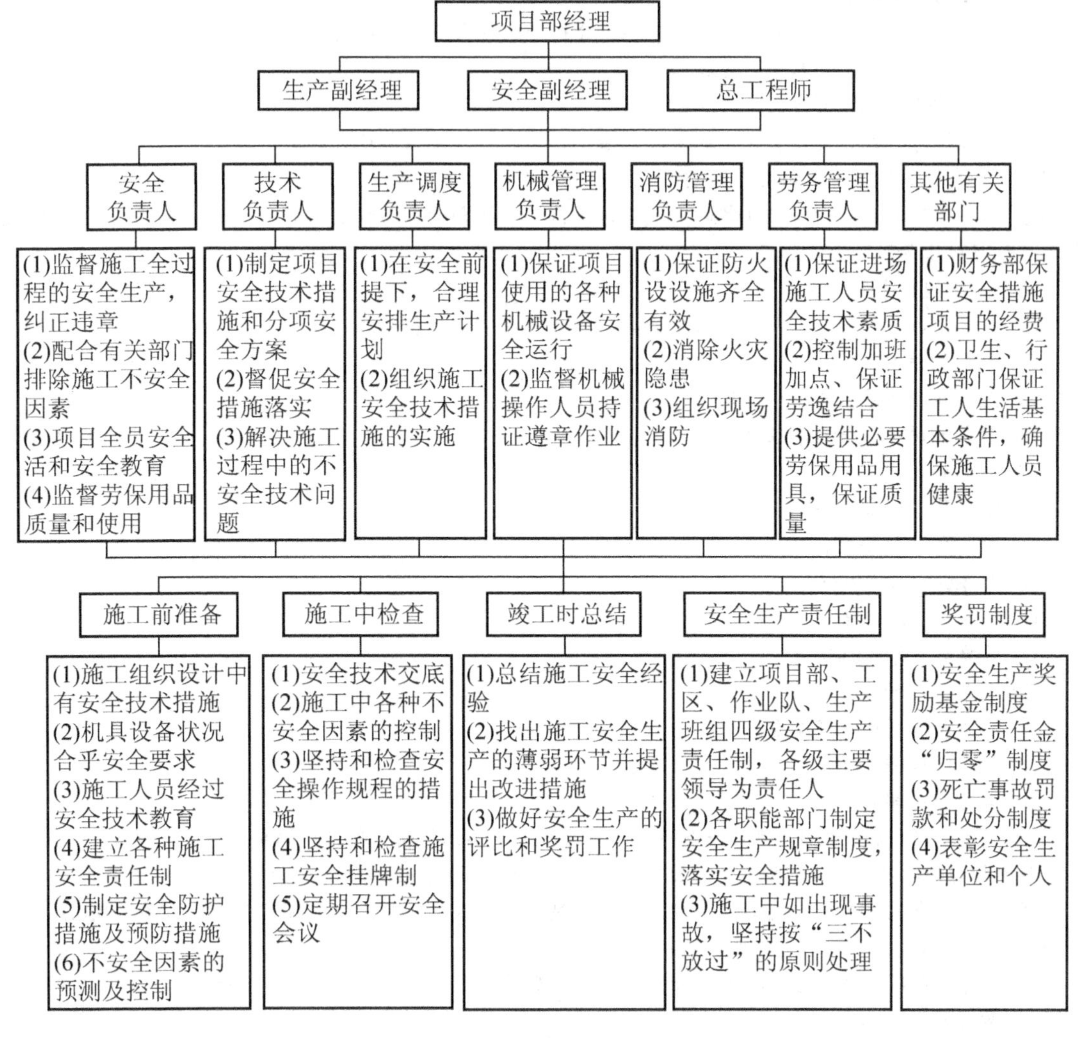

图6.2 安全管理组织机构框图

2) 安全管理部门的主要职责

(1) 项目经理主要职责如下。

① 项目经理为安全第一责任人，负责全面管理本项目范围内的施工安全、交通安全、防火防盗工作。认真贯彻执行“安全第一，预防为主”的方针。

② 负责建立统一的安全生产管理体系，确保安全监察人员的素质和数量。

③ 按规定配发和使用各种劳动保护用品和用具。

④ 建立安全岗位责任制，逐级签订安全生产承包责任书，明确分工，责任到人，奖惩分明。

⑤ 严格执行“布置生产任务的同时布置安全工作，检查生产工作的同时检查安全情况，总结生产的同时总结安全工作”的“三同时”制度。

(2) 安全副经理职责如下。

① 协助项目部项目经理主持本项目日常安全管理工作。

② 每旬进行一次全面安全检查，对检查中发现的安全问题，按照“三不放过”原则立即制定整改措施，定人限期进行整改，监督“管生产必须管安全”的落实。

③ 主持召开工程项目安全事故分析会，及时向业主及监理单位通报事故情况。

④ 及时掌握工程安全情况，对安全工作做得较好的班组、作业队要及时推广。

(3) 总工程师安全管理职责如下。

① 协助安全副经理召开工程项目安全事故分析会，提出安全事故的技术处理方案。

② 对重要项目进行技术安全交底工作。

(4) 质量安全部职责如下。

① 贯彻执行国家有关安全生产的法规、法令、执行建设单位与地方政府对安全生产发出的有关规定和指令，并在施工过程中严格检查落实情况，严防安全事故的发生。

② 本项目开工前，结合项目部的实践编写通俗易懂适合于本工程使用的安全防护规程袖珍手册。经监理单位审批后分发给全体职工。

安全防护规程手册的内容如下。

(a) 安全帽、防护鞋、工作服、防尘面具、安全带等常用防护品的使用。

(b) 钻机的使用。

(c) 汽车驾驶和运输机械的使用。

(d) 炸药的运输、储存和使用。

(e) 用电安全。

(f) 地下开挖作业的安全。

(g) 模板作业的安全。

(h) 混凝土作业的安全。

(i) 机修作业的安全。

(j) 压缩空气作业的安全。

(k) 意外事故的救护程序。

(l) 防洪和防气象灾害措施。

(m) 信号和报警知识。

(n) 其他有关规定。

③ 遵照《水利水电建筑安装安全技术工作手册》制定各工作面、各工序的安全生产规程，经常组织作业人员进行安全学习，尤其对新进场的员工要坚持先进行安全生产基本常识的教育后才允许上岗的制度。

④ 主持工程项目安全检查工作，确定检查日期、参加人员。除正常定期检查外，对施工危险性大、节假日前后等的施工部位还应安排加强安全检查。

⑤ 负责工程项目的安全总结和统计报表工作，及时上报安全事故及其处理情况。

(5) 安全员职责如下。

① 每天巡视各施工面，检查施工现场的安全情况及是否有违章作业情况，一旦发现及时制止。施工

队和班组安全员在班前交待注意事项，班后讲评安全，把事故消灭在萌芽状态中。

② 参加安全事故的处理。

3. 安全保证体系

建立健全安全保证体系，贯彻国家有关安全生产和劳动保护方面的法律法规，定期召开安全生产会议，研究项目安全生产工作，发现问题及时处理解决。逐级签订安全责任书，使各级明确自己的安全目标，制定好各自的安全规划，达到全员参与安全管理的目的，充分体现“安全生产，人人有责”。按照“安全生产，预防为主”的原则组织施工生产，做到消除事故隐患，实现安全生产的目标。

安全保证体系如图 6.3 所示。

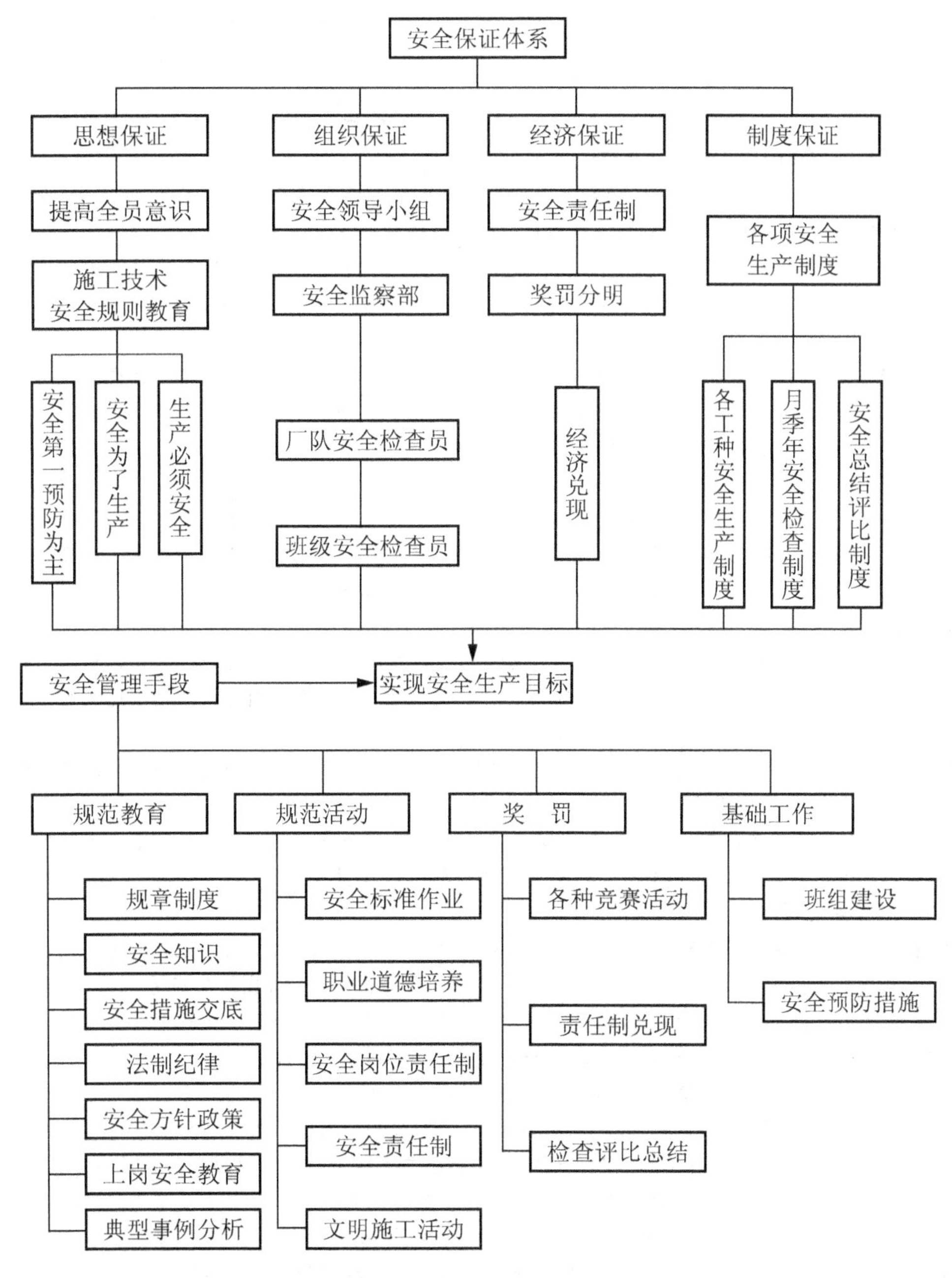

图 6.3　安全保证体系框图

4. 安全管理制度及办法

(1) 本项目实行安全生产三级管理，即一级管理由安全副经理领导下的质量安全部负责，二级管理由作业厂队负责，三级管理由班组负责。

(2) 根据本工程的特点及条件制定《安全生产责任制》，并按照颁布的《安全生产责任制》的要求，落实各级管理人员和操作人员的安全生产负责制，人人做好本岗位的安全工作。

(3) 本项目开工前，由质量安全部编制实施性安全施工组织设计，对爆破、开挖、运输、支护、混凝土浇筑、灌浆等作业，编制和实施专项安全施工组织设计，确保施工安全。

(4) 实行逐级安全技术交底制，由项目经理部组织有关人员进行详细的安全技术交底，凡参加安全技术交底的人员要履行签字手续，并保存资料，安全监察部专职安全员对安全技术措施的执行情况进行监督检查，并作好记录。

(5) 加强施工现场安全教育。

① 针对工程特点，对所有从事管理和生产的人员施工前进行全面的安全教育，重点对专职安全员、班组长和从事特殊作业的操作人员进行培训教育。

② 未经安全教育的施工管理人员和生产人员，不准上岗，未进行三级教育的新工人不准上岗，变换工作或采用新技术、新工艺、新设备、新材料而没有进行培训的人员不准上岗。

③ 特殊工种的操作人员需进行安全教育、考核及复验，严格按照《特种作业人员安全技术考核管理规定》且考核合格获取操作证后方能持证上岗。对已取得上岗证的特种作业人员要进行登记，按期复审，并设专人管理。

④ 通过安全教育，增强职工安全意识，树立"安全第一、预防为主"的思想，并提高职工遵守施工安全纪律的自觉性，认真执行安全检查操作规程，做到不违章指挥、不违章操作、不伤害自己、不伤害他人、不被他人伤害，达到提高职工整体安全防护意识和自我防护能力。

(6) 认真执行安全检查制度。

项目部要保证安全检查制度的落实，规定检查日期、参加检查人员。质量安全部每旬进行一次全面安全检查，安全员每一天进行一次巡视检查。视工程情况，在施工准备前、施工危险性大、季节性变化、节假日前后等组织专项检查。对检查中发现的安全问题，按照"三不放过"的原则立即制定整改措施，定人限期进行整改和验收。

(7) 按照公安部门的有关规定，对易燃、易爆物品、火工产品的采购、运输、加工、保管、使用等工作项目制定一系列规章制度，并接受当地公安部门的审查和检查。炸药必须存放在距工地或生活区有一定安全距离的仓库内，不得在施工现场堆放炸药。

(8) 按月进行安全工作的评定，实行重奖重罚的制度。严格执行建设部制定的安全事故报告制度，按要求及时报送安全报表和事故调查报告书。

(9) 建立安全事故追究制度，对项目部内部发生的每一起安全事故，都要追究到底，直到所有预防措施全部落实，所有责任人全部得到处理，所有职工都吸取了事故教训。

5. 施工现场安全措施

(1) 施工现场的布置应符合防火、防爆、防雷电等规定和文明施工的要求，施工现场的生产、生活、办公用房、仓库、材料堆放、停车场、修理场等严格按批准的总平面布置图进行布置。

(2) 现场道路平整、坚实、保持畅通，危险地点按照 GB 2893《安全色》和 GB 2894《安全标志》规定挂标牌，现场道路符合《工厂企业厂内运输安全规程》GB 4378 的规定。

(3) 现场的生产、生活区设置足够的消防水源和消防设施网点，且经地方政府消防部门检查认可，并使这些设施经常处于良好状态，随时可满足消防要求。消防器材设有专人管理不能乱拿乱动，组成一支由15～20人的义务消防队，所有施工人员和管理人员均熟悉并掌握消防设备的性能和使用方法。

(4) 各类房屋、库棚、料场等的消防安全距离符合公安部门的规定，室内不能堆放易燃品；严禁在易燃易爆物品附近吸烟，现场的易燃杂物，随时清除，严禁堆放在有火种的场所或近旁。

(5) 施工现场实施机械安全安装验收制度，机械安装要按照规定的安全技术标准进行检测。所有操作人员要持证上岗。使用期间定机定人，保证设备完好率。

(6) 施工现场的临时用电严格按照《施工现场临时用电安全技术规范》TGJ 46 规定执行。

(7) 确保必需的安全投入。购置必备的劳动保护用品，安全设备及设施齐备，完全满足安全生产的需要。

(8) 在施工现场，配备适当数量的保安人员，负责工程及施工物资、机械装备和施工人员的安全保卫工作，并配备足够数量的夜间照明和围挡设施；该项保卫工作，在夜间及节假日也不间断。

(9) 在施工现场和生活区设卫生所，根据工程实际情况，配备必要的医疗设备和急救医护人员，急救人员应具有至少 5 年以上的急救专业经验，并与当地医院签订医疗服务合同。

(10) 积极做好安全生产检查，发现事故隐患，要及时整改。

本章小结

了解建筑工程安全生产管理的基本概念、特点、方针、原则，熟悉建设工程安全生产管理各方责任，熟悉安全生产管理主要内容，掌握安全生产管理机构的构成，熟悉建筑工程安全生产管理制度。

建筑工程安全生产管理是指建设行政主管部门、建设安全监督管理机构、建筑施工企业及有关单位对建筑安全生产过程中的安全工作，进行计划、组织、指挥、控制、监督、调节和改进等一系列致力于满足生产安全的管理活动。

《中华人民共和国建筑法》规定："建筑工程安全生产管理必须坚持安全第一、预防为主的方针"。

国务院颁发的《建设工程安全生产管理条例》对政府部门、有关企业及相关人员的建设工程安全生产和管理行为进行了全面规范，完善了目前的市场准入制度中施工企业资质和施工许可制度，规定了建设活动各方主体应当承担的安全生产责任和安全生产监督管理体制。其主要框架内容如下。

危险源是安全管理的主要对象，在实际生活和生产过程中的危险源是以多种多样的形式存在的。虽然危险源的表现形式不同，但从本质上说，能够造成危害后果的(如伤亡事故、人身健康受损害、物体受破坏和环境污染等)，均可归结为能量的意外释放或约束、限制能量和危险物质措施失控的结果。所以，存在能量、有害物质以及对能量和有害物质失去控制是危险源导致事故的根源和状态。根据危险源在事故发生发展中的作用把危险源分为两大类。即第一类危险源和第二类危险源。

建筑施工企业应设安全生产管理机构，其工作人员都是专职安全生产管理人员。安全生产管理机构的作用是落实国家有关安全生产法律法规，组织生产经营单位内部各种安全检查活动，负责日常安全检查；及时整改各种事故隐患，监督安全生产责任制落实。

建立安全生产责任制度、安全教育制度、安全检查制度、安全措施计划制度、安全监察制度、"三同时"制度、安全生产许可证的管理制度、安全预评价制度等建筑工程安全生产管理制度。

习　　题

一、单选题

1. 工程建设单位的(　　)对本单位的安全生产工作全面负责。

A. 主要负责人　　B. 安全部门负责人　　C. 生产负责人　　D. 安全事故当事人

2. 下列关于安全生产的说法中正确的是(　　)。

A. 工程建设单位主要负责人必须具备与本单位所从事生产经营活动相应的资格证书

B. 工程建设单位的主要负责人可以不具备与本单位所从事的生产经营活动相应的资格证书，但必须具备相应的安全生产知识和管理能力

C. 特种作业人员的范围由特种行业的主管部门确定

D. 工程建设单位必须为从业人员提供符合企业标准的劳动防护用品

3. 建设项目的安全设施投资应当纳入(　　)。

A. 年度预算

B. 企业的建设基金

C. 企业年度决算

D. 建设项目概算

4. 《安全生产法》对于生产、经营、储存、使用危险品的车间、商店、仓库与员工宿舍的要求是(　　)。

A. 可以在同一座建筑物内，但必须保持安全距离

B. 可以在同一座建筑物内，但禁止封闭、堵塞生产经营场所或者员工宿舍的出口

C. 不得在同一座建筑物内，并应当保持安全距离

D. 只要不在同一座建筑物内即可

5. 当从业人员发现直接危及人身安全的紧急情况时，有权停止作业或在采取可能的应急措施后撤离作业场所，这里的权是(　　)。

A. 拒绝权　　B. 批评权和检举、控告权

C. 紧急避险权　　D. 自我保护权

6. 安全生产中的从业人员发现事故隐患或其他不利安全因素时，应当立即向(　　)报告。

A. 生产安全部门　　B. 工会组织

C. 现场安全生产管理人员或本单位负责人　　D. 国家安全生产监管部门

7. 安全监督检查人员可以进入工程建设单位进行现场调查，单位不得拒绝，有权向被审查单位调阅资料并向有关人员了解情况的权利，被称为(　　)。

A. 现场处理权　　B. 现场调查取证权

C. 查封、扣押行政强制措施　　D. 行政处罚权

8. 建筑施工单位的生产经营规模较小的，可以不建立生产事故应急救援组织，但应当(　　)。

A. 指定专职的应急救援人员　　B. 指定兼职的应急救援人员

C. 建立应急救援体系　　D. 配备应急救援器材、设备

9. 工程建设单位的决策机构、主要负责人、个人经营的投资人不依照本法规定保证安全生产所必需的资金投入，致使工程建设单位不具备安全生产条件的，(　　)。

A. 责令限期改正，提供必需的资金　　B. 提出警告，并处以罚款

C. 提出警告，并限期改正　　D. 未按期改正的，吊销其营业执照

10. 建设工程安全生产管理条例中，(　　)是建筑生产最基本的安全管理制度，是所有安全规章制度的核心。

A. 安全生产责任制度　　B. 安全责任追究制度

C. 安全生产教育培训制度　　D. 安全生产检查制度

11. 根据《建设工程安全生产管理条例》，下列说法中正确的是(　　)。

A. 建设单位不得向施工单位提出不符合安全生产法律、法规和强制性标准规定的要求，但可以压缩合同约定的工期

B. 建设工程安全作业环境及安全施工措施所需费用由建设单位进行工程决算时确定

C. 依法批准开工的工程，建设单位应当在开工报告批准之日起30日内将保证安全施工的措施报送有关部门备案

D. 进行大型爆破作业，或在居民区其他重要工程设施附近进行控制爆破作业时，施工单位必须事先将爆破施工方案，报县、市以上主管部门批准，并征得所在地县、市公安局同意，方可爆破作业

12. 工程监理企业在实施监理过程中，发现存在非常严重的安全事故隐患，而施工单位拒不整改的，应该(　　)。

A. 继续要求施工单位整改　　B. 要求施工单位停工，及时报告建设单位

C. 及时向有关主管部门报告　　D. 积极协助施工单位采取措施，消除隐患

13. 对于一定规模的危险性较大的分部分项工程要编制专项施工方案，并附安全验算结果，经(　　)签字后方可实施。

A. 施工单位的项目负责人

B. 施工单位的项目负责人和技术负责人

C. 施工单位的项目负责人和总监理工程师

D. 施工单位的技术负责人和总监理工程师

14. 《建设工程安全生产管理条例》规定，施工单位应当为(　　)办理意外伤害保险。

A. 施工现场从事危险作业的人员　　B. 施工现场的所有人员

C. 施工现场从事特殊工种的人员　　D. 施工现场的专职安全管理人员

15. 建设单位有下列行为之一的，经责令限期改正后逾期未改正的，应责令该建设工程停止施工的是(　　)。

A. 建设单位未提供建设工程安全生产作业环境及安全施工措施所需费用的

B. 对勘察、设计、施工、工程监理等单位提出不符合安全生产法律、法规和强制性标准规定的要求的

C. 要求施工单位压缩合同约定的工期的

D. 将拆除工程发包给不具有相应资质等级的施工单位的

16. 建设单位未提供建设工程安全生产作业环境及安全施工措施所需费用的，责令限期改正，逾期未改正的(　　)。

A. 给予警告，并处以罚款　　B. 对其主要负责人处以罚款

C. 责令该建设工程停止施工　　D. 降低直至取消其资质证书

17. 施工单位未根据不同施工阶段和周围环境及季节、气候的变化，在施工现场采取相应的安全施工措施，或者在城市市区内的建设工程的施工现场未实行封闭围挡的(　　)。

A. 责令限期改正，逾期未改正，责令停业整顿，并处10万元以上30万元以下罚款

B. 责令限期改正，逾期未改正，责令停业整顿，并处5万元以上10万元以下罚款

C. 造成重大安全事故，对直接责任人员，依照刑法有关规定追究刑事责任

D. 造成重大安全事故，对直接责任人员，处以10万元以上30万元以下的罚款

18. 发生重大工程质量事故隐瞒不报、谎报或者拖延报告期限的，对直接负责的主管人员和其他责任人员依法给予(　　)。

A. 行政处分　　B. 行政处罚　　C. 罚款　　D. 以上答案都不对

19. 某施工现场发生了安全生产事故，死亡 3 人。下面行为中违反了《安全生产法》的是(　　)

A. 项目经理向上报告安全生产事故，报告中写明死亡 2 人

B. 事故现场有关人员向项目经理报告说死亡 2 人

C. 现场工人甲发现将要发生安全事故而紧急逃离现场

D. 某工人发现了安全隐患后及时向本单位负责人作了报告，没有向现场安全生产管理人员报告

20. 在施工过程中，如果发生了设计变更，原安全技术措施(　　)。

A. 无需变更　　B. 可在施工后进行变更

C. 必须及时变更　　D. 可在施工中灵活变更

21. 施工项目经理部对生产安全事故应采取的处理程序是(　　)。

A. 报告安全事故，安全事故现场处理，安全事故调查，编写报告并上报

B. 报告安全事故，安全事故分析记录，安全事故登记，编写报告并上报

C. 报告安全事故，安全事故处理，安全事故登记，安全事故调查，编写报告并上报

D. 报告安全事故，安全事故处理，安全事故登记，安全事故分析记录

22. 某大型工程项目开工前，项目经理部总工程师组织编制了施工安全技术措施，报公司技术部、项目管理部、安全监督部审核，审批人应是(　　)。

A. 项目经理　　B. 设计单位代表

C. 监理工程师　　D. 公司总工程师

23.负责组织大型工程项目安全技术措施交底的是(　　)。

A. 项目经理　　B. 项目部总工程师

C. 公司总工程师　　D. 分包商技术负责人

二、多选题

1. 下面关于施工安全管理计划的说法中，不正确的是(　　)。

A. 施工安全管理计划应在项目开工后编制

B. 施工安全管理计划须经技术负责人批准后方可实施

C. 专业性强的项目应编制专项安全施工措施

D. 结构复杂的项目须制定单独的安全施工措施

E. 分包项目安全计划不纳入总包项目安全计划

2. 下列说法正确的有(　　)。

A. 施工单位应当将施工现场的办公生活区与作业区分开设置，并保持安全距离

B. 办公生活区的选址应当符合安全性要求

C. 职工的膳食饮水休息场所等应当符合卫生标准

D. 施工单位可以在尚未竣工的建筑物内设置员工集体宿舍

E. 施工现场材料的堆放应当符合安全性要求

3. 施工起重机械和整体提升脚手架、模板等自升式架设设施安装，拆卸单位有下列行

为(　　)责令限期改正，处5万元以上10万元以下的罚款。情节严重的，责令停业整顿，降低资质等级，直至吊销资质证书。造成损失的，依法承担赔偿责任。

A. 未编制拆装方案制定安全施工措施的

B. 未由专业技术人员现场监督的

C. 未出具自检合格证明

D. 未向施工单位进行安全使用说明，办理移交手续的

E. 出具虚假证明的

4. 施工单位必须按照(　　)施工，不得擅自修改工程设计，不得偷工减料。

A. 施工队施工经验　　B. 工程设计图纸　　C. 施工队施工方便

D. 施工技术标准　　E. 作业人员的数量

5. 下列(　　)单位的工作人员因调动工作退休等原因离开该单位后，被发现在该单位工作期间违反国家有关建设工程管理规定，造成重大工程质量事故的，应当依法追究法律责任。

A. 建设单位　　B. 设计单位　　C. 施工单位

D. 工程监理单位　　E. 勘察单位

6. 施工单位应当在施工现场建立消防安全生产责任制度，措施有(　　)。

A. 确定消防安全责任人

B. 在施工现场入口处设置明显标志

C. 设置消防通道、消防水源、配备消防设施和灭火器材

D. 制定用火用电使用易燃易爆材料等各项消防安全管理制度和操作规程

E. 施工现场的动火作业，必须执行审批制度

7. 施工起重机械和整体提升脚手架、模板等自升式架设设施安装，拆卸单位有下列行为(　　)经有关部门或者单位职工提出后，对事故隐患不采取措施，因而发生重大伤亡事故或者造成其他严重后果，构成犯罪的，对直接责任人员，依照刑法有关规定追究刑事责任。

A. 未编制拆装方案制定安全施工措施的

B. 未由专业技术人员现场监督的

C. 未出具自检合格证明

D. 未向施工单位进行安全使用说明，办理移交手续的

E. 出具虚假证明的

8. 施工单位必须按照(　　)对建筑材料建筑构配件、设备和商品混凝土进行检验。检验应当有书面记录和专人签字，未经检验或者检验不合格的不得使用。

A. 工程设计要求　　B. 监理要求　　C. 施工技术标准

D. 合同约定　　E. 施工作业人员水平

9. 建设工程安全生产管理，坚持 (　　)的方针。

A. 安全第一　　B. 预防为主　　C. 违法必究

D. 和谐建设　　E. 维持稳定

10. 作业人员有权(　　)。

A. 对作业程序擅自改变　　B. 对安全问题提出控告　　C. 拒绝违章指挥

D. 拒绝强令冒险作业　　E. 对设计不足之处擅自变更

11. 下列行为应当整改的有(　　)。

A. 未设立安全生产管理机构，配备专职安全生产管理人员或者分部分项工程施工

时无专职安全生产管理人员现场监督的

B. 施工单位的主要负责人，项目负责人，专职安全生产管理人员，作业人员或者特种作业人员，未经安全教育培训或者经考核不合格即从事相关工作的

C. 未在施工现场的危险部位设置明显的安全警示标志

D. 未向作业人员提供安全防护用具和安全防护服装的

E. 未按照国家有关规定在施工现场设置消防通道消防水源，配备消防设施和灭火器材的

12. 施工人员对涉及结构安全的试块、试件以及有关材料，可以在(　　)监督下现场取样，并送具有相应资质等级的质量检测单位进行检测。

A. 建设单位　　B. 总承包单位　　C. 施工单位

D. 工程建立单位　　E. 咨询单位

13. 施工单位的项目负责人的任务有(　　)。

A. 落实安全生产责任制度，安全生产规章制度和操作规程

B. 确保安全生产费用的有效使用

C. 根据工程的特点组织制定安全施工措施，消除安全事故隐患

D. 及时如实报告生产安全事故

E. 配合建立单位对工程质量进行全程监控

14. 作业人员应当遵循安全施工的(　　)，正确使用安全防护用具、机械设备等。

A. 强制性标准　　B. 操作规程　　C. 规章制度

D. 生产安全纪律　　E. 法律

15. 施工单位有下列行为(　　)的，责令限期改正；逾期未改正的，责令停业整顿，并处 5 万元以上，10 万元以下的罚款；造成重大安全事故，构成犯罪的，对直接责任人员，依照刑法有关规定追究刑事责任。

A. 施工前未对有关安全施工的技术要求做出详细说明的

B. 未根据不同施工阶段和周围环境及季节气候的变化，在施工现场采取相应的安全施工措施，或者在城市市区内的建设工程的施工现场未实行封闭围挡的

C. 在尚未竣工的建筑物内设置员工集体宿舍的

D. 施工现场临时搭建的建筑物不符合安全使用要求的

E. 虚报企业资质的

16. 施工单位在施工中(　　)责令改正，处工程合同价款 2%以上 4%以下的罚款。

A. 偷工减料　　B. 使用不合格的建筑材料建筑构配件

C. 不按照工程设计图纸施工　　D. 不按照施工技术标准施工

E. 使用不合格的机械设备

17. 下列哪些作业人员，必须按照国家有关规定经过专门的安全作业人员培训，并取得特种作业操作资格证书后，方可上岗作业(　　)。

A. 安装拆卸工　　B. 爆破作业人员　　C. 起重信号工

D. 等高架设作业人员　　E. 钢筋工

18. 关于施工单位采购租赁的安全防护用具，机械设备施工机具及配件，下列说法正确的是(　　)。

A. 应当具有生产(制造)许可证　　B. 应当具有产品合格证
C. 进入施工现场后进行查验　　D. 应当满足项目的使用要求

19. 施工单位有(　　)行为，造成损失的，依法承担赔偿责任。
A. 施工前未对有关安全施工的技术要求做出详细说明的
B. 在尚未竣工的建筑物内设置员工集体宿舍的
C. 施工现场临时搭建的建筑物不符合安全使用要求的
D. 未对应建设工程施工可能造成损害的毗邻建筑物，构筑物和地下管线等采取专项防护措施的
E. 虚报单位资质的

20. 施工单位未对(　　)进行检验，或者未对涉及结构安全的试块、试件以及有关材料取样检验的，责令改正，处10万元以上20万元以下的罚款。
A. 建筑材料　　B. 设备　　C. 建筑构配件
D. 商品混凝土　　E. 建筑机械

21. 施工单位应当在施工组织设计中编制安全技术措施和施工现场临时用电方案，对达到一定规模的危险性较大分部分项工程编制专项施工方案，并附具安全验算结构，经(　　)签字后实施。
A. 专职安全生产管理员　　B. 施工单位技术负责人　　C. 总监理工程师
D. 作业人员　　E. 企业负责人

22. 施工单位在使用施工起重机械和整体提升脚手架、模板等自升式架设设施前，应当组织有关单位进行验收，也可以委托具有相应资质的检验检测机构进行验收，使用承租的机械设备和施工机具及配件的，由(　　)共同进行验收，验收合格的方可使用。
A. 出租单位　　B. 安装单位　　C. 分包单位
D. 施工纵承包单位　　E. 建设单位

23. 施工单位有下列行为(　　)责令限期改正；逾期未整改的，责令停业整顿，并处10万元以上30万元以下的罚款；情节严重的，降低资质等级，直至吊销资质证书；造成重大安全事故，构成犯罪的，对直接责任人员，依照刑法有关规定追究刑事责任；造成损失的，依法承担赔偿责任。
A. 安全防护用具，机械设备，施工机具及配件在进入施工现场前未经查验或者查验不合格即投入使用的
B. 使用未经检验或者验收不合格的施工起重机械和整体提升脚手架、模板等自升式架设设施的
C. 委托不具有相应资质的单位承担施工现场安装，拆卸施工起重机械和整体提升脚手架、模板等自升式架设设施的
D. 在施工组织设计中未编制安全技术措施，施工现场临时用电方案或者专项施工方案的
E. 虚报单位资质的

24. 工程监理单位有下列行为(　　)责令改正，处50万元以上100万元以下的罚款。
A. 与建设单位串通，弄虚作假
B. 与施工单位串通，降低工程质量的

C. 将不合格的建设工程设备等按照合同签字的

D. 违反规定造成重大损失的

E. 虚报企业资质的

25. 建设工程施工前，施工单位负责项目管理的技术人员应当对有关安全施工的技术要求向(　　)作出详细说明，并由双方签字确认。

A. 专职安全生产管理员　　B. 监理工程师　　C. 施工作业班组

D. 作业人员　　E. 项目经理

26. 施工单位的(　　)应当经建设主管部门或者其他有关部门考核合格后方可任职。

A. 主要负责人　　B. 项目负责人

C. 专职安全生产管理人员　　D. 总监理工程师

E. 作业人员

27. 企业取得安全生产许可证，应当具备(　　)安全生产条件。

A. 建立健全安全生产责任制，制定完整的安全生产规章制度和操作规程

B. 安全投入符合安全生产要求

C. 设置安全生产管理机构

D. 主要负责人和安全生产管理人员经考核合格

E. 配备专职安全生产管理人员

三、简答题

1. 简述建筑工程安全生产管理的方针。
2. 建筑工程安全生产管理的原则有哪些？
3. 建设工程安全生产管理各方责任有哪些？
4. 什么叫第一类危险源、第二类危险源？
5. 危险源类型有哪些？
6. 危险源辨识方法有哪些？
7. 施工安全技术措施的一般要求有哪些？
8. 安全检查的注意事项有哪些？
9. 安全检查的主要内容有哪些？
10. 安全生产管理小组如何组成？
11. 施工企业安全管理组织机构如何组成？
12. 施工单位的安全责任有哪些？
13. 安全生产责任制度有哪些？
14. 安全教育制度有哪些？
15. 安全检查制度有哪些？
16. 安全措施计划制度有哪些？
17. 安全监察制度有哪些？
18. 简述“三同时”制度。
19. 简述安全预评价制度。

第7章

职业健康安全管理

教学目标

了解职业健康安全管理体系标准(OHSMS)，了解施工企业职业安全健康管理体系认证的基本程序和施工企业职业安全健康管理体系认证的重点工作内容，熟悉 PDCA 循环程序和内容、实施步骤与工具，熟悉建立施工现场安全生产保证体系的目的、作用、基本原则，掌握建立安全生产保证体系的程序。

教学要求

能力目标	知识要点	权重
了解职业健康安全管理体系标准(OHSMS)	职业健康安全管理体系标准(OHSMS)	10%
了解施工企业职业安全健康管理体系认证的基本程序和施工企业职业安全健康管理体系认证的重点工作内容	施工企业职业安全健康管理体系认证的基本程序 施工企业职业安全健康管理体系认证的重点工作内容	20%
熟悉 PDCA 循环程序和内容、实施步骤与工具	PDCA 循环程序和内容 PDCA 循环实施步骤与工具	30%
熟悉建立施工现场安全生产保证体系的目的、作用、基本原则	建立施工现场安全生产保证体系的目的和作用 建立施工现场安全生产保证体系的基本原则	20%
掌握建立安全生产保证体系的程序	建立安全生产保证体系的程序	20%

引例

随着经济的高速增长和科学技术的飞速发展，人们为了追求物质文明，生产力得到了高速发展，许多新技术、新材料、新能源涌现，使一些传统的产业和产品生产工艺逐渐消失、新的产业和生产工艺不断产生。但是，在这样一个生产力高速发展的背后，却出现了许多不文明的现象，尤其是在市场竞争日益加剧的情况下，人们往往专注于追求低成本、高利润，而忽视了劳动者的劳动条件和环境的改善，甚至以牺牲劳动者的职业健康安全和破坏人类赖以生存的自然环境为代价。

据国际劳工组织(ILO)统计，全球每年发生各类生产事故和劳动疾病约为2.5亿起，平均每天68.5万起，每分钟就发生475起，其中每年死于职业事故和劳动疾病的人数多达110万人，远远多于交通事故、暴力死亡、局部战争以及艾滋病死亡的人数。特别是发展中国家的劳动事故死亡率比发达国家要高出一倍以上，有少数不发达的国家和地区要高出4倍以上。

建设工程项目的职业健康安全管理的目的是保护产品生产者和使用者的健康与安全。控制影响工作场所内员工、临时工作人员、合同方人员、访问者和其他有关部门人员健康和安全的条件和因素。考虑和避免因使用不当对使用者造成的健康和安全的危害。控制作业现场的各种粉尘、废水、废气、固体废弃物以及噪声、振动对环境的污染和危害，考虑能源节约和避免资源的浪费。

职业健康安全与环境管理的任务是建筑生产组织(企业)为达到建筑工程的职业健康安全与环境管理的目的指挥和控制组织的协调活动，包括制定、实施、实现、评审和保持职业健康安全与环境方针所需的组织机构、计划活动、职责、惯例、程序、过程和资源。

问题：

(1) 建设工程项目的职业健康安全存在的问题有哪些？

(2) 建设工程项目的职业健康安全管理方法、手段有哪些？

7.1 职业健康安全管理体系原理

职业健康安全管理的目标使企业的职业伤害事故、职业病持续减少。实现这一目标的重要组织保证体系是企业建立持续有效、并不断改进的职业健康安全管理体系(Occupational Safety and Health Management Systems，OSHMS)。其核心是要求企业采用现代化的管理模式，使包括安全生产管理在内的所有生产经营活动科学、规范并有效，通过建立安全健康风险的预测、评价、定期审核和持续改进完善机制，从而预防事故发生和控制职业危害。

值得说明的是，对OHSMS的中文名称很不统一，有称“职业健康安全管理体系”的，也有称“职业安全健康管理体系”的，还有称“职业安全卫生管理体系”的，无论如何，职业健康(卫生)应当是安全管理的重要内容。除了一些法规性文件外，这里一律称OHSMS为“职业健康安全管理体系”。

国标《职业健康安全管理体系要求》已于2011年12月30日更新至GB/T 28001—2011版本，等同采用OHSAS18001:2007新版标准(英文版)，并于2012年2月1日实施。GB/T 28001—2011标准与OHSAS18001:2007在体系的宗旨、结构和内容上相同或相近。

7.1.1 职业健康安全管理体系标准(OHSMS)简介

OHSMS具有系统性、动态性、预防性、全员性和全过程控制的特征。OHSMS以“系统安全”思想为核心，将企业的各个生产要素组合起来作为一个系统，通过危险辨识、风险评价和控制等手段来达到控制事故发生的目的；OHSMS 将管理重点放在对事故的预防上，在管理过程中持续不断地根据预先确定的程序和目标，定期审核和完善系统的不安全因素，使系统达到最佳的安全状态。

1．标准的主要内涵

职业健康安全管理体系结构如图 7.1 所示。它包括 5 个一级要素，即：职业健康安全方针(4.2)、策划(4.3)、实施和运行(4.4)、检查和纠正措施(4.5)、管理评审(4.6)。显然，这 5 个一级要素中的策划、实施和运行、检查和纠正措施 3 个要素来自 PDCA 循环，其余两个要素即职业健康安全方针和管理评审，一个是总方针和总目标的明确，一个是为了实现持续改进的管理措施。即其中心仍是 PDCA 循环的基本要素。

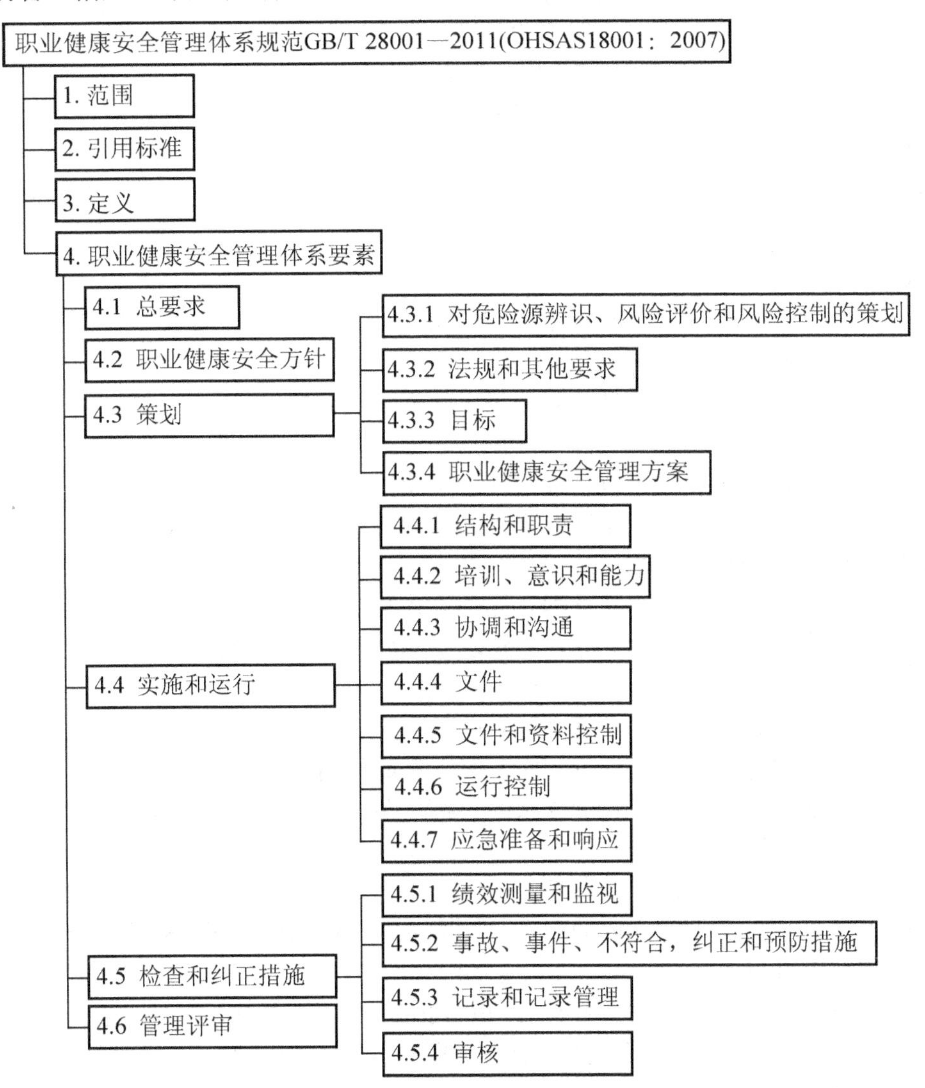

图 7.1 职业健康安全管理体系结构

这 5 个一级要素包括 15 个二级要素，即：对危险源辨识、风险评价和风险控制的策划；法规和其他要求；目标；职业健康安全管理方案；结构和职责；培训、意识和能力；协商和沟通；文件；文件和资料控制；运行控制；应急准备和响应；绩效测量和监视；事故、事件、不符合、纠正和预防措施；记录和记录管理；审核。这15个二级要素中一部分是体现体系主体框架和基本功能的核心要素，包括有：对危险源辨识、风险评价和风险控制的策划，法规和其他要求，目标，职业健康安全管理方案，结构和职责，运行控制，绩效测量、监视和审核。一部分是支持体系主体框架和保证实现基本功能的辅助要素，包括有：培训、意识和能力，协商和沟通，文件，文件和资料控制，应急准备和响应，事故、事件、不符合、纠正和预防措施，记录和记录管理。

职业健康安全管理体系的15个要素的目标和意图如下。

1) 职业健康安全方针

(1) 确定职业健康安全管理的总方向和总原则及职责和绩效目标。

(2) 表明组织对职业健康安全管理的承诺，特别是最高管理者的承诺。

2) 对危险源辨识、风险评价和风险控制的策划

(1) 对危险源辨识和风险评价，组织对其管理范围内的重大职业健康安全危险源获得一个清晰的认识和总的评价，并使组织明确应控制的职业健康安全风险。

(2) 建立危险源辨识、风险评价和风险控制与其他要素之间的联系，为组织的整体职业健康安全体系奠定基础。

3) 法律和其他要求

(1) 促进组织认识和了解其所应履行的法律义务，并对其影响有一个清醒的认识，并就此信息与员工进行沟通。

(2) 识别对职业健康安全法规和其他要求的需求和获取途径。

4) 目标

(1) 使组织的职业健康安全方针能够得到真正落实。

(2) 保证组织内部对职业健康安全方针的各方面建立可测量的目标。

5) 职业健康安全管理方案

(1) 寻求实现职业健康安全方针和目标的途径和方法。

(2) 制订适宜的战略和行动计划，并实现组织所确定的各项目标。

6) 结构和职责

(1) 建立适宜于职业健康安全管理体系的组织结构。

(2) 确定管理体系实施和运行过程中有关人员的作用、职责和权限。

(3) 确定实施、控制和改进管理体系的各种资源。

7) 培训、意识和能力

(1) 增强员工的职业健康安全意识。

(2) 确保员工有能力履行相应的职责，完成影响工作场所内职业健康安全的任务。

8) 协商和沟通

(1) 确保与员工和其他相关方就有关职业健康安全的信息进行相互沟通。

(2) 鼓励所有受组织运行影响的人员参与职业健康安全事务，对组织的职业健康安全方针和目标予以支持。

9) 文件

(1) 确保组织的职业健康安全管理体系得到充分理解并有效运行。

(2) 按有效性和效率要求，设计并尽量减少文件的数量。

10) 文件和资料的控制

(1) 建立并保持文件和资料的控制程序。

(2) 识别和控制体系运行和职业健康安全的关键文件和资料。

11) 运行控制

(1) 制订计划和安排，确定控制和预防措施的有效实施。

(2) 根据实现职业健康安全的方针、目标、遵守法规和其他要求的需要，使与危险有关的运行和活动均处于受控状态。

12) 应急准备和响应

(1) 主动评价潜在的事故和紧急情况，识别应急响应要求。

(2) 制订应急准备和响应计划，以减少和预防可能引发的病症和突发事件造成的伤害。

13) 绩效测量和监视

持续不断地对组织的职业健康安全绩效进行监测和测量，以识别体系的运行状态，保证体系的有效运行。

14) 事故、事件、不符合、纠正和预防措施

(1) 通过建立有效程序和报告制度，调查、评估事故、事件和不符合。

(2) 预防事故、事件和不符合情况的再次发生。

(3) 探测、分析和消除不符合的潜在根源，确认所采取的纠正和预防措施的有效性。

15) 记录和记录管理

(1) 证实体系处于有效运行状态。

(2) 将体系和要求的符合性，形成文件。

16) 审核

(1) 持续评估组织的职业健康安全管理体系的有效性。

(2) 组织通过内部审核，自我评审本组织建立的职业健康安全体系与标准要求的符合性。

(3) 确定对形成文件的程序的符合程度。

(4) 评价管理体系是否有效满足组织的职业健康安全目标。

17) 管理评审

(1) 评价管理体系是否完全实施和是否持续保持。

(2) 评价组织的职业健康安全方针是否继续合适。

(3) 为了组织的未来发展要求，重新制定组织的职业健康安全目标或修改现有的职业健康安全目标，并考虑为此是否需要修改有关的职业健康安全管理体系的要素。

2. 建筑企业职业健康安全管理体系基本特点

建筑企业在建立与实施自身职业健康安全管理体系时，应注意充分体现建筑业的基本特点。

1) 危害辨识、风险评价和风险控制策划的动态管理

建筑企业在实施职业健康安全管理体系时，应根据客观状况的变化，及时对危害辨识、风险评价和风险控制过程进行评审，并注意在发生变化前即采取适当的预防性措施。

2) 强化承包方的教育与管理

建筑企业在实施职业健康安全管理体系时，应特别注意通过适当的培训与教育形式来

提高承包方人员的职业安全健康意识与知识，并建立相应的程序与规定，确保他们遵守企业的各项安全健康规定与要求，并促进他们积极地参与体系实施和以高度责任感完成其相应的职责。

3) 加强与各相关方的信息交流

建筑企业在施工过程中往往涉及多个相关方，如承包方、业主、监理方和供货方等。为了确保职业健康安全管理体系的有效实施与不断改进，必须依据相应的程序与规定，通过各种形式加强与各相关方的信息交流。

4) 强化施工组织设计等设计活动的管理

必须通过体系的实施，建立和完善对施工组织设计或施工方案以及单项安全技术措施方案的管理，确保每一设计中的安全技术措施都根据工程的特点、施工方法、劳动组织和作业环境等提出有针对性的具体要求，从而促进建筑施工的本质安全。

5) 强化生活区安全健康管理

每一承包项目的施工活动中都要涉及现场临建设施及施工人员住宿与餐饮等管理问题，这也是建筑施工队伍容易出现安全与中毒事故的关键环节。实施职业安全健康管理体系时，必须控制现场临建设施及施工人员住宿与餐饮管理中的风险，建立与保持相应的程序和规定。

6) 融合

建筑企业应将职业安全健康管理体系作为其全面管理的一个组成部分，它的建立与运行应融合于整个企业的价值取向，包括体系内各要素、程序和功能与其他管理体系的融合。

3. 建筑业建立 OHSMS 的作用和意义

(1) 有助于提高企业的职业安全健康管理水平。OHSMS 概括了发达国家多年的管理经验。同时，体系本身具有相当的弹性，容许企业根据自身特点加以发挥和运用，结合企业自身的管理实践进行管理创新。OHSMS 通过开展周而复始的策划、实施、检查和评审改进等活动，保持体系的持续改进与不断完善，这种持续改进、螺旋上升的运行模式将不断地提高企业的职业安全健康管理水平。

(2) 有助于推动职业安全健康法规的贯彻落实。OHSMS 将政府的宏观管理和企业自身的微观管理结合起来，使职业安全健康管理成为组织全面管理的一个重要组成部分，突破了以强制性政府指令为主要手段的单一管理模式，使企业由消极被动地接受监督转变为主动地参与的市场行为，有助于国家有关法律法规的贯彻落实。

(3) 有助于降低经营成本，提高企业经济效益。OHSMS 要求企业对各个部门的员工进行相应的培训，使他们了解职业安全健康方针及各自岗位的操作规程，提高全体职工的安全意识，预防及减少安全事故的发生，降低安全事故的经济损失和经营成本。同时，OHSMS 还要求企业不断改善劳动者的作业条件，保障劳动者的身心健康，这有助于提高企业职工的劳动效率，并进而提高企业的经济效益。

(4) 有助于提高企业的形象和社会效益。为建立 OHSMS，企业必须对员工和相关方的安全健康提供有力的保证。这个过程体现了企业对员工生命和劳动的尊重，有利于改善企业的公共关系，提升社会形象，增强凝聚力，提高企业在金融、保险业中的信誉度和美誉度，从而增加获得贷款、降低保险成本的机会，增强其市场竞争力。

(5) 有助于促进我国建筑企业进入国际市场。建筑业属于劳动密集型产业。我国建筑业由于具有低劳动力成本的特点，在国际市场中比较有优势。但当前不少发达国家为保护其传统产业采用了一些非关税壁垒(如安全健康环保等准入标准)来阻止发展中国家的产品与劳务进入本国市场。因此，我国企业要进入国际市场，就必须按照国际惯例规范自身的管理，冲破发达国家设置的种种准入限制。OHSMS 作为第三张标准化管理的国际通行证，它的实施将有助于我国建筑企业进入国际市场，并提高其在国际市场上的竞争力。

7.1.2 施工企业职业安全健康管理体系认证的基本程序

建立 OHSMS 的步骤如下：领导决策→成立工作组→人员培训→危害辨识及风险评价→初始状态评审→职业安全健康管理体系策划与设计→体系文件编制→体系试运行→内部审核→管理评审→第三方审核及认证注册等。

建筑企业可参考如下步骤来制订建立与实施职业安全健康管理体系的推进计划。

(1) 学习与培训。职业安全健康管理体系的建立和完善的过程是始于教育终于教育的过程，也是提高认识和统一认识的过程。教育培训要分层次、循序渐进地进行，需要企业所有人员的参与和支持。在全员培训基础上，要有针对性地抓好管理层和内审员的培训。

(2) 初始评审。初始评审的目的是为职业安全健康管理体系建立和实施提供基础，为职业安全健康管理体系的持续改进建立绩效基准。

初始评审主要包括以下内容。

① 收集相关的职业安全健康法律、法规和其他要求，对其适用性及需遵守的内容进行确认，并对遵守情况进行调查和评价。

② 对现有的或计划的建筑施工相关活动进行危害辨识和风险评价。

③ 确定现有措施或计划采取的措施是否能够消除危害或控制风险。

④ 对所有现行职业安全健康管理的规定、过程和程序等进行检查，并评价其对管理体系要求的有效性和适用性。

⑤ 分析以往建筑安全事故情况以及员工健康监护数据等相关资料，包括人员伤亡、职业病、财产损失的统计、防护记录和趋势分析。

⑥ 对现行组织机构、资源配备和职责分工等进行评价。

初始评审的结果应形成文件，并作为建立职业安全健康管理体系的基础。

为实现职业安全健康管理体系绩效的持续改进，建筑企业应参照职业安全健康管理体系实施章节中初始评审的要求定期进行复评。

(3) 体系策划。根据初始评审的结果和本企业的资源进行职业安全健康管理体系的策划。策划工作主要包括以下内容。

① 确立职业安全健康方针。

② 制定职业安全健康体系目标及其管理方案。

③ 结合职业安全健康管理体系要求进行职能分配和机构职责分工。

④ 确定职业安全健康管理体系文件结构和各层次文件清单。

⑤ 为建立和实施职业安全健康管理体系准备必要的资源。

⑥ 文件编写。

(4) 体系试运行。各个部门和所有人员都按照职业安全健康管理体系的要求开展相应的安全健康管理和建筑施工活动，对职业安全健康管理体系进行试运行，以检验体系策划与文件化规定的充分性、有效性和适宜性。

(5) 评审完善。通过职业安全健康管理体系的试运行，特别是依据绩效监测和测量、审核以及管理评审的结果，检查与确认职业安全健康管理体系各要素是否按照计划安排有效运行，是否达到了预期的目标，并采取相应的改进措施，使所建立的职业安全健康管理体系得到进一步的完善。

7.1.3 施工企业职业安全健康管理体系认证的重点工作内容

1. 建立健全组织体系

建筑企业的最高管理者应对保护企业员工的安全与健康负全面责任，并应在企业内设立各级职业安全健康管理的领导岗位，针对那些对其施工活动、设施(设备)和管理过程的职业安全健康风险有一定影响的从事管理、执行和监督的各级管理人员，规定其作用、职责和权限，以确保职业安全健康管理体系的有效建立、实施与运行并实现职业安全健康目标。

2. 全员参与及培训

建筑企业为了有效地开展体系的策划、实施、检查与改进工作，必须基于相应的培训来确保所有相关人员均具备必要的职业安全健康知识，熟悉有关安全生产规章制度和安全操作规程，正确使用和维护安全和职业病防护设备及个体防护用品，具备本岗位的安全健康操作技能，及时发现和报告事故隐患或者其他安全健康危险因素。

3. 协商与交流

建筑企业应通过建立有效的协商与交流机制，确保员工及其代表在职业安全健康方面的权利，并鼓励他们参与职业安全健康活动，促进各职能部门之间的职业安全健康信息交流和及时接收处理相关方关于职业安全健康方面的意见和建议，为实现建筑企业职业安全健康方针和目标提供支持。

4. 文件化

与 ISO 9000 和 ISO 14000 类似，职业安全健康管理体系的文件可分为管理手册(A 层次)、程序文件(B 层次)、作业文件(C 层次，即工作指令、作业指导书、记录表格等)3 个层次，如图 7.2 所示。

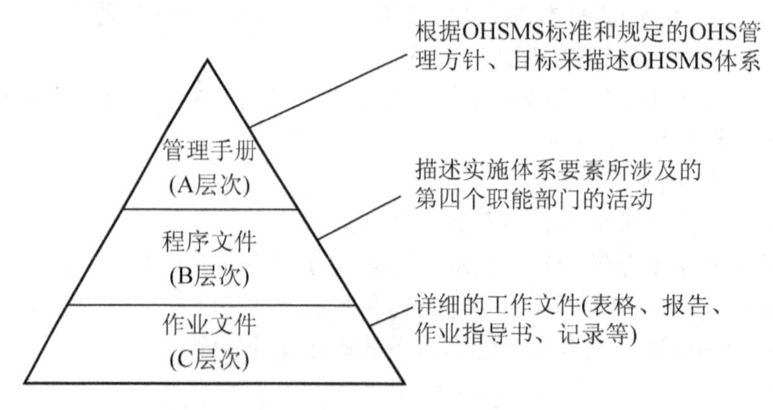

图 7.2 职业安全健康管理体系文件的层次关系

5. 应急预案与响应

建筑企业应依据危害辨识、风险评价和风险控制的结果、法律法规等的要求，以往事故、事件和紧急状况的经历以及应急响应演练及改进措施效果的评审结果，针对施工安全事故、火灾、安全控制设备失灵、特殊气候、突然停电等潜在事故或紧急情况从预案与响应的角度建立并保持应急计划。

6. 评价

评价的目的是要求建筑企业定期或及时地发现其职业安全健康管理体系的运行过程或体系自身所存在的问题，并确定出问题产生的根源或需要持续改进的地方。体系评价主要包括绩效测量与监测、事故和事件以及不符合的调查、审核、管理评审。

7. 改进措施

改进措施的目的是要求建筑企业针对组织职业安全健康管理体系绩效测量与监测、事故和事件以及不符合的调查、审核以及管理评审活动所提出的纠正与预防措施的要求，制定具体的实施方案并予以保持，确保体系的自我完善功能，并依据管理评审等评价的结果不断寻求方法持续改进建筑企业自身职业安全健康管理体系及其职业安全健康绩效，从而不断消除、降低或控制各类职业安全健康危害和风险。职业安全健康管理体系的改进措施主要包括纠正与预防措施和持续改进两个方面。

7.1.4 PDCA 循环程序和内容

与 ISO 9000 质量管理体系标准、ISO 14000 环境管理体系标准、SA 8000 社会责任国际管理体系标准一样，实施职业健康安全管理体系的模式或方法也是 PDCA 循环。PDCA 循环就是按计划、实施、检查、处理(Plan、Do、Check、Action)的科学程序进行的管理循环，如图 7.3 所示。其具体内容如下。

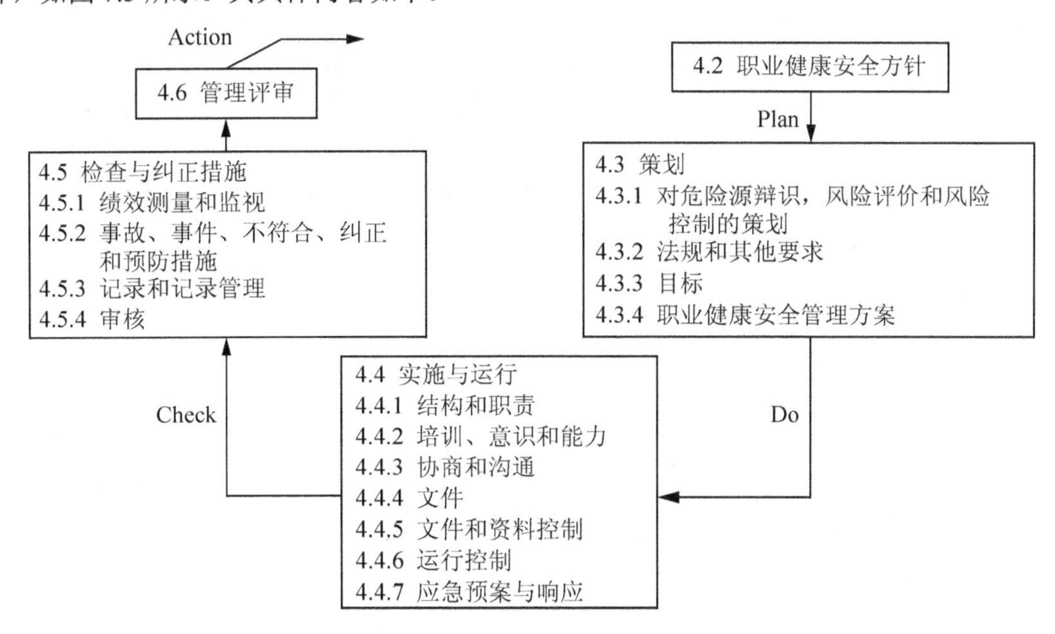

图 7.3 PDCA 循环程序

1. 计划阶段(Plan)

该阶段包括拟定安全方针、目标措施和管理项目等计划活动，这个阶段的工作内容又包括 4 个步骤。

1) 分析安全现状，找出存在的问题

(1) 通过对企业现场的安全检查了解发现企业生产、管理中存在的安全问题。

(2) 通过对企业生产、管理、事故等的原始记录分析，采用数理统计等手段计算分析企业生产、管理存在的安全问题。

(3) 通过与国家或国际先进标准、规范、规程的对照分析，发现企业生产、管理中存在的安全问题。

(4) 通过与国内外先进企业的对比分析来寻找企业生产、管理中存在的问题。

在分析过程中，可以采用排列图、直方图和控制图等工具进行统计分析。

2) 分析产生安全问题的原因

对产生安全问题的原因加以分析，通常采用工具为因果分析图法。因果分析图是事故危险辨识技术中的一种文字表格法，是分析事故原因的有效工具，因其形状像鱼骨，故简称为鱼刺图。

3) 寻找影响安全的主要原因

影响安全的因素通常有很多，但其中总有起控制、主要作用的因素。采用排列图或散布图法，可以发现影响安全的主要因素。

4) 针对影响安全的主要原因，制订控制对策与控制计划

制订对策、计划应具体，切实可行。制订对策和计划的过程必须明确以下 6 个问题，又称 5W1H。

(1) What(应做什么)，说明要达到的目标。

(2) Why(为什么这样做)，说明为什么制订各项计划或措施。

(3) Who(谁来做)，明确由谁来做。

(4) When(何时做)，明确计划实施的时间表，何时做，何时完成。

(5) Where(哪一个机构或组织、部门，在哪里做)，说明由哪个部门负责实施，在什么地方实施。

(6) How(如何做)，明确如何完成该项计划，实施计划所需的资源与对策措施。

2. 实施阶段(Do)

计划的具体实施阶段只有一个步骤，即实施计划。它要求按照预先制订的计划和措施，具体组织实施和严格地执行。

3. 检查阶段(Check)

对照计划，检查实施的效果。该阶段也只有一个步骤，即检查效果。根据所制订的计划、措施，检查计划实施的进度和计划执行的效果是否达到预期的目标。可采用排列图、直方图、控制图等分析检验计划实施的效果，预测未来趋势。

4. 处理阶段(Action)

对不符合计划的项目采取纠正措施，对符合的项目总结成功经验。该阶段包括两个步骤。

1) 总结经验，巩固成绩

根据检查的结果进行总结，将成果的经验加以肯定，纳入有关的标准、规定和制度，以便在以后的工作中遵循；将不符合部分进行总结整理、记录在案，并提出纠正措施，防止以后再次发生。

2) 持续改进

将符合项目成功的经验和不符合项目的纠正措施，转入下一个循环中，作为下一个循环计划制订的资料和依据。

职业健康安全管理体系运行模式如图 7.4 所示。

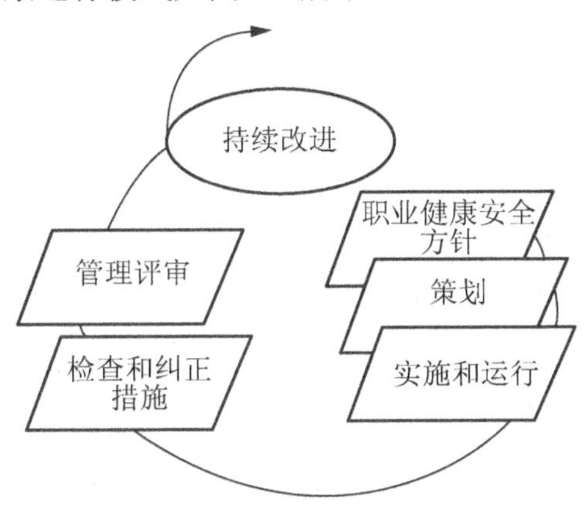

图 7.4 职业健康安全管理体系运行模式

7.1.5 PDCA 循环实施步骤与工具

PDCA 循环的 4 个阶段、8 个步骤和常用的统计工具见表 7-1。

表 7-1 PDCA 循环的 4 个阶段、8 个步骤和常用统计工具

阶段	步骤		方法
P	1	找出存在的安全问题(可用排列图、直方图、控制图等工具)	T
	2	找出存在安全问题的原因(可采用因果分析图法)	
	3	找出存在安全问题的主要原因(可用排列图、散布图法)	y n=50 0 x

续表

阶段	步骤		方法
	4	制订计划与对策(针对主要原因，制定措施)	应用“5W1H”核对措施的落实情况：①What，应做什么；②Why，为什么这样做；③Who，谁来做；④When，何时做；⑤Where，哪一个机构或组织、部门，在哪里做；⑥How，如何做
D	5	实施计划	严格按计划执行
C	6	检查实施效果(可用直方图、控制图、排列图等)	T
A	7	总结项目成功实施的经验，以及不符合项的教训	将工作成功纳入有关的标准、规定和制度中
	8	将项目成功实施的经验与不符合项的教训转入下一循环	将成功的经验与不符合的教训反映到下一循环的计划中，重新开始新的改进了的PDCA循环

7.2 建筑工程施工现场安全生产保证体系

施工现场安全生产保证体系的建立、有效实施并不断完善是工程项目部强化安全生产管理的核心，也是控制不安全状态和不安全行为，实现安全生产管理目标的需要。

7.2.1 建立施工现场安全生产保证体系的目的和作用

(1) 满足工程项目部自身安全生产管理的要求。为了达到安全管理目标，负责施工现场的工程项目部应建立相应的安全生产保证体系，使影响施工安全的技术、管理、人及环境处于受控状态。所有的这些控制应针对减少、消除安全隐患与缺陷，改善安全行为，特别是通过预防活动来进行，使体系有效运行，持续改进。

(2) 满足相关方对工程项目部的要求。工程项目部需要向工程项目的相关方(政府、社会、投资者、业主、银行、保险公司、雇员、分包方等)展示自己的安全生产保证能力，并以资料和数据形式向相关方提供关于安保体系的现状和持续改善的客观证据，以取得相关方的信任。应当指出，工程项目部作为施工企业的窗口，通过在施工现场建立安保体系，在市场竞争中便可提高企业的形象和信誉；提高满足相关方要求的能力；提高工程项目部自身素质；扩大商机，显示一种社会责任感。

7.2.2 建立施工现场安全生产保证体系的基本原则

(1) 安全生产管理是工程项目管理最重要的工作之一。安全生产管理是工程项目管理最重要的工作之一，只有将安全目标纳入工程项目部综合决策的优先序列和重要议事日程，才能保证工程项目部为实现经济、社会和环境效益的统一而采取强有力的管理行为。

(2) 持续改进是贯彻安保体系的基本目的。贯彻安保体系的一个基本目的是工程项目部安全生产状况的持续改进。所谓持续改进是一个强化安保体系的过程，目的是根据施工现场的安全管理目标，实现整个安全状况的改进。因此它不仅包括通过检查、审核等方式，不断根据内部和外部条件及要求的变化，及时调整和完善，组织安保体系的改进，而且也包括随体系的改进，按照安全管理改进目标，实现安全生产状况的改进。在通过安全生产保证体系实现安全状况改进的过程中，一个基本的要求是保持改进的持续性和不间断性，即建立自我约束的安全生产保证体系的动态循环机制。

(3) 预防事故是贯彻安全生产保证体系的根本要求。预防事故是指为防止、减少或控制安全隐患，对各种行为、过程、设施进行动态管理，从事故的发生源头去预防事故发生的活动。预防事故并不排除对事故处理作为降低事故最后有效手段的必要性，但它更强调避免事故发生在经济上与社会上的影响，预防事故比事故发生后的处理更为可取。

(4) 项目的施工周期是贯彻安全生产保证体系的基本周期。工程项目部应对包括从施工准备直至竣工交付的工程各个施工阶段与生产环节、各个施工专业的安全因素进行分析，对工程项目施工周期内执行安全生产保证体系进行全面规划、控制和评价。

(5) 工程项目部建立安全生产保证体系应从实际出发。工程项目部在施工现场建立安全生产保证体系必须符合安保体系的全部要求，并应结合企业和现场的具体条件和实际需要，与其他管理体系兼容与协同运作，包括质量管理体系和环境管理体系，这并不意味着将现有体系一律推倒重建，而是一个改造、更新和完善的过程，当然这对每个施工现场都不是轻而易举的，其难易程度完全取决于现有体系的完善程度。

(6) 立足于全员意识和全员参与是安全生产保证体系成功实施的重要基础。施工现场的全体员工，特别是工程项目部负责人，都要以高度的安全责任感参与安全生产保证活动。根据安保体系规定的要求，安全管理的职责不应仅限于各级负责人，更要渗透到施工现场内所有层次与职能，它既强调纵向的层次，又强调横向的职能，任何职能部门或人员，只要其工作可能对安全生产产生影响，就应具备适当的安全意识，并应该承担相应的责任。

7.2.3 建立安全生产保证体系的程序

工程项目部建立安保体系的一般程序可分为3个阶段。

1) 策划与准备阶段

(1) 教育培训，统一认识。安全生产保证体系的建立和完善的过程是始于教育、终于教育的过程，也是提高认识和统一认识的过程。教育培训要分层次、循序渐进地进行。

(2) 组织落实，拟订工作计划。

2) 文件化阶段

按照相关的标准、法律法规和规章要求编制安保体系文件。

(1) 体系文件编制的范围，包括：①制定安全管理目标；②准备本企业制定的各类安全管理标准；③准备国家、行业、地方的各类有关安全生产的地方法律法规、标准规范(规程)等；④编制安全保证计划及相应的专项计划、作业指导书等支持性文件；⑤准备各类安全记录、报表和台账。

(2) 安保体系文件的编制要求，具体包括：①安全管理目标应与企业的安全管理总目标协调一致；②安全保证计划应围绕安全管理目标，将“要素”用矩阵图的形式，按职能部门(岗位)对安全职能各项活动进行展开和分解，依据安全生产策划的要求和结果，就各“要素”在工程项目的实施提出具体方案；③体系文件应经过自上而下、自下而上的多次反复讨论与协调，以提高编制工作的质量，并按安保体系的规定由上级机构对安全生产责任制、安全保证计划的完整性和可行性、工程项目部满足安全生产的保证能力等进行确认，建立并保存确认记录；④安全保证计划送上级主管部门备案。

3) 运行阶段

(1) 发布施工现场安保体系文件，有针对性地多层次开展宣传活动，使现场每个员工都能明确本部门、本岗位在实施安保体系中应做些什么工作，使用什么文件，如何依据文件要求开展这些工作，以及如何建立相应的安全记录等。

(2) 配备必要的资源和人员。应保证适应工作需要的人力资源，适宜而充分的设施、设备，以及综合考虑成本效益和风险的财务预算。

(3) 加强信息管理、日常安全监控和组织协调。通过全面、准确、及时地掌握安全管理信息，对安全活动过程及结果进行连续监视和验证，对涉及体系的问题与矛盾进行协调，促进安保体系的正常运行和不断完善，是安保体系形成良性循环运行机制的必要条件。

(4) 由企业按规定对施工现场的安保体系运行进行内部审核、验证，确认安全生产保证体系的符合性、有效性和适合性。其重点是：①规定的安全管理目标是否可行；②体系文件是否覆盖了所有的主要安全活动，文件之间的接口是否清楚；③组织结构是否满足安保体系运行的需要，各部门(岗位)的安全职责是否明确；④规定的安全记录是否起到见证作用；⑤所有员工是否养成按安保体系文件工作或操作的习惯，执行情况如何；⑥通过内审暴露问题，组织纠正并实施纠正措施，达到不断改进的目的，在适当时机可向审核认证机构申请。

职业健康安全管理体系建立的步骤

对于不同组织，由于其组织特性和原有基础的差异，建立职业健康安全管理体系的过程不会完全相同。但总体而言，组织建立职业健康安全管理体系应采取如下步骤。

1. 领导决策

组织建立职业健康安全管理体系需要领导者的决策，特别是最高管理者的决策。只有在最高管理者认识到建立职业健康安全管理体系必要性的基础上，组织才有可能在其决策下开展这方面的工作。另外，职业健康安全管理体系的建立，需要资源的投入，这就需要最高管理者对改善组织的职业健康安全行为做出承诺，从而使得职业健康安全管理体系的实施与运行得到充足的资源。

2. 成立工作组

当组织的最高管理者决定建立职业健康安全管理体系后，首先要从组织上给予落实和保证，通常需要成立一个工作组。

工作组的主要任务是负责建立职业健康安全管理体系。工作组的成员来自组织内部各个部门，工作组的成员将成为组织今后职业健康安全管理体系运行的骨干力量，工作组组长最好是将来的管理者代表，或者是管理者代表之一。根据组织的规模，管理水平及人员素质、工作组的规模可大可小，可专职或兼职，可以是一个独立的机构，也可挂靠在其他部门。

3. 人员培训

工作组在开展工作之前，应接受职业健康安全管理体系标准及相关知识的培训。同时，组织体系运行需要的内审员也要进行相应的培训。

4. 初始状态评审

初始状态评审是建立职业健康安全管理体系的基础。组织应为此建立一个评审组，评审组可由组织的员工组成，也可外请咨询人员，或是两者兼而有之。评审组应对组织过去和现在的职业健康安全信息、状态进行收集、调查与分析，识别和获取现有的适用于组织的职业健康安全法律、法规和其他要求，进行危险源辨识和风险评价。这些结果将作为建立和评审组织的职业健康安全方针，制定职业健康安全目标和职业健康安全管理方案，确定体系的优先项，编制体系文件和建立体系的基础。

5. 体系策划与设计

体系策划阶段主要是依据初始状态评审的结论，制定职业健康安全方针，制定组织的职业健康安全目标、指标和相应的职业健康安全管理方案，确定组织机构和职责，筹划各种运行程序等。

6. 职业健康安全管理体系文件编制

职业健康安全管理体系具有文件化管理的特征。编制体系文件是组织实施职业健康安全管理体系标准，建立与保持职业健康安全管理体系并保证其有效运行的重要基础工作也是组织达到预定的职业健康安全目标，评价与改进体系，实现持续改进和风险控制必不可少的依据和见证。体系文件还需要在体系运行过程中定期、不定期地评审和修改，以保证它的完善和持续有效。

7. 体系试运行

体系试运行与正式运行无本质区别，都是按所建立的职业健康安全管理体系手册、程序文件及作业规程等文件的要求，整体协调地运行的。试运行的目的是要在实践中检验体系的充分性、适用性和有效性。组织应加强运作力度，并努力发挥体系本身具有各项功能，及时发观问题，找出问题的根源，纠正不符合并对体系给予修订，以尽快度过磨合期。

8. 内部审核

职业健康安全管理体系的内部审核是体系运行必不可少的环节。体系经过一段时间的试运行，组织应当具备了检验建立的体系是否符合职业健康安全管理体系标准要求的条件，应开展内部审核。职业健康安全管理者代表应亲自组织内审。内审员应经过专业知识的培训。如果需要，组织可聘请外部专家参与或主持审核。内审员在文件预审时，应重点关注和判断体系文件的完整性、符合性及一致性；在现场审核时，应重点关注体系功能的适用性和有效性，检查是否按体系文件要求去运作。

9. 管理评审

管理评审是职业健康安全管理体系整体运行的重要组成部分。管理者代表应收集各方面的信息供最高管理者评审。最高管理者应对试运行阶段的体系整体状态做出全面的评判，对体系的适宜性、充分性和有效性做出评价。依据管理评审的结论，可以对是否需要调整、修改体系做出决定，也可以做出是否实施第三方认证的决定。

建筑工程职业病的防范

1. 建筑工程施工主要职业危害种类

(1) 粉尘危害。

(2) 生产性毒物危害。

(3) 噪声危害。

(4) 振动危害。

(5) 紫外线危害。

(6) 环境条件危害。

2. 建筑工程施工易发的职业病类型

(1) 矽肺。例如：碎石装运作业、喷浆作业。

(2) 水泥尘肺。例如：水泥搬运、投料、拌和、浇捣作业。

(3) 电焊尘肺。例如：手工电弧焊、气焊作业。

(4) 锰及其化合物中毒。例如：手工电弧焊作业。

(5) 氮氧化合物中毒。例如：手工电弧焊、电渣焊、气割、气焊作业。

(6) 一氧化碳中毒。例如：手工电弧焊、电渣焊、气割、气焊作业。

(7) 苯中毒。例如：油漆作业。

(8) 甲苯中毒。例如：油漆作业。

(9) 二甲苯中毒。例如：油漆作业。

(10) 五氯酚中毒。例如：装饰装修作业。

(11) 中暑。如：高温作业。

(12) 手臂振动病。例如：操作混凝土振动棒、风镐作业。

(13) 电光性皮炎。例如：手工电弧焊、电渣焊、气割作业。

(14) 电光性眼炎。例如：手工电弧焊、电渣焊、气割作业。

(15) 噪声聋。例如：木工圆锯、平刨操作、无齿锯切割作业。

(16) 白血病。例如：油漆作业。

3. 职业病的预防

1) 工作场所的职业卫生防护与管理要求

危害因素的强度或者浓度应符合国家职业卫生标准。

2) 生产过程中的职业卫生防护与管理要求

3) 劳动者享有的职业卫生保护权利

(1) 有获得职业卫生教育、培训的权利。

(2) 有获得职业健康检查、职业病诊疗、康复等职业病防治服务的权利。

(3) 有了解工作场所产生或者可能产生的职业病危害因素、危害后果和应当采取的职业病防护措施的权利。

(4) 有要求用人单位提供符合防治职业病要求的职业病防护设施和个人使用的职业病防护用具、用品，改善工作条件的权利。

(5) 对违反职业病防治法律、法规以及危及生命健康的行为有提出批评、检举和控告的权利。

(6) 有拒绝违章指挥和强令进行没有职业病防护措施作业的权利。

(7) 参与用人单位职业卫生工作的民主管理，对职业病防治工作有提出意见和建议的权利。

案例 7-1

某建筑工程公司，施工队队长张某、提升机司机赵某、瓦工李某准备上六层去，他们不愿意从楼梯上去，而想违章乘坐提升料盘。这时提升机操作手王某正准备由四层往六层运木料，施工队队长张某走过去将提升机由四层落到一层，让王某送他们上六层，王某不同意，说：提升架不能乘人。张某见不给开提升架，就强行叫站在旁边的于某(不是提升架司机)开提升架。于某开机前，见上边站着张某、赵某、李某。于将提升架升到一层停了一下，架上的人摆手叫继续提升，到二层又停了一下，架上的人摆手还叫继续提升，当提升架快到六楼时，被一根施工加杆挡住，在提升机停机的同时，钢丝绳断裂，提升架突然坠落，造成 3 人死亡。

根据以上案例:

(1) 对此事故进行原因分析。

(2) 写出防止此类事故再发生的措施。

答: (1) 事故原因。

① 施工现场安全管理混乱，各级人员安全意识薄弱，安全管理制度不完善并未得到贯彻执行。

② 没有对提升架和钢丝绳进行有效的维修、维护及保养，设备不完好。

③ 队长张某违章指挥，强令工人违章操作；于某不是提升机操作手，违反“非司机不准开车”和“升降架不准乘人”的规定，违章操作。同时在提升前也没有观察上升通道是否有障碍物等措施，造成事故。

(2) 整改措施。

① 在认真分析事故原因的基础上，开展安全法规和其他要求的教育；开展安全知识的培训，提高员工的安全意识和安全生产技能。

② 加强施工现场的安全管理，按规定对各种设备进行维护保养，使其处于完好状态，杜绝带病运行。

③ 健全并完善各项安全规章制度，落实安全生产责任制，严格执行各项相关安全制度及操作规程。

案例 7-2

公司年度职业健康安全管理方案

为了进一步提高公司的安全管理水平，更好地贯彻 GB/T 28001 标准，促进 OHSMS 28001 职业健康安全管理体系持续的改进、完善、有效运行，实现职业健康安全的目标指标，特制定本管理方案。

(1) 认真宣传、贯彻、落实党和国家安全生产和劳动保护的方针、政策、法令、法规。积极参加政府和建筑业协会及主管部门组织的企业负责人、项目经理及管理人员参加的培训教育。各项目要高度重视安全生产工作，增强安全生产的法制观念，层层落实安全生产责任制，使各项组织保证措施落实到位。

(2) 完善和推行公司 OHSMS 28001 职业健康安全管理体系。依据管理体系标准要求，采取多种形式使管理人员及全体职工进行广泛、深入的学习、贯彻、落实。促进管理体系和安全管理达到规范化、科学化、标准化。促进全体员工牢固树立“安全第一”思想，提高安全操作技能和自身保护能力。促进职业健康安全管理体系有效运行，保障劳动者安全和健康。

(3) 积极开展好各项安全生产活动。开展“安康杯”、“安全反思周”、“安全生产月”、“百日安全生产无事故”竞赛活动。利用黑板报、标语、图片展览、电视录像、知识咨询问答、答题竞赛等多种形式。将安全生产活动开展得既轰轰烈烈又扎扎实实，真正做到普及安全知识，强化安全观念，提高安全意识，规范安全行为。并达到“以周促月，以月促年”，实现全年安全生产。

(4) 贯彻落实建设部“一标、五规范”强制性行业标准、规范。组织工程技术和项目管理人员开展对标准、规范学习、掌握、运用。加强施工现场安全生产工作，规范施工现场管理。提高安全防护水平，搞好文明施工。特别抓好重点工程，抓好关键部位，抓好关键时刻的安全生产，确保实现安全防护达标合格率 100%，优良率 80%以上。

(5) 继续做好特种作业人员的持证上岗工作。积极协助地方政府主管部门对电工、电气焊工、起重工、架子工、司索工、物料提升机司机、塔式起重机司机、施工升降机司机、各种机动车司机进行安全技术知识专业培训教育，提高安全技术能力和安全操作水平，经考试合格，取得操作证书，方准独立上岗操作。

(6) 继续做好施工现场安全防护工作。“三宝、四口、五临边的防护”发挥着预防高空坠落和物体打击事故起着重要作用。严格执行标准要求，购置配备安全帽、安全带、安全网。防护用品证件不全或非合格产品严禁购置、使用。临边的防护按规定要求设置，做到防护严密，挂设标准。

(7) 继续做好施工现场安全标志。特定的标志表达安全信息，警示人们注意不安全因素，预防发生事故，起到保障安全的作用。选购和制作安全标志牌，必须符合国家标准规定要求。发现破损、变形、褪色的及时修整或更换。

(8) 继续作好施工现场的临时用电。严格执行规范，做好临时用电施工组织设计的编制、审批、实施工作。实行三相五线制和五芯电缆，实行三级配电二级保护，实行一机一闸一箱一漏电保护，做到闸箱标准、匹配、合理，防止和杜绝触电事故的发生。

(9) 继续做好施工现场机械设备、机具使用的安全防护。严格执行建筑机械安全技术规程，机具绝缘、漏电保护、传动部位防护、保险和限位装置等设施达到灵敏、可靠、严密、完好，符合规定的安全要求。

(10) 继续做好安全文明标准化工地的创建工作。加强施工现场的综合管理水平，注重安全文明标准化的管理。安全技术措施费用要按有关规定提取，并予以认真落实和投入。为实现安全防护达标，保证安全生产，高标准、严要求、高质量的创建安全文明标准化工地。

(11) 继续做好安全生产检查工作。各项目进行经常性的安全检查外。依据建设部检查标准和强制性行业规范及有关安全生产规定，公司 OHSMS 28001 管理体系及相关制度，对各施工项目考核评定，确保施工安全管理、安全防护措施落到实处，确保职业健康安全管理体系得到有效运行，促进公司年度目标指标的实现。

(12) 保证安全生产的资金投入计划。本项资金用于施工安全防护用品、用具的采购、更新。施工安全技术措施的落实，安全生产作业环境和条件的改善。各有关部门、各单位应予以资金保证，切保实施到位。

本章小结

通过本章的学习，要求学生了解职业健康安全管理体系标准(OHSMS)、施工企业职业安全健康管理体系认证的基本程序、施工企业职业安全健康管理体系认证的重点工作内容，熟悉 PDCA 循环程序和内容、PDCA 循环实施步骤与工具，建立施工现场安全生产保证体系的目的和作用，掌握建立施工现场安全生产保证体系的基本原则、建立安全生产保证体系的程序。

职业健康安全管理的目标使企业的职业伤害事故、职业病持续减少。实现这一目标的重要组织保证体系是企业建立持续有效并不断改进的职业健康安全管理体系(OSHMS)。其核心是要求企业采用现代化的管理模式、使包括安全生产管理在内的所有生产经营活动科学、规范并有效，通过建立安全健康风险的预测、评价、定期审核和持续改进完善机制，从而预防事故发生和控制职业危害。

OHSMS 具有系统性、动态性、预防性、全员性和全过程控制的特征。OHSMS 以“系统安全”思想为核心，将企业的各个生产要素组合起来作为一个系统，通过危险辨识、风险评价和控制等手段来达到控制事故发生的目的；OHSMS 将管理重点放在对事故的预防上，在管理过程中持续不断地根据预先确定的程序和目标，定期审核和完善系统的不安全因素，使系统达到最佳的安全状态。

建立 OHSMS 的步骤如下：领导决策→成立工作组→人员培训→危害辨识及风险评价→初始状态评审→职业安全健康管理体系策划与设计→体系文件编制→体系试运行→内部审核→管理评审→第三方审核及认证注册等。

建立健全组织体系、全员参与及培训、协商与交流、文件化、应急预案与响应、评价、改进措施是施工企业职业安全健康管理体系认证的重点工作内容。

实施职业健康安全管理体系的模式或方法也是 PDCA 循环。

施工现场安全生产保证体系的建立、有效实施并不断完善是工程项目部强化安全生产管理的核心，也是控制不安全状态和不安全行为，实现安全生产管理目标的需要。

习　题

一、单选题

1. 建立和实施职业健康安全管理体系的根本目的是(　　)。
   A. 使组织能够控制职业健康安全风险，并持续改进其绩效
   B. 将组织的所有风险彻底消灭，做到绝对安全
   C. 制定职业健康安全方针和目标，并依照执行
   D. 将所有与职业健康安全有关的过程形成文件
2. 制定职业健康安全管理方案的目的是(　　)。
   A. 辨识和评价组织的危险源　　B. 实现组织的职业健康安全目标
   C. 便于组织实施纠正措施　　D. 满足相关方的要求
3. 职业健康安全管理体系方针中包括(　　)。
   A. 组织对提供的产品和服务安全的整体目标和改进的承诺
   B. 对持续改进的承诺
   C. 对遵守现行职业健康安全法律、法规和其他要求的承诺
   D. B+C
4. 职业健康安全危险源是(　　)。
   A. 可能导致伤害或疾病、财产损失、工作环境破坏或这些情况组合的根源或状态
   B. 污染环境的风险
   C. 造成死亡、疾病、伤害、损坏或其他损失的意外情况
   D. A+C
5. GB/T 28001 要求：确保职业健康安全管理体系建立与保持是(　　)特定职责。
   A. 员工
   B. 管理者代表
   C. 一个专业的职业健康安全外部咨询机构或认证机构
   D. 所有以上各项
6. 职业健康安全管理体系审核用来确定(　　)。
   A. 职业健康安全管理的效率
   B. 职业健康安全现状符合国家法规和标准的情况
   C. 职业健康安全管理体系的符合性和有效性
   D. 职业健康安全手册和程序的存在
7. 根据 GB/T 28001—2001，员工应参与和了解的协商和沟通活动有(　　)。
   A. 参与职业健康安全事务　　B. 批准职业安全健康方针
   C. 了解谁是职业健康安全的员工代表　　D. A+C
8. 对(　　)的人员应有相应的工作能力要求，并对其能力作出规定。
   A. 从事 OHSMS 工作有影响　　B. 其工作可能影响工作场所内 OHS
   C. 其工作可能影响 OHSMS　　D. 以上都正确

9. 组织在确定危险的可承受性时，应考虑(　　)。

A. 所辨识出的危险因素的数量　　B. 员工的职业安全卫生素质

C. 相关法律义务与职业安全卫生方针要求　　D. 是否能够通过认证

10. 职业健康安全管理体系的审核准则是(　　)。

A. GB/T 28001—2001 标准　　B. 适用的法律、法规和其他要求

C. 受审核方的职业健康安全管理体系文件　　D. A+B+C

11. 组织定期开展内审的目的，是确定职业健康安全管理体系是否(　　)。

A. 符合策划安排，包括满足 GB/T 28001 标准的要求

B. 得到了正确实施和保持

C. 有效地满足组织的方针和目标

D. A+B+C

12. 组织的职业健康安全方针应(　　)。

A. 必须由职工代表大会批准　　B. 必须经最高管理者批准

C. 必须由工会批准　　D. 必须由管理者代表亲自制定

13. 职业健康安全管理体系的最终职责由(　　)承担。

A. 管理者代表　　B. 最高管理者

C. 安全处处长　　D. A+B

14. 职业健康安全管理体系方针中包括(　　)。

A. 组织对提供的产品和服务安全的整体目标和改进的承诺

B. 对持续改进的承诺

C. 对遵守现行职业健康安全法律、法规和其他要求的承诺

D. B+C

15. 职业健康安全危险源是(　　)。

A. 可能导致伤害或疾病、财产损失、工作环境破坏或这些情况组合的根源或状态

B. 污染环境的风险

C. 造成死亡、疾病、伤害、损坏或其他损失的意外情况

D. A+C

16. GB/T 28001—2001 标准(　　)。

A. 提出了具体的职业安全绩效准则　　B. 作出了设计管理体系的具体规定

C. 针对的是职业健康安全　　D. 以上都不是

17. 组织应定期开展职业健康安全管理体系审核，以便(　　)。

A. 确定职业健康安全管理体系是否得到了正确的实施和保持

B. 评审以往审核的结果

C. 向管理者提供审核结果的信息

D. 以上都对

18. 根据 GB/T 28001—2001 术语和定义，“某一特定危险情况发生的可能性和后果的组合”是(　　)。

A. 危险源　　B. 危险源辨识

C. 风险　　D. 风险评价

19. 确保按标准建立、实施和保持职业健康安全管理体系是以下谁的职责？(　　)

A. 最高管理者　　B. 管理者代表

C. 员工代表　　D. 安全经理

20. GB/T 28001—2001 标准提出了对职业健康安全管理体系的要求，目的是使一个组织能够(　　)。

A. 控制重大危险源并改进其绩效

B. 控制职业健康安全重大风险并改进其绩效

C. 控制职业健康安全风险并改进其绩效

D. 消除职业健康安全风险并改进其绩效

21. GB/T 28001—2001 标准针对的是(　　)。

A. 职业健康安全、产品和服务安全

B. 职业健康安全

C. 产品和服务安全

D. 职业健康安全，必要时也涉及产品和服务安全

22. 职业健康安全危险源是(　　)。

A. 可能导致伤害或疾病、财产损失、工作环境或这些情况组合的根源或状态

B. 导致或可能导致事故的情况

C. 造成死亡、疾病、伤害、损坏或其他损失的意外情况

D. 某一特定危险情况发生的可能性和后果的组合

23. GB/T 28001—2001 标准对于“文件”的描述正确的是(　　)。

A. 组织应编制《职业健康手册》，一描述管理体系核心要素及其相互作用，并提供查询相关文件的途径

B. 组织用按有效性和效率要求，使文件数量尽可能减少

C. 必要时，对文件和资料进行评审，并予以修改

D. 对于重大风险有关的运行情况，建立并保持形成文件的程序

二、多选题

1. 审核范围的确定应考虑：(　　)。

A. 组织的管理权限　　B. 组织的活动领域　　C. 组织的现场区域

D. 产品和服务的安全性　　E.　产品和服务的使用性

2. GB/T 19011—2003/ISO 19011—2002《质量和(或)环境管理体系审核指南》适用于(　　)。

A. 需要实施质量和(或)环境管理体系内部审核的所有组织

B. 需要实施质量和(或)环境管理体系外部审核的所有组织

C. 需要管理审核方案的所有组织

D. 其他领域的审核

E. 产品和服务的使用性

3. 当获得的审核证据表明不能达到审核目的时，审核组长应当向审核委托方和受审核方报告理由以确定适当的措施。这些措施可以包括(　　)。

A. 重新确认或修改审核计划　　B. 改变审核目的

C. 改变审核范围　　D. 终止审核　　E.　产品和服务

4. 向导和观察员的职责可包括(　　)。
   A. 确保审核组成员了解和遵守有关场所的安全规则和安全程序
   B. 在收集信息的过程中，为了不影响或干扰审核的实施，因此不能替受审核方作出澄清或提供帮助
   C. 代表受审核方对审核进行见证
   D. 可以与审核组同行
   E. 审核
5. 审核员可以通过(　　)方法来证实其持续的专业发展。
   A. 更多的工作经历　B. 培训、自学　C. 教学
   D. 参加各种有关会议或其他相关活动　E. 现场施工
6. 职业健康安全管理体系的作用是(　　)。
   A. 有助于推动职业健康安全法规和制度的贯彻执行
   B. 能促进企业职业健康安全管理水平的提高
   C. 能提高企业的全面管理水平
   D. 可以使企业保质、保量完成施工任务
   E. 可以促进我国职业健康安全管理标准与国际接轨，有助于消除贸易壁垒
7. 根据《企业职工伤亡事故分类标准》(GB 6441)，事故类别包括(　　)。
   A. 物体打击、车辆伤害、机械伤害、起重伤害、触电、淹溺
   B. 灼烫、火灾、高处坠落、坍塌、冒顶片帮、透水、放炮
   C. 电伤、挫伤、割伤、擦伤、刺伤、撕脱伤、扭伤等
   D. 瓦斯爆炸、火药爆炸、锅炉爆炸、容器爆炸、其他爆炸
   E. 中毒和窒息、其他伤害
8. 按安全事故受伤性质可分为(　　)。
   A. 轻伤、重伤、死亡　B. 电伤、挫伤、割伤、擦伤
   C. 刺伤、撕脱伤、扭伤　D. 物体打击、火灾、机械伤害
   E. 倒塌压埋伤、冲击伤
9. 通常施工现场的环境因素对环境影响的类型有(　　)。
   A. 噪声、粉尘、有毒有害废物、生产和生活污水等排放
   B. 运输遗洒、化学危险品和油品的泄露或挥发
   C. 臭氧层破坏、气候变化、水土流失
   D. 混凝土防冻剂(氨味)排放
   E. 光污染、离子辐射、办公用纸消耗
10. 施工现场固体废物的治理方法有(　　)。
   A. 无害化　B. 安定化　C. 回收化
   D. 减量化　E. 运输化
11. 固体废物的处理有(　　)。
   A. 物理处理和化学处理　B. 生物处理和热处理
   C. 固化处理　D. 回收利用和循环再造
   E. 回填处理

12. 对施工现场泥浆、污水、有毒有害液体处理采取的有效措施是(　　)。
    A. 设置污水沉淀池，经沉淀后排入场外的市政污水管网
    B. 设置污水隔油池，经沉淀后排入场外的市政污水管网
    C. 直接排入场外的河流中
    D. 直接排入场外的市政污水管网
    E. 将有毒有害液体采用专用容器集中存放
13. 对施工现场空气污染采取的有效措施是(　　)。
    A. 主要运输道路进行硬化处理，现场采取绿化、洒水等措施
    B. 将有害废弃物做土方回填
    C. 水泥和其他易飞扬的细颗粒散体材料密闭存放
    D. 建筑物内的施工垃圾采用容器吊运
    E. 对于土方、渣土和垃圾外运，采取封盖措施
14. 对施工现场固体废物处理采取的措施是(　　)。
    A. 将现场内的碎砖、碎石回收利用，做垫层时使用
    B. 作业区及建筑物楼层内施工要做到工完场清
    C. 将固体废物集中堆放在现场边缘储存，待工程竣工后运出
    D. 将固体废物内的生物性或化学性的有害物质，进行无害化或安全化处理
    E. 将固体废物全部做回填使用

三、简答题

1. 简述职业健康安全管理体系标准。
2. 简述施工企业职业安全健康管理体系认证的基本程序。
3. 简述施工企业职业安全健康管理体系认证的重点工作内容。
4. 简述职业安全健康管理 PDCA 循环程序和内容。
5. 建立施工现场安全生产保证体系的目的和作用有哪些？
6. 建立施工现场安全生产保证体系的基本原则有哪些？
7. 如何建立安全生产保证体系的程序？

第8章

现场安全生产管理

教学目标

熟悉房屋拆除、土方工程、装饰工程施工安全措施，掌握主体结构施工安全措施，熟悉高处作业安全技术、施工现场临时用电安全管理、施工机械使用安全措施。

教学要求

能力目标	知识要点	权重
熟悉房屋拆除工程施工安全措施	拆除工程安全技术	10%
熟悉土方工程施工安全措施	土方开挖的安全技术 边坡稳定及支护安全技术 基坑排水安全技术	10%
熟悉装饰工程施工安全措施	饰面作业安全措施 玻璃安装安全措施 涂料工程安全措施	10%
掌握主体结构施工安全措施	脚手架工程安全措施 模板工程安全措施 钢筋工程安全措施 混凝土工程安全措施 钢结构工程安全措施 砌体工程安全措施	30%
熟悉高处作业安全技术	高处作业安全技术 临边作业安全技术 外檐洞口作业安全技术	10%
熟悉施工现场临时用电安全管理	临时用电安全管理基本要求 电气设备接零或接地安全管理 配电室安全管理 配电箱及开关箱安全管理施工用电线路 施工照明安全管理 电动建筑机械和手持式电动工具安全管理 触电事故的急救安全管理	20%
熟悉施工机械使用安全措施	塔式起重机安全措施 物料提升机安全措施 施工升降机安全措施	10%

引例

某市××小学修建教学楼及学生食堂工程，由A公司承建，工程面积6190平方米，B工程咨询有限公司实施监理。2009年7月20日某市建设行政主管部门检查时发现施工现场存在：未按TN-S系统设置施工临时用电，脚手架连墙件严重不足，施工现场未实行封闭围档，尚未竣工的建筑物内设置民工集体宿舍，高大模板工程未编制专项施工方案等问题，同时B工程咨询有限公司也未实施有效监督，当日某市建设行政主管部门对A、B两公司发出××号《责令整改排除安全隐患通知书》限期5日整改，7月26日、29日两次复查，仍未按规定整改，安全隐患仍然存在，B工程咨询有限公司对上述存在的安全隐患未发出书面的监理通知。

A公司安全意识淡漠，为了片面追求经济利益，而对安全隐患报侥幸心理，不愿意投入安全文明施工费用，在行政主管部门发出《整改通知书》后拒不整改，其行为破坏了建筑安全生产管理秩序，是对工人生命的不尊重，违反了《中华人民共和国建筑法》第44条“建筑施工企业必须依法加强对建筑安全生产的管理，执行安全生产责任制度，采取有效措施，防止伤亡和其他安全生产事故的发生。”国务院《建设工程安全生产管理条例》第26条(三)项：“施工单位应当对模板工程等达到一定规模的危险性较大的分部分项工程编制专项施工方案……。”第29条“施工单位应当将施工现场的办公、生活区与作业区分开设置，并保持安全距离。办公、生活区的选址应当符合安全性要求……施工单位不得在尚未竣工的建筑物内设置员工集体宿舍。”第33条“作业人员应当遵守安全施工强制性标准、规章制度和操作规程，正确使用安全防护用具、机械设备等。”以及建设部JGJ 59—2011强制性标准的要求和《某省建筑管理条例》的规定，情节较为严重应受行政处罚。

B工程咨询有限公司在实施对该工程监理过程中未履行职责，对施工现场存在的安全隐患听之任之，既未发出监理通知要求整改，也未向学校方和主管部门报告情况，其行为违反了国务院《建设工程安全生产管理条例》第14条第二款、第三款“工程监理单位在实施监理过程中，发现存在安全事故隐患的，应当要求施工单位整改，情节严重的，应当要求施工单位暂时停止施工，并及时报告建设单位。施工单位拒不整改或不停工的，监理单位应及时向有关主管部门报告。……工程监理单位和监理工程师对建设工程安全生产承担监理责任。”的规定，已构成违法行为。

问题：

(1) 建筑工程施工安全技术措施有哪些？

(2) 建筑工程施工安全隐患有哪些？在施工过程中如何检查？

8.1 房屋拆除安全措施

8.1.1 拆除工程施工方法

拆除工程的施工方法，首先要考虑安全，然后考虑经济、节约人力、速度和扰民问题，尽量保存有用的建筑材料。

为了保证安全拆除，必须先了解拆除对象的结构，弄清组成房屋的各部分结构构件的传力关系，就能合理地确定拆除顺序和方法。

一般说来房屋由屋顶板或楼板、屋架或梁、砖墙或柱、基础4大部分组成。其传力示意图如图8.1所示。用文字归纳为：屋顶板或楼板→屋架或梁→砖墙或柱→基础。

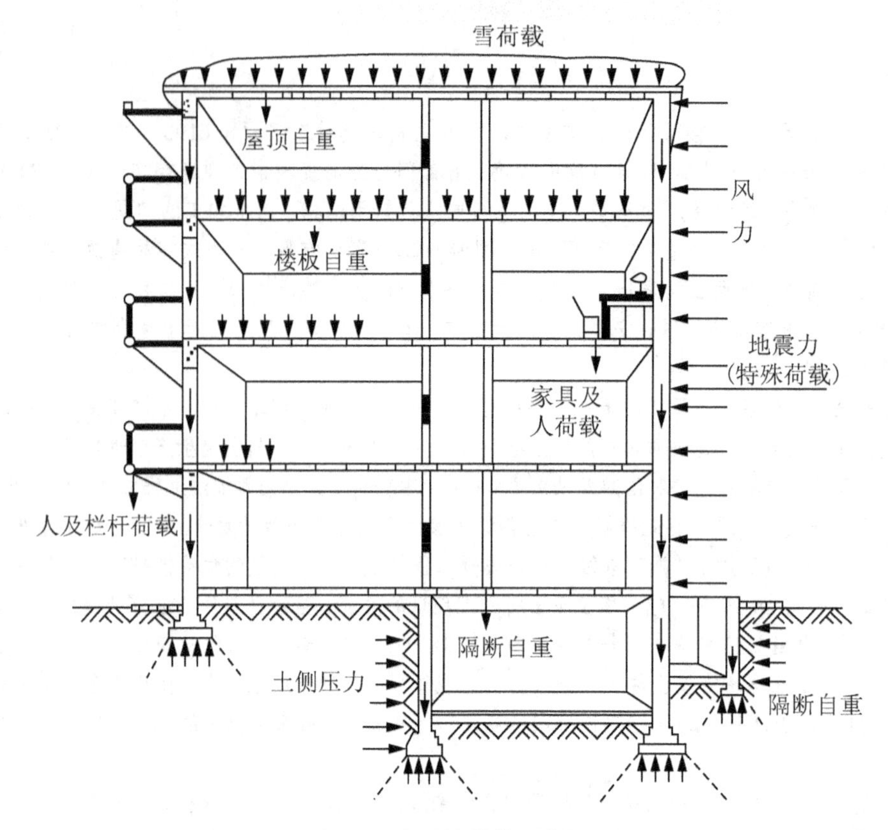

图 8.1　房屋的荷载示意图

拆除的顺序，原则上就是按受力的主次关系，或者说按传力关系的次序来确定。即先拆最次要的受力构件，然后拆次之受力构件，最后拆最主要受力构件，即拆除顺序为屋顶板→屋架或梁→承重砖墙或柱基础。如此由上至下，一层一层往下拆就可以。至于不承重的维护结构，如不承重的砖墙、隔断墙可以最先拆，但有的砖墙虽不承重，可是起到木柱的支撑作用，这样的情况就不急于拆砖墙，可以待到拆木柱时一起拆。

除了摸清上部结构的情况之外，还必须弄清基础地基的情况，否则也要出问题，例如某地发生一起拆除一幢临时平房砖墙倒塌砸死人的事故，就是因为不了解该房是建在浅土的地基上，当屋盖拆除之后(因为原先屋盖把墙拉在一起成为整体)由于地面水浸泡地基松软，砖墙突然向外倒造成伤亡事故。

1. 人工拆除

(1) 拆除对象：砖木结构、混合结构以及上述结构的分离和部分保留的拆除。

(2) 拆除顺序：屋面瓦→望板→椽子→楞子→架或木架→砖墙(或木柱)→基础。

(3) 拆除方法：人工用简单的工具，如撬棍、铁锹、瓦刀等。上面几个人拆，下面几个人接运拆下的建筑材料。至于砖墙的拆除方法一般不许用推倒或拉倒的方法，而是自上而下拆除，如果必须采用推倒或拉倒方法，必须有人统一指挥，待人员全部撤离到墙倒范围之外方可进行。拆屋架时可用简单的起重设备、三木塔。

(4) 施工特点如下。

① 施工人员必须亲临拆除点操作，进行高空作业，危险性大。

② 劳动强度大，拆除速度慢，工期长。

③ 气候影响大。

④ 易于保留部分建筑物。

2．机械拆除

(1) 拆除对象：拆除混合结构、框架结构、板式结构等高度不超过 30m 的建筑物、构筑物及各类基础和地下构筑物。

(2) 拆除方法：使用大型机械如挖掘机、镐头机、重锤机等对建(构)筑物实施解体和破碎。

(3) 施工特点如下。

① 施工人员无需直接接触拆除点，无需高空作业，危险性小。

② 劳动强度大。拆除速度快，工期短。

③ 作业时扬尘较大，必须采取湿作业法。

④ 对需要部分保留的建筑物必须先用人工分离后方可拆除。

3．人工与机械相结合的方法

(1) 拆除对象：混合结构多层楼房。

(2) 拆除顺序：屋顶防水和保温屋→屋顶混凝土和预制楼板→屋顶梁→顶层砖墙→楼层楼板→楼板下的梁→下层砖墙→如此逐层往下拆，最后拆基础。

(3) 拆除方法：人工与机械配合，人工剔凿，用机械将楼板、梁等构件吊下去。人工拆砖墙、用机械吊运砖。

4．爆破拆除

1) 建筑拆除爆破的基本方法

爆破拆除用于较坚固的建筑物和构筑物以及高层建筑或构筑物的拆除。其基本方法有 3 种：控制爆破、静态爆破、近人爆破。

(1) 控制爆破。

原理：通过合理的设计和精心施工，严格控制爆炸能量和规模，将爆炸声响、飞石、振动、冲击波、破坏区域以及破碎体的散坍范围和方向，控制在规定的限度内。

特点：这种爆破方法不需要复杂的专用设备，也不受环境限制，能在爆破禁区内爆破。具有施工安全、迅速、不受破坏等优点。

适用：用于拆除房屋、构筑物、基础、桥梁。

(2) 静态爆破。

原理：将一种含有铝、镁、钙、铁、硅、磷、钛等元素的无机盐粉末状破碎剂，经水化后，产生巨大膨胀压力(可达 30～50MPa)，将混凝土(抗拉强度为 1.5～3MPa)或岩石(抗拉强度为 4～10MPa)胀裂、破碎。

特点：

① 破碎剂非易燃、易爆危险品，运输、保管、使用安全。

② 爆破无振动、声响、烟尘、飞石等公害。

③ 操作简单，不需填炮孔，不用雷管，不需点炮等操作，不需专业工种。

④ 本法存在一些问题：能量不如炸药爆破大，钻孔较多，破碎效果受气温影响较大，开裂时间不易控制及成本稍高等。

经过适当设计，可用于定向或某些不宜使用炸药爆破的特殊场合，对大体积脆性材料的破碎及切割效果良好，适用于混凝土、钢筋混凝土、砖石构筑物、结构物的破碎拆除及各种岩石的破碎或切割，或作二次破碎，但不适用于多孔体和高耸结构。

(3) 近人爆破又称高能燃烧剂爆破。

原理：采用金属氧化物(二氧化锰、氧化铜)和金属还原剂(铝粉)按一定的比例组成的混合物，将其装入炮孔内，用电阻丝引燃，发生氧化——还原反应，能产生(2192±280)℃的高温膨胀气体，而将混凝土破坏，但当出现胀裂、遇空气后压力急骤下降，可使混凝土不至飞散，达到切割破坏的目的。

特点：

① 爆破声响较小、振动轻微，飞石、烟尘少，安全范围可至 0～3m 内不伤人。

② 成分稳定，不易燃烧，能短时间防潮防水，能用于 760℃以下高温，加工制作简便、不用雷管起爆，炮孔堵装作业安全，瞎炮易于处理，保存、运输及使用安全可靠。

③ 切割面比较整齐，保留部分不受损坏。

④ 采用粗铝粉(40～160 目)和工业副产品的氧化物(二氧化锰)配制，价格低于岩石炸药。

适用场合：一般混凝土基础、柱、梁、板等的拆除及石料的开采，不宜用于不密实结构及存在空隙的结构，因这时膨胀气体容易溢出而使切割失败。

2) 各类结构和构件控制爆破的方法

(1) 基础松动控制爆破。

对于原有混凝土、钢筋混凝土或砖石基础的爆破拆除，不求爆破量多少，主要是要将其大块整体爆裂开，以便人工拆除掉，同时不损坏周围的建筑物和设备。根据具体要求基础爆破拆除方式分两种。

① 基础整体爆破：将整个基础一次或分层全部爆破，爆破多采用炮孔法，为减少振动和达到龟裂的目的，一般采取在规定的炮孔中间增加不装药的炮孔。

② 基础切割式爆破：将基础切去一部分、保留一部分，并要求破裂面平整。一般方法是采用沿设计爆裂面顶线(即要求的切割线)密布炮孔，炮孔深度大于或等于最小抵抗线 W 或基础厚的 0.8～0.9 倍。

(2) 柱子、墙控制爆破。

① 柱子爆破：对具有 4 个自由面的钢筋混凝土柱，如果柱截面积 S 的平方根 $\sqrt{S}<0.6$m 时使用单排孔，炮孔布置在柱中心线上，避开钢筋成直线布置；如果 $\sqrt{S}>0.6$m，布置双排孔。

② 墙爆破：对三面临空的墙、炮孔沿强顶面中心线布置，使各方面抵抗线大致相等。如果墙的一侧有砌体或填土，则应打在靠近填土一侧墙厚 1/3 处。炮孔深应等于或稍大于墙厚或墙高的 2/3，如墙厚大于 50cm，采用双排三角形布孔。

③ 梁爆破：梁爆破一般为单孔，沿梁高方向钻孔，孔深离梁底 10～15cm，对高度大，弯起钢筋多的梁可采用水平布孔，梁高在 50cm 以内采用一排，否则应设两排呈三角形布置。

④ 板爆破：对厚度不大的板类结构的拆除，一般采取浅孔分割形爆破，将大面积的整体板爆割成能装运的一些方块或长条。布孔应为双排成三角形，孔距为板厚的 2/3。

(3) 钢筋混凝土框架结构控制爆破。

① 炸毁框架全部支撑柱，使框架在自重作用下，一次冲击解体。

② 炸毁部分主要支撑柱，使框架按预定部位失稳和形成倾覆力矩，依靠结构物自重和倾覆力矩作用，完成大部分框架的解体。

③ 按一定秒差逐段炸毁框架内的必要支撑柱，使框架逐段坍塌解体，为便于解体，二三层楼板、梁和大部分主梁宜作预爆处理。

(4) 砖混结构爆破。

一般采用微量装药定向爆破，通常采取将结构的多数支点或所有支点炸毁，利用结构自重使房屋按预定方向“原地倾斜倒塌”或“原地垂直下落倒塌”。布药着重在一层及地下室的承重部分(柱或承重墙)，要求倒塌方向的外墙应加大药量采用3～5排孔，以确保定向倒塌。原地垂直下落倒塌爆破使用于侧向刚度大的砖混结构。

(5) 圆筒、罐体结构水压控制爆破。

水压控制爆破是在完全封闭或开口的中空容器状结构中，进行全部或部分灌水，然后在水中悬挂一定位置、深度的药包进行起爆，充分利用水的不可压缩性，传递爆破荷载，达到均匀破碎四周壁体的目的的一种爆破方法。本法具有安全简便、工效高、费用低(可节约90%～95%)，可控制飞石、粉尘，破碎均匀等特点。

(6) 烟囱控制爆破。

① 钢筋混凝土烟囱爆破：钢筋混凝土烟囱爆破采用炸药爆掉部分根部结构，使其失稳，沿设计方向倾倒或塌落。按其破碎方法分定向倾倒、折叠式定向倾倒与原地坍塌3种，使用最多的是第一种，后两种技术复杂，只在没有倾倒场地时才使用；定向倾倒爆破是在烟囱设计倾倒方向根部打炮孔，炮孔沿烟囱筒体圆周长2/3范围内设置，呈梯形布置，高度1.5m左右。

② 砖烟囱爆破：砖烟囱强度较低，一般采取整体定向倒塌，爆破位置设在烟囱根部，爆破范围应大于或等于筒身爆破截面处外周长有2/3～3/4，炮孔布置以设计倾倒方向中心线为基线，分别向两侧均匀布设钻孔，一般采取两排交错排列或设三排呈梅花形排列，孔距视烟囱壁厚而定，一般上下两排之间的排距为0.45～0.5m，最低一排距地面0.5～1.0m，倒塌方向比另一侧低0.5m。

8.1.2 拆除工程安全技术

1. 拆除工程的准备工作

1) 技术准备工作

(1) 熟悉被拆除建筑物(或构筑物)的竣工图纸，弄清楚建筑物的结构情况、建筑情况、水电及设备管道情况。

(2) 学习有关规范和安全技术文件。

(3) 调查周围环境、场地、道路、危房情况。

(4) 编制拆除工程施工组织设计。

(5) 向进场施工人员进行安全技术教育。

2) 现场准备

(1) 清除拆除倒塌范围内的物质、设备。

(2) 疏通运输道路及拆除施工中的临时水、电源和设备。

(3) 切断被拆建筑物的水、电、煤气、暖气管道等。

(4) 检查周围危旧房，必要时进行临时加固。

(5) 向周围群众出安民告示，在拆除危险区设置警戒标志。

3) 机械设备材料的准备

拆除的工具机器、起重运输机械和爆破拆除所需的全部爆破器材， 以及爆破材料危险品临时库房。

4) 组织和劳动力准备

成立组织领导机构，组织劳动力。

5) 编制拆除工程预算

2．拆除工程的施工组织设计

施工组织设计是指导拆除工程施工准备和施工全过程的技术经济文件，必须由负责该项拆除工程的主管领导，组织有关技术、生产、安全、材料、机械、劳资、保卫等部门人员讨论编制，报上级主管部门审批。

(1) 拆除工程施工组织设计编制原则。从实际出发，在确保人身和财产安全的前提下，选择经济、合理、扰民小的拆除方案，进行科学的组织，以实现安全、经济、快速、扰民小的目标。

(2) 拆除工程施工组织设计编制的依据如下。

① 被拆除建筑物的竣工图(包括结构、建筑、水、电、设备及外管线)。

② 施工现场勘察得来的资料和信息，拆除工程(包括爆破拆除)有关的施工验收规范、安全技术规范、安全操作规程和国家、地方有关安全技术规定。

③ 与甲方签订的经济合同(包括进度和经济的要求)。

④ 国家和地方有关爆破工程安全保卫的规定，以及本单位的技术装配条件。

(3) 施工组织设计的内容如下。

① 被拆除建筑物和周围环境的简介：着重介绍被拆除建筑结构受力情况，并附简图，同时介绍填充墙、隔断墙、装修做法，水、电、暖、煤气设备情况，周围房屋、道路、管线有关情况。所介绍的情况必须是现在的实际情况。可用现状平面图表示。

② 施工准备工作计划：列出各项施工准备工作(包括组织领导机构、分工、组织技术、现场、设备器材、劳动力的准备工作)，安排计划、落实到人。

③ 拆除方法：根据实际情况和甲方的要求，对比各种拆除方法，选择安全、经济、快速、扰民小的方法。要详细叙述拆除方法的全面内容，采用控制爆破拆除，要详细说明起爆与爆破方法、安全距离、警戒范围、保护方法、破坏情况、倒塌方向与范围，以及安全技术措施。

④ 施工部署和进度计划。

⑤ 劳动组织。要把各工种人员的分工及组织进行周密的安排。

⑥ 列出机械、设备、工具、材料的计划清单。

⑦ 施工总平面图：施工总平面图是施工现场各项安排的依据，也是施工准备工作的依据。施工总平面图应包括下列内容。

(a) 被拆除建筑物和周围建筑及地上、地下的各种管线、障碍物、道路的布置和尺寸。

(b) 起重吊装设备的开行路线和运输路线。

(c) 爆破材料及其他危险品临时库房位置、尺寸和做法。

(d) 各种机械、设备、材料以及拆除下来的建筑材料的堆放地布置。

(e) 要表明被拆除建筑物倾倒方向和范围、警戒区的范围的位置及尺寸。

(f) 要标明施工用水、电、办公、安全设施、消火栓位置及尺寸。

(g) 针对所选用的拆除方法和现场情况，根据有关规定提出全面的安全技术措施。

3．拆除工程的安全技术规定

(1) 建筑拆除工程必须编制专项施工组织设计并经审批备案后方可施工，其内容应包括下列各项：对作业区环境(包括周围建筑、道路、管线、架空线路)准备采取的措施说明；被拆除建筑的高度、结构类型以及结构受力简图；拆除方法设计及其安全措施；垃圾、废弃物的处理；减少对环境影响的措施，包括噪音、粉尘、水污染等；人员、设备、材料计划；施工总平面布置图。

(2) 拆除工程的施工，必须在工程负责人的统一指挥和经常监督下进行。工程负责人要根据施工组织设计和安全技术规程向参加拆除的工作人员进行详细的交底。

(3) 拆除工程在施工前，应该将电线、瓦斯煤气管道、上下水管道、供热设备等管道、干线及连通该建筑物的支线切断或迁移。

(4) 拆除区周围应设立围栏，挂警告牌，并派专人监护，严禁无关人员逗留。

(5) 拆除过程中，现场照明不得使用被拆除建筑物中的配电线，应另外设置配电电路。

(6) 拆除作业人员，应站在脚手架或稳固的结构上操作。

(7) 拆除建筑物的栏杆、楼梯和楼板等，应该和整体程度相配合，不能先行拆除。建筑物的承重支柱和横梁，要等待它所承担的全部结构和荷重拆掉后才可以拆除。

(8) 高处拆除安全技术如下。

① 高处拆除施工的原则是按建筑物建设时相反的顺序进行。应先拆高处，后拆低处；先拆非承重构件，后拆承重构件；屋架上的屋面板拆除，应由跨中向两端对称进行。不得数层同时进行交叉拆除。当拆除某一部分时，应保持未拆除部分的稳定，必要时应先加固后拆除。

② 高处拆除作业人员必须站在稳固的结构部位上，当不能满足时，应搭设工作平台。

③ 高处拆除石棉瓦等轻型屋面工程时，严禁踩在石棉瓦上操作，应使用移动式挂梯，挂牢后操作。

④ 高处拆除时楼板上不得有多人聚集，也不得在楼板上堆放大量的材料和被拆除的构件。

⑤ 高处拆除时拆除的散料应从设置的溜槽中滑落，较大或较重的构件应使用吊绳或起重机掉下。严禁向下抛掷。

⑥ 高处拆除中每班作业休息前，应拆除至结构的稳定部位。

(9) 拆除建筑物一般不采用推倒方法，用推倒方法的时候，必须遵守下列规定。

① 砍切墙根的深度不能超过墙厚的1/3，墙的厚度小于两块半砖的时候，不许进行掏掘。

② 为防止墙壁向掏掘方向倾倒，在掏掘前，要用支撑撑牢。

③ 建筑物推倒前，应发出信号，待所有人员远离建筑物高度2倍以上的距离后，方可进行。

④ 在建筑物推倒塌范围内，有其他建筑物时，严禁采用推倒法。

(10) 采用控制爆破方法进行拆除工程应按满足下列要求。

① 严格遵守《土方与爆破工程施工及验收规范》(GBJ 201)关于拆除爆破的规定。

② 在人口稠密、交通要道等地区爆破建筑物，应采用电力或导爆索起爆，不得采用火花起爆。当采用分段起爆时，应采用毫秒雷管起爆。

③ 采用微量炸药的控制爆破，可大大减少飞石，但不能绝对控制飞石，仍应采用适当保护措施，如对低矮建筑物采取适当护盖，对高大建筑物爆破设一定安全区，避免对周围建筑物和人身的危害；爆破时，对原有蒸汽锅炉和空压机房等高压设备，应将其压力降到1～2atm；(atm 为大气压单位，100Pa≈0.987atm)

④ 爆破各道工序要认真细致地操作、检查与处理，杜绝各种不安全事故发生。爆破要有临时指挥机构，便于分别负责爆破施工与起爆等有关安全工作。

⑤ 用爆破方法拆除建筑物部分结构的时候，应该保证其他结构部分的良好状态。爆破后，如果发现保留的结构部分有危险征兆，应采取安全措施后，再进行工作。

8.2 土方工程施工安全措施

8.2.1 施工准备

(1) 勘查现场，清除地面及地上障碍物。摸清工程实地情况、开挖土层的地质、水文情况、运输道路、邻近建筑、地下埋设物、古墓、旧人防地道、电缆线路、上下水管道、煤气管道、地面障碍物、水电供应情况等，以便有针对性地采取安全措施，清除施工区的地面及地下障碍物。勘察范围应根据开挖深度及场地条件确定，应大于开挖边界外按开挖深度 1 倍以上范围布置勘探点。

(2) 做好施工场地防洪排水工作，全面规划场地，平整各部分的标高，保证施工场地排水通畅不积水，场地周围设置必要的截水沟、排水沟。

(3) 保护测量基准桩，以保证土方开挖标高位置与尺寸准确无误。

(4) 备好施工用电、用水及其他设施。平整施工道路。

(5) 需要做挡土桩的深基坑，要先做挡土桩。

8.2.2 土方开挖的安全技术

(1) 在施工组织设计中，要有单项土方工程施工方案，对施工准备、开挖方法、放坡、排水、边坡支护应根据有关规范要求进行设计，边坡支护要有设计计算书。

(2) 土石方作业和基坑支护的设计、施工应根据现场的环境、地质与水文情况，针对基坑开挖深度、范围大小，综合考虑支护方案、土方开挖、降排水方法以及对周边环境采取的措施来进行。

(3) 根据土方工程开挖深度和工程量的大小，选择机械和人工挖土或机械挖土方案。挖掘应自上而下进行，严禁先挖坡脚。软土基坑无可靠措施时应分层均衡开挖，层高不宜超过 1m。坑(槽)沟边 1m 以内不得堆土、堆料，不得停放机械。

(4) 基坑工程应贯彻先设计后施工；先支撑后开挖；边施工边监测；边施工边治理的原则。严禁坑边超载，相邻基坑施工应有防止相互干扰的技术措施。

(5) 挖土方前对周围环境要认真检查，不能在危险岩石或建筑物下面进行作业。

(6) 人工挖基坑时，操作人员之间要保持安全距离，一般大于 2.5m，多台机械开挖，挖土机间距应大于 10m。

(7) 机械挖土，多台机同时开挖土方时，应验算边坡和稳定。根据规定和验算确定挖土机离边坡的安全距离。

(8) 如开挖的基坑(槽)比邻近建筑物基础深时，开挖应保持一定距离和坡度，以免在施工时影响邻近建筑物的稳定，如不能满足要求，应采取边坡支撑加固措施。并在施工过程中间进行沉降和位移观测。

(9) 当基坑施工深度超过 2m 时，坑边应按照高处作业的要求设置临边防护，作业人员上下应有专用梯道。当深基坑施工中形成立体交叉作业时，应合理布局基位、人员、运输通道，并设置防止落物伤害的防护层。

(10) 为防止基坑底的土被扰动，基坑挖好后要尽量减少暴露时间，及时进行下一道工序的施工。如不能立即进行下一道工序，要预留 15～30cm 厚覆盖土层，待基础施工时再挖去。

(11) 应加强基坑工程的监测和预报工作，包括对支护结构、周围环境及对岩土变化的监测，应通过监测分析及时预报并提出建议，做到信息化施工，防止隐患扩大和随时检验设计施工的正确性。

(12) 弃土应及时运出，如需要临时推土，或留作回填土，推土坡脚至坑边距离应按挖坑深度、边坡坡度和土的类别确定，在边坡支护设计时应考虑推土附加的侧压力。

(13) 运土道路的坡度、转弯半径要符合有关安全规定。

(14) 爆破土方要遵守爆破作业安全有关规定。

8.2.3 边坡稳定及支护安全技术

1. 影响边坡稳定的因素

基坑开挖后，其边坡失稳坍塌的实质是边坡上体中的剪应力大于土的抗剪强度。而土体的抗剪强度是来源于土体的内摩阻力和内聚力。因此，凡是能影响土体中剪应力、内摩阻力和内聚力的，都能影响边坡的稳定。

(1) 土的类别的影响。不同类别的土，其土体的内摩阻力和内聚力不同。例如砂土的内聚力为零，只有内摩阻力，靠内摩阻力来保持边坡稳定平衡。而黏性土则同时存在内摩阻力和内聚力，因此，不同类别的土其保持边坡的最大坡度不同。

(2) 土的湿化程度的影响。土内含水愈多，湿化程度增高，土颗粒之间产生滑润作用，内摩阻力和内聚力均降低。其土的抗剪强度降低，边坡容易失去稳定。同时含水量增加，使土的自重增加，裂缝中产生静水压力，增加了土体内剪应力。

(3) 气候的影响使土质松软，如冬季冻融又风化，也可降低土体抗剪强度。

(4) 基坑边坡上面附加荷载或外力松动的影响，能使土体中剪应力大大增加，甚至超过土体的抗剪强度，使边坡失去稳定而塌方。

2. 基坑(槽)边坡的稳定性

为了防止塌方，保证施工安全，开挖土方深度超过一定限度时，边坡均应做成一定坡度。土方边坡的坡度以其高度 H 与底 B 之比表示。

土方边坡的大小与土质、开挖深度、开挖方法、边坡留置时间的长短、排水情况、附近堆积荷载等有关。开挖的深度愈深，留置时间越长，边坡应设计得平缓一些，反之则可陡一些，用井点降水时边坡可陡一些。边坡可以做成斜坡式(图 8.2a)，根据施工需要亦可做成踏步式(图 8.2b)。

1) 基坑(槽)边坡的规定

当地质情况良好、土质均匀、地下水位低于基坑(槽)或管沟底面标高时，挖方深度在 5m 以内，不加支撑的边坡最陡坡度应按表 8-1 的规定。

表 8-1　基坑(槽)边坡的最陡坡规定

土的类别	边坡坡度(高：宽)		
	坡顶无荷载	坡顶有荷载	坡顶有动载
中密砂土	1：1.00	1：1.25	1：1.50
中密的碎石类土(充填物砂土)	1：0.75	1：1.00	1：1.25
硬塑的黏质粉土	1：0.67	1：0.75	1：1.00
中密的碎石类土(充填物为黏性土)	1：0.50	1：0.67	1：0.75
硬塑的粉质粘土、黏土	1：0.33	1：0.50	1：0.67
老黄土	1：0.10	1：0.25	1：0.33
软土(经井点降水后)	1：1.00	—	—

注：1. 静载指堆土或材料等，动载指机械挖土或汽车运输作业等。在挖方边坡上侧堆土或材料以及移动施工机械时，应与挖方边缘保持一定距离，以保证边坡的稳定，当土质良好时，堆土或材料距挖方边缘 0.8m 以外，高度不宜超过 1.5m。

2. 若有成熟的经验或科学理论计算并经实验证明者可不受本表限制。

2) 基坑(槽)无边坡垂直挖深高度规定

(1) 无地下水或地下水位低于基坑(槽)或管沟底面标高且土质均匀时，其挖方边坡可做成直立壁不加支撑，挖方深度应根据土质确定，但不宜超过表 8-2 的规定。

(2) 天然冻结的速度和深度，能确保施工挖方的安全，在深度为4m 以内的基坑(槽)开挖时，允许采用天然冻结法垂直开挖而不设支撑，但在干燥的砂土中应严禁采用冻结法施工。

表 8-2　基坑(槽)做成直立壁不加支撑的深度规定

土的类别	挖方深度/m
密实、中密的砂土和碎石类土的(充填物为砂)	1.00
硬塑、可塑的粉土及粉质黏土	1.25
硬塑、可塑的粘土和碎石类土(充填物为黏性土)	1.50
坚硬的黏土	2.00

采用直立壁挖土的基坑(槽)或管沟挖好后，应及时进行地下结构和安装工程施工，在施工过程中，应经常检查坑壁的稳定情况。

挖方深度超过表 8-2 规定，应按表 8-1 规定，放坡或直立壁加支撑。

3．滑坡与边坡塌方的分析处理

1) 滑坡的产生和防治

(1) 滑坡的产生原因如下。

① 震动的影响，如工程中采用大爆破而触发滑坡。

② 水的作用，多数滑坡的发生都是与水的参数有关，水的作用能增大土体重量，降低土的抗剪强度和内聚力，产生静水和动水压力，因此，滑坡多发生在雨季。

③ 土体(或岩体)本身层理发达，破碎严重，或内部夹有软泥或软弱层受水浸或震动滑坡。

④ 土层下岩层或夹层倾斜度较大，上表面堆土或堆材料较多，增加了土体重量，致使土体与夹层间，土体与岩石之间的抗剪强度降低而引起滑坡。

⑤ 不合理的开挖或加荷，如在开挖坡脚或在山坡上加荷过大，破坏原有的平衡而产生滑坡。

⑥ 如路堤、土坝筑于尚未稳定的古滑坡体上，或是易滑动的土层上，使重心改变产生滑坡。

(2) 滑坡的防治措施如下。

① 使边坡有足够的坡度，并应尽量将土坡削成较平缓的坡度或做成台阶形，使中间具有数个平台以增加稳定。土质不同时，可按不同土质削成不同坡度，一般可使坡度角小于土的内摩擦角。

② 禁止滑坡范围以外的水流入滑坡区域以内，对滑坡范围以内的地下水，应设置排水系统疏干或引出。

③ 对于施工地段或危及建筑安全的地段设置抗滑结构，如抗滑柱、抗滑挡墙、锚杆挡墙等。这些结构物的基础底必须设置在滑动面以下的稳定土层或岩基中。

④ 将不稳定的陡坡部分削去，以减轻滑坡体重量，减少滑坡体的下滑力，达到滑体的静力平衡。

⑤ 严禁随意切割滑坡体的坡脚，同时也切忌在坡体被动区挖土。

2) 边坡塌方的防治

(1) 边坡塌方的发生原因如下。

① 由于边坡太陡，土体本身的稳定性不够而发生塌方。

② 气候干燥，基坑暴露时间长，使土质松软或黏土中的夹层因浸水而产生润滑作用，以及饱和的细砂、粉砂因受震动而液化等原因引起土体内抗剪强度降低而发生塌方。

③ 边坡顶面附近有动荷载，或下雨使土体的含水量增加，导致土体的自重增加和水在土中渗流产生一定的动水压力，以及土体裂缝中的水产生静水压力等原因，引起土体抗剪应力的增加而产生塌方。

(2) 边坡塌方的防治措施如下。

① 开挖基坑(槽)时，若因场地限制不能放坡或放坡后所增加的土方量太大，为防止边坡塌方，可采用设置挡土支撑的方法。

② 严格控制坡顶护道内的静荷载或较大的动荷载。

③ 防止地表水流入坑槽内和渗入土坡体。

④ 对开挖深度大、施工时间长、坑边要停放机械等，应按规定的允许坡度适当的放平缓些，当基坑(槽)附近有主要建筑物时，基坑边坡的最大坡度为1∶1～1∶1.5。

4．基坑挡土桩设计要素及安全检查要点

我国高层建筑、构筑物深基础工程施工常用的支护结构，有钢板桩和钢筋混凝土钻孔桩等，根据具体情况选择使用。

钢板桩和钢筋混凝土钻孔桩支护结构，根据有无锚碇结构，分为有锚桩和无锚桩两类。

无锚桩用于较浅的基础，是依靠部分的土压力来维持柱的稳定；有锚是依靠拉锚和桩入土深度共同来维持板桩的稳定，用于较深的基坑。

总结支护结构挡土桩的工程事故，其原因主要有 3 个方面。

(1) 桩的入土深度不够，在土压力作用下桩入土部分走动而出现坑壁滑坡，对钢板桩来说由于入土深度不够还可能发生隆起和管涌现象。

(2) 拉锚的强度不够，使锚碇结构破坏；或者拉锚长度不足，位于土体滑动面之内，当土体要滑动时，拉锚桩随着滑动而失去拉锚的作用。

(3) 桩本身的刚度和抗弯强度不够，在土压力作用下，桩本身失稳而弯曲，或者强度不够而破坏。

为此，对于拉锚挡土桩支护结构来说，入土深度、锚杆(强度和长度)、桩截面刚度和强度是挡土桩设计“三要素”。

各类挡土桩，在施工组织设计中，必须有单项设计和详细的结构计算书，内容应包括下列几方面，施工前必须逐一检查。

(1) 绘制挡土桩设计图，设计图应包括桩位布置、桩的施工详图(包括桩长、标高、断面尺寸、配筋及预埋件详图)、锚杆及支承钢梁布置与详图、节点详图(包括锚杆的标高、位置、平面布置、锚杆长度、断面、角度、支撑钢梁的断面及锚杆与支承钢梁的节点大样)，顶部钢筋混凝土圈梁或斜角拉梁的施工详图等。设计图应有材料要求说明、锚杆灌浆养护及预应力张拉的要求等。

(2) 根据挖土施工方案及挡土桩各类荷载，对挡土桩结构进行计算或验算。挡土桩的计算书应包括下列项目的计算。

① 桩的入土深度计算，以确保桩的稳定。

② 计算桩最危险截面处的最大弯矩和剪力，验算桩的强度和刚度，以确保桩的承载能力。

③ 计算在最不利荷载情况下，锚杆的最大拉力，验算锚杆的抗拉强度，验算土层锚杆非锚固段与锚固段长度，以保证锚杆抗拔力。

④ 桩顶设拉锚的除验算拉锚杆强度外，还应该验算锚桩的埋设深度，以及检查锚桩是否埋设在土体稳定区域内(图 8.2)。

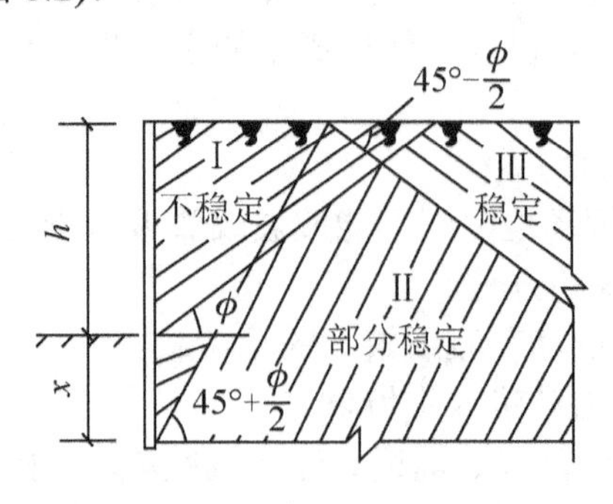

图 8.2　固拉结区域稳定性划分

(3) 明确挡土桩的施工顺序，锚杆施工与挖土工序之间的时间安排，锚杆与支承梁施工说明，多层锚杆施工过程中的预应力调整等。

(4) 挡土桩的主要施工方法。

(5) 施工安全技术措施以及估计可能发生的问题应如何解决。

5．坑(槽)壁支护工程施工安全要点

(1) 一般坑壁支护都应进行设计计算，并绘制施工详图，比较浅的基坑(槽)，若确有成熟可靠的经验，可根据经验绘制简明的施工图。在运用已有经验时，一定要考虑土壁土的类别、深度、干湿程度、槽边荷载以及支撑材料和做法是否与经验做法相同或近似，不能生搬硬套已有的经验。

(2) 选用坑壁支撑的木材，要选坚实的、无枯节的、无穿心裂折的松木或杉木，不宜用杂木。木支撑要随挖随撑，并严密顶紧牢固，不能整个挖好后最后一次支撑。挡土板或板桩与抗壁间填土应分层回填夯实，使之密实以提高回填土的抗剪强度。

(3) 锚杆的锚固段应埋在稳定性较好的土层中或岩层中，并用水泥砂浆灌注密实。锚固须经计算或试验确定，不得锚固在松软土层中。应合理布置锚杆的间距与倾角，锚杆上下间距不宜小于2.0m，水平间距不宜小于1.5m；锚杆倾角宜为15°～25°，且不应大于45°。最上一道锚杆覆土厚不得小于4m。

(4) 挡土桩顶埋深的拉锚，应用挖沟方式埋设，沟宽尽可能小，不能采取全部开挖回填方式，扰动土体固结状态。拉锚安装后应按设计要求预拉应力进行拉紧。

(5) 当采用悬臂式结构支护时，基坑深度不宜大于6m。基坑深度超过6m时，可选用单支点和多支点的支护结构。地下水位低的地区和能保证降水施工时，也可采用土钉支护。

(6) 施工中应经常检查支撑和观测邻近建筑物的稳定与变形情况。如发现支撑有松动、变形、位移等现象，应及时采取加固措施。

(7) 支撑的拆除应按回填顺序依次进行，多层支撑应自上而下逐层拆除，拆除一层，经回填夯实后，再拆上层。拆除支撑应注意防止附近建筑物或构筑物产生下沉或裂缝，必要时采取加固措施。

(8) 护坡桩施工的安全技术如下。

① 打桩前，对邻近施工范围内的已有建筑物、驳岸、选下管线等，必须认真检查，针对具体情况采取有效加固或隔震措施，对危险而又无法加固的建筑征得有关方面同意可以拆除，以确保施工安全和邻近建筑物及人身的安全。

机器进场，要注意危桥、陡坡、限地和防止碰撞电杆、房屋等。打桩场地必须平整夯实，必要时宜铺设道渣，经压路机碾压密实，场地四周应挖排水沟以利排水。在打桩过程中，遇有地坪隆起或下陷时，应随时对机器及路轨调平或整平。

② 钻孔灌注桩施工，成孔钻机操作时，应注意钻机固定平整，防止钻架突然倾倒或钻具突然下落而造成事故。已钻成的孔在尚未灌混凝土前，必须用盖板封严。

8.2.4 基坑排水安全技术

基坑开挖要注意预防基坑被浸泡，引起坍塌和滑坡事故的发生。为此在制定土方施工方案时应注意采取措施。

(1) 土方开挖及地下工程要尽可能避开雨期施工，当地下水位较高、开挖土方较深时，应尽可能在枯水期施工，尽量避免在水位以下进行土方工程。

(2) 为防止基坑浸泡，除做好排水沟外，要在坑四周做水堤，防止地面水流入坑内，坑内要做排水沟、集水井以排除暴雨和其他突然而来的明水倒灌，基坑边坡视需要可覆盖塑料布，应防止大雨对土坡的侵蚀。

(3) 软土基坑、高水位地区应做截水帷幕，应防止单纯降水造成基土流失。

(4) 开挖低于地下水位的基坑(槽)、管沟和其他挖方时，应根据当地工程地质资料，挖方深度和尺寸、选用集水坑或井点降水。采用集水坑降水时，应符合以下规定。

① 根据现场条件，应能保持开挖边坡的稳定。

② 集水坑应与基础底边有一定距离。边坡如有局部渗出地下水时，应在渗水处设置过滤层，防止土粒流失，并应设置排水沟，将水引出坡面。

(5) 采用井点降水，降水前应考虑降水影响范围内的已有建筑物和构筑物可能产生附加沉降、位移。定期进行沉降和水位观测并作好记录。发现问题，应及时采取措施。

(6) 膨胀土场地应在基坑边缘采取抹水泥地面等防水措施，封闭坡顶及坡面，防止各种水流渗入坑壁。不得向基坑边缘倾倒各种废水并应防止水管泄露冲走桩间土。

8.2.5 流砂的防治

基坑(槽)开挖，深入地下水位 0.5m 以下时，在坑(槽)内抽水，有时坑底土成为流动状态，随地下水涌起，边挖边冒，以致无法挖深的现象，称为流砂。

如果是挖基坑(槽)，流砂使地基土受扰动，可能造成坑壁坍塌，对附近的建筑物则可能因地基土扰动而沉陷。若不及时制止将可能使附近建筑物倾斜，甚至倒坍，造成严重的后果。同时对新挖的基坑，地基土的扰动将影响其他基坑承载力，并且使施工不能继续进行下去。

1. 流砂发生的原因

根据理论分析，土工试验与实践经验总结可知，当土具有下列性质，就有可能发生流砂现象。

(1) 土的颗粒组成中，黏土颗粒含量小于 10%，粉粒(粒径为 0.005～0.05mm)含量大于 75%。

(2) 颗粒级配中，土的不均匀系数小于 5。

(3) 土的天然孔隙比大于 0.75。

(4) 土的天然含水量大于 30%。

总之，流砂现象经常发生在细砂、粉砂及砂质粉土中，是否发生流砂现象，还取决于动水压力的大小。当地下水位较高、坑内外水位差较大时，动水压力也就愈大，就愈易发生流砂现象。一般经验是，在可能发生流砂的土质处，基坑挖深超过地下水位线 0.5m 左右，就可能发生流砂现象。

另外，与流砂现象相似的是管涌现象，当基坑坑底位于不透水土层中，而不透水层下面为承压蓄水层，坑底不透水层的覆盖厚度的重量小于承压水的顶托力时，基坑底部即可能发生管涌冒砂现象。

为了防止管涌冒砂，可以采取人工降低地下水位办法来降低承压层的压力水位。

2. 流砂防治

根据流砂形成的原因，防治流砂的方法主要是减小动水压力，或采取加压措施以平衡动水压力。根据不同情况可采取下列措施。

(1) 枯水期施工。当根据地质报告了解到必须在水位以下开挖粉细砂土层时，应尽量在枯水期施工。因地下水位低，坑内外压差小，动水压力可减少，就不易发生流砂现象。

(2) 水下挖土法。就是不排水挖土，使坑内水压与坑外地下水压相平衡，避免流砂现象发生，此法在沉井挖土过程中常采用，但水下挖土太深不宜采用。

(3) 人工降低地下水位方法。采用井点降水，由于地下水的渗流向下，使动水压力的方向也朝下，增加土颗粒间的压力，从而有效地制止流砂现象发生，此法较可靠，采用较广。

(4) 地下连续墙法。此方法是在地面上开挖一条狭长的深槽(一般宽 0.6～1m，深可达20～30m)，在槽内浇筑钢筋混凝土，可截水防止流砂，又可挡土护壁，并作为正式工程的承重挡土墙。

(5) 采取加压措施。下面先铺芦席，然后抛大石块增加土的压力，以平衡动水压力，采取此法，应组织分段抢挖，使挖土速度超过冒砂速度，挖至标高(即铺芦席)处加大石块把流砂压住。此法用以解决局部流砂或轻微流砂有效。如果坑底冒砂较快，土已失去承载力，抛入大石块会很快沉入土中，无法阻止流砂现象。

(6) 打钢板桩法。以增加地下水从坑外流入坑内的渗流路线，减少水力坡度，从而减小动水压力，防止流砂发生，但此方法要投入大量钢板桩，不经济，较少采用。

8.3 主体结构施工安全措施

8.3.1 脚手架工程

脚手架是建筑施工中必不可少的临时设施。例如砖墙的砌筑、墙面的抹灰、装饰和粉刷、结构构件的安装，都需要在其近旁搭设脚手架，以便在其上进行施工操作、堆放施工用料和必要时的短距离水平运输。脚手架虽然是随着工程进度而搭设，工程完毕后拆除，但它对建筑施工速度、工作效率、工程质量以及工人的人身安全有着直接的影响。如果脚手架搭设不及时，势必会拖延工程进度；脚手架搭设不符合施工需要，工人操作就不方便，质量得不到保证，工效也提不高，脚手架搭设不牢固，不稳定，就容易造成施工中的伤亡事故。因此脚手架的选型、构造、搭设质量等决不可疏忽大意轻率处理。

1. 脚手架的分类

按不同分类方法，常见脚手架种类有如下几种。

(1) 按搭设部位不同：外脚手架、内脚手架。

(2) 按搭设材质的不同：钢管脚手架、竹脚手架(《施工现场安全检查标准》(JGJ 59—2011)中已强调将逐步淘汰毛竹脚手架)、木脚手架。

(3) 按用途不同：砌筑脚手架、装饰脚手架。

(4) 按搭设形式不同：普通脚手架、特殊脚手架。

(5) 按立杆排数不同：单排脚手架、双排脚手架、满堂脚手架。

2. 脚手架的材质及构造要求

(1) 木脚手架。木脚手架立杆、纵向水平杆、斜撑、剪刀撑、连墙件应选用剥皮杉、落叶松木杆，横向水平杆应选用杉木、落叶松、柞木、水曲柳。立杆有效部分的小头直径不得小于 70mm，纵向水平杆有效部分的小头直径不得小于 80mm。

(2) 钢管脚手架。

① 钢管的材质及规格要求：一般采用符合《碳素结构钢》(GB/T 700)技术要求的 A3 钢，外表平直光滑，无裂纹、分层、变形扭曲、打洞截口以及锈蚀程度小于 0.5mm 的钢管，必须具有生产厂家的产品检验合格证或租赁单位的质量保证证明。

各杆件均应优先采用外径 48mm、壁厚 3～3.5mm 的焊接钢管，也可采用同种规格的无缝钢管或外径 50～51mm、壁厚 3～4mm 的焊接钢管。用于立杆、大横杆和斜杆的钢管长度以 4～4.5m 为宜，用于小横杆的钢管长度以 2.1～2.3m 为宜。

② 扣件的材质及规格要求：扣件是专门用来对钢管脚手架杆件进行连接的，它有回转、直角(十字)和对接(一字)3 种形式，扣件应采用可锻铸铁制成，其技术要求应符合《钢管脚手架扣件》(GB 15831)的规定，严禁使用变形、裂纹、滑丝、砂眼等疵病的扣件，所使用的扣件还应具有出厂合格证明或租赁单位的质量保证证明。

在使用时，直角扣件和回转扣件不允许沿轴心方向承受拉力；直角扣件不允许沿十字轴方向承受扭力；对接扣件不宜承受拉力，当用于竖向节点时只允许承受压力。扣件螺栓的紧固力矩应控制在 40～50N·m 之间，使用直角和回转扣件紧固时，钢管端部应伸出扣件盖板边缘不小于 100mm。扣件夹紧钢管时，开口处最小距离不小于 5mm；回转扣件的两旋转面间隙要小于 1mm。

(3) 绑扎材料的材质及规格要求如下。

绑扎木脚手架时一般采用 8 号镀锌钢丝，某些受力不大的地方也可用 10 号镀锌钢丝。

(4) 脚手架构造要求应符合下列规定。

① 单、双排脚手架的立杆纵距及水平杆步距不应大于 2.1m，立杆横距不应大于 1.6m。

② 应按规定的间隔采用连墙件(或连墙杆)与建筑结构进行连接，在脚手架使用期间不得拆除。

③ 沿脚手架外侧应设置剪刀撑，并随脚手架同步搭设和拆除。

④ 双排扣件式钢管脚手架高度超过 24m 时，应设置横向斜撑。

⑤ 门式钢管脚手架的顶层门架上部、连墙件设置层、防护棚设置处必须设置水平架。

⑥ 架高超过 40m 且有风涡流作用时，应设置抗风涡流上翻作用的连墙措施。

⑦ 脚手板必须按脚手架宽度铺满、铺稳，脚手板与墙面的间隙不应大于 200mm，作业层脚手板的下方必须设置防护层。

⑧ 作业层外侧，应按规定设置防护栏杆和挡脚板。

⑨ 脚手架应按规定采用密目式安全立网封闭。

⑩ 钢管脚手架中扣件式单排架不宜超过 24m，扣件式双排架不宜超过 50m，门式架不宜超过 60m。

⑪ 木脚手架中单排架不宜超过 20m，双排架不宜超过 30m。

3. 脚手架设计的基本要求

1) 荷载

(1) 荷载：可分为恒荷载和活荷载。

(2) 恒荷载：包括立杆、大小横杆、脚手板、扣件等脚手架各构件的自重。

(3) 活荷载：脚手架附属构件(如安全网、防护材料等)的自重、施工荷载及风荷载。其中施工荷载砌筑脚手架取 3kN/m^2(考虑两步同时作业)，装修脚手架取 2 kN/m^2(考虑 3 步同时作业)，工具式脚手架取 1kN/m^2(挂脚手架、吊篮脚手架等)。

2) 设计计算方法

脚手架的设计计算方法有极限状态设计法和容许应力法两种。

(1) 极限状态设计法要求进行两种极限状态，即承载能力和正常使用两种极限状态的计算。当按承载能力的极限状态计算时应采用荷载的设计值；当按正常使用的极限状态计算时应采用荷载的标准值。荷载的设计值等于荷载的标准值乘以荷载的分项系数。其中恒载的分项系数为 1.2，活载的分项系数为 1.4。

(2) 脚手架的具体计算方法可参照《建筑施工安全技术手册》中《脚手架的设计》章节。

3) 设计安全要求

(1) 使用荷载：脚手架具有荷载安全系数的规定。脚手架的使用荷载是以脚手板上实际作用的荷载为准。一般规定，结构用的里、外承重脚手架，均布荷载不超过 2700N/m^2，即在脚手架上，堆砖只准单行侧放 3 层；用于装修工程，均布荷载不超过 2000 N/m^2，桥式、吊挂和挑式等架子，使用荷载必须经过计算和试验来确定。

(2) 安全系数：脚手架搭拆比较频繁，施工荷载变动较大，因此安全系数一般均采用允许应力计算，考虑总的安全系数 k，一般取 k=3。

多立杆式脚手架大、小横杆的允许挠度，一般暂定为杆件长度的 1/150，桥式架的允许挠度暂定为 1/200。

4. 脚手架安全作业的基本要求

1) 脚手架的搭设

(1) 脚手架搭设安装前应先对基础等架体承重部分进行验收；搭设安装后应进行分段验收，特殊脚手架须由企业技术部门会同安全、施工管理部门验收合格后才能使用。验收要定量与定性相结合，验收合格后应在脚手架上悬挂合格牌，且在脚手架上明示使用单位、监护管理单位和负责人。施工阶段转换时，对脚手架重新实施验收手续。

(2) 施工层应连续 3 步铺设脚手板，脚手板必须满铺且固定。

(3) 施工层脚手架部分与建筑物之间实施密闭，当脚手架与建筑物之间的距离大于 20cm 时，还应自上而下做到 4 步一隔离。

(4) 操作层必须设置 1.2m 高的栏杆和 180mm 高的挡脚板，挡脚板应与立杆固定，并有一定的机械强度。

(5) 架体外侧必须用密目式安全网封闭，网体与操作层不应有大于 10mm 的缝隙；网间不应有大于 25mm 的缝隙。

(6) 钢管脚手架必须有良好的接地装置，接地电阻不大于 4Ω，雷电季节应按规范设置避雷装置。

(7) 从事架体搭设作业人员应是专业架子工，且取得劳动部门核发的特殊工种操作证。架子工应定期进行体检，凡患有不适合高处作业病症的不准上岗作业。架子工工作时必须戴好安全帽、安全带和穿防滑鞋。

2) 脚手架的运用

(1) 操作人员上下脚手架必须有安全可靠的斜道或挂梯，斜道坡度走人时取不大于 1∶3，运料时取不大于 1∶4，坡面应每 30cm 设一防滑条，防滑条不能使用无防滑作用的竹条等材料。在构造上，当架高小于6m时可采用一字形斜道，当架高大于6m时应采用之字形斜道；斜道的杆件应单独设置。挂梯可用钢筋预制，其位置不应在脚手架通道的中间，也不应垂直贯通。

(2) 脚手架通常应每月进行一次专项检查。脚手架的各种杆件、拉结及安全防护设施不能随意拆除，如确需拆除，应事先办理拆除申请手续。有关拆除加固方案应经工程技术负责人和原脚手架工程安全技术措施审批人书面同意后方可实施。

(3) 严禁在脚手架上堆放钢模板、木料及施工多余的物料等，以确保脚手架畅通和防止超荷载。

(4) 遇6级以上大风或大雾、雨、雪等恶劣天气时应暂停脚手架作业。

3) 脚手架的拆除

(1) 脚手架的搭设与拆除前，均应由单位工程负责人召集有关人员进行书面交底。

(2) 脚手架拆除时应划分作业区，周围设绳绑围栏或竖立警戒标志；地面应设专人指挥，禁止非作业人员入内。

(3) 拆除时要统一指挥、上下呼应、动作协调，当解开与另一人有关的结扣时，应先通知对方，以防坠落。

(4) 拆除时严禁撞碰脚手架附近电源线，以防止事故发生。

(5) 拆除时不能撞碰门窗、玻璃、水落管、房檐瓦片、地下明沟等。

(6) 在拆架过程中，不能中途换人，如必须换人时，应将拆除情况交代清楚后方可离开。

(7) 拆除顺序应遵守由上而下，先搭后拆、后搭先拆的原则。先拆栏杆、脚手架、剪刀撑、斜撑，再拆小横杠、大横杆、立杆等，并按一步一清原则依次进行，严禁上下同时进行拆除作业。

(8) 拆脚手架的高处作业人员应戴安全帽、系安全带、扎裹脚、穿软底鞋才允许上架作业。

(9) 拆立杆时，要先抱住立杆再拆开后两个扣，拆除大横杆、斜撑、剪刀撑时，应先拆中间扣，然后托住中间，再解端头扣。

(10) 连墙杆应随拆除进度逐层拆除，拆抛撑前，应用临时支撑柱，然后才能拆抛撑。

(11) 大片架子拆除后所预留的斜道、上料平台、通道、小飞跳等，应在大片架子拆除前先进行加固，以便拆除后确保其完整、安全和稳定。

(12) 拆除烟囱、水塔外架时，禁止架料碰断缆风绳，同时拆至缆风绳处方可解除该处缆风绳，不能提前解除。

(13) 拆下的材料应用绳索拴住，利用滑轮徐徐放下，严禁抛掷。运至地面的材料应按指定地点，随拆随运，分类堆放。钢类最好放置室内，堆放在室外应加以遮盖。对扣件、螺栓等零星小构件应用柴油清洗干净装箱、袋分类存放室内以备再用。弯曲变形的钢构件应调直，损坏的及时修复并刷漆以备再用，不能修复的应集中报废处理。

8.3.2 模板工程

模板工程，就其材料用量、人工、费用及工期来说，在混凝土结构工程施工中是十分重要的组成部分，在整个建筑施工中也占有相当重要的位置。据统计每平方米竣工面积需要配置0.15m^{2}模板。模板工程的劳动用工约占混凝土工程总用工的1/3。特别是近年来城市建设高层建筑增多，现浇钢筋混凝土结构数量增加，据测算约占全部混凝土工程的70%以上，模板工程的重要性更为突出。

1. 模板的构造与设计

一般模板通常由3部分组成：模板面、支承结构(包括水平支承结构，如龙骨、桁架、小梁等，以及垂直支承结构，如立柱、格构柱等)和连接配件(包括穿墙螺栓、模板面联结卡扣、模板面与支承构件以及支承构件之间连接零配件等)。模板构造必须满足以下要求。

(1) 各种模板的支架应自成体系，严禁与脚手架进行连接。

(2) 模板支架立杆在安装的同时，应加设水平支撑，立杆高度大于2m时，应设两道水平支撑，每增高1.5～2m时，再增设一道水平支撑。

(3) 满堂模板立杆除必须在四周及中间设置纵、横双向水平支撑外，当立杆高度超过4m以上时，尚应每隔2步设置一道水平剪刀撑。

(4) 模板支架立杆底部应设置垫板，不得使用砖及脆性材料铺垫。并应在支架的两端和中间部分与建筑结构进行连接。

(5) 当采用多层支模时，上下各层立杆应保持在同一垂直线上。

(6) 需进行二次支撑的模板，当安装二次支撑时，模板上不得有施工荷载。

(7) 应严格控制模板上堆料及设备荷载，当采用小推车运输时，应搭设小车运输通道，将荷载传给建筑结构。

(8) 模板支架的安装应按照设计图纸进行，安装完毕浇筑混凝土前，经验收确认符合要求。

模板的结构设计，必须能承受作用于模板结构上的所有垂直荷载和水平荷载(包括混凝土的侧压力、振捣和倾倒混凝土产生的侧压力、风力等)。在所有可能产生的荷载中要选择最不利的荷载组合验算模板整体结构和构件及配件的强度、稳定性和刚度。当然首先在模板结构设计上必须保证模板结构形成空间稳定结构体系。模板结构必须经过计算设计，并绘制模板施工图，制定相应的施工安全技术措施。为了保证模板工程设计与施工的安全，要加强安全检查监督，要求安全技术人员必须有一定的基本知识。如混凝土对模板的侧压力、作用在模板上的荷载重、模板材料的物理力学性质和结构计算的基本知识、各类模板的安全施工的知识等。了解模板结构安全的关键所在，能更好地在施工过程中进行安全监督指导。

2. 模板安全作业基本要求

1) 模板工程的一般要求

(1) 模板工程的施工方案必须经过上一级技术部门批准。

(2) 模板施工前现场负责人要认真审查施工组织与设计中关于模板的设计资料，模板设计的主要内容如下。

① 绘制模板设计图，包括细部构造大样图和节点大样，注明所选材料的规格、尺寸和连接方法，绘制支撑系统的平面图和立面图，并注明间距及剪刀撑的设置。

② 根据施工条件确定荷载，并按所有可能产生的荷载中最不利组合验算模板整体结构和支撑系统的强度、刚度和稳定性，并有相应的计算书。

③ 制定模板的制作、安装和拆除等施工程序、方法。应根据混凝土输送方法(泵送混凝土、人力挑送混凝土、在浇灌运输道上用手推翻斗车运送混凝土)制定模板工程的有针对性的安全措施。

(3) 模板施工前的准备工作如下。

① 模板施工前，现场施工负责人应认真向有关工作人员进行安全交底。

② 模板构件进场后，应认真检查构件和材料是否符合设计要求。

③ 做好模板垂直运输的安全施工准备工作，排除模板施工中现场的不安全因素。

(4) 支撑模板立柱宜采用钢材，材料的材质应符合有关的专门规定。当采用木材时，其树种可根据各地实际情况选用，立杆的有效尾径不得小于 8cm，立杆要直顺，接头数量不得超过 30%，且不应集中。

2) 模板的安装

(1) 基础及地下工程模板的安装，应先检查基坑土壁边坡的稳定情况，发现有塌方的危险时，必须采取加固安全措施后，才能开始作业。

(2) 混凝土柱模板支模时，四周必须设牢固支撑或用钢筋、钢丝绳拉结牢固，避免柱模整体歪斜甚至倾倒。

(3) 混凝土墙模板安装时，应从内、外墙角开始，向相互垂直的两个方向拼装，连接模板的 U 型卡要正反交替安装，同一道墙(梁)的两侧模板应同时组合，以便确保模板安装时的稳定。

(4) 单梁或整体楼盖支模，应搭设牢固的操作平台，设防身栏。

(5) 支圈梁模板需有操作平台，不允许在墙上操作。支阳台模板的操作地点要设护身栏、安全网。底层阳台支模立柱支撑在散水回填土上，一定要夯实并垫垫板，否则雨季下沉、冬季冻胀都可能造成事故。

(6) 模板支撑不能固定在脚手架或门窗上，避免发生倒塌或模板位移。

(7) 竖向模板和支架的立柱部分，当安装在基土上时应加设垫板，且基土必须坚实并有排水措施、对湿陷性黄土，还应有防水措施；对冻胀性土，必须有防冻融措施。

(8) 当极少数立柱长度不足时，应采用相同材料加固接长，不得采用垫砖增高的方法。

(9) 当支柱高度小于 4m 时，应设上下两道水平撑和垂直剪刀撑。以后支柱每增高 2m 再增加一道水平撑，水平撑之间还需增加一道剪刀撑。

(10) 当楼层高度超过 10m 时，模板的支柱应选用长料，同一支柱的连接接头不宜超过 2 个。

(11) 主梁及大跨度梁的立杆应由底到顶整体设置剪刀撑，与地面成 45°～60° 夹角。设置间距不大于 5m，若跨度大于 5m 的应连接设置。

(12) 各排立柱应用水平杆纵横拉接，每高 2m 拉接一次，使各排立柱杆形成一个整体，剪刀撑、水平杆的设置应符合设计要求。

(13) 大模板立放易倾倒，应采取支撑、围系、绑箍等防倾倒措施，视具体情况而定。长期存放的大模板，应用拉杆连接绑牢。存放在楼层时，须在大模板横梁上挂钢丝绳或花篮螺栓钩在楼板吊钩或墙体钢筋上。没有支撑或自稳角不足的大模板，要存放在专用的堆放架上或卧倒平放，不应靠在其他模板或构件上。

(14) 2m 以上高处支模或拆模要搭设脚手架，满铺架板，使操作人员有可靠的立足点，并应按高处作业、悬空和临边作业的要求采取防护措施。不准站在拉杆、支撑杆上操作，也不准在梁底模上行走操作。

(15) 走道垫板应铺设平稳，垫板两端应用镀锌铁丝扎紧，或用压条扣紧，牢固不松动。

(16) 作业面孔洞及临边必须设置牢固的盖板、防护栏杆、安全网或其他坠落的防护设施，具体要求应符合《建筑施工高处作业安全技术规范》(JGJ 80—1991)的有关规定。

(17) 模板安全时，应先内后外，单面模板就位后，用工具将其支撑牢固。双面板就位后，用拉杆和螺栓固定，未就位和未固定前不得摘钩。

(18) 里外角膜和临时悬挂的面板与大模板必须连接牢固，防止脱开和断裂坠落。

(19) 支模应按规定的作业程序进行，模板未固定前不得进行下一道工序。严禁在连接件和支撑件上攀登上下，并严禁在上下同一垂直面安装、拆模板。

(20) 支设高度在 3m 以上的柱模板，四周应设斜撑，并应设立操作平台，低于 3m 的可用马凳操作。

(21) 支设悬挑型式的模板时，应有稳定的立足点。支设临空构建物模板时，应搭设支架。模板上有预留洞时，应在安装后将洞盖没。混凝土板上拆模后形成的临边或洞口，应按规定进行防护。

(22) 在架空输电线路下面安装和拆除组合钢模板时，吊机起重臂、吊物、钢丝绳、外脚手架和操作人员等与架空线路的最小安全距离应符合有关规范的要求。当不能满足最小安全距离要求时，要停电作业；不能停电时，应有隔离防护措施。

(23) 楼层高度超过 4m 或二层及二层以上的建筑物，安装和拆除模板时，周围应设安全网或搭设脚手架和加设防护栏杆。在临街及交通要道地区，尚应设警示牌，并设专人维持安全，防止伤及行人。

(24) 现浇多层房屋和构筑物，应采取分层分段支模方法，并应符合下列要求。

① 下层楼板混凝土强度达到 1.2MPa 以后，才能上料具。料具要分散堆放，不得过分集中。

② 下层楼板结构的强度要达到能承受上层模板、支撑系统和新浇筑混凝土的重量时，方可进行上层模板支撑、浇筑混凝土。否则下层楼板结构的支撑系统不能拆除，同时上层支架的立柱应对准下层支架的立柱，并铺设木垫板。

③ 如采用悬吊模板、桁架支模方法，其支撑结构必须要有足够的强度和刚度。

(25) 烟囱、水塔及其他高大特殊的构筑物模板工程，要进行专门设计，制定专项安全技术措施，并经主管安全技术部门审批。

3) 模板的运用

(1) 浇灌楼层梁、柱混凝土，一般应设浇灌运输道。整体现浇楼面支底模后，浇捣楼面混凝土，不得在底模上用手推车或人力运输混凝土，应在底模上设置混凝土的走道垫板，防止底模松动。

(2) 操作人员上下通行时，不许攀登模板或脚手架，不许在墙顶、独立梁及其他狭窄而无防护栏的模板面上行走。

(3) 堆放在模板上的建筑材料要均匀，如集中堆放，荷载集中，则会导致模板变形，影响构件质量。

(4) 模板工程作业高度在 2m 和 2m 以上时，应根据高空作业安全技术规范的要求进行操作和防护，在 4m 以上或二层及二层以上周围应设安全网和防护栏杆。

(5) 各工种进行上下立体交叉作业时，不得在同一垂直方向上操作。下层作业的位置，必须处于依上层高度确定的可能坠落范围半径外。不符合以上条件时，应设置安全防护隔离层。

(6) 模板工程应按楼层，用模板分项工程质量检验评定表和施工组织设计有关内容检查验收，班、组长和项目经理部施工负责人均应签字，手续齐全。验收内容包括模板分项工程质量检验评定表的保证项目、一般项目和允许偏差项目以及施工组织设计的有关内容。

(7) 冬期施工，应对操作地点和人行交通的冰雪事先清除；雨期施工，对高耸结构的模板作业应安装避雷设施；5 级以上大风天气，不宜进行大块模板的拼装和吊装作业。

(8) 遇 6 级以上大风时，应暂停室外的高空作业。

4) 模板的拆除

(1) 模板拆除前，现浇梁柱侧模的拆除，拆模时要确保梁、柱边角的完整，施工班组长应向项目经理部施工负责人口头报告，经同意后再拆除。

(2) 工作前，应检查所使用的工具是否牢固，扳手等工具必须用绳链系挂在身上，工作时思想要集中，防止钉子扎脚和从空中滑落。

(3) 现浇或预制梁、板、柱混凝土模板拆除前，应有 7 天和 28 天龄期强度报告，达到强度要求后，再拆除模板。

(4) 各类模板拆除的顺序和方法，应根据模板设计的规定进行，如无具体规定，应按先支的后拆，先拆非承重的模板，后拆承重的模板和支架的顺序进行拆除。模板拆除应按区域逐块进行，定型钢模板拆除不得大面积撬落。拆除薄壳模板从结构中心向四周均匀放松，向周边对称进行。

(5) 大模板拆除前，要用起重机垂直吊牢，然后再进行拆除。

(6) 拆除模板一般采用长撬杠，严禁操作人员站在正拆除的模板下。在拆除楼板模板时，要注意防止整块模板掉下，尤其是定型模板做平台模板时，更要注意防止模板突然全部掉下伤人。

(7) 严禁站在悬臂结构上面敲拆底模。严禁在同一垂直平面上操作。

(8) 拆除较大跨度梁下支柱时，应先从跨中开始，分别向两端拆除。拆除多层楼板支柱时，应确认上部施工荷载不需要传递的情况下方可拆除下部支柱。

(9) 当水平支撑超过两道以上时，应先拆除两道以上水平支撑，最下一道大横杆与立杆应同时拆除。

(10) 拆模高处作业，应配置登高用具或搭设支架，必要时应戴安全带。

(11) 拆模时必须设置警戒区域，并派人监护。拆模必须拆除干净彻底，不得留有悬空模板。

(12) 拆模间歇时，应将已活动的模板、牵杠、支撑等运走或妥善堆放，防止因踏空、扶空而坠落。

(13) 在混凝土墙体、平板上有预留洞时，应在模板拆除后，随即在墙洞上做好安全护栏，或将板的洞盖严。

(14) 拆下的模板不准随意向下抛掷，应及时清理。临时堆放处离楼层边沿不应小于1m，堆放高度不得超过1m，楼层边口、通道、脚手架边缘严禁堆放任何拆下物件。

(15) 拆模后模板或木方上的钉子，应及时拔除或敲平，防止钉子扎脚。

(16) 模板拆除后，在清扫和涂刷隔离剂时，模板要临时固定好，板面相对停放之间应留出50～60cm宽的人行通道，模板上方要用拉杆固定。

(17) 各种模板若露天存放，其下应垫高30cm以上，防止受潮。不论存放在室内或室外，应按不同的规格堆码整齐，用麻绳或镀锌铁丝系稳。模板堆放不得过高，以免倾倒。

(18) 木模板堆放、安装场地附近严禁烟火，须在附近进行电、气焊时，应有可靠的防火措施。

8.3.3 钢筋工程

1. 钢筋制作安装安全要求

(1) 钢筋加工机械应保证安全装置齐全有效。钢筋加工机械的安装必须坚实稳固，保持水平位置。固定式机械应有可靠的基础，移动式机械作业时应楔紧行走轮。

(2) 钢筋加工场地应由专人看管，各种加工机械在作业人员下班后拉闸断电，非钢筋加工制作人员不得擅自进入钢筋加工场地。外作业应设置机棚，机旁应有堆放原料、半成品的场地。

(3) 钢筋在运输和储存时，必须保留标牌，并按批分别堆放整齐，避免锈蚀和污染。钢筋堆放要分散、稳当、防止倾倒和塌落。

(4) 现场人工断料，所用工具必须牢固，掌錾子和打锤要站成斜角，注意扔锤区域内的人和物体。切断小于30cm的短钢筋，应用钳子夹牢，禁止用手把扶，并在外侧设置防护箱笼罩或朝向无人区。

(5) 钢筋冷拉时，冷拉卷扬机应设置防护挡板，没有挡板时，应将卷扬机与冷拉方向成90°，并且应用封闭式导向滑轮。冷拉线两端必须装置防护设施。冷拉时严禁在冷拉线两端站人或跨越、触动正在冷拉的钢筋。冷拉卷扬机前应设置防护挡板，没有挡板时，应将卷扬机与冷拉方向成90°，并采用封闭式导向滑轮，操作时要站在防护挡板后，冷拉场地不准站人和通行。冷拉钢筋要上好夹具，人员离开后再发开车信号。发现滑动或其他问题时，要先行停车，放松钢筋后，才能重新进行操作。

(6) 对从事钢筋挤压连接施工的各有关人员应经常进行安全教育，防止发生人身和设备安全事故。

(7) 在高处进行挤压操作，必须遵守国家现行标准《建筑施工高处作业安全技术规范》的规定。

(8) 多人合运钢筋，起、落、转、停动作要一致，人工上下传送不得在同一直线上。

(9) 起吊钢筋骨架时，下方禁止站人，待骨架降落至距安装标高1m以内放准靠近，就位支撑好后，方可摘钩。吊运短钢筋应使用吊笼，吊运超长钢筋应加横担，捆绑钢筋应使用钢丝绳千斤头，双条绑扎，禁止用单条千斤头或绳索绑吊。吊运在楼层搬运、绑扎钢筋，应注意不要靠近和碰撞电线。并注意与裸体电线的安全距离(1kV以下≥4m，1～10kV≥6m)。

(10) 绑扎基础钢筋时，应按施工设计规定摆放钢筋支架或马凳架起上部钢筋，不得任意减少支架或马凳。

(11) 绑扎立柱、墙体钢筋，不得站在钢筋骨架上和攀登骨架上下。柱筋在 4m 以内，重量不大，可在地面或楼面上绑扎，整体竖起；柱筋在 4m 以上，应搭设工作台。柱梁骨架应用临时支撑拉牢，以防倾倒。

(12) 绑扎高层建筑的圈梁、挑檐、外墙、边柱钢筋，应搭设外架或安全网。绑扎时挂好安全带。

(13) 钢筋焊接必须注意以下要求。

① 操作前应首先检查焊机和工具，如焊钳和焊接电缆的绝缘、焊机外壳保护接地和焊机的各接线点等，确认安全合格方可作业。

② 焊工必须穿戴防护衣具。电弧焊焊工要戴防护面罩。焊工应立站在干燥木板或其他绝缘垫上。

③ 室内电弧焊时，应有排气通风装置。焊工操作地点相互之间应设挡板，以防弧光刺伤眼睛。

④ 焊接时二次线必须双线到位，严禁借用金属管道、金属脚手架、轨道及结构钢筋作回路地线。

⑤ 焊接过程中，如焊机发生不正常响声，变压器绝缘电阻过小导线破裂、漏电等，均应立即停机进行检修。

⑥ 大量焊接时，焊接变压器不得超负荷，变压器升温不得超过 60℃，为此，要特别注意遵守焊机暂载率规定，以免过分发热而损坏。

⑦ 电焊作业现场周围 10m 范围内不得堆放易燃易爆物品。

(14) 夜间施工灯光要充足，不准把灯具挂在竖起的钢筋上或其他金属构件上，导线应架空。

(15) 雨、雪、风力 6 级以上(含 6 级)天气不得露天作业。雨雪后应清除积水、积雪后方可作业。

2．钢筋机械安全技术要求

1) 切断机

(1) 机械运转正常，方准断料。断料时，手与刀口距离不得少于 15cm。动刀片前进时禁止送料。

(2) 切断钢筋禁止超过机械的负载能力。切断低合金钢等特种钢筋，应用高硬度刀片。

(3) 切长钢筋应有专人挟住，操作时动作要一致，不得任意拖拉。切短钢筋用套管或钳子夹料，不得用手直接送料。

(4) 切断机旁应设放料台，机械运转中严禁用手直接清除刀口附近的短头和杂物。在钢筋摆动范围和刀口附近，非操作人员不得停留。

2) 调直机

(1) 机械上不准堆放物件，以防机械震动落入机体。

(2) 钢筋装入压滚，手与滚筒应保持一定距离。机器运转中不得调整滚筒。严禁不戴手套操作。

(3) 钢筋调直到末端时，人员必须躲开，以防甩动伤人。

3) 弯曲机

(1) 钢筋要贴紧挡板，注意放入插头的位置和回转方向，不得开错。

(2) 弯曲长钢筋，应有专人扶住，并站在钢筋弯曲方向的外面，互相配合，不得拖拉。

(3) 调头弯曲，防止碰撞人和物，更换插头、加油和清理，必须停机后进行。

4) 冷拔丝机

(1) 先用压头机将钢筋头部压小，站在滚筒的一侧操作，与工作台应保持50cm。禁止用手直接接触钢筋和滚筒。

(2) 钢筋的末端将通过冷拔的模子时，应立即踩脚闸分开离合器，同时用工具压住钢筋端头防止回弹。

(3) 冷拔过程中，注意放线架、压辘架和滚筒三者之间的运行情况，发现故障应即停机修理。

5) 点焊、对焊机(包括墩头机)

(1) 焊机应设在干燥的地方，平稳牢固，要有可靠的接地装置，导线绝缘良好。

(2) 焊接前，应根据钢筋截面调整电压，发现焊头漏电，应立即更换，禁止使用。

(3) 操作时应戴防护眼镜和手套，并站在橡胶板或木板上。工作棚要用防火材料搭设。棚内严禁堆放易燃、易爆物品，并备有灭火器材。

(4) 对焊机断路器的接触点、电板(铜头)，要定期检查修理。冷却水管保持畅通，不得漏水和超过规定温度。

8.3.4 混凝土工程

1. 混凝土安全生产的准备工作

混凝土的施工准备工作，主要是模板、钢筋检查、材料、机具、运输道路准备。安全生产准备工作主要是对各种安全设施认真检查，是否安全可靠及有无隐患，尤其是对模板支撑、脚手架、操作台、架设运输道路及指挥、信号联络等。对于重要的施工部件其安全要求应详细交底。

2. 混凝土搅拌

(1) 机械操作人员必须经过安全技术培训，经考试合格，持有“安全作业证”者，才准独立操作。机械必须检查，并经试车，确定机械运转正常后，方能正式作业。搅拌机必须安置在坚实的地方用支架或支脚筒架稳，不准用轮胎代替支撑。

(2) 起吊爬斗以及爬斗进入料仓前，必须发出信号示警。进料斗升起时严禁人员在料斗下面通过或停留，机械运转过程中，严禁将工具伸入拌和筒内，工作完毕后料斗用挂钩挂牢固。

搅拌机开动前应检查离合器、制动器、齿轮、钢丝绳等是否良好，滚筒内不得有异物。

(3) 搅拌站内必须按规定设置良好的通风与防尘设备，空气中的粉尘含量不超过国家规定的标准。

(4) 清理爬斗坑时，必须停机，固定好爬斗，锁好开关箱，再进行清理。

3. 混凝土运输

(1) 机械水平运输，司机应遵守交通规定，控制好车辆。 用井架、龙门架运输时，车把不得超出吊盘之外，车轮前后要挡牢，稳起稳落。用塔吊运送混凝土时，小车必须焊有牢固的吊环，吊点不得少于 4 个并保持车身平衡，使用专用吊斗时吊环应牢固可靠，吊索钢筋绳应符合起重机械安全规程要求。操纵皮带运输机时，必须正确使用防护用品，禁止一切人员在输送机上行走和跨越；机械发生事故时，应立即停车检修，查明情况。

(2) 混凝土泵送设备的放置，距离机坑不得小于 2m；设备的停车制动和锁紧制动应同时使用；泵送系统工作时，不得打开任何输送管道和液压管道。用输送泵输送混凝土时，管道接头、安全阀必须完好，管架必须牢固，输送前必须试送，检修时必须卸压。

(3) 使用手推车运混凝土时，其运输通道应合理布置，使浇灌地点形成回路，避免车辆拥挤阻塞造成事故，运输通道应搭设平坦牢固，遇钢筋过密时可用马凳支撑支设，马凳间距一般不超过 2m。在架子上推车运送混凝土时，两车之间必须保持一定距离，并右道通行。车道板单车行走不小于 1.4m 宽，双车来回不小于 2.8m 宽，在运料时，前后应保持一定车距，不准奔走、抢道或超车。到终点卸料时，双手应扶牢车柄倒料，严禁双手脱把，防止翻车伤人。

4．混凝土现浇作业安全技术

(1) 施工人员应严格遵守混凝土作业安全操作规程，振捣设备安全可靠，以防发生触电事故。

(2) 浇筑混凝土若使用溜槽时，溜槽必须牢固，若使用串筒时，串筒节间应连接牢靠。在操作部位应设护身栏杆，严禁直接站在溜槽帮上操作。

(3) 预应力灌浆，应严格按照规定压力进行，输浆管应畅通，阀门接头应严格牢固。

(4) 浇筑预应力框架、梁、柱、雨篷、阳台的混凝土时，应搭设操作平台，并有安全防护措施，严禁站在模板或支撑上操作。

5．混凝土机械的安全规定

1) 混凝土搅拌机的安全规定

(1) 混凝土搅拌机进料时，严禁将头或手伸入料斗与机架之间察看或探摸进料情况，运转中不得用手或工具等物伸入搅拌筒内扒料、出料。

(2) 搅拌机料斗升起时，严禁在料斗下方工作或穿行。料坑底部要设料斗枕垫，清理料坑时必须将料斗用链条扣牢。

(3) 向搅拌筒内加料应在运转中进行；添加新料必须先将搅拌机内原有的混凝土全部卸出来才能进行，不得中途停机或在满载时启动搅拌机，反转出料除外。

(4) 搅拌机作业中，如发生故障不能继续运转时，应立即切断电源，将筒内的混凝土清除干净，然后进行检修。

2) 混凝土泵送设备作业的安全要求

(1) 混凝土泵支腿应全部伸出并支固，未支固前不得启动布料杆。布料杆升离支架后方可回转。布料杆伸出应按顺序进行。严禁用布料杆起吊或拖拉物件。

(2) 当布料杆处于全伸状态时，严禁移动车身。作业中需要移动时，应将上段布料杆折叠固定，移动速度不超过 10km/h。布料杆不得使用超过规定直径的配管，装接的软管应系防脱安全绳(带)。

(3) 应随时监视混凝土泵各种工作仪表和指示灯，发现不正常应及时调整或处理。如出现输送管道堵塞时，应进行逆向运转使混凝土返回料斗，必要时应拆管排除堵塞。

(4) 泵送工作应连续作业，必须暂停应每隔 5～10min(冬期 3～5min)泵送一次。若停止较长时间后泵送时，应逆向运转一至二个行程，然后顺向泵送。泵送时料斗内应保持一定量的混凝土，不得吸空。

(5) 应保持储满清水，发现水质混浊并有较多砂粒时应及时检查处理。

(6) 泵送系统受压力时，不得开启任何输送管道和液压管道。液压系统的安全阀不得任意调整，蓄能器只能充入氮气。

3) 混凝土振捣器的使用规定

(1) 混凝土振捣器使用前应检查各部件是否连接牢固，旋转方向是否正确。

(2) 振捣器不得放在初凝的混凝土、地板、脚手架、道路和干硬的地面上进行试振，维修或作业间断时，应切断电源。

(3) 插入式振捣器软轴的弯曲半径不得小于 50cm，并不多于两个弯，操作时振动棒自然垂直地沉入混凝土，不得用力硬插、斜推或使钢筋夹住棒头。

(4) 振捣器应保持清洁，不得有混凝土粘接在电动机外壳上妨碍散热。

(5) 作业转移时，电动机的导线应保持有足够的长度和松度。严禁用电源线拖拉振捣器。

(6) 用绳拉平板振捣器时，绳应干燥绝缘，移动或转向时不得用脚踢电动机。

(7) 平板振捣器的振捣器与平板应连接牢固，电源线必须固定在平板上，电器开关应装在手把上。

(8) 在一个构件上同时使用几台附着式振捣器工作时，所有振捣器的频率必须相同。

(9) 操作人员必须穿戴绝缘手套。

(10) 作业后，必须做好清洗、保养工作。振捣器要放在干燥处。

8.3.5 钢结构工程

1. 钢零件及钢部件加工

(1) 一切机械、砂轮、电动工具、气电焊等设备都必须设有安全防护装置。

(2) 机械和工作台等设备的布置应便于安全操作，通道宽度不得小于 1m。

(3) 对电气设备和电动工具，必须保证绝缘良好，露天电气开关要设防雨箱并加锁。

(4) 凡是受力构件用电焊点固后，在焊接时不准在点焊处起弧，以防溶化塌落。

(5) 焊接、切割、气刨前，应清楚现场的易燃易爆物品。离开操作现场前，应切断电源，锁好闸箱。

(6) 焊接、切割锰钢、合金钢、有色金属部件时，应采取防毒措施。接触焊件，必要时应用橡胶绝缘板或干燥的木板隔离，并隔离容器内的照明灯具。

(7) 在现场进行射线探伤时，周围应设警戒区，并挂“危险”标志牌，形成操作人员应背离射线 10m 以外，在 30°投射角范围内，且人员要远离 50m 以上。

(8) 构件就位时应用撬棍拨正，不得用手板或站在不稳固的构件上操作，严禁在构件下面操作。

(9) 用尖头扳子拨正配合螺栓孔时，必须插入一定深度方能撬动构件，如发现螺栓孔不符合要求时，不得用手指塞入检查。

(10) 用撬棍拨正物体时，必须手压撬杠，禁止骑在撬杠上，不得将撬杠放在肋下，以免回弹伤人。在高空使用撬杠不能向下使劲过猛。

(11) 保证电气设备绝缘良好。在使用电气设备时，首先应检查是否有保护接地，接好保护接地后再进行操作。另外，电线的外皮、电焊钳的手柄，以及一些电动工具都要保证良好的绝缘。

(12) 带电体与地面、带电体之间，带电体与其他设备和设施之间均需要保持一定的安全距离。如常用的开关设备地安装高度应为1.3～1.5m；起重吊装的索具、重物等与导线的距离不得小于1.5m(电压在4kV及其以下)。

(13) 工地或车间的用电设备，一定要按要求设置熔断器、断路器、漏电开关等器件。如熔断器的熔丝熔断后，必须查明原因，由电工更换，不得随意加大熔丝断面或用铜丝代替。

(14) 推拉闸刀开关时，一般应戴好干燥的皮手套，头不要偏斜，以防推拉开关时被电火花灼伤。

(15) 手持电动工具，必须加装漏电开关，在金属容器内施工必须采用安全低电压。

(16) 使用电气设备时操作人员必须穿胶底鞋和戴胶皮手套，以防触电。

(17) 工作中，当有人触电时，不要赤手接触触电者，应该迅速切断电源，然后立即组织抢救。

(18) 一切材料、构件的堆放必须平整稳固，应放在不妨碍交通和吊装安全的地方，边角余料应及时清除。

2．钢结构焊接工程

(1) 必须在易燃易爆气体或液体扩散区施焊时，应经有关部门检试许可后，方可施焊。

(2) 电焊机要设单独的开关，开关应放在防雨的闸箱内，拉合闸时应戴手套侧向操作。

(3) 焊接预热工件时，应有石棉布或挡板等隔热措施。

(4) 焊钳与把线必须绝缘良好，连接牢固，更换焊条应戴手套。在潮湿地点工作，应站在绝缘胶板或木板上。

(5) 把线、地线禁止与钢丝绳接触，更不得用钢丝绳或机电设备代替零线。所有地线接头，必须连接牢固。

(6) 更换场地移动把线时，应切断电源，并不得手持把线爬梯登高。

(7) 多台焊机在一起集中施焊时，焊接平台或焊件必须接地，并应有隔光板。

(8) 施焊场地周围应清除易燃易爆物品，或进行覆盖、隔离。

(9) 清除焊渣、采用电弧气刨清根时，应戴防护眼镜或面罩，以防止铁渣飞溅伤人。

(10) 工作结束后，应切断焊机电源，并检查操作地点，确认无起火危险后，方可离开。

(11) 雷雨时，应停止露天焊接工作。

3．钢构件预拼装工程

(1) 每台提升油缸上装有液压锁，以防油管破裂，重物下坠。

(2) 液压和电控系统采用连锁设计，以免提升系统由于误操作造成事故。

(3) 控制系统具有异常自动停机、断电保护等功能。

(4) 钢绞线在安装时，地面应划分安全区，以避免重物坠落，造成人员伤亡。

(5) 在正式施工时，也应划定安全区，高空要有安全操作通道，并设有扶梯、栏杆。

(6) 在提升过程中，应指定专人观察地锚、安全锚、油缸、钢绞线等的工作情况；若有异常，直接报告控制中心。

(7) 提升过程中，未经许可不得擅自进入施工现场。

(8) 雨天或5级风以上停止提升。

(9) 施工过程中，要密切观察网架结构的变形情况。

4．钢结构安装工程

1) 防止高空坠落

(1) 吊装人员应戴安全帽，高空作业人员应系好安全带，穿防滑鞋，带工具袋。

(2) 吊装工作区应有明显标志，并设专人警戒，与吊装无关人员严禁入内。起重机工作时，起重臂杆旋转半径范围内，严禁站人。

(3) 运输吊装构件时，严禁在被运输、吊装的构件上站人指挥和放置材料、工具。

(4) 高空作业施工人员应站在操作平台或轻便梯子上工作。吊装屋架应在上弦设临时安全防护栏杆或采取其他安全措施。

(5) 登高用梯子、吊篮、临时操作台应绑扎牢靠，梯子与地面夹角以 60°～70°为宜，操作台跳板应铺平绑扎，严禁出现挑头板。

2) 防物体落下伤人

(1) 高空往地面运输物件时，应用绳捆好吊下。吊装时，不得在构件上堆放或悬挂零星物件。零星材料和物件必须用吊笼或钢丝绳、保险绳捆扎牢固，才能吊运和传递，不得随意抛掷材料物件、工具，防止滑脱伤人或意外事故。

(2) 构件绑扎必须绑牢固，起吊点应通过构件的重心位置，吊升时应平稳，避免震动或摆动。

(3) 起吊构件时，速度不应太快，不得在高空停留过久，严禁猛升猛降，以防构件脱落。

(4) 构件就位后临时固定前，不得松钩、解开吊装索具。构件固定后，应检查连接牢固和稳定情况，当连接确实安全可靠，方可拆除临时固定工具和进行下步吊装。

(5) 风雪天、霜雾天和雨期吊装，高空作业应采取必要的防滑措施，如在脚手架、走道、屋面铺麻袋或草垫，夜间作业应有充分照明。

3) 防止起重机倾翻

(1) 起重机行驶的道路，必须平整、坚实、可靠，停放地点必须平坦。

(2) 吊装时，应有专人负责统一指挥，指挥人员应选择恰当地点，并能清楚看到吊装的全过程。起重机驾驶人员必须熟悉信号，并按指挥人员的各种信号进行操作，并不得擅自离开工作岗位，遵守现场秩序，服从命令听指挥。指挥信号应事先统一规定，发出的信号要鲜明、准确。

(3) 起重机停止工作时，应刹住回转和行走机构，关闭和锁好司机室门。吊钩上不得悬挂构件，并升到高处，以免摆动伤人和造成吊车失稳。

(4) 在风力等于或大于6级和吊装作业时，禁止露天进行桅杆组立或拆除。

4) 防止吊装结构失稳

(1) 构件吊装应按规定的吊装工艺和程序进行，未经计算和可靠的技术措施，不得随意改变或颠倒工艺程序安装结构构件。

(2) 构件吊装就位，应经初校和临时固定或连接可靠后方可卸钩，最后固定后才能拆除临时固定工具。高宽比很大的单个构件，未经临时或最后固定组成一稳定单元体系前，应设溜绳或斜撑拉(撑)固。

(3) 构件固定后不得随意撬动或移动位置，如需重校时，必须回钩。

(4) 多层结构吊装或分节柱吊装，应吊装完一层节，灌浆固定后，方可安装上层或上一节柱。

5. 压型金属板工程

(1) 压型钢板施工时两端要同时拿起，轻拿轻放，避免滑动或翘头，施工剪切下来的料头要放置稳妥，随时收集，避免坠落。非施工人员禁止进入施工楼层，避免焊接弧光灼伤眼睛或晃眼造成摔伤，焊接辅助施工人员应戴墨镜配合施工。

(2) 施工时下一楼层应有专人监控，防止其他人员进入施工区和焊接火花坠落造成失火。

(3) 施工中工人不可聚集，以免集中荷载过大，造成板面损坏。

(4) 施工的工人不得在屋面奔跑、打闹、抽烟和乱扔垃圾。

(5) 当天吊至屋面上的板材应安装完毕，如果有未安装完的板材应作临时固定，以免被风刮下，造成事故。

(6) 现场切割过程中，切割机械的底面不宜与彩板面直接接触，最好垫以薄三合板材。

(7) 吊装中不要将彩板与脚手架、柱子、砖墙等碰撞和摩擦。

(8) 早上屋面常有露水，坡屋面上彩板面滑，应特别注意防滑措施。

(9) 不得将其他材料散落在屋面上或污染板材。

(10) 在屋面上施工的工人应穿胶底不带钉子的鞋。

(11) 操作工人携带的工具等应放在工具袋中，如放在屋面上应放在专用的布或其他片材上。

(12) 用密封胶封堵缝时，应将附着面擦干净，以便密封胶在彩板上有良好的结合面。

(13) 电动工具的连接插座应加防雨措施，避免造成事故。

(14) 板面铁屑清理。板面在切割和钻孔中会产生铁屑，这些铁屑必须及时清除，不可过夜。因为铁屑在潮湿空气条件下或雨天中会立即锈蚀，在彩板面上形成一片片红色的锈斑，附着于彩板面上，现场很难清除。此外，其他切除的彩板上，铝合金拉铆钉上拉断的铁杆等也应及时清理。

6. 钢结构涂装工程

(1) 配制使用乙醇、苯、丙酮等易燃材料的施工现场，应严禁烟火和使用电炉等明火设备，并应配置消防器材。

(2) 配制硫酸溶液时，应将硫酸注入水中，严禁将水注入酸中；配制硫酸乙酯时，应将硫酸慢慢注入酒精中，并充分搅拌，温度不得超过60℃，以防酸液飞溅伤人。

(3) 防腐涂料的溶剂，容易挥发出易燃易爆的蒸汽，当达到一定浓度后，遇火易引起燃烧或爆炸，施工时应加强通风降低积聚浓度。

(4) 涂料施工的安全措施主要要求是涂料施工场地要有良好的通风，如在通风条件不好的环境涂漆时，必须安装通风设备。

(5) 使用机械除锈工具(如钢丝刷、粗挫、风动或电动除锈工具)清除锈层、工业粉尘、旧漆膜时，以避免眼睛被沾污或受伤，要戴上防护眼镜，并戴上防尘口罩，以防呼吸道被感染。

(6) 在喷涂硝基漆或其他挥发性、易燃性较大的涂料时，严禁使用明火，严格遵守防火规则，以免失火或引起爆炸。

(7) 高空作业时要系好安全带，双层作业时要戴安全帽；要仔细检查跳板、脚手杆子、吊篮、云梯、绳索、安全网等施工用具有无损坏、捆扎牢不牢，有无腐蚀或搭接不良等隐患；每次使用之前均应在平地上做起重试验，以防造成事故。

(8) 施工场所的电线，要按防爆等级的规定安装；电动机的启动装置与配电设备，应该是防爆式的，要防止漆雾飞溅在照明灯泡上。

(9) 不允许把盛装涂料、溶剂或用剩的漆罐开口放置。浸染涂料或溶剂的破布及废棉纱等物，必须及时清除；涂漆环境或配料房要保持清洁，出入畅通。

(10) 在涂装对人体有害的漆料(如红丹的铅中毒、天然大漆的漆毒、挥发型漆的溶剂中毒等)时，需要戴上防毒口罩、封闭式眼罩等保护用品。

(11) 因操作不小心，涂料溅到皮肤上时，可用木屑加肥皂擦洗；最好不用汽油或强溶剂擦洗，以免引起皮肤发炎。

(12) 操作人员涂漆施工时，如感觉头疼、心悸或恶心，应立即离开施工现场，到通风良好、空气新鲜的地方，如仍感到不适，应速去医院检查治疗。

8.3.6 砌体工程

1. 砌筑砂浆工程

(1) 砂浆搅拌机械必须符合《建筑机械使用安全技术规程》(JGJ 33—2012)及《施工现场临时用电安全技术规范》(JGJ 46—2005)的有关规定，施工中应定期对其进行检查、维修，保证机械使用安全。

(2) 落地砂浆应及时回收，回收时不得夹有杂物，并应及时运至拌和地点，掺入新砂浆中拌和使用。

2. 砖砌工程

(1) 建立健全安全环保责任制度、技术交底制度、奖惩制度等各项管理制度。

(2) 现场施工用电严格按照《施工现场临时用电安全技术规范》(JGJ 46—2005)执行。

(3) 施工机械严格按照《建筑机械使用安全技术规程》(JGJ 33—2012)执行。

(4) 现场各施工面安全防护设施齐全有效，个人防护用具使用正确。

3. 砌块砌体工程

(1) 根据工程实际及所需用机械设备等情况采取可行的安全防护措施：吊放砌块前应检查吊索及钢丝绳的安全可靠程度，不灵活或性能不符合要求的严禁使用；堆放在楼层上的砌块重量，不得超过楼板允许承载力；所使用的机械设备必须安全可靠、性能良好，同时设有限位保险装置；机械设备用电必须符合“三相五线制”及三级保护的规定；操作人员必须戴好安全帽，佩戴劳动保护用品等；作业层周围必须进行封闭维护，同时设置防护栏及张挂安全网；楼层内的预留孔洞、电梯口、楼梯口等，必须进行防护，采取栏杆搭设的方法进行围护，预留洞口采取加盖的方法进行围护。

(2) 砌体中的落地灰及碎砌块应及时清理成堆，装车或装袋运输，严禁从楼上或架子上抛下。

(3) 吊装砌块和构件时应注意重心位置，禁止用起重扒杆托运砌块，不得起吊有破裂、脱落、危险的砌块。起重扒杆回转时，严禁将砌块停留在操作人员上空或在空中整修、加工砌块。吊装较长构件时应加稳绳。

(4) 安装砌块时，不准站在墙上操作和在墙上设置受力支撑、缆绳等，在施工过程中，对稳定性较差的窗间墙、独立柱应加稳定支撑。

(5) 当遇到下列情况时，应停止吊装工作。

① 因刮风，使砌块和构件在空中摆动不能停稳时。

② 噪声过大，不能听清楚指挥信号时。

③ 起吊设备、索具、夹具有不安全因素而没有排除时。

④ 大雾天气或照明不足时。

4．石砌体工程

(1) 操作人员应戴安全帽和帆布手套。

(2) 搬运石块时应检查搬运工具及绳索是否牢固，抬石应用双绳。

(3) 在架子上凿石应注意打凿方向，避免飞石伤人。

(4) 用捶打石时，应先检查铁锤有无破裂，锤柄是否牢固。打锤要按照石纹走向落锤，锤口要平，落锤要准，同时要看清附近情况有无危险，然后落锤，以免伤人。

(5) 不准在墙顶或脚手架上修改石材，以免振动墙体影响质量或石片掉下伤人。

(6) 砌筑时，脚手架上堆石不宜过多，应随砌随运。

(7) 堆放材料必须离开槽、坑、沟边沿 1m 以外，堆放高度不得高于 0.5m；往槽、坑、沟内运石料及其他物质时，应用溜槽或吊运，下方严禁有人停留。

(8) 墙身砌体高度超过地坪 1.2m 以上时，应搭设脚手架。

(9) 石块不得往下掷。运石上下时，脚手板要钉装防滑条及扶手栏杆。

(10) 砌筑时用的脚手架和防护栏板应经检查验收，方可使用，施工中不得随意拆除或改动。

5．填充墙砌体工程

(1) 砌体施工脚手架要搭设牢固。

(2) 外墙施工时，必须有外墙防护及施工脚手架，墙与脚手架间的间隙应封闭防高空坠物伤人。

(3) 严禁站在墙上做划线、吊线、清扫墙面、支设模板等施工作业。

(4) 现场施工机械应根据《建筑机械使用安全技术规程》(JGJ 33—2012)检查各部件工作是否正常，确认运转合格后方能投入使用。

(5) 现场临时用电必须按照施工方案布置完成并根据《施工现场临时用电安全技术规范》(JGJ 46—2005)检查合格后方能投入使用。

(6) 在脚手架上，堆放普通砖不得超过两层。

(7) 现场实行封闭化施工，有效控制噪声、扬尘、废物、废水等排放。

(8) 操作时精神要集中，不得嬉戏打闹，以防止意外事故发生。

8.4 装饰工程施工安全措施

8.4.1 饰面作业

1. 饰面作业

(1) 施工前班组长对所有人员进行有针对性的安全交底。

(2) 外装饰为多工种立体交叉作业，必须设置可靠的安全防护隔离层。

(3) 贴面使用预制件、大理石、瓷砖等，应堆放整齐平稳，边用边运。安装要稳拿稳放，待灌浆凝固稳定后，方可拆除临时设施。

(4) 瓷砖墙面作业时，瓷砖碎片不得向窗外抛扔。剔凿瓷砖应戴防护镜。

(5) 使用电钻、砂轮等手持电动工具，必须装有漏电保护器，作业前应试机检查，作业时应戴绝缘手套。

(6) 夜间操作应有足够的照明。

(7) 遇有6级以上强风、大雨、大雾，应停止室外高处作业。

2. 刷(喷)浆工程

(1) 喷浆设备使用前应检查，使用后应洗净，喷头堵塞，疏通时不准对人。

(2) 喷浆要戴口罩、手套和保护镜、穿工作服，手上、脸上最好抹上护肤油脂(凡士林等)。

(3) 喷浆要注意风向，尽量减少污染及喷洒到他人身上。

(4) 使用人字梯，拉绳必须结牢，并不得站在最上一层操作，不准站在梯子上移位，梯子脚下要绑胶布防滑。

(5) 活动架子应牢固、平稳，移动时人要下来。移动式操作平台面积不应超过10m^2，高度不超过5m。

3. 外檐装饰抹灰工程

(1) 施工前对抹灰工进行必要的安全和技能培训，未经培训或考试不合格者，不得上岗作业。更不得使用童工、未成年工、身体有疾病的人员作业。

(2) 对脚手板不牢固之处和跷头板等及时处理，要铺有足够的宽度，以保证手推车运灰浆时的安全。

(3) 脚手架上的材料要分散放稳，不得超过允许荷载(装修架不得超过200kg/m^2，集中载荷不得超过150kg/m^2)。

(4) 不准随意拆除、斩断脚手架软硬拉结，不准随意拆除脚手架上的安全设施，如妨碍施工，必须经施工负责人批准后，方能拆除妨碍部位。

(5) 使用吊篮进行外墙抹灰时，吊篮设备必须具备“三证”(检验报告、生产许可证、产品合格证)，并对抹灰人员进行吊篮操作培训，专篮专人使用，更换人员必须经安全管理人员批准并从新教育、登记，吊篮架上作业必须系好安全带，必须系在专用保险绳上。

(6) 吊篮架子升降由架子工负责，非架子工不得擅自拆改或升降；作业过程中遇有脚手架与建筑物之间拉接，未经领导同意，严禁拆除。必要时由架子工负责采取加固措施后方可拆除。

(7) 井架吊篮起吊或放下时，必须关好井架安全门，头、手不得伸入井架内，待吊篮停稳，方能进入吊篮内工作。采用井字架、龙门架、外用电梯垂直运送材料时，预先检查卸料平台通道的两侧边防护是否齐全、牢固，吊盘(笼)内小推车必须加挡车板，不得向井内探头张望。

(8) 在架子上工作，工具和材料要放置稳当，不准随便乱扔。

(9) 砂浆机应有专人操作维修，保养，电器设备应绝缘良好并接地，并做到二级漏电保护。

(10) 用塔吊上料时，要有专职指挥，遇 6 级以上大风时暂停作业。

(11) 高空作业时，应检查脚手架是否牢固，特别是大风及雨后作业。

4. 室内水泥砂浆抹灰工程

(1) 操作前应检查架子、高凳等是否牢固，如发现不安全地方立即作加固等处理，不准用 50mm×100mm、50mm×200mm 木料(2m 以上跨度)、钢模板等作为立人板。

(2) 搭设脚手不得有跷头板，脚手板不得搭设在门窗、暖气片、洗脸池等非承重的物器上。阳台通廊部位抹灰，外侧必须挂设安全网。严禁踩踏脚手架的护身栏杆和阳台栏板进行操作。

(3) 室内抹灰使用的木凳、金属支架应搭设平稳牢固，脚手板高度不大于 2m，架子上堆放材料不得过于集中，存放砂浆的灰斗、灰桶等要放稳。

(4) 室内抹灰采用高凳上铺脚手板时，宽度不得少于两块脚手板，间距不得大于 2m，移动高凳时上面不得站人，作业人员最多不得超过 2 人。高度超过 2m 时，应由架子工搭设脚手架。

(5) 在室内推运输小车时，特别是在过道中拐弯时要注意小车挤手。在推小车时不准倒退。

(6) 在高大门、窗旁作业时，必须将门窗扇关好，并插上插销。

(7) 严禁从窗口向下随意抛掷东西。

(8) 搅拌与抹灰时(尤其在抹顶棚时)，注意灰浆溅落眼内。

8.4.2 玻璃安装

1. 玻璃安装安全技术

(1) 切割玻璃，应在指定场所进行。切下的边角余料应集中堆放，及时处理，不得随地乱丢。

(2) 搬运和安装玻璃时，注意行走路线，手戴手套，防止玻璃划伤。

(3) 安装门、窗及安装玻璃时严禁操作人员站在樘子、阳台栏板上操作。门、窗临时固定，封填材料未达到强度，严禁手拉门、窗进行攀登。

(4) 使用的工具、钉子应装在工具袋内，不准口含铁钉。

(5) 玻璃未钉牢固前，不得中途停工，以防掉落伤人。

(6) 安装窗扇玻璃时，不能在垂直方向的上下两层间同时安装，以免玻璃破碎时掉落伤人。

(7) 安装玻璃不得将梯子靠在门窗扇上或玻璃上。

(8) 在高处安装玻璃，必须系安全带、穿软底鞋，应将玻璃放置平稳，垂直下方禁止通行。安装屋顶采光玻璃，应铺设脚手板。

(9) 在高处外墙安装门、窗而无外脚手架时应张挂安全网。无安全网时，操作人员应系好安全带，其保险钩应挂在操作人员上方的可靠物件上，操作人员的重心应位于室内，不得在窗台上站立。

(10) 施工时严禁从楼上向下抛撒物料，安装或更换玻璃要有防止玻璃坠落措施。

(11) 施工中使用的电动工具及电气设备，均应符合国家现行标准《施工现场临时用电安全技术规范》(JGJ 46—2005)的规定。

(12) 门窗扇玻璃安装完后，应随即将风钩或插销挂上，以免因刮风而打碎玻璃伤人。

(13) 贮存时，要将玻璃摆放平稳，立面平放。

2. 玻璃幕墙安装安全技术

(1) 安装构件前应检查混凝土梁柱的强度等级是否达到要求，预埋件焊接是否牢靠，不松动；不准使用膨胀螺栓与主体结构拉结现象。

(2) 严格按照施工组织设计方案及安全技术措施施工。

(3) 吸盘机必须有产品合格证和产品使用证明书，使用前必须检查电源电线、电动机绝缘应良好无漏电，重复接地和接保护零线牢靠，触电保护器动作灵敏，液压系统连接牢固无漏油，压力正常，并进行吸附力和吸持时间试验，符合要求，方可使用。

(4) 遇有大雨、大雾或5级阵风及其以上，必须立即停止作业。

8.4.3 涂料工程

1. 涂料工程安全注意事项

(1) 施工前进行教育培训，严格执行安全技术交底工作，坚持特殊工种持证上岗制度，进场施工人员每人进行安全考试，考试合格后方可进场施工。

(2) 漆材料(汽油、漆料、稀料)应单独存放在专用库房内，不得与其他材料混放，库房应通风良好。易挥发的汽油、稀料应装入密闭容器中，严禁在库内吸烟和使用任何烟火，照明灯具必须防爆。施工现场严禁吸烟、使用任何明火和可导致火灾的电器设备。并有专职消防员在现场监察旁站，现场设置足够的消防器材，确保使用满足灭火要求。

(3) 库房应通风良好，并设置消防器材和“严禁烟火”标识。库房与其他建筑物应保持一定的安全距离。

(4) 沾染油漆的棉纱、破布、油纸等废物，应收集存放在有盖的金属容器内，并及时处理。

(5) 施工现场一切用电设施须安装漏电保护装置，施工用电动工具应正确使用。

(6) 室内照明使用36V，地下室使用24V，电线不可拖地，严禁无证操作。

(7) 配备足够的灭火器(一般情况按照200 m^2一个的灭火器的密度)。消防器材要设在易发生火灾隐患或位置明显处，所有的消防器材均要涂上红油漆，设置标志牌。要保障消防道路的畅通。

(8) 作业的人员应注意如下事项。

① 严禁从高处向下方投掷或者从低处向高处投掷物料、工具。

② 清理楼内物料时，应设溜槽或使用垃圾桶或垃圾袋。

③ 手持工具和零星物料应随手放在工具袋内。

④ 如头痛、恶心、心闷和心悸等，应停止作业，到户外通风处换气。

⑤ 从事有机溶剂、腐蚀和其他损坏皮肤的作业，应使用橡皮或塑料专用手套，不能用粉尘过滤器代替防毒过滤器，因为有机溶剂蒸气，可以直接通过粉尘过滤器等。

2．涂料工程施工安全技术

(1) 施工中使用油漆、稀料等易燃物品时，应限额领料。禁止交叉作业；禁止在作业场分装、调料。

(2) 油工施工前，应将易弄脏部位用塑料布、水泥衣或油毡纸遮挡盖好，不得把白灰浆、油漆、腻子洒到地上，沾到门窗、玻璃和墙上。

(3) 在施工过程中，必须遵守“先防护，后施工”的规定，施工人员必须佩戴安全帽、穿工作服、耐温鞋，严禁在没有任何防护的情况下违章作业。

(4) 使用煤油、汽油、松香水、丙酮等调配油料，应戴好防护用品，严禁吸烟。熬胶、熬油必须远离建筑物，在空旷地方进行，严防发生火灾。

(5) 在室内或容器内喷涂时，应戴防护镜。喷涂含有挥发性溶液和快干油漆时，严禁吸烟，作业周围不准有火种，并戴防护口罩和保持良好的通风。

(6) 刷涂外开窗扇，将安全带挂在牢固的地方。刷涂封檐板、水落管等应搭设脚手架或吊架。在大于25℃的铁皮屋面上刷油，应设置活动板梯、防护栏杆和安全网。

(7) 使用喷灯，加油不得过满，打气不应过足，使用时间不宜过长，点灯时火嘴不准对人，加油应待喷灯冷却后进行，离开工作岗位时，必须将火熄灭。

(8) 喷砂机械设备的防护设备必须齐全可靠。

(9) 用喷砂除锈，喷嘴接头要牢固，不准对人。喷嘴堵塞，应停机消除压力后，方可进行修理或更换。

(10) 使用喷浆机，电动机接地必须可靠，电线绝缘良好。手上沾有浆水时，不准开关电闸，以防触电。通气管或喷嘴发生故障时，应关闭闸门后再进行修理。喷嘴堵塞，疏通时不准对人。

(11) 采用静电喷漆，为避免静电聚集，喷漆室(棚)应有接地保护装置。

(12) 使用合页梯作业时，梯子坡度不宜过限或过直，梯子下挡用绳子拴好，梯子脚应绑扎防滑物。在合页梯上搭设架板作业时，两人不得挤在一处操作，应分段顺向进行，以防人员集中发生危险。使用单梯坡度宜为60°。

(13) 使用人字梯应遵守以下规定。

① 高度2m以下作业(超过2m按规定搭设脚手架)使用的人字梯应四脚落地，摆放平稳，梯脚应设防滑皮垫和保险拉链。

② 人字梯上搭铺脚手板，脚手板两端搭接长度不得小于20cm，脚手板中间不得同时

两人操作，梯子挪动时，作业人员必须下来，严禁站在梯子上踩高跷式挪动。人字梯顶部铰轴不准站人、不准铺设脚手板。

③ 人字梯应经常检查，发现开裂、腐朽、榫头松动、缺挡等不得使用。

(14) 空气压缩机压力表和安全阀必须灵敏有效。高压气管各种接头必须牢固，修理料斗气管时应关门气门，试喷时不准对人。

(15) 防水作业上方和周围 10m 应禁止动用明火交叉作业。

(16) 临边作业必须采取防坠落的措施。外墙、外窗、外楼梯等高处作业时，应系好安全带，安全带应高挂低用，挂在牢靠处。油漆窗户时，严禁站在或骑在窗栏上操作。刷封沿板或水落管时，应在脚手架或专用操作平台架上进行。

(17) 在施工休息、吃饭、收工后，现场油漆等易燃材料要清理干净，油料临时堆放处要设派专人看守，防止无人看守易燃物品引起火灾隐患。

(18) 作业后应及时清理现场遗料，运到指定位置存放。

3. 油漆工程安全技术

(1) 油漆涂料的配置应应遵守以下规定。

① 调制油漆应在通风良好的房间内进行。调制有害油漆涂料时，应戴好防毒口罩、护目镜，穿好与之相适应的个人防护用品，工作完毕应冲洗干净。

② 操作人员应进行体检，患有眼病、皮肤病、气管炎、结核病者不宜从事此项事业。

③ 高处作业时必须支搭平台，平台下方不得有人。

④ 工作完毕，各种油漆涂料的溶剂桶(箱)要加盖封严。

(2) 在用钢丝刷、板锉、气动、电动工具清除铁锈、铁鳞时为避免眼睛沾污和受伤，需戴上防护眼镜。

(3) 在涂刷或喷涂对人体有害的油漆时，需戴上防护口罩，如对眼睛有害，需戴上密闭式眼镜进行保护。

(4) 在涂刷红丹防锈漆及含铅颜料的油漆时，应注意防止铅中毒，操作时要戴口罩。

(5) 在喷涂硝基漆或其他挥发性、易燃性溶剂稀释的涂料不准使用明火。

(6) 为了避免静电集聚引起事故，对罐体涂漆或喷涂应安装接地线装置。

(7) 涂刷大面积场地时，(室内)照明和电气设备必须按防火等级规定进行安装。

(8) 在配料或提取易燃晶时严禁吸烟，浸擦过清油、清漆、油的棉纱、擦手布不能随便乱丢。

(9) 不得在同一脚手板上交授工作面。

(10) 油漆仓库明火不准入内，须配备灭火机。不准装小太阳灯。

8.5 高处作业安全技术

8.5.1 高处作业安全技术

凡在坠落高度基准面 2m 以上(含 2m)有可能坠落的高处进行的作业均称为高处作业。其涵义有两个：一是相对概念，可能坠落的底面高度大于或等于 2m，就是说不论在单层、多层或高层建筑物作业，即使是在平地，只要作业处的侧面有可能导致人员坠落的坑、井、洞或空间，其高度达到 2m 及其以上，就属于高处作业；二是高低差距标准定为 2m，因为一般情况下，当人在 2m 以上的高度坠落时，就很可能会造成重伤、残废或甚至死亡。

因此，对高处作业的安全技术措施在开工以前就须特别留意以下有关事项。

1．一般规定

(1) 技术措施及所需料具要完整地列入施工计划。

(2) 进行技术教育和现场技术交底。

(3) 所有安全标志、工具和设备等，在施工前逐一检查。

(4) 做好对高处作业人员的培训考核等。

2．高处作业的级别

高处作业的级别可分为 4 级，即高处作业在 2.5～5m 时，为一级高处作业；5～15m 时为二级高处作业；在 15～30m 时，为三级高处作业；大于 30m 时，为特级高处作业，高处作业又分为一般高处作业和特殊高处作业，其中特殊高处作业又分为 8 类。

特殊高处作业的分类如下。

(1) 在阵风风力 6 级(风速 10.8m / s)以上的情况下进行的高处作业，称为强风高处作业。

(2) 在高温或低温环境下进行的高处作业，称为异温高处作业。

(3) 降雪时进行的高处作业，称为雪天高处作业。

(4) 降雨时进行的高处作业，称为雨天高处作业。

(5) 室外完全采用人工照明时进行的高处作业，称为夜间高处作业。

(6) 在接近或接触带电体条件下进行的高处作业，称为带电高处作业。

(7) 在无立足点或无牢靠立足点的条件下进行的高处作业，称为悬空高处作业。

(8) 对突然发生的各种灾害事故进行抢救的高处作业，称为抢救高处作业。一般高处作业是指除特殊高处作业以外的高处作业。

3．高处作业的标记

高处作业的分级，以级别、类别和种类作标记。一般高处作业作标记时，写明级别和种类；特殊高处作业作标记时，写明级别和类别，种类可省略不写。

4．高处作业时的安全防护技术措施

(1) 凡是进行高处作业施工的，应使用脚手架、平台、梯子、防护围栏、挡脚板、安全带和安全网等。作业前应认真检查所用的安全设施是否牢固、可靠。

(2) 凡从事高处作业人员应接受高处作业安全知识的教育；特殊高处作业人员应持证上岗，上岗前应依据有关规定进行专门的安全技术交底。采用新工艺、新技术、新材料和新设备的，应按规定对作业人员进行相关安全技术教育。

(3) 高处作业人员应经过体检，合格后方可上岗。施工单位应为作业人员提供合格的安全帽、安全带等必备的个人安全防护用具，作业人员应按规定正确佩戴和使用。

(4) 施工单位应按类别，有针对性地将各类安全警示标志悬挂于施工现场各相应部位，夜间应设红灯示警。

(5) 高处作业所用工具、材料严禁投掷，上下立体交叉作业确有需要时，中间须设隔离设施。

(6) 高处作业应设置可靠扶梯，作业人员应沿着扶梯上下，不得沿着立杆与栏杆攀登。

(7) 在雨雪天应采取防滑措施，当风速在10.8 m / s以上和雷电、暴雨、大雾等气候条件下，不得进行露天高处作业。

(8) 高处作业上下应设置联系信号或通讯装置，并指定专人负责。

(9) 高处作业前，工程项目部应组织有关部门对安全防护设施进行验收，经验收合格签字后方可作业。需要临时拆除或变动安全设施的，应经项目技术负责人审批签字，并组织有关部门验收，经验收合格签字后方可实施。

5. 高处作业时应注意事项如下

(1) 发现安全措施有隐患时，立即采取措施，消除隐患，必要时停止作业。

(2) 遇到各种恶劣天气时，必须对各类安全设施进行检查、校正、修理使之完善。

(3) 现场的冰霜、水、雪等均须清除。

(4) 搭拆防护棚和安全设施，需设警戒区，有专人防护。

8.5.2 临边作业安全技术

在建筑工程施工中，施工人员大部分时间处在未完成的建筑物的各层各部位或构件的边缘处作业。临边的安全施工一般须注意3个问题。

(1) 临边处在施工过程中是极易发生坠落事故的场合。

(2) 必须明确哪些场合属于规定的临边，这些地方不得缺少安全防护设施。

(3) 必须严格遵守防护规定。

如果忽视上述问题就容易出现安全事故，因此，要保证临边作业安全必须做好以下几方面的工作。

1. 临边防护

在施工现场，当作业中工作面的边沿没有围护设施或围护设施的高度低于80cm时的作业称为临边作业。例如在沟、坑、槽边、深基础周边、楼层周边梯段侧边、平台或阳台边、屋面周边等地方施工。在进行临边作业时设置的安全防护设施主要为防护栏杆和安全网。

2. 防护栏杆

这类防护设施，形式和构造较简单，所用材料为施工现场所常用，不需专门采购，可节省费用，更重要的是效果较好。以下3种情况必须设置防护栏杆。

(1) 基坑周边、尚未安装栏板的阳台、料台与各种挑平台周边、雨篷与挑檐边、无外脚手架的屋面和楼层边，以及水箱与水塔周边等处，都必须设置防护栏杆。

(2) 分层施工的楼梯口和梯段边，必须安装临边防护栏杆：顶层楼梯口应随工程结构的进度安装正式栏杆或者临时栏杆；梯段旁边亦应设置两道栏杆，作为临时护栏。

(3) 垂直运输设备如井架、施工用电梯等与建筑物相连接的通道两侧边，亦需加设防护栏杆。栏杆的下部还必须加设挡脚板、挡脚竹笆或者金属网片。

3．防护栏杆的选材和构造要求

临边防护用的栏杆是由栏杆立柱和上下两道横杆组成，上横杆称为扶手。栏杆的材料应按规范标准的要求选择，选材时除需满足力学条件外，其规格尺寸和连接方式还应符合构造上的要求，应紧固而不动摇，能够承受突然冲击，阻挡人员在可能状态下的下跌和防止物料的坠落，还要有一定的耐久性。

搭设临边防护栏杆时应注意以下要求。

(1) 上杆离地高度为1.0~1.2m，下杆离地高度为0.5~0.6m，坡度大于1∶2.2的屋面，防护栏杆应高1.5m，并加挂安全立网。除经设计计算外，横杆长度大于2m，必须加栏杆立柱。

(2) 栏杆柱的固定应符合下列要求。

当在基坑四周固定时，可采用钢管并打入地面50~70cm深。钢管离边口的距不应小于50cm。当基坑周边采用板桩时，钢管可打在板桩外侧。

当在混凝土楼面、屋面或墙面固定时，可用预埋件与钢管或钢筋焊牢。采用竹栏杆时，可在预埋件上焊接30cm长的L50×5角钢。其上下各钻一孔，然后用10mm螺栓与竹、木杆件栓牢。

当在砖或砌块等砌体上固定时，可预先砌入规格相适应的80×6弯转扁钢作预埋铁的混凝土块，然后用上项方法固定。

栏杆柱的固定及其与横杆的连接，其整体构造应使防护栏杆在上杆任何处，能经受任何方向的1000N外力。当栏杆所处位置有发生人群拥挤、车辆冲击或物件碰撞等可能时，应加大横杆截面或加密柱距。

防护栏杆必须自上而下用安全立网封闭。

这些要求既是根据实践又是根据计算而做出的。如栏杆上杆的高度，是从人身受到冲击后，冲向横杆时要防止重心高于横杆，导致从杆上翻出去考虑的；栏杆的受力强度应能防止受到大个子人员突然冲击时，不受损坏；栏杆立柱的固定须使它在受到可能出现的最大冲击时，不致被冲倒或拉出，这是结合国情。只规定其整体构造须能经得住大冲击。

4．防护栏杆的计算

临边作业防护栏杆主要用于防止人员坠落，能够经受一定的撞击或冲击，在受力性能上耐受1000N的外力，所以除结构构造上应符合规定外，还应经过一定的计算，方能确保安全。此项计算应纳入施工组织设计。

8.5.3 外檐洞口作业安全技术

施工现场，在建筑工程上往往存在着各式各样的洞口，在洞口旁的作业称为洞口作业。在水平方向的楼面、屋面、平台等上面短边小于25cm(大于2.5cm)的称为孔，必须覆盖，等于或大于25cm称为洞。在垂直于楼面、地面的垂直面上，则高度小于75cm的称为孔，高度等于或大于75cm，宽度大于45cm的均称为洞。凡深度在2m及2m以上的桩孔、人孔、沟槽与管道等孔洞边沿上的高处作业都属于洞口作业范围。如因特殊工序需要而产生使人与物有坠落危险及危及人身安全的各种洞口，都应该按洞口作业加以防护。否则就会造成安全事故。

为此，做好洞口作业安全技术工作是十分重要的。

1. 洞口类型

洞口作业的防护措施，主要有设置防护栏杆、栅门、格栅及架设安全网等多种方式。不同情况下的防护设施，主要如下。

(1) 各种板与墙的洞口，按其大小和性质分别设置牢固的盖板。防护栏杆、安全网格或其他防坠落的防护设施。

(2) 电梯井口。根据具体情况设防护栏或固定栅门与工具式栅门，电梯井内每隔两层或最多10m设一道安全平网。也可以按当地习惯，在井口设固定的格栅或采取砌筑坚实的矮墙等措施。

(3) 钢管桩。钻孔桩等桩孔口，柱型条型等基础上口，未填土的坑、槽口，以及天窗、地板门和化粪池等处，都要作为洞口采取符合规范的防护措施。

(4) 在施工现场与场地通道附近的各类洞口与深度在 2m 以上的敞口等处除设置防护设施与安全标志外，夜间还应设红灯示警。

(5) 物料提升机上料口，应装设有联锁装置的安全门。同时采用断绳保护装置或安全停靠装置；通道口走道板应平行于建筑物满铺并固定牢靠。两侧边应设置符合要求的防护栏杆和挡脚板，并用密目式安全网封闭两侧。

2. 洞口安全防护措施要求

洞口作业时根据具体情况采取设置防护栏杆，加盖件，张挂安全网与装栅门等措施。

(1) 楼板面的洞口，可用竹、木等作盖板，盖住洞口。盖板须能保持四周搁置均衡，并有固定其位置的措施。

(2) 短边边长为50cm×150cm的洞口，必须设置以扣件扣接钢管而成的网络，并在其上满铺竹笆或脚手板。也可采用贯穿于混凝土板内的钢筋构成防护网，钢筋网络间距不得大于20cm。

(3) 边长在150cm以上的洞口，四周设防护栏杆，洞口下张设安全平网。

(4) 墙面等处的竖向洞口，凡落地的洞口应加装开关式、工具式或固定式的防护门，门栅网络的间距不应大于15cm，也可采用防护栏杆，下设挡脚板(笆)。

(5) 下边沿至楼板或底面低于80cm的窗台等竖向的洞口，如侧边落差大于2m应加设1.2m高的临时护栏。

3. 洞口防护的构造要求

一般来讲，洞口防护的构造形式可分为3类。

(1) 洞口防护栏杆，通常采用钢管。

(2) 利用混凝土楼板，采用钢筋网片或利用结构钢筋或加密的钢筋网片等。

(3) 垂直方向的电梯井口与洞口，可设木栏门、铁栅门与各种开启式或固定式的防护门。防护栏杆的力学计算和防护设施的构造形式应符合规范要求。

8.6 施工现场临时用电安全管理

8.6.1 临时用电安全管理基本要求

施工现场临时用电应按《建筑施工安全检查标准》(JGJ 59—2011)的要求，从用电环境、接地接零、配电线路、配电箱及开关、照明等安全用电方面进行安全管理和控制。从技术上制度上确保施工现场临时用电安全。

1. 施工现场临时用电组织设计要求

按照《施工现场临时用电安全技术规范》(JGJ 46—2014)的规定，临时用电设备在5台及5台以上或设备总容量在50kW及50kW以上者，应编制供用电设计。

供用电设计应按照工程规模、场地特点、负荷性质、用电容量、地区供用电条件，合理确定设计方案。供用电设计应经审核、批准后实施。

供用电设计至少应包括下列内容：

(1) 设计说明；

(2) 施工现场用电容量统计；

(3) 负荷计算；

(4) 变压器选择；

(5) 配电线路；

(6) 配电装置；

(7) 接地装置及防雷装置；

(8) 供用电系统图、平面布置图。

2. 供用电设施的施工

供用电施工方案或施工组织设计应经审核、批准后实施。

供用电施工方案或施工组织设计应包括下列内容：

(1) 工程概况；

(2) 编制依据；

(3) 供用电施工管理组织机构；

(4) 配电装置安装、防雷接地装置安装、线路敷设等施工内容的技术要求；

(5) 安全用电及防火措施。

供用电设施的施工应按照已批准的供用电施工方案进行施工。

3. 供用电设施的验收

供用电工程施工完毕，电气设备应按现行国家标准《电气装置安装工程 电气设备交接试验标准》(GB 50150—2006)的规定试验合格。

供用电工程施工完毕后，应有完整的平面布置图、系统图、隐蔽工程记录、试验记录，经验收合格后方可投入使用。

8.6.2 发电设施

施工现场发电设施的选址应根据负荷位置、交通运输、线路布置、污染源频率风向、周边环境等因素综合考虑。发电设施不应设在地势低洼和可能积水的场所。

发电机组的安装和使用应符合下列规定：

(1) 供电系统接地型式和接地电阻应与施工现场原有供用电系统保持一致。

(2) 发电机组应设置短路保护、过负荷保护。

(3) 当两台或两台以上发电机组并列运行时，应采取限制中性点环流的措施。

(4) 发电机组周围不得有明火，不得存放易燃、易爆物。发电场所应设置可在带电场所使用的消防设施，并应标识清晰、醒目，便于取用。

移动式发电机的使用应符合下列规定：

(1) 发电机停放的地点应平坦，发电机底部距地面不应小于 0.3m；

(2) 发电机金属外壳和拖车应有可靠的接地措施；

(3) 发电机应固定牢固；

(4) 发电机应随车配备消防灭火器材；

(5) 发电机上部应设防雨棚，防雨棚应牢固、可靠。

发电机组电源必须与其他电源互相闭锁，严禁并列运行。

8.6.3 变电设施

变电所的设计应符合现行国家标准《20kV 及以下变电所设计规范》(GB 50053—2013)的有关规定。

变电所位置的选择应符合下列规定：

(1) 应方便日常巡检和维护 。

(2) 不应设在易受施工干扰、地势低洼易积水的场所。

变电所对于其他专业的要求应符合下列规定：

(1) 面积与高度应满足变配电装置的维护与操作所需的安全距离；

(2) 变配电室内应配置适用于电气火灾的灭火器材；

(3) 变配电室应设置应急照明；

(4) 变电所外醒目位置应标识维护运行机构、人员、联系方式等信息；

(5) 变电所应设置排水设施。

变电所变配电装置的选择和布置应符合下列规定：

(1) 当采用箱式变电站时，其外壳防护等级不应低于外壳防护等级(IP 代码)IP23D，且应满足施工现场环境状况要求；

(2) 户外安装的箱式变电站，其底部距地面的高度不应小于 0.5m；

(3) 露天或半露天布置的变压器应设置不低于 1.7m 高的固定围栏或围墙，并应在明显位置悬挂警示标识；

(4) 变压器或箱式变电站外廓与围栏或围墙周围应留有不小于 1m 的巡视或检修通道。

变电所变配电装置的安装应符合下列规定：

(1) 油浸电力变压器的现场安装及验收应符合现行国家标准《电气装置安装工程 电力变压器、油浸电抗器、互感器施工及验收规范》(GB 50148—2010)的有关规定。

(2) 箱式变电站外壳应有可靠的保护接地。装有成套仪表和继电器的屏柜、箱门，应与壳体进行可靠电气连接。

(3) 户外箱式变电站的进出线应采用电缆，所有的进出线电缆孔应封堵。

(4) 箱式变电站基础所留设通风孔应能防止小动物进入。

变电所变配电装置的投运应符合下列规定：

(1) 变电所变配电装置安装完毕或检修后，投入运行前应对其内部的电气设备进行检查和电气试验，合格后方可投入运行。

(2) 变压器第一次投运时，应进行 5 次空载全电压冲击合闸，并应无异常情况；第一次受电后持续时间不应少于 10min。

8.6.4 配电设施

1. 一般规定

(1) 低压配电系统宜采用三级配电，宜设置总配电箱、分配电箱、末级配电箱。

(2) 低压配电系统不宜采用链式配电。当部分用电设备距离供电点较远，而彼此相距很近、容量小的次要用电设备，可采用链式配电，但每一回路环链设备不宜超过 5 台，其总容量不宜超过 10kW

(3) 消防等重要负荷应由总配电箱专用回路直接供电，并不得接入过负荷保护和剩余电流保护器。

(4) 消防泵、施工升降机、塔式起重机、混凝土输送泵等大型设备应设专用配电箱。

(5) 低压配电系统的三相负荷宜保持平衡，最大相负荷不宜超过三相负荷平均值的 115%，最小相负荷不宜小于三相负荷平均值的 85%。

(6) 用电设备端的电压偏差允许值宜符合下列规定：

① 一般照明：宜为＋5%～－10%额定电压；

② 一般用途电机：宜为±5%额定电压；

③ 其他用电设备：当无特殊规定时宜为±5%额定电压。

2. 配电室

(1) 配电室配电装置的布置应符合下列规定：

① 成排布置的配电柜，其柜前、柜后的操作和维护通道净宽不宜小于表 8-3 的规定；

表 8-3 成排布置配电柜的柜前、柜后的操作和维护通道净宽(m)

布置方式	单排布置		双排对面布置		双排背对背布置	
	柜前	柜后	柜前	柜后	柜前	柜后
配电柜	1.5	1.0	2.0	1.0	1.5	1.5

② 当成排布置的配电柜长度大于 6m 时，柜后的通道应设置两个出口；

③ 配电装置的上端距棚顶距离不宜小于 0.5m；

④ 配电装置的正上方不应安装照明灯具。

(2) 配电柜电源进线回路应装设具有电源隔离、短路保护和过负荷保护功能的电器。

(3) 配电柜的安装应符合下列规定：

① 配电柜应安装在高于地面的型钢或混凝土基础上，且应平正、牢固。

② 配电柜的金属框架及基础型钢应可靠接地。门和框架的接地端子间应采用软铜线进行跨接，配电柜门和框架间跨接接地线的最小截面积应符合表 8-4 的规定。

表 8-4 配电柜门和框架间跨接接地线的最小截面积(mm^2)

额定工作电流 Ic(A)	接地线的最小截面积
$I_c \leqslant 25$	2.5

续表

额定工作电流 Ic(A)	接地线的最小截面积
25＜*Ic*≤32	4
32＜*Ic*≤63	5
63＜*Ic*≤	10

注：I_c为配电柜〈箱〉内主断路器的额定电流。

③ 配电柜内应分别设置中性导体(N)和保护导体(PE)汇流排，并有标识。保护导体(PE)汇流排上的端子数量不应少于进线和出线回路的数量。

④ 导线压接应可靠，且防松垫圈等零件应齐全，不伤线芯，不断股。

3. 配电箱

总配电箱以下可设若干分配电箱；分配电箱以下可设若干末级配电箱。分配电箱以下可根据需要，再设分配电箱。总配电箱应设在靠近电源的区域，分配电箱应设在用电设备或负荷相对集中的区域，分配电箱与末级配电箱的距离不宜超过30m。

动力配电箱与照明配电箱宜分别设置。当合并设置为同一配电箱时，动力和照明应分路供电；动力末级配电箱与照明末级配电箱应分别设置。

用电设备或插座的电源宜引自末级配电箱，当一个末级配电箱直接控制多台用电设备或插座时，每台用电设备或插座应有各自独立的保护电器。

当分配电箱直接控制用电设备或插座时，每台用电设备或插座应有各自独立的保护电器。

户外安装的配电箱应使用户外型，其防护等级不应低于外壳防护等级(IP代码)IP44，门内操作面的防护等级不应低于IP21。

固定式配电箱的中心与地面的垂直距离宜为1.4m～1.6m，安装应平正、牢固。户外落地安装的配电箱、柜，其底部离地面不应小于0.2m。

总配电箱、分配电箱内应分别设置中性导体(N)、保护导体(PE)汇流排，并有标识；保护导体(PE)汇流排上的端子数量不应少于进线和出线回路的数量。

配电箱内断路器相间绝缘隔板应配置齐全；防电击护板应阻燃且安装牢固。

配电箱内连接线绝缘层的标识色应符合下列规定：

(1) 相导体L_1、L_2、L_3应依次为黄色、绿色、红色；

(2) 中性导体(N)应为淡蓝色；

(3) 保护导体(PE)应为绿－黄双色；

(4) 上述标识色不应混用。

配电箱内的连接线应采用铜排或铜芯绝缘导线，当采用铜排时应有防护措施：连接导线不应有接头、线芯损伤及断股。

配电箱内的导线与电器元件的连接应牢固、可靠。导线端子规格与芯线截面适配，接线端子应完整，不应减小截面积.

配电箱的金属箱体、金属电器安装板以及电器正常不带电的金属底座、外壳等应通过保护导体(PE)汇流排可靠接地。金属箱门与金属箱体间的跨接接地线应符合规定。

配电箱电缆的进线口和出线口应设在箱体的底面，当采用工业连接器时可在箱体侧面设置。工业连接器配套的插头插座、电缆耦合器、器具耦合器等应符合现行国家标准《工业用插头插座和耦合器第1部分：通用要求》GB/T 11918及《工业用插头插座和耦合器第2部分：带插销和插套的电器附件的尺寸互换性要求》GB/T 11919的有关规定。

当分配电箱直接供电给末级配电箱时，可采用分配电箱设置插座方式供电，并应采用工业用插座，且每个插座应有各自独立的保护电器。

移动式配电箱的进线和出线应采用橡套软电缆。

配电箱的进线和出线不应承受外力，与金属尖锐断口接触时应有保护措施。

配电箱应按下列顺序操作：

(1) 送电操作顺序为：总配电箱→分配电箱→末级配电箱；

(2) 停电操作顺序为：末级配电箱→分配电箱→总配电箱。

配电箱应有名称、编号、系统图及分路标记。

4. 开关电器的选择

配电箱内的电器应完好，不应使用破损及不合格的电器。总配电箱、分配电箱的电器应具备正常接通与分断电路，以及短路、过负荷、接地故障保护功能。电器设置应符合下列规定：

(1) 总配电箱、分配电箱进线应设置隔离开关、总断路器，当采用带隔离功能的断路器时，可不设置隔离开关。各分支国路应设置具有短路、过负荷、接地故障保护功能的电器。

(2) 总断路器的额定值应与分路断路器的额定值相匹配 。

总配电箱宜装设电压表、总电流表、电度表。末级配电箱进线应设置总断路器，各分支回路应设置具有短路、过负荷、剩余电流动作保护功能的电器。

末级配电箱中各种开关电器的额定值和动作整定值应与其控制用电设备的额定值和特性相适应。

剩余电流保护器的选择、安装和运行应符合现行国家标准《剩余电流动作保护电器的一般要求》(GB/Z 6829—2008)和《剩余电流动作保护装置安装和运行》(GB 13955—2005)的有关规定。

当配电系统设置多级剩余电流动作保护时，每两级之间应有保护性配合，并应符合下列规定：

(1) 末级配电箱中的剩余电流保护器的额定动作电流不应大于 30mA，分断时间不应大于 0.1s；

(2) 当分配电箱中装设剩余电流保护器时，其额定动作电流不应小于末级配电箱剩余电流保护值的 3 倍，分断时间不应大于 0.3s；

(3) 当总配电箱中装设剩余电流保护器时，其额定动作电流不应小于分配电箱中剩余电流保护值的 3 倍，分断时间不应大于 0.5s。

剩余电流保护器应用专用仪器检测其特性，且每月不应少于 1 次，发现问题应及时修理或更换。

剩余电流保护器每天使用前应启动试验按钮试跳一次，试跳不正常时不得继续使用。

8.6.5 配电线路

1. 一般规定

(1) 施工现场配电线路路径选择应符合下列规定：

① 应结合施工现场规划及布局，在满足安全要求的条件下，方便线路敷设、接引及维护；

② 应避开过热、腐蚀以及储存易燃、易爆物的仓库等影响线路安全运行的区域；

③ 宜避开易遭受机械性外力的交通、吊装、挖掘作业频繁场所，以及河道、低洼、易受雨水冲刷的地段；

④ 不应跨越在建工程、脚手架、临时建筑物。

(2) 配电线路的敷设方式应符合下列规定：

① 应根据施工现场环境特点，以满足线路安全运行、便于维护和拆除的原则来选择，敷设方式应能够避免受到机械性损伤或其他损伤；

② 供用电电缆可采用架空、直埋、沿支架等方式进行敷设；

③ 不应敷设在树木上或直接绑挂在金属构架和金属脚手架上；

④ 不应接触潮湿地面或接近热源。

(3) 电缆选型应符合下列规定：

① 应根据敷设方式、施工现场环境条件、用电设备负荷功率及距离等因素进行选择；

② 低压配电系统的接地型式采用 TN-S 系统时，单根电缆应包含全部工作芯线和用作中性导体(N)或保护导体(PE)的芯线；

③ 低压配电系统的接地型式采用 TT 系统时，单根电缆应包含全部工作芯线和用作中性导体(N)的芯线。

(4) 低压配电线路截面的选择和保护应符合现行国家标准《低压配电设计规范》GB 50054 的有关规定。

2. 架空线路

(1) 架空线路采用的器材应符合下列规定：

① 施工现场架空线路宜采用绝缘导线，架空绝缘导线应符合现行国家标准《额定电压 1kV 及以下架空绝缘电缆》(GB/T 12527—2008)、《额定电庄 10kV 架空绝缘电缆》(GB/T 14049—2008)的有关规定

② 架空线路宜采用钢筋混凝土杆，钢筋混凝土杆不得有露筋、掉块等明显缺陷。

(2) 电杆埋设应符合下列规定:

① 当电杆埋设在土质松软、流砂、地下水位较高的地带时，应采取加固杆基措施，遇有水流冲刷地带宜加围桩或围台；

② 电杆组立后，回填土时应将土块打碎，每回填 500mm 应夯实一次，水坑回填前，应将坑内积水淘净；因填土后的电杆基坑应有防沉土台，培土高度应超出地面 300mm。

(3) 施工现场架空线路的档距不宜大于 40m，空旷区域可根据现场情况适当加大档距，但最大不应大于 50m。

(4) 拉线的设置应符合下列规定：

① 拉线应采用镀锌钢绞线，最小规格不应小于 35mm^2；

② 拉线坑的深度不应小于 1.2m，拉线坑的拉线侧应有斜坡；

③ 拉线应根据电杆的受力情况装设，拉线与电杆的夹角不宜小于 45°，当受到地形限制时不得小于 30°；

④ 拉线从导线之间穿过时应装设拉线绝缘子，在拉线断开时，绝缘子对地距离不得小于 2.5m。

(5) 架空线路导线相序排列应符合下列规定：

① 1kV～10kV 线路：面向负荷从左侧起，导线排列相序应为 L_1、L_2、L_3。

② 1kV 以下线路：面向负荷从左侧起，导线排列相序应为 L_1、N、L_2、L_3、PE。

③ 电杆上的中性导体(N)应靠近电杆。若导线垂直排列肘，中性导体(N)应在下方。中性导体(N)的位置不应高于同一回路的相导体。在同一地区内，中性导体(N)的排列应统一。

(6) 施工现场供用电架空线路与道路等设施的最小距离应符合表 8-5 的规定，否则应采取防护措施。

表 8-5　施工现场供用电架空线路与道路等设施的最小距离(m)

类　别	距　离		供用电绝缘线路电压等级	
			1kV及以下	10kV及以下
与施工现场道路	沿道路边敷设时距离道路边沿最小水平距离		0.5	1.0
	跨越道路时距路面最小垂直距离		6.0	7.0
与在建工程，包含脚手架工程	最小水平距离		7.0	8.0
与临时建(构〉筑物	最小水平距离		1.0	2.0
与外电电力线路	最小垂直距离	与10kV及以下	2.0	
		与220kV及以下	4.0	
		与500kV及以下	6.0	
	最小水平距离	与10kV及以下	3.0	
		与220kV及以下	7.0	
		与500kV及以下	13.0	

(7) 架空线路穿越道路处应在醒目位置设置最大允许通过高度警示标识。

(8) 架空线路在跨越道路、河流、电力线路档距内不应有接头。

3．直埋线路

直埋线路宜采用有外护层的铠装电缆，芯线绝缘层标识应符合规定。

直埋敷设的电缆线路应符合下列规定：

① 在地下管网较多、有较频繁开挖的地段不宜直埋。

② 直埋电缆应沿道路或建筑物边缘埋设，并宜沿直线敷设，直线段每隔 20m 处、转弯处和中间接头处应设电缆走向标识桩。

③ 电缆直埋时，其表面距地面的距离不宜小于 0.7m；电缆上、下、左、右侧应铺以软土或砂土，其厚度及宽度不得小于 100mm，上部应覆盖硬质保护层。直埋敷设于冻土地区时，电缆宜埋人冻土层以下，当无法深埋时可在土壤排水性好的干燥冻土层或回填土中埋设。

④ 直埋电缆的中间接头宜采用热缩或冷缩工艺，接头处应采取防水措施，并应绝缘良好。中间接头不得浸泡在水中。

⑤ 直埋电缆在穿越建筑物、构筑物、道路，易受机械损伤、腐蚀介质场所及引出地面 2.0m 高至地下 0.2m 处，应加设防护套管。防护套管应固定牢固，端口应有防止电缆损伤的措施，其内径不应小于电缆外径的 1.5 倍。

⑥ 直埋电缆与外电线路电缆、其他管道、道路、建筑物等之间平行和交叉时的最小距离应符合表 8-6 的规定，当距离不能满足表 8-6 的要求时，应采取穿管、隔离等防护措施。

表 8-6　电缆之间，电缆与管道、道路、建筑物之间平行和交叉时的最小距离(m)

电缆直埋敷设时的配置情况		平　行	
施工现场电缆与外电线路电缆		0.5	0.5
电缆与地下管沟	热力管沟	2.0	0.5
	油管或易〈可〉燃气管道	1.0	0.5
	其他管道	0.5	0.5
电缆与建筑物基础		躲开散水宽度	—
电缆与道路边、树木主干、1kV 以下架空线电杆		1.0	—
电缆与1kV以上架空线杆塔基础		4.0	—

⑦ 直埋电缆回填土应分层穷实。

4．其他方式敷设线路

(1) 以支架方式敷设的电缆线路应符合下列规定：

① 当电缆敷设在金属支架上时，金属支架应可靠接地；

② 固定点间距应保证电缆能承受自重及风雪等带来的荷载；

③ 电缆线路应固定牢固，绑扎线应使用绝缘材料；

④ 沿构、建筑物水平敷设的电缆线路，距地面高度不宜小于 2.5m；

⑤ 垂直引上敷设的电缆线路，固定点每楼层不得少于 1 处。

(2) 沿墙面或地面敷设电缆线路应符合下列规定：

① 电缆线路宜敷设在人不易触及的地方；

② 电缆线路敷设路径应有醒目的警告标识；

③ 沿地面明敷的电缆线路应沿建筑物墙体根部敷设，穿越道路或其他易受机械损伤的区域，应采取防机械损伤的措施，周围环挠应保持干燥；

④ 在电缆敷设路径附近，当有产生明火的作业时，应采取防止火花损伤电缆的措施。

(3) 电缆沟内敷设 电缆线路应符合下列规定：

① 电缆沟沟壁、盖板及其材质构成，应满足承受荷载和适合现场环境耐久的要求；

② 电缆沟应有排水措施。

(4) 临时设施的室内配线应符合下列规定：

① 室内配线在穿过楼板或墙壁时应用绝缘保护管保护；

② 明敷线路应采用护套绝缘电缆或导线，且应固定牢固，塑料护套线不应直接埋入抹灰层内敷设；

③ 当采用无护套绝缘导线时应穿管或线槽敷设。

5．外电线路的防护

在建工程不得在外 电架空线路保护 区内搭设生产、生活等

临时设施或堆放构件、架具、材料及其他杂物等。

当需在外 电 架空线路保护区内施工或作业时，应在采取安全措施后进行。

施工现场道路设施等与外电架空线路的最小距离应符合表 8-7 的规定。

表 8-7 施工现场道路设施等与外电架空线路的最小距离(m)

类 别	距 离	外电线路电压等级		
		10kV及以下	220kV及以下	500kV及以下
施工道路与外电架空线路	跨越道路时距路面最小垂直距离	7.0	8.0	14.0
	沿道路边敷设时距离路沿最小水平距离	0.5	5.0	8.0
临时建筑物与外电架空线路	最小垂直距离	5.0	8.0	14.0
	最小水平距离	4.0	5.0	8.0
在建工程脚手架与外电架空线路	最小水平距离	7.0	10.0	15.0
各类施工机械外缘与外电架空线路最小距离		2.0	6.0	8.5

当施工现场道路设施等与外电架空线路的最小距离达不到上述规定时，应采取隔离防护措施，防护设施的搭设和拆除应符合下列规定：

① 架设防护设施时，应采用线路暂时停电或其他可靠的安全技术措施，并应有电气专业技术人员和专职安全人员监护；

② 防护设施与外电架空线路之间的安全距离不应小于表 8-8 所列数值；

表 8-8 防护设施与外电架空线路之间的最小安全距离(m)

外电架空线路电压等级(kV)	≤10	35	110	220	330	500
防护设施与外电架空线路之间的最小安全距离	2.0	3.5	4.0	5.0	6.0	7.0

③ 防护设施应坚固、稳定，且对外电架空线路的隔离防护等级不应低于本规范附录 A 外壳防护等级(IP 代码)IP2X；

④ 应悬挂醒目的警告标识。

上述规定的防护措施无法实现时，应采取停电、迁移外电架空线路或改变工程位置等措施，未采取上述措施的不得施工。

在外电架空线路附近开挖沟槽时，应采取加固措施，防止外电架空线路电杆倾斜、悬倒。

8.6.6 接地与防雷

1. 接地

(1) 当施工现场设有专供施工用的低压侧为 220/380V 中性点直接接地的变压器时，其低压配电系统的接地型式宜采用 TN- S 系统(图 8.3)或 TN-C-S 系统(图 8.4)、TT 系统(图 8.5)。符号说明应符合表 8-9 的规定。

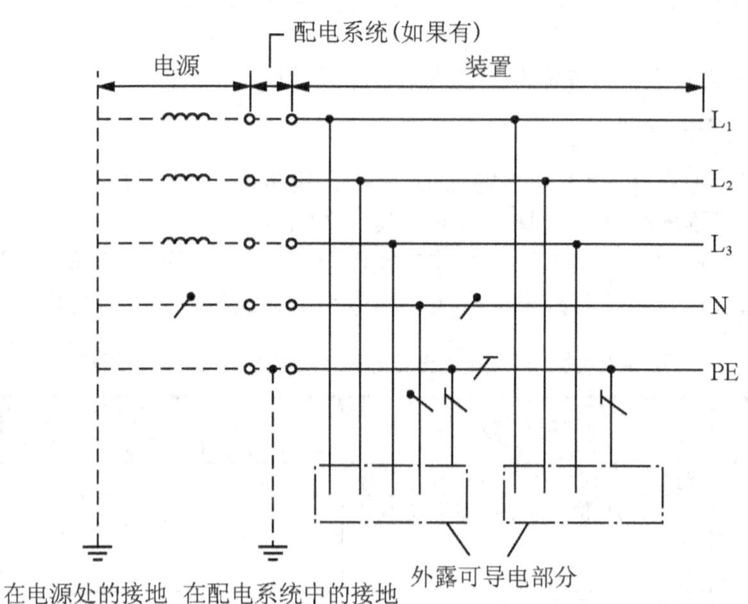

图 8.3 全系统将中性导体(N)与保护导体(PE)分开的 TN-S 系统

注：对装置的保护导体(PE)可另外增设接地。

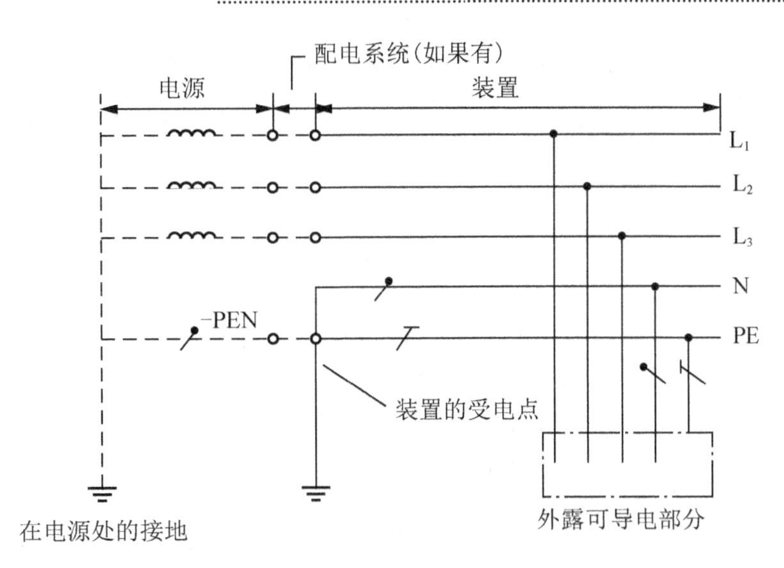

图 8.4　在装置的受电点将保护接地中性导体(PEN)分离成保护导体(PE)和中性导体(N)的三相四线制的 TN-C-S 系统

注：对配电系统的保护接地中性导体(PEN)和装置的保护导体<PE)可另外增设接地。

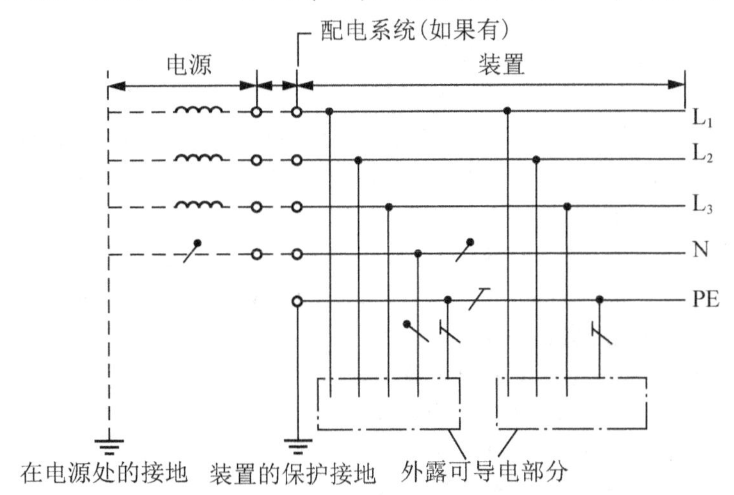

图 8.5　全部装置都采用分开的中性导体<N>和保护导体(PE)的 TT 系统

注：对装置的保护导体(PE)可提供附加的接地

表 8-9　符号说明

	中性导体(N)
	保护导体(PE)
	合并的保护和中性导体(PEN)

(2) TN-S 系统应符合下列规定：

①总配电箱、分配电箱及架空线路终端，其保护导体(PE)应做重复接地，接地电阻不宜大于 10Ω；

② 保护导体(PE)和相导体的材质应相同，保护导体(PE)的最小截面积应符合表 8-10 的规定。

表 8-10 保护导体(PE)的最小截面积(mm^2)

相导体截面积	保护导体CPE)最小截面积
S≤16	S
16<S≤35	16
S>35	S/2

(3) TN-C-S 系统应符合下列规定：

① 在总配电箱处应将保护接地中性导体(PEN)分离成中性导体(N)和保护导体(PE);

② 在总配电箱处保护导体(PE)汇流排应与接地装置直接连接；保护接地中性导体(PEN)应先接至保护导体(PE)汇流排，保护导体(PE)汇流排和中性线汇流排应跨接；跨接线的截面积不应小于保护导体(PE)汇流排的截面积。

(4) TT 系统应符合下列规定：

① 电气设备外露可导电部分应单独设置接地极，且不应与变压器中性点的接地极相连接；

② 每一回路应装设剩余电流保护器；

③ 中性线不得做重复接地；

④ 接地电阻值应符合下式的规定：

$$I_a \times R_A \leqslant 25V$$

式中：I_a——使保护电器自动动作的电流(A)；

R_A——接地极和外露可导电部分的保护导体(PE)电阻值和(Ω)。

(5) 当高压设备的保护接地与变压器的中性点接地分开设置时，变压器中性点接地的接地电阻不应大于 4Ω；当受条件限制高压设备的保护接地与变压器的中性点接地无法分开设置时，变压器中性点的接地电阻不应大于 1Ω。

(6) 下列电气装置的外 露可导电部分和装置外可导电部分地应接地：

① 电机、变压器、照明灯具等 I 类电气设备的金属外壳、基础型钢、与该电气设备连接的金属构架及靠近带电部分的金属围栏；

② 电缆的金属外皮和电力线路的金属保护管、接线盒。

(7) 当采用隔离变压器供电时，二次回路不得接地。

(8) 接地装置的敷设应符合下列要求：

① 人工接地体的顶面埋设深不宜小于 0.6m。

② 人工垂直接地体宜采用热浸镀锌圆钢、角钢、钢管，长度宜为 2.5m；人工水平接地体宜采用热浸镀镑的扁钢或圆钢；圆钢直径不应小于 12mm；扁钢、角钢等型钢截面不应小于 $90mm^2$，其厚度不应小于 3mm；钢管壁厚不应小于 2mm；人工接地体不得采用螺纹钢筋。

③ 人工垂直接地体的埋设间距不宜小于 5m。

④ 接地装置的焊接应采用搭接焊接，搭接长度等应符合下列要求：

a. 扁钢与扁钢搭接为其宽度的 2 倍，不应少于三面施焊；

b. 圆钢与圆钢搭接为其直径的 6 倍，应双面施焊；

c. 圆钢与扁钢搭接为圆钢直径的 6 倍，应双面施焊；

d. 扁钢与钢管，扁钢与角钢焊接，应紧贴 3/4 钢管表面或角钢外侧两面，上下两侧施焊；

e. 除埋设在混凝土中的焊接接头以外，焊接部位应做防腐处理。

⑤ 当利用自然接地体接地时，应保证其有完好的电气通路。

⑥ 接地线应直接接至配电箱保护导体(PE)汇流排；接地线的截面应与水平接地体的截面相同。

(9) 接地装置的设置应考虑土壤受干燥、冻结等季节因素的影响，并应使接地电阻在各季节均能保证达到所要求的值。

(10) 保护导体(PE)上严禁装设开关或熔断器。

(11) 用电设备的保护导体(PE)不应串联连接，应采用焊接、压接、螺栓连接或其他可靠方法连接。

(12) 严禁利用输送可燃液体、可燃气体或爆炸性气体的金属管道作为电气设备的接地保护导体(PE)。

(13) 发电机中性点应接地，且接地电阻不应大于 4Ω；发电机组的金属外壳及部件应可靠接地。

2. 防雷

位于山区或多雷地区的变电所、箱式变电站、配电室应装设防雷装置；高压架空线路及变压器高压侧应装设避雷器；自室外引入有重要电气设备的办公室的低压线路宜装设电涌保护器。

施工现场和临时生活区的高度在 20m 及以上的钢脚手架、幕墙金属龙骨、正在施工的建筑物以及塔式起重机、井子架、施工升降机、机具、烟囱、水塔等设施，均应设有防雷保护措施；当以上设施在其他建筑物或设施的防雷保护范围之内时，可不再设置。

设有防雷保护措施的机械设备，其上的金属管路应与设备的金属结构体做电气连接；机械设备的防雷接地与电气设备的保护接地可共用同一接地体。

8.6.7 电动施工机具

1. 一般规定

(1) 施工现场所使用的电动施工机具应符合国家强制认证标准规定。

(2) 施工现场所使用的电动施工机具的防护等级应与施工现场的环境相适应。

(3) 施工现场所使用的电动施工机具应根据其类别设置相应的间接接触电击防护措施。

(4) 应对电动施工机具的使用、保管、维修人员进行安全技术教育和培训。

(5) 应根据电动施工机具产品的要求及实际使用条件，制订相应的安全操作规程。

2. 可移式和手持式电动工具

施工现场使用手持式电动工具应符合现行国家标准《手持式电动工具的管理、使用、检查和维修安全技术规程》(GB/T 3787—2006)的有关规定。

施工现场电动工具的选用应符合下列规定：

(1) 一般施工场所可选用 I 类或 II 类电动工具。

(2) 潮湿、泥泞、导电良好的地面，狭窄的导电场所应选用 II 类或 III 类电动工具。

(3) 当选用 I 类或 II 类电动工具时，I 类电动工具金属外壳与保护导体(PE)应可靠连接；为其供电的末级配电箱中剩余电流保护器的额定剩余电流动作值不应大于 30mA，额定剩余电流动作时间不应大于 0.1s。

(4) 导电良好的地面、狭窄的导电场所使用的 II 类电动工具的剩余电流动作保护器、III 类电动工具的安全隔离变压器及其配电箱应设置在作业场所外面。

(5) 在狭窄的导电场所作业时应有人在外面监护。

1 台剩余电流动作保护器不得控制 2 台及以上电动工具。

电动工具的电源线，应采用橡皮绝缘橡皮护套铜芯软电缆。电缆应避开热源，并应采取防止机械损伤的措施；

电动工具需要移动时，不得手提电源线或工具的可旋转部分。

电动工具使用完毕、暂停工作、遇突然停电时应及时切断电源。

3. 起重机械

起重机械电气设备的安装，应符合现行国家标准《电气装置安装工程 起重机电气装置施工及验收规范》(GB 50256—2014)的有关规定。

起重机械的电源电缆应经常检查，定期维护。轨道式起重机电源电缆收放通道附近不得堆放其他设备、材料和杂物。

塔式起重机电源进线的保护导体(PE)应做重复接地，塔身应做防雷接地。轨道式塔式起重机接地装置的设置应符合下列规定：

(1) 轨道两端头应各设置一组接地装置；

(2) 轨道的接头处做电气搭接，两头轨道端部应做环形电气连接；

(3) 较长轨道每隔 20m 应加一组接地装置。

在强电磁场源附近工作的塔式起重机，操作人员应戴绝缘手套和穿绝缘鞋，并应在吊钩与吊物间采取绝缘隔离措施，或在吊钩吊装地面物体时，应在吊钩上挂接临时接地线。

起重机上的电气设备和接线方式不得随意改动。

起重机上的电气设备应定期检查，发现缺陷应及时处理。在运行过程中不得进行电气检修工作。

4. 焊接机械

电焊机应放置在防雨、干燥和通风良好的地方。焊接现场不得有易燃、易爆物品。电焊机的外壳应可靠接地，不得串联接地。电焊机的裸露导电部分应装设安全保护罩。电焊机的电源开关应单独设置。发电机式直流电焊机械的电源应采用启动器控制。电焊把钳绝缘应良好。

施工现场使用交流电焊机时宜装配防触电保护器。

电焊机一次侧的电源电缆应绝缘良好，其长度不宜大于 5m。

电焊机的二次线应采用橡皮绝缘橡皮护套铜芯软电缆，电缆长度不宜大于 30m，不得采用金属构件或结构钢筋代替二次线的地线。

使用电焊机焊接时应穿戴防护用品。不得冒雨从事电焊作业。

5. 其他电动施工机具

夯土机械的电源线应采用橡皮绝缘橡皮护套铜芯软电缆。使用夯土机械应按规定穿戴绝缘用品，使用过程应有专人调整电缆，电缆长度不宜超过 50m。电缆不应缠绕、扭结和被夯土机械跨越。夯土机械的操作扶手应绝缘可靠。

潜水泵电机的电源线应采用具有防水性能的橡皮绝缘橡皮护套铜芯软电缆，且不得承受外力。电缆在水中不得有中间接头。

混凝土搅拌机、插入式振动器、平板振动器、地面抹光机、水磨石机、钢筋加工机械、木工机械等设备的电源线应采用耐气候型橡皮护套铜芯软电缆，并不得有任何破损和接头。

8.6.8 办公、生活用电及现场照明

1. 办公、生活用电

办公、生活用电器具应符合国家产品认证标准。

办公、生活设施用水的水泵电源宜采用单独回路供电。

生活、办公场所不得使用电炉等产生明火的电气装置。

自建浴室的供用电设施应符合现行行业标准《民用建筑电气设计规范》(JGJ 16—2008)关于特殊场所的安全防护的有关规定。

办公、生活场所供用电系统应装设剩余电流动作保护器。

2. 现场照明

照明方式的选择应符合下列规定：

(1) 需要夜间施工、无自然采光或自然采光差的场所，办公、生活、生产辅助设施，道路等应设置一般照明；

(2) 同一工作场所内的不同区域有不同照度要求时，应分区采用一般照明或混合照明，不应只采用局部照明。

照明种类的选择应符合下列规定：

(1) 工作场所均应设置正常照明；

(2) 在坑井、沟道、沉箱内及高层构筑物内的走道、拐弯处、安全出入口、楼梯间、操作区域等部位，应设置应急照明；

(3) 在危及航行安全的建筑物、构筑物上，应根据航行要求设置障碍照明。

照明灯具的选择应符合下列规定：

(1) 照明灯具应根据施工现场环境条件设计并应选用防水型、防尘型、防爆型灯具；

(2) 行灯应采用回类灯具，采用安全特低电压系统(SE1V)，其额定电压值不应超过 24V；

(3) 行灯灯体及手柄绝缘应良好、坚固、耐热、耐潮湿，灯头与灯体应结合紧固，灯泡外部应有金属保护网、反光罩及悬吊挂钩，挂钩应固定在灯具的绝缘手柄上。

严禁利用额定电压 220V 的临时照明灯具作为行灯使用。

下列特殊场所应使用安全特低电压系统(SELV)供电的照明装置，且电源电压应符合下列规定：

(1) 下列特殊场所的安全特低电压系统照明电源电压不应大于 24V：

① 金属结构构架场所

② 隧道、人防等地下空间；

③ 有导电粉尘、腐蚀介质、蒸汽及高温炎热的场所。

(2) 下列特殊场所的特低电压系统照明电源电压不应大于 12V：

① 相对湿度长期处于 95%以上的潮湿场所；

② 导电良好的地面、狭窄的导电场所。

为特低电压照明装置供电的变压器应符合下列规定：

(1) 应采用双绕组型安全隔离变压器；不得使用自耦变压器。

(2) 安全隔离变压器二次回路不应接地。

行灯变压器严禁带入金属容器或金属管道内使用。

照明灯具的使用应符合下列规定：

(1) 照明开关应控制相导体。当采用螺口灯头时，相导体应接在中心触头上。

(2) 照明灯具与易燃物之间，应保持一定的安全距离，普通灯具不宜小于 300mm；聚光灯、碘钨灯等高热灯具不宜小于 500mm，且不得直接照射易燃物。当间距不够时，应采取隔热措施。

8.6.9 特殊环境

1. 高原环境

在高原地区施工现场使用的供配电设备的防护等级及性能应能满足高原环境特点。

架空线路的设计应综合考虑海拔、气压、雪、冰、风、温差变化大等因素的影响。

电缆的选用及敷设应符合下列规定：

(1) 应根据使用环境的温度情况，选用耐热型或耐低温型电缆；

(2) 电缆直埋敷设于冻土地区时应符合规定：

(3) 除架空绝缘型电缆外的非户外型电缆在户外使用时，应采取罩、盖等遮阳措施。

2. 易燃、易爆环境

在易燃、易爆环境中使用的电气设备应采用隔爆型，其电气控制设备应安装在安全的隔离墙外或与该区域有一定安全距离的配电箱中。

在易燃、易爆区域内，应采用阻燃电缆。

在易燃、易爆区域内进行用电设备检修或更换工作时，必须断开电源，严禁带电作业。

易燃、易爆区域内的金属构件应可靠接地。当区域内装有用电设备时，接地电阻不应大于 4Ω；当区域内无用电设备时，接地电阻不应大于 30Ω。活动的金属门应和门框用铜质软导线进行可靠电气连接。

施工现场配置的施工用氧气、乙快管道，应在其始端、末端、分支处以及直线段每隔 50m 处安装防静电接地装置，相邻平行管道之间，应每隔 20m 用金属线相互连接。管道接地电阻不得大于 30Ω。

易燃、易爆环境施工现场的电气设施除应符合本规范外，尚应符合现行国家标准《爆炸和火灾危险环境电力装置设计规范》(GB 50058—2014)以及《电气装置安装工程爆炸和火灾危险环境电气装置施工及验收规范》(GB 50257—2014)的有关规定。

3. 腐蚀环境

在腐蚀环境中使用的电工产品应采用防腐型产品。

在腐蚀环境中户内使用的配电线路宜采用全塑电缆明数。

在腐蚀环境中户外使用的电缆采用直埋时，宜采用塑料护套电缆在土沟．内埋设，土沟内应回填中性土壤，敷设时应避开可能遭受化学液体侵蚀的地带。

在有积水、有腐蚀性液体的地方,在腐蚀性气体比重大于空气的地方，不宜采用穿钢管埋地或电缆沟敷设方式。

腐蚀环境的电缆线路应尽量避免中间接头。电缆端部裸露部分宜采用塑套管保护。

腐蚀环境的密封式动力配电箱、照明配电箱、控制箱、电动机接线盒等电缆进出口处应采用金属或塑料的带橡胶密封圈的密封防腐措施，电缆管口应封堵。

4. 潮湿环境

户外安装使用的电气设备均应有良好的防雨性能，其安装位置地面处应能防止积水。在潮湿环挠下使用的配电箱宜采取防潮措施。

在潮湿环镜中严禁带电逃行设备检修工作。

在潮湿环境中使用电气设备时，操作人员应按规定穿戴绝缘防护用品和站在绝缘台上，所操作的电气设备的绝缘水平应符合要求，设备的金属外壳、环境中的金属构架和管道均应良好接地，电源回路中应有可靠的防电击保护装置，连接的导线或电缆不应有接头和破损。

在潮湿环境中不应使用 0 类和 I 类手持式电动工具，应选用Ⅱ类或由安全隔离变压器供电的Ⅲ手持式电动工具。

在潮湿环境中所使用的照明设备应选用密闭式防水防潮型，其防护等级应满足潮湿环境的安全使用要求。

潮湿环境中使用的行灯电压不应超过 12V。其电源线应使用橡皮绝缘橡皮护套铜芯软电缆。

8.6.10 供用电设施的管理、运行及维护

供用电设施的管理应符合下列规定：

(1) 供用电设施投入运行前，应建立、健全供用电管理机构，设立运行、维修专业班组并明确职责及管理范围。

(2) 应根据用电情况制订用电 、运行、维修等管理制度以及安全操作规程。运行、维护专业人员应熟悉有关规章制度。

(3) 应建立用电安全岗位责任制，明确各级用电安全负责人。

供用电设施的运行、维护工器具配置应符合下列规定：

(1) 变配电所内应配备合格的安全工具及防护设施。

(2) 供用电设施的运行及维护，应按有关规定配备安全工器具及防护设施，并定期检验。电气绝缘工具不得挪作他用。

供用电设施的日常运行、维护应符合下列规定：

(1) 变配电所运行人员单独值班时，不得从事检修工作。

(2) 应建立供用电设施巡视制度及巡视记录台账。

(3) 配电装置和变压器，每班应巡视检查 1 次。

(4) 配电线路的巡视和检查，每周不应少于 1 次。

(5) 配电设施的接地装置应每半年检测 1 次。

(6) 剩余电流动作保护器应每月检测 1 次。

(7) 保护导体(PE)的导通情况应每月检测 1 次。

(8) 根据线路负荷情况进行调整，宜使线路三相保持平衡。

(9) 施工现场室外供用电设施除经常维护外，遇大风、暴雨、冰雹、雪、霜、雾等恶劣天气时，应加强巡视和检查；巡视和检查时，应穿绝缘靴且不得靠近避雷器和避雷针。

(10) 新投入运行或大修后投入运行的电气设备，在 72h 内应加强巡视，无异常情况后，方可按正常周期进行巡视。

(11) 供用电设施的清扫和检修，每年不宜少于 2 次，其时间应安排在雨季和冬季到来之前。

(12) 施工现场大型用电设备应有专人进行维护和管理。

在全部停电和部分停电的电气设备上工作时，应完成下列技术措施且符合相关规定：

(1) 一次设备应完全停电 ，并应切断变压器和电压互感器二次侧开关或熔断器；

(2) 应在设备或线路切断电源，并经验电确元电压后装设接地线，进行工作；

(3) 工作地点应悬挂“在此工作”标示牌，并应采取安全措施。

在靠近带电部分工作时，应设专人监护。工作人员在工作中正常活动范围与设备带电部位的最小安全距离不得小于 0.7m。

接引、拆除电源工作雪应由维护电工进行，并应设专人进行监护。

配电箱柜的箱柜门上应设警示标识。

施工现场供用电文件资料在施工期间应由专人妥善保管。

8.6.11 供用电设施的拆除

施工现场供用电设施的拆除应按已批准的拆除方案进行。

在拆除前，被拆除部分应与带电部分在电气上进行可靠断开、隔离，应悬挂警示牌，并应在被拆除侧挂临时接地线或投接地刀闸。

拆除前应确保电容器己进行有效放电。

在拆除临近带电部分的供用电设施时，应有专人监护，并应设隔离防护设施。

拆除工作应从电源侧开始。

在临近带电部分的应拆除设备拆除后，应立即对拆除处带电设备外露的带电部分进行电气安全防护。

在拆除容易与运行线路混淆的电力线路时，应在转弯处和直线段分段进行标识。

拆除过程中，应避免对设备造成损伤。

8.6.12 触电事故的急救

1. 触电急救首先要使触电者迅速脱离电源

(1) 脱离低压电源的方法。脱离低压电源的方法可以用以下五个字来概括：

①“拉” 指就近拉开电源开关、拔出插销或瓷插熔断器。

②“切” 指用带有绝缘柄的利器切断电源线。

③“挑” 如果导线搭落在触电者身上或压在身下，这时可用干燥的木棒、竹竿等挑开导线或用干燥的绝缘绳套拉导线或触电者，使之脱离电源。

④“拽” 救护人可戴上手套或在手上包缠干燥的衣物等绝缘物品拖拽触电者，或直接用一只手抓住触电者不贴身的干燥衣裤，使之脱离电源。拖拽时切勿触及触电者的体肤。

⑤“垫” 如果触电者由于痉挛手指紧握导线或导线缠绕在身上，救护人可先用干燥的木板塞进触电者身下使其与地绝缘来隔断电源，然后再采取其他办法把电源切断。

(2) 脱离高压电源的方法立即电话通知有关供电部门拉闸停电；如电源开关离触电现场不甚远，则可戴上绝缘手套，穿上绝缘靴，拉开高压断路器，或用绝缘棒拉开高压跌落熔断器以切断电源。往架空线路抛挂裸金属软导线，人为造成线路短路，迫使继电保护装置动作，使电源开关跳闸。如果触电者触及断落在地上的带电高压导线，且尚未确证线路无电之前，救护人不可进入断线落地点 8～10m 的范围内，以防止跨步电压触电。

2．现场触电救护

现场救护触电者脱离电源后，应立即就地进行抢救。同时派人通知医务人员到现场并做好将触电者送往医院的准备工作。

(1) 如果触电者所受的伤害不太严重，神志尚清醒，未失去知觉，应让触电者在通风暖和的处所静卧休息，并派人严密观察，同时请医生前来或送往医院诊治。

(2) 如果触电者已失去知觉，但呼吸和心跳尚正常，则应使其平卧，解开衣服以利呼吸，四周保持空气流通，冷天应注意保暖，同时立即请医生前来或送往医院诊察。若发现触电者呼吸困难或心跳失常，应立即施行人工呼吸或胸外心脏挤压。

(3) 如果触电者呈现“假死”(电休克)现象，如心跳停止，但尚能呼吸；或呼吸停止，但心跳尚存，脉搏很弱；或呼吸和心跳均停止。“假死”症状的判定方法是“看”、“听”、“试”。“看”是观察触电者的胸部，腹部有无起伏动作；“听”是用耳贴近触电者的口鼻处，听他有无呼气声音，“试”是用手或小纸条试测口鼻有无呼吸的气流，再用两手指轻压喉结旁凹陷处的颈动脉有无搏动感觉。当判定触电者呼吸和心跳停止时，应立即按心肺复苏法就地抢救。所谓心肺复苏法就是支持生命的三项基本措施，即通畅气道；口对口(鼻)人工呼吸；胸外按压(人工循环)。

① 采用仰头抬颔法通畅气道　若触电者呼吸停止，要紧的是始终确保气道通畅，其操作要领是：清除口中异物，使触电者仰躺，迅速解开其领扣和裤带。救护人用一只手放在触电者前额，另一只手的手指将其颏颌骨向上抬起，两手协同将头部推向后仰，舌根自然随之抬起，气道即可畅通。

② 口对口(鼻)人工呼吸　完成气道通畅的操作后，应立即对触电者施行口对口或口对鼻人工呼吸。口对鼻人工呼吸用于触电者嘴巴紧闭的情况。人工呼吸的操作要领如下：

a. 先大口吹气刺激起搏：救护人蹲跪在触电者的一侧；用放在触电者额上的手的手指捏住其鼻翼，另一只手的食指和中指轻轻托住其下巴，救护人深吸气后，与触电者口对口紧合，在不漏气的情况下，先连续大口吹气两次，每次1～1.5 s；然后用手指试测触电者颈动脉是否有搏动，如仍无搏动，可判断心跳确已停止，在施行人工呼吸的同时应进行胸外按压。

b. 正常口对口人工呼吸：大口吹气两次试测搏动后，立即转入正常的口对口人工呼吸阶段。正常的吹气频率是每分钟约12次。正常的口对口人工呼吸操作姿势如上述。但吹气量不需过大，以免引起胃膨胀，如触电者是儿童，吹气量宜小些，以免肺泡破裂。救护人换气时，应将触电者的鼻或口放松，让他借自己胸部的弹性自动吐气。吹气和放松时要注意触电者胸部有无起伏的呼吸动作。吹气时如有较大的阻力，可能是头部后仰不够，应及时纠正，使气道保持畅通。

c. 触电者如牙关紧闭，可改行口对鼻人工呼吸。吹气时要将触电者嘴唇紧闭，防止漏气。

③ 胸外按压胸外按压是借助人力使触电者恢复心脏跳动的急救方法。其操作要领简述如下：

a. 确定正确的按压位置的步骤：右手的食指和中指沿触电者的右侧肋弓下缘向上，找到肋骨和胸骨接合处的中点。右手两手指并齐，中指放在切迹中点(剑突底部)，食指平放在胸骨下部，另一只手的掌根紧挨食指上缘置于胸骨上，掌根处即为正确按压位置。

b. 正确的按压姿势：使触电者仰躺并解开其衣服，仰卧姿势与口对口(鼻)人工呼吸法相同。救护人立或跪在触电者肩旁一侧，两肩位于触电者胸骨正上方，两臂伸直，肘关节固定不屈，两手掌相叠，手指翘起，不接触触电者胸壁。以髋关节为支点，利用上身的重力，垂直将正常成人胸骨压陷 3-5cm(儿童和瘦弱者酌减)。压至要求程度后，立即全部放松，但救护人的掌根不得离开触电者的胸壁。按压有效的标志是在按压过程中可以触到颈动脉搏动。

c. 恰当的按压频率：胸外按压要以均匀速度进行。操作频率以每分钟 80 次为宜，每次包括按压和放松一个循环，按压和放松的时间相等。当胸外按压与口对口(鼻)人工呼吸同时进行时，操作的节奏为：单人救护时，每按压 15 次后吹气 2 次(15∶2)，反复进行；双人救护时，每按压 15 次后由另一人吹气 1 次(15∶1)，反复进行。

8.7 施工机械使用安全措施

8.7.1 施工机械安全管理的一般规定

(1) 机械设备应按其技术性能的要求正确使用。缺少安全装置或安全装置已失效的机械设备不得使用。

(2) 严禁拆除机械设备上的自动控制机构、力矩限位器等安全装置，及监测、指示、仪表、警报器等自动报警、信号装置。其调试和故障的排除应由专业人员负责进行。施工机械的电气设备必须由专职电工进行维护和检修。电工检修电气设备时严禁带电作业，必须切断电源并悬挂“有人工作，禁止合闸”的警告牌。

(3) 新购或经过大修、改装和拆卸后重新安装的机械设备，必须按原厂说明书的要求进行测试和试运转。新机(进口机械按原厂规定)和大修后的机械设备执行《建筑机械使用安全技术规程》(JGJ 33—2012)。

(4) 机械设备的冬季使用，应执行《建筑机械冬季使用的有关规定》。

(5) 处在运行和运转中的机械严禁对其进行维修、保养或调整等作业。

(6) 机械设备应按时进行保养，当发现有漏保、失修或超载带病运转等情况时，有关部门应停止其使用。

(7) 机械设备的操作人员必须经过专业培训考试合格，取得有关部门颁发的操作证后，方可独立操作。机械作业时，操作人员不得擅自离开工作岗位或将机械交给非本机操作人员操作。严禁无关人员进入作业区和操作室内。工作时，思想要集中，严禁酒后操作。

(8) 凡违反相关操作规程的命令，操作人员有权拒绝执行。由于发令人强制违章作业而造成事故者，应追究发令人的责任，直至追究刑事责任。

(9) 机械操作人员和配合人员，都必须按规定穿戴劳动保护用品。长发不得外露。高空作业必须戴安全带，不得穿硬底鞋和拖鞋。严禁从高处往下投掷物件。

(10) 进行日作业两班及以上的机械设备均须实行交接班制。操作人员要认真填写交接班记录。

(11) 机械进入作业地点后，施工技术人员应向机械操作人员进行施工任务及安全技术措施交底。操作人员应熟悉作业环境和施工条件，听从指挥。遵守现场安全规则。

(12) 现场施工负责人应为机械作业提供道路、水电、临时机棚或停机场地等必需的条件，并消除对机械作业有妨碍或不安全的因素。夜间作业必须设置有充足的照明。

(13) 在有碍机械安全和人身健康场所作业时，机械设备应采取相应的安全措施。操作人员必须配备适用的安全防护用品，并严格贯彻执行《中华人民共和国环境保护法》。

(14) 当使用机械设备与安全发生矛盾时，必须服从安全的要求。

(15) 当机械设备发生事故或未遂恶性事故时，必须及时抢救，保护现场，并立即报告领导和有关部门听候处理。企业领导对事故应按“三不放过”的原则进行处理。

8.7.2 塔式起重机

塔式起重机(以下简称塔机)是一种塔身直立，起重臂铰接在塔帽下部，能够作360°回转的起重机，通常用于房屋建筑和设备安装的场所，具有适用范围广、起升高度高、回转半径大、工作效率高、操作简便、运转可靠等特点。塔式起重机在我国建筑安装工程中得到广泛使用，它具备起重、垂直运输和短距离水平运输的功能，特别对于高层建筑施工来说，更是一种不可缺少的重要施工机械。

由于塔式起重机机身较高，其稳定性就较差，并且拆、装转移较频繁以及技术要求较高，也给施工安全带来一定困难，操作不当或违章装、拆极有可能发生塔机倾覆的机毁人亡事故，造成严重的经济损失和人身伤亡恶性事故。因此，机械操作、安装、拆卸人员和机械管理人员必须全面地掌握塔机和技术性能，从思想上引起高度重视、从业务上掌握正确的安装、拆卸、操作的技能，保证塔机的正常运行，确保安全生产。

1. 塔机的安全装置

为了确保塔机的安全作业，防止发生意外事故，塔机必须配备各类安全保护装置。

(1) 起重力矩限制器。起重力矩限制器主要作用是防止塔机超载的安全装置，避免塔机由于严重超载而引起塔机的倾覆或折臂等恶性事故。

力矩限制器有机械式、电子式和复合式3种，多数采用机械电子连锁式的结构。

(2) 起重量限制器(也称超载限位)。起重量限制器是用以防止塔机的吊物重量超过最大额定荷载，避免发生机械损坏事故。当吊重超过额定起重量时，它能自动切断提升机构的电源或发生警报。

(3) 起重高度限制器。起重高度限制器是用来限制吊钩接触到起重臂头部或载重小车之前，或是下降到最低点(地面或地面以下若干米)以前，使起升机构自动断电并停止工作。起升高度限制器一般都装在起重臂的头部。

(4) 幅度限制器。动臂式塔机的幅度限制器是用以防止臂架在变幅达到极限位置时切断变幅机构的电源，使其停止工作，同时还设有机械止挡，以防臂架因起幅中的惯性而后翻。

小车运行变幅式塔机的幅度限制器用来防止运行小车超过最大或最小幅度的两个极限位置。一般小车变幅限位器是安装在臂架小车运行轨道的前后两端，用行程开关达到控制。

(5) 塔机行走限制器。行走式塔机的轨道两端尽头所设的止挡缓冲装置，利用安装在台车架上或底架上的行程开关碰撞到轨道两端前的挡块切断电源来达到塔机停止行走，防止脱轨造成塔机倾覆事故。

(6) 吊钩保险装置。吊钩保险装置是防止在吊钩上的吊索由钩头上自动脱落的保险装置，一般采用机械卡环式，用弹簧来控制挡板，阻止吊索滑钩。

(7) 钢丝绳防脱槽装置：主要用以防止钢丝绳在传动过程中，脱离滑轮槽而造成钢丝绳卡死和损伤。

(8) 夹轨钳：装设在台车金属结构上，用以夹紧钢轨，防止塔机在大风情况下被风吹动而行走造成塔机出轨倾翻事故。

(9) 回转限制器。有些回转的塔机上安装了回转不能超过270°和360°的限制器，防止电源线扭断，造成事故。

(10) 风速仪。自动记录风速，当超过 6 级风速以上时自动报警，使操作司机及时采取必要的防范措施，如停止作业，放下吊物等。

(11) 电器控制中的零位保护和紧急安全开关。所谓零位保护是指塔机操纵开关与主令控制器连锁，只有在全部操纵杆处于零位时，开关才能连通，从而防止无意操作。紧急安全开关则是一种能及时切断全部电源的安全装置。

2．塔机安装、拆卸的安全要求

1) 塔机的安装要求

(1) 起重机安装过程中，必须分阶段进行技术检验。整机安装完毕后，应进行整机技术检验和调整，各机构动作应正确、平稳、无异响，制动可靠，各安全装置应灵敏有效；在无载荷情况下，塔身和基础平面的垂直度允许偏差为 4/1000，经分阶段及整机检验合格后，应填写检验记录，经技术负责人审查签证后，方可交付使用。

(2) 轨道路基必须经过平整压实，基础经处理后，土壤的承载能力要达到 8～10t/m^2。对妨碍起重机工作的障碍物，如高压线、照明线等应拆移。

(3) 塔式起重机的基础及轨道铺设，必须严格按照图纸和说明书进行。塔式起重机安装前，应对路基及轨道进行检验，符合要求后，方可进行塔式起重机的安装。

(4) 安装及拆卸作业前，必须认真研究作业方案，严格按照架设程序分工负责，统一指挥。

(5) 安装起重机时，必须将大车行走缓冲止挡器和限位开关碰块安装牢固可靠，并应将各部位的栏杆、平台、扶杆、护圈等安全防护装置装齐。

(6) 塔机在安装中对所有的螺栓都要拧紧，并达到紧固力矩要求。对钢丝绳要进行严格检查有否断丝磨损现象，如有损坏，立即更换。

(7) 采用高强度螺栓连接的结构，应使用原厂制造的连接螺栓，自制螺栓应有质量合格的试验证明，否则不得使用。连接螺栓时，应采用扭矩扳手或专用扳手，并应按装配技术要求拧紧。

(8) 用旋转塔身方法进行整体安装及拆卸时，应保证自身的稳定性。详细规定架设程序与安全措施，对主、副地锚的埋设位置、受力性能以及钢丝绳穿绕、起升机构制动等应进行检查，并排除塔式起重机旋转过程中障碍，确保塔式起重机旋转中途不停机。

(9) 塔式起重机附墙杆件的布置和间隔，应符合说明书的规定。当塔身与建筑物水平距离大于说明书规定时，应验算附着杆的稳定性，或重新设计、制作，并经技术部门确认，主管部门验收。在塔式起重机未拆卸至允许悬臂高度前，严禁拆卸附墙杆件。

(10) 钢轨中心距允许偏差不得超过±3mm；纵横向的水平度，不得超过 1/1000；钢轨接头间隙 4～6mm。

(11) 两台起重机之间的最小架设距离应保证处于低位的起重机的臂架端部与另一台起重机的塔身之间至少有 2m 的距离；处于高位起重机的最低位置的部件(吊钩升至最高点或最高位置的平衡重)与低位起重机中处于最高位置部件之间的垂直距离不得小于 2m。

(12) 在有建筑物的场所，应注意起重机的尾部与建筑物外转施工设施之间的距离不小于 0.5m。

(13) 有架空输电线的场所，起重机的任何部位与输电线的安全距离，应符合表 6-3 的规定，以避免起重机结构进入输电线的危险区。

如果条件限制不能保证表 8-11 中的安全距离，应与有关部门协商，并采取安全防护措施后方可架设。

表 8-11 安全距离

安全距离 \ 电压	<1	1～15	20～40	60～110	230
沿垂直方向/m	1.5	3.0	4.0	5.0	6.0
沿水平方向/m	1.0	1.5	2.0	4.0	6.0

2) 塔机拆卸的安全要求

(1) 对装拆人员的要求如下。

① 参加塔机装拆人员，必须经过专业培训考核，持有效的操作证上岗。

② 装拆人员严格按照塔机的装拆方案和操作规程中的有关规定、程序进行装拆。

③ 装拆作业人员严格遵守施工现场安全生产的有关制度，正确使用劳动保护用品。

(2) 对塔机装拆的管理要求如下。

① 塔机装拆前，必须向全体作业人员进行装拆方案和安全操作技术的书面和口头交底，并履行签字手续。

② 装拆塔机的施工企业，必须具备装拆作业的资质，并按装拆塔机资质的等级进行装拆相对应的塔机，并有技术和安全人员在场监护。

③ 施工企业必须建立塔机的装拆专业班组并且配有起重工(装拆工)、电工、起重指挥、塔机操纵司机和维修钳工等组成。

④ 进行塔机装拆，施工企业必须编制专项的装拆安全施工组织设计和装拆工艺要求，并经过企业技术主管领导的审批。

(3) 装拆过程中的安全要求。拆装作业前检查项目应符合下列要求。

① 路基和轨道铺设或混凝土基础应符合技术要求。

② 对所拆装起重机的各机构、各部位、结构焊缝、重要部位螺栓、销轴、卷扬机构和钢丝绳、吊钩、吊具以及电气设备、线路等进行检查，使隐患排除于拆装作业之前。

③ 对自升塔式起重机顶升液压系统的液压缸和油管、顶升套架结构、导向轮、顶升撑脚(爬爪)等进行检查，及时处理存在的问题。

④ 对采用旋转塔身法所用的主副地锚架、起落塔身卷扬钢丝绳以及起升机构制动系统等进行检查，确认无误后方可使用。

⑤ 对拆装人员所使用的工具、安全带、安全帽等进行检查，不合格者立即更换。

⑥ 检查拆装作业中配备的起重机、运输汽车等辅助机械，应状况良好，技术性能应能保证拆装作业的需要。

⑦ 拆装现场电源电压、运输道路、作业场地等应具备拆装作业条件。

⑧ 安全监督岗的设置及安全技术措施的贯彻落实已达到要求。

⑨ 装拆塔机的作业，必须在班组长的统一指挥下进行，并配有现场的安全监护人员，监控塔机装拆的全过程；塔机的装拆区域应设立警界区域，派有专人进行值班。

⑩ 对整体起扳安装的塔机，特别是起扳前要认真、仔细对全机各处进行检查，路轨路基和各金属结构的受力状况、要害部位的焊缝情况等应进行重点检查，发现隐患及时整改或修复后，方能起扳；对安装、拆卸中的滑轮组的钢丝绳要理整齐、其轧头要正确使用(轧头规格使用时比钢丝绳要小一号)，轧头数量按钢丝绳规格配置；作业中遇有大雨、雾和风力超过 4 级时应停止作业。

3. 塔机的事故隐患及安全技术要求

1) 塔机的常见事故隐患

近年来，塔机的事故频发，主要有5大类：整机倾覆、起重臂折断或碰坏、塔身折断或底架碰坏、塔机出轨、机构损坏，其中塔机的倾覆和断臂等事故占了70%。引起这些事故发生的原因主要如下。

(1) 塔机装拆管理不严、人员未经过培训、企业无塔机的装拆资质或无相应的资质。

(2) 起重指挥失误或与司机配合不当，造成失误。

(3) 超载起吊导致塔机失稳而倒塔。

(4) 塔机的行走路基、轨道铺设不坚实、不平，致使路轨的高差过大，塔机重心失去平衡而倾覆。

(5) 违章斜吊增加了张拉力矩再加上原起重力矩，往往容易造成超载。

(6) 没有正确地挂钩、盛放或捆绑吊物不妥，致使吊物坠落伤人。

(7) 塔机在工作过程中，由于力矩限制器失灵或被司机有意关闭，造成死机在操作中盲目或无意超载起吊。

(8) 设备缺乏定期检修保养，安全装置失灵等造成事故。

(9) 在恶劣气候中起吊作业(大风、雷雨等)。

2) 塔机使用中的安全技术要求

(1) 作业前空车运转并检查下列各项。

① 各控制器的转动装置是否正常。

② 制动器闸瓦松紧程度、制动是否正常。

③ 传动部分润滑油量是否充足，声音是否正常。

④ 走行部分及塔身各主要联结部位是否牢靠。

⑤ 负荷限制器的额定最大起重量的位置是否变动。

⑥ 钢丝绳的磨损情况。

⑦ 塔机的基础是否符合安全使用的技术条件规定。

(2) 起重机塔身在沿建筑物升降作业过程中，必须有专人指挥，专人照看电源，专人操作液压系统，专人拆除螺栓。非作业人员不得登上顶升套架的操作平台。操纵室内应只准一人操作，必须听从指挥信号。

(3) 起重司机应持有与其所操纵的塔机的起重力矩相对应的操作证；指挥应持证上岗，并正确使用旗语或对讲机。

(4) 起吊作业中司机和指挥必须遵守“十不吊”的规定：指挥信号不明或无指挥不吊；超负荷和斜吊不吊；细长物件单点或捆扎不牢不吊；吊物上站人不吊；吊物边缘锋利，无防护措施不吊；埋在地下的物体不吊；安全装置失灵不吊；光线阴暗看不清吊物不吊；6级以上强风区无防护措施不吊；散物装得太满或捆扎不牢不吊。

(5) 塔机运行时，必须严格按照操作规程要求规定执行。最基本要求：起吊前，先鸣号，吊物禁止从人的头上越过。起吊时吊索应保持垂直、起降平稳，操作尽量避免急刹车或冲击。严禁超载，当起吊满载或接近满载时，严禁同时做两个动作及左右回转范围不应超过90°。

(6) 塔机使用时，吊物必须落地不准悬在空中。并对塔机的停放位置和小车、吊钩、夹轨钳、电源等一一加以检查，确认无误后，方能离岗。

(7) 严禁起吊重物长时间悬挂在空中，作业中遇突发故障，应采取措施将重物降落到安全地方，并关闭发动机或切断电源后进行检修。

(8) 塔式起重机作业时严禁超载、斜拉和起吊埋在地下等不明重量的物件。

(9) 塔机在使用中不得利用安全限制器停车；吊重物时不得调整起升、变幅的制动器；除专门设计的塔机外，起吊和变幅两套起升机构不应同时开动。对没有限位开关的吊钩，其上升高度距离起重臂头部必须大于1m。

(10) 顶升作业时应遵守下列规定。

① 液压系统应空载运转，并检查和排净系统内的空气。

② 应按说明书规定调整顶升套架滚轮与塔身标准节的间隙，使起重臂力矩与平衡臂力矩保持平衡符合说明书要求，并将回转机构制动住。

③ 顶升作业应随时监视液压系统压力及套架与标准节间的滚轮间隙。顶升过程中严禁起重机回转和其他作业。

④ 顶升作业应在白天进行，风力在4级及以上时必须立即停止，并应紧固上、下塔身连接螺栓。

(11) 自升塔式起重机还应遵守下列规定。

① 附着式或固定式塔式起重机基础及其附着的建筑物抗拉的混凝土强度和配筋必须满足设计要求。

② 吊运构件时，平衡重按规定的重量移至规定的位置后才能起吊。

③ 专用电梯禁止超员乘人，当臂杆回转或起重作业时严禁升动电梯，用完后必须降到地面最近位置，不准长时间停在空中。

④ 顶升前必须放松电缆其长度略大于总的顶升高度，并做好电缆卷筒的紧固工作。

⑤ 在顶升过程中，必须有专人指挥，看管电源、操纵液压系统和紧固螺栓，非工作人员禁止登上顶升架平台，更不准擅自按动开关或其他电器设备，禁止在夜间进行顶升工作。4级风以上的不准进行顶升工作。

⑥ 顶升过程中，应把回转部分刹住，严禁回转塔帽，顶升时，发现故障，必须立即停车检查，排除故障后，方可继续顶升。

⑦ 顶升后必须检查各连接螺栓，是否已紧固，爬升套架滚轮与塔身标准节是否吻合良好，左右操纵杆是否回到中间位置，液压顶升机构电源是否切断。

(12) 起吊作业时，控制器严禁越挡操纵。不论哪一部分传动装置在运动中变换方向时，必须将控制器扳回零位，待转动停止后开始逆向运转。绝对禁止直接变换运转方向。

(13) 起重、旋转和行走，可以同时操纵两种动作，不得3种动作同时进行。

(14) 当起重机行走到接近轨道限位开关时应提前减速停车。并在轨道两端两米处设置挡车装置，以防止起重机出轨。

(15) 起吊重物应绑扎平稳、牢固，不得在重物上再堆放或悬挂零星物件。易散落物件应使用吊笼栅栏固定后方可起吊。标有绑扎位置的物件，应按标记绑扎后起吊，吊索与物件的夹角宜采用45°～60°，且不得小于30°，吊索与物件棱角之间应加垫块。

(16) 起吊荷载达到起重机额定起重量的90%及以上时，应先将重物吊离地面20～50cm后，检查起重机的稳定性，制动器的可靠性，重物的平稳性，绑扎的牢固性，确认无误后方可继续起吊。对易晃动的重物应栓拉绳。

(17) 重物起升和下降速度应平稳、均匀，不得突然制动。左右回转应平稳，当回转未停稳前不得做反向动作。非重力下降式起重机，不得带载自由下降。

(18) 严禁使用起重机进行斜拉、斜吊和起吊地下埋设或凝固在地面上的重物，以及其他不明重量的物体。现场浇筑的混凝土构件或模板，必须全部松动方可起吊。

(19) 吊运散装物件时，应制作专用吊笼或容器，并应保障在吊运过程中物料不会脱落。吊笼或容器在使用前应按允许承载能力的两倍荷载进行试验，使用中应定期进行检查。

(20) 吊运多根钢管、钢筋等细长材料时，必须确认吊索绑扎牢靠，防止吊运中吊索滑移物料散落。

(21) 轨道式塔式起重机的供电电缆不得拖地行走；沿塔身垂直悬挂的电缆，应使用不被电缆自重拉伤和磨损的可靠装置悬挂。

(22) 若保护装置动作造成断电时，必须先把控制器转至零位，再按闭合按钮开关，接通总电源，并要分析断电原因，查明情况处理完后方可进行操作。

(23) 吊起的重物严禁自由落下。落下重物时应用断续制动，使重物缓慢下降，以免发生意外事故。

(24) 在突然停电时，应立即把所有控制器拨到零位，断开电源总开关，并采取措施使重物降到地面。

(25) 履带塔式起重机应遵守下列规定。

① 地面必须平坦、坚实，操作前左右履带板应全部伸出。

② 竖立塔身应缓慢，履带前面要加铁楔垫实。当塔身竖到90°时，防后倾装置应松动，塔身不得与防后倾装置相碰。

③ 严禁有负荷时行走，空车行走时塔身应稍向前倾，行驶中不得转弯及旋转上体。

④ 作业结束后，应将塔身放下，并将旋转机构锁住。

(26) 作业完毕，塔式起重机应停放在轨道中间位置，起重臂应转到顺风方向，并应松开回转制动器，卡紧轨钳，各控制器转至零位，切断电源。

(27) 定期对塔机的各安全装置进行维修保养，确保其在运行过程中发挥正常作用。

(28) 多机作业，应注意保持各机操作距离。各机吊钩上所悬挂重物的距离不得小于3m。

(29) 在大风情况下(达 10 级以上)，除夹轨钳夹住轨道外，还须将起重臂放下(幅度大于15m)转至顺风向，吊钩升至顶部，并必须拉好避风缆绳。

(30) 冬季作业时，需将驾驶室窗子打开，注意指挥信号。驾驶室内取暖，应有防火、防触电措施。

8.7.3 物料提升机

1. 提升机的类型、基本构造与设计

(1) 类型。提升高度30m以下(含30m)为低架物料提升机。提升高度31～150m为高架物料提升机，一般常用有龙门架提升机和井架提升机两种。

① 龙门架提升机以地面卷扬机为动力，由两根立柱与天梁和地梁构成门式架体的提升机，吊篮(吊笼)在两立柱中间沿轨道作垂直运动，也可由2台或3台门架并联在一起使用。

② 井架提升机以地面卷扬机为动力，由型钢组成井字型架体的提升机，吊篮(吊笼)在井孔内沿轨道作垂直运动，可组成单孔或多孔井架并联在一起使用。

(2) 井架与龙门架的基本构造如下。

① 龙门架、井字架升降机都是用作施工中的物料垂直运输。井架与龙门架主要由架体、天梁、吊篮、导轨、天轮、电动卷扬机以及各类安全装置组成。

② 附墙架与建筑结构的连接如下。

a. 型钢制作的附墙架与建筑结构的连接可预埋专用铁件用螺栓连接。做法如图 8.6 和图8.7所示。

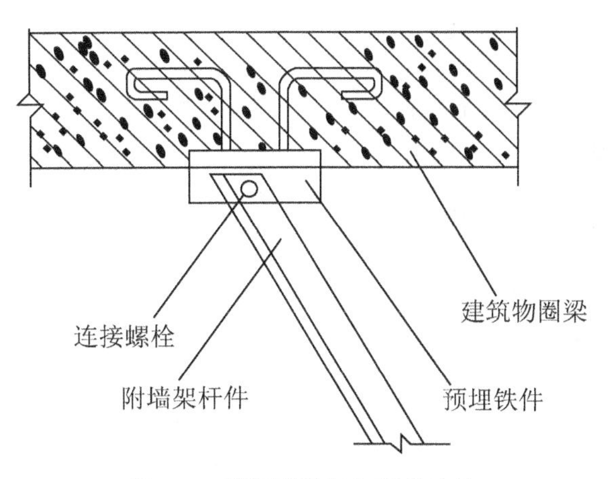

图 8.6　型钢附墙架与埋件连接

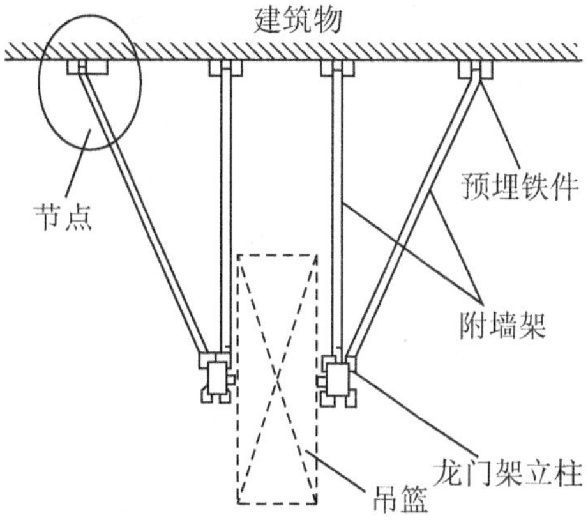

图 8.7　节点详图

b. 脚手架钢管制作的附墙架与建筑结构连接，可预埋与附墙架规格相同的短管，用扣件连接。做法如图 8.8 所示。

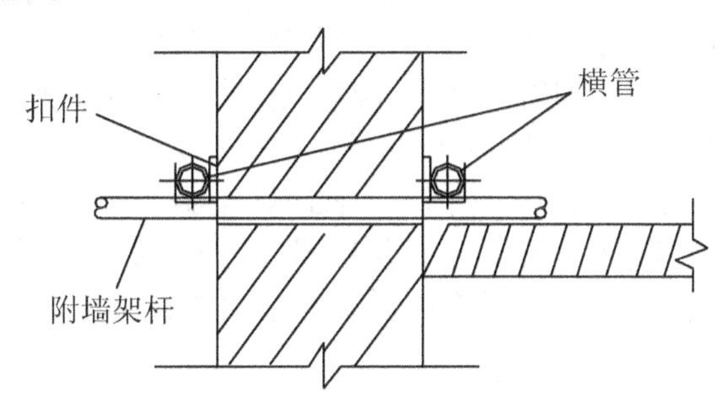

图 8.8　附墙架与建筑结构连接做法

c. 当墙体有足够的强度时，可将扣件钢管伸入墙内，用扣件加横管夹住。做法如图 8.9 所示。

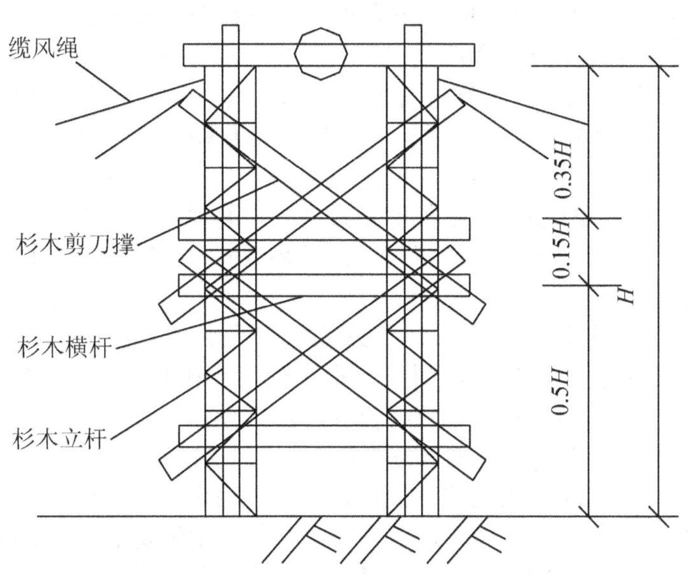

图 8.9　架体钢管伸入墙内用横管夹住墙体

③ 低架龙门架整体安装的加固其做法如图 8.10 所示。

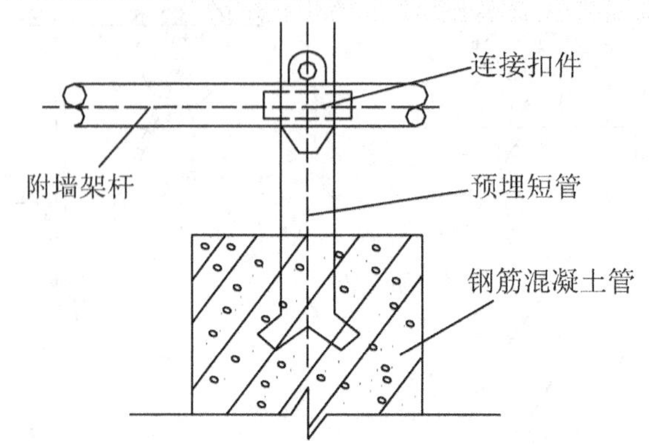

图 8.10　龙门架整体吊立的加固方法

(3) 物料提升机设计、制作应符合下列规定。

① 物料提升机的结构设计计算应符合现行行业标准《龙门架及井架物料提升机安全技术规范》(JGJ 88)及现行国家标准《钢结构设计规范》(GB 50017)的有关规定。

② 物料提升机设计提升机结构的同时，应对其安全防护装置进行设计和选型，不得留给使用单位解决。物料提升机应包括以下安全防护装置：安全停靠装置、断绳保护装置；楼层口停靠栏杆(门)；吊篮安全门；上料口防护门；上极限限位器；信号、音响装置；对于高架(30m 以上)物料提升机，还应具备下极限限位器、缓冲器、超载限制器、通讯装置、安全装置。

③ 物料提升机应有标牌，标明额定起重量、最大提升高度及制造单位、制造日期。

2．安全防护装置

为保证物料提升机的承载性能和结构稳定性以及施工人员的安全，井架和龙门架必须设置以下安全防护装置。

(1) 安全停靠装置。当吊篮停靠到位时，该装置应能可靠地将吊篮定位。并能承担吊篮自重、额定荷载及运卸料人员和装卸物料时的工作荷载。此时起升钢丝绳应不受力。

安全停靠装置的形式不一，有机械式、电磁式、自动或手动型等。

(2) 断绳保护装置。吊篮在运行过程中发生钢丝绳突然断裂或钢丝绳尾端固定点松脱。吊篮会从高处坠落，严重的将造成机毁人亡的后果。断绳保护装置就是当上述情况发生时，此装置即刻动作，将吊篮卡在架体上，使吊篮不坠落，避免产生严重的事故。

断绳保护装置的形式较多，最常见的是弹闸式，其他还有偏心夹棍式、杠杆式和挂钩式等。无论哪种形式，都应能可靠地将吊篮在下坠时固定在架体上，其最大滑落行程、在吊篮满载时不得超过 1m。

(3) 吊篮安全门。吊篮的上下料口处应装设安全门，此门应制成自动开启型。当吊篮落地或停层时，安全门能自动打开，而在吊篮升降运行中此门处于关闭状态，成为一个四边都封闭的“吊篮”，以防止所运载的物料从吊篮中滚落。

(4) 楼层口通道门。物料提升机与各楼层进料口一般均搭设了运料通道。在楼层进料口与运料通道的结合处必须设置通道安全门，此门在吊篮上下运行时应处于常闭状态，只有在卸运料时才能打开，以保证施工作业人员不在此处发生高处坠落事故。

此门的设置应设在楼层口，与架体保持一段距离，不能紧靠物料提升机架体。门高度宜在 1.8m，其强度应能承受 1kN/m 水平荷载。

(5) 上料口防护棚。物料提升机地面进料口是运料人员经常出入和停留的地方，吊篮在运行过程中易发生落物伤人事故，因此搭设上料口防护棚是防止落物伤人的有效措施。

上料口防护棚应设在提升机架体地面进料口的上方，其宽度应大于提升机架体最外部尺寸，两边对称，不得小于 1m；其长度对于低架提升机应大于 3m，对于高架提升机应大于 5m。其顶部材料强度应能承受 10kPa 的均布荷载。也可采用 50mm 厚木板架设或采用两层竹芭、上下竹芭间距应不小于 600mm。

应当指出，上料口防护棚的搭设应形成一相对独立的架体，不得借助于提升机架体或脚手架立杆作为防护棚的传力杆件，以避免提升机或脚手架产生附加力矩，保证提升机或脚手架的稳定。

(6) 上极限限位器。该装置为防止司机误操作或机械、电气故障而引起吊篮上升高度失控造成事故而设置的安全装置。该装置应能有效地控制吊篮允许提升的最高极限位置，此极限位置应控制在天梁最低处以下 3m。当吊篮上升达到极限位置时，限位器即行动作，切断电源，使吊篮只能下降，不能上升。

(7) 紧急断电开关。该装置应设在司机便于操作的位置，在紧急情况下，能及时切断提升机的总控制电源。

(8) 信号装置。该装置由司机控制，能与各楼层进行简单的音响或灯光联络，以确定吊篮的需求情况。音量应能使各楼层使用提升机装卸物料人员清晰听到。

(9) 高架提升机除应满足上述规定外，尚需要下列安全装置并应满足以下要求。

① 下极限限位器：该装置系控制吊篮下降最低极限位置的装置。在吊篮下降到最低限定位置时，即吊篮下降至尚未碰到缓冲器之前，此限位器自动切断电源，并使吊篮在重新启动时只能上升，不能下降。

② 缓冲器：在架体底部坑内设置的，为缓解吊篮下坠或下极限限位器失灵时产生的冲击力的一种装置。该装置应能承受并吸收吊篮满载时和规定速度下所产生的相应冲击力。缓冲器可采用弹簧或弹性实体。

③ 超载限制器：此装置是为保证提升机在额定载重量之内安全使用而设置。当荷载达到额定荷载的 90%时，即发出报警信号，提醒司机和运料人员注意。当荷载超过额定荷载时，应能切断电源，使吊篮不能启动。

④ 通信装置：由于架体高度较高，吊篮停靠楼层数较多，司机不能清楚地看到楼层上人员需要或分辨不清哪层楼面发生信号时，必须装设通信装置。通信装置必须是一个闭路的双向电气通讯系统，司机应能听到或看清每一站的需求联系，并能与每一站人员通话。当低架提升机的架设是利用建筑物内部垂直通道，如采光井、电梯井、设备或管道井时，在司机不能看到吊篮运行情况下，也应该装设通信联络装置。

3. 架体稳定要求

1) 基本要求

(1) 井架式提升机的架体，在与各楼层通道相接的开口处，应采取加强措施。

(2) 提升机架体顶部的自由高度不得大于 6m。

(3) 提升机的天梁应使用型钢，宜选用两根槽钢，其截面高度应经计算确定，但不得小于两根。

(4) 提升机吊篮的各杆件应选用型钢。杆件连接板的厚度不得小于 8mm。

吊篮的结构架除按设计制作外，其底板材料可采用 50mm 厚木板；当使用钢板时，应有防滑措施。吊篮的两侧应设置高度不小于 1m 的安全挡板或挡网。高架提升机应选用有防护顶板的吊笼，其顶板材料可采用 50mm 厚木板。

2) 基础

(1) 高架提升机的基础应进行设计，基础应能可靠地承受作用在其上的全部荷载。基础的埋深与做法，应符合设计和提升机出厂使用规定。

(2) 低架提升机的基础，当无设计要求时，应符合下列要求。

① 土层压实后的承载力，应不小于 80kPa。

② 浇筑 C20 混凝土，厚度为 30mm。

③ 基础表面应平整，水平度偏差不大于 10mm。

(3) 基础应有排水措施。距基础边缘 5m 范围内，开挖沟槽或有较大振动的施工时，必须有保证架体稳定的措施。

3) 附墙架

(1) 提升机附墙架的设置应符合设计要求，其间隔一般不宜大于 9m，且在建筑物的顶层必须设置 1 组。

(2) 附墙架与架体及建筑之间，均应采用刚性件连接，并形成稳定结构，不得连接在脚手架上，严禁使用钢丝绑扎。

(3) 附墙架的材质应与架体的材质相同，不得使用木杆、竹竿等附墙架与金属架体连接。

(4) 附墙架与建筑结构的连接应进行设计。

4) 缆风绳

(1) 提升机受到条件限制无法设置附墙架时，应采用缆风绳稳固架体。高架提升机在任何情况下均不得采用缆风绳。

(2) 提升机的缆风绳应经计算确定(缆风绳的安全系数 k 取 3.5)。缆风绳应选用圆股钢丝绳，直径不得小于 9.3mm。提升机高度在 20m 以下(含 20m)时，缆风绳不少于 1 组(4～8 根)；提升机高度在 21～30m 时，不少于 2 组。

(3) 缆风绳应在架体四角有横向缀件的同一水平面上对称设置，使其在结构上引起的水平分力处于平衡状态。缆风绳与架体的连接处应采取措施，防止架体钢材对缆风绳的剪切破坏。对连接处的架体焊缝及附件必须进行设计计算。

(4) 龙门架的缆风绳应设在顶部。若中间设置临时缆风绳时，应在此位置将架体两立柱做横向连接，不得分别牵拉立柱的单肢。

(5) 缆风绳与地面的夹角应不大于 60°，其下端应与地锚连接，不得栓在树木、电杆或堆放构件等物体上。

(6) 缆风绳与地锚之间，应采用与钢丝绳拉力相适应的花篮螺栓拉紧。缆风绳垂度不大于 $0.01L$(L 为长度)，调节时应对角进行，不得在相临两角同时拉紧。

(7) 当缆风绳改变位置时，必须先做好预定位置的地锚，并加临时缆风绳确保提升机架体的稳定，方可移动原缆风绳的位置；待与地锚栓牢后，再拆除临时缆风绳。

(8) 在安装、拆除以及使用提升机的过程中设置的临时缆风绳，其材料也必须使用钢丝绳，严禁使用钢丝、钢筋、麻绳等代替。

5) 地锚

(1) 缆风绳的地锚，根据土质情况及受力大小设置，应经计算确定。

(2) 缆风绳的地锚，一般宜采用水平式地锚，当土质坚实，地锚受力小于 15kN 时，也可选用桩式地锚。

(3) 当地锚无设计规定时，其规格和形式可按以下情况选用。

水平地锚可按规范中的水平地锚参数选用，见表8-12。

表8-12 水平地锚参数表

作用荷载/N	24000	21700	38600	29000	42000	31400	51800	33000
缆风绳水平夹角	45°	60°	45°	60°	45°	60°	45°	60°
横置木(Ø240)(根数×长度)/mm	1×2500		3×2500		3×3200		3×3300	
埋设深度/mm	1.70		1.70		1.80		2.20	
压板(密排Ø100圆木)(长×宽)/(mm×mm)	—		—		800×3200		800×3200	

桩式地锚采用木单桩时，圆木直径不小于200mm，埋深不小于1.7m，并在桩的前上方和后下方设两根横挡木。采用脚手钢管(DN48)或角钢(L75×6)时，不少于2跟，并排设置间距不小于0.5m，打入深度不小于1.7m，桩顶部应有缆风绳防滑措施。

(4) 地锚的位置应满足对缆风绳的设置要求。

4．提升机的安装与拆除要求

1) 提升机安装前的准备工作

(1) 根据施工现场工作条件及设备情况编制架体的安装方案。

(2) 对作业人员根据方案进行安全技术交底，确定指挥人员与讯号，提升人员必须持证上岗。

(3) 划定安全警戒区域，指定监护人员，非工作人员不得进入警戒区内。

(4) 提升机架体的实际安装高度不得超出设计所允许的最大高度，并作好以下检查，内容如下。

① 金属结构的成套性和完好性。

② 提升机构是否完整良好。

③ 电气设备是否齐全可靠。

④ 基础位置和做法是否符合要求。

⑤ 地锚位置、连墙杆(附墙杆)连接埋件的位置是否正确和埋设牢靠。

⑥ 提升机周围环境条件有无影响作业安全的因素。尤其是缆风绳是否跨越或靠近外电线路以及其他架空输电线路。必须靠近时，应保证最小距离并采取相应的安全防护措施。其最小安全距离见表8-13。

表8-13 缆风绳距外电线最小安全距离

外电线路电压/kV	1以下	1～10	35～110	154～220	330～500
最小安全操作距离/m	4	6	8	10	15

2) 架体安装要求

(1) 每安装2个标准节(一般不大于8m)，应采取临时支撑或临时缆风绳固定。

(2) 安装龙门架时，两边立柱应交替进行，每安装2节，除将单肢柱进行临时固定外，尚应将两立柱横向连接成一体。

(3) 装设摇臂扒杆时，应符合以下要求。

① 扒杆不得装在架体的自由端。

② 扒杆底座要高出工作面，其顶部不得高出架体。

③ 扒杆与水平面夹角应在45°～70°之间，转向时不得碰到缆风绳。

④ 扒杆应安装保险钢丝绳。起重吊钩应采用符合有关规定的吊具并设置吊钩上极限限位装置。

(4) 架体安装完毕后，企业必须组织有关职能部门和人员对提升机进行试验和验收，检查验收合格后，方能交付使用，并挂上验收合格牌。

(5) 利用建筑物内井道做架体时，各楼层进料口处的停靠门，必须与司机操作处装设的层站标志灯进行联锁，阴暗处应装照明。

(6) 架体各节点的螺栓必须紧固，螺栓应符合孔径要求，严禁扩孔和开孔，更不得漏装或以钢丝代替。

(7) 物料提升机架体应随安装随固定，节点采用设计图纸规定的螺栓连接不得任意扩孔。

(8) 物料提升机稳固架体的缆风绳必须采用钢丝绳。附墙杆必须与物料提升机架体材质相同，严禁将附墙杆连接在脚手架上，必须可靠地与建筑结构相连接。架体顶端自由高度与附墙间距应符合设计要求。

(9) 物料提升机卷扬机应安装在视线良好，远离危险作业区域。钢丝绳应能在卷筒上整齐排列，其吊篮处于最低工作位置时，卷筒上应留有不少于3圈的钢丝绳。

(10) 安装精度应符合以下规定。

① 新制作的提升机，架体安装的垂直偏差，最大不应超过架体高度的0.15%；多次使用过的提升机，在重新安装时，其偏差不应超过0.3 %，并不得超过200mm。

② 井架截面内，两对角线长度公差不得超过最大边长尺寸的0.3 %。

③ 导轨接点截面错位不大于1.5mm。

④ 吊篮导靴与导轨的安装间隙，应控制在5～10mm以内。

3) 架体拆除要求

(1) 拆除前应作必要的检查，其内容如下。

① 查看提升机与建筑物的连接情况，特别是有否与脚手架连接的现象。

② 查看提升机架体有无其他牵拉物。

③ 临时缆风绳及地锚的设置情况。

④ 架体或地梁与基础的连接情况。

(2) 在拆除缆风绳或附墙架前，应先设置临时缆风绳或支撑，确保架体自由高度不得大于2个标准节(一般不大于8m)。

(3) 提升机的安装和拆卸工作必须按照施工方案进行，并设专人统一指挥。

(4) 物料提升机采用旋转法整体安装或拆卸时，必须对架体采取加固措施，拆卸时必须待起重机吊点索具垂直拉紧后，方可松开缆风绳或拆除附墙杆件；安装时，必须将缆风绳与地锚拉紧或附墙杆与墙体连接牢靠后，起重机方可摘钩。

(5) 拆除作业中，严禁从高处向下抛掷物件。

(6) 拆除作业宜在白天进行，夜间确需作业的应有良好的照明，因故中断作业时，应采取临时稳固措施。

5．提升机的安全隐患及安全使用

1) 物料提升机的常见安全隐患及原因分析

(1) 设计制造。一些企业为减少资金投入，自行制造龙门架或井架，但缺乏相应技术人员，未经设计计算和有关部门的验收便投入使用，严重危及提升机的安全使用。

有些工地因施工需要，盲目改制提升机或不按图纸的要求搭设，任意修改原设计参数，出现架体超高，随意增大额定起重量、提高起升速度等，给架体的稳定、吊篮的安全运行带来诸多事故隐患。

(2) 架体的安装与拆除。架体的安装与拆除前未制定装拆方案和相应的安全技术措施；作业人员无证上岗；施工前未进行详尽的安全技术交底；作业中违章操作等，以致发生人员高处坠落、架体坍塌、落物伤人等事故。

另外，架体在安装过程中，对基础处理、连墙杆的设置不当，也给提升机的安全运行带来严重的隐患；基础面不平整或水平偏差大于10mm，严重影响架体的垂直度；连墙杆或缆风墙的随意设置、与脚手架连接、选用材料不符要求等都将影响架体的稳定性。

(3) 安全装置不全或设置不当、失灵。未按规范要求设置安全装置或安全装置设置不当，如上极限限位器设置在越程距离上过小(小于3m)或设置的位置和触动方式不合理，使上极限越程不能有效地及时切断电源，一旦发生误操作或电气故障等情况，将产生吊篮冒顶、钢丝绳拉断、吊篮坠落等严重事故。

此外，由于平时对各类安全装置疏于检查和维修，致使安全装置功能失灵而未察觉，提升机带病运行，安全隐患严重。

(4) 使用和管理不当。

① 违章乘坐吊篮上下：个别人员违反规定乘坐吊篮时恰逢其他事故隐患发生，致使人员坠落伤亡。

② 严重超载：在物料提升机的使用过程中，不严格按提升机额定荷载控制物料重量，使吊篮与架体或卷扬机长期在超负荷工况下运行，导致架体变形，钢丝绳断裂、吊篮坠落等恶性事故的发生，若架体基础和连墙杆处理不当，甚至可发生架体整体坍塌，机毁人亡的严重后果。

③ 无通信或联络装置或装置失灵：提升机缺乏必要的通信联络装置或装置失灵，使司机无法清楚看到吊篮需求信号，各楼层作业人员无法知道吊篮的运行情况，有些人甚至打开楼层通道门，站在通道口并将脑袋伸入架体内观察吊篮运行情况，从而导致人员高处坠落，或被刚好下降的吊篮夹住脑袋，有的当场卡死，有的卡住脑袋或肩部后将人从卸料平台拖进架体内坠落死亡。

④ 此外，物料提升机未经验收便投入使用，缺乏定期检查和维修保养，电气设备不符规范要求，卷扬机设置位置不合理等都将引起安全事故。

2) 物料提升机的安全使用和管理

(1) 提升机安装后，应由主管部门组织有关人员按规范和设计的要求进行检查验收，确定合格后发给使用证，方可交付使用。

(2) 由专职司机操作。升降机司机应经专门培训，人员要相对稳定，每班开机前，应对卷扬机、钢丝绳、地锚、缆风绳进行检查，并进行空车运行，确认各类安全装置安全可靠后方能投入工作。

(3) 每班作业前，应对物料提升机架体、缆风绳、附墙架及各安全防护装置进行检查，并经空载运行试验，确认符合要求后，方可投入使用。

(4) 物料提升机运行时，物料在吊篮内应均匀分配，不得超载运行和物料超出吊篮外运行。

(5) 物料提升机作业时，应设置统一信号指挥，当无可靠联系措施时，司机不得开机；高架提升机应使用通信装置联系，或设置摄像显示装置。

(6) 设有起重扒杆的物料提升机，作业时，其吊篮与起重扒杆不得同时使用。

(7) 不得随意拆除物料提升机安全装置，发现安全装置失灵时，应立即停机修复。

(8) 严禁人员攀登物料提升机或乘其吊篮上下。

(9) 提升机在工作状态下，不得进行保养、维修、排除故障等工作，若要进行则应切断电源并在醒目处挂“有人检查、禁止合闸”的标志牌，必要时应设专人监护。

(10) 作业结束时，司机应降下吊篮，切断电源，锁好控制电箱门，防止其他无证人员擅自启动提升机。

(11) 物料提升机司机下班或司机暂时离机，必须将吊篮降至地面，并切断电源，锁好电箱。

8.7.4 施工升降机

施工升降机是高层建筑施工中运送施工人员上下及建筑材料和工具设备必备的和重要的垂直运输设施。施工升降机又称为施工电梯，是一种使工作笼(吊笼)沿导轨作垂直(或倾斜)运动的机械。施工升降机在中、高层建筑施工中采用较为广泛，另外还可作为仓库、码头、船坞、高塔、高烟囱长期使用的垂直运输机械。施工升降机按其传动形式可分为：齿轮齿条式、钢丝绳式和混合式 3 种。

1. 施工升降机的基本构造

常用的建筑施工升降机是由钢结构(天轮架、吊笼、导轨架、前附着架、后附着架和底笼)、驱动装置(电动机、涡轮减速箱、齿轮、齿条、钢丝绳及配重)、安全装置(限速器、制动器、限位器、行程开关及缓冲弹簧)和电器设备(操纵装置、电缆及电缆筒)4 部分组成。

2. 施工升降机的安全装置

(1) 限速器。齿条驱动的建筑施工升降机，为了防止吊笼坠落均装有锥鼓式限速器，并可分为单向式和双向式两种，单向限速器只能沿吊笼下降方向起限速作用，双向限速器则可以沿吊笼的升降两个方向起限速作用。

当齿轮达到额定限制转速时，限速器内的离心块在离心力与重力作用下，推动制动轮，并逐渐增大制动力矩，直到将工作笼制动在导轨架上为止。在限速器制动的同时，导向板切断驱动电动机的电源。限速器每次动作后，必须进行复位，即使离心块与制动轮的凸齿脱开，并确认传动机构的电磁制动作用可靠，方能重新工作(限速器应按规定期限进行性能检测)。

(2) 缓冲弹簧。在建筑施工升降机底笼的底盘上装有缓冲弹簧，以便当吊笼发生坠落事故时，减轻吊笼的冲击，同时保证吊笼和配重下降着地时呈柔性接触，缓冲吊笼和配重着地时的冲击。

缓冲弹簧有圆锥卷弹簧和圆柱螺旋弹簧两种。一般情况下，每个吊笼对应的底架上装有两个圆锥底弹簧。也有采用 4 个圆柱螺旋弹簧的。

(3) 上、下限位器。为防止吊笼上、下时超过需停位置，因司机误操作和电气故障等原因继续上行或下降引发事故而设置的装置，安装在吊轨架和吊笼上，属于自动复位型的。

(4) 上、下极限限位器。上、下极限限位器是在上、下限位器不起作用时，当吊笼运行超过限位开关和越程(越程是指限位开关与极限限位开关之间所规定的安全距离)后，能及时切断电源使吊笼停车。极限限位器是非自动复位型，动作后只能手动复位才能使吊笼重新启动。极限限位器安装在导轨器或吊笼上。

(5) 安全钩。安全钩是为防止吊笼到达预先设定位置，上限位器和上极限限位器因各种原因不能及时动作、吊笼继续向上运行，将导致吊笼冲击导轨架顶部而发生倾翻坠落事故而设置的。安全钩是安装在吊笼上部的重要也是最后一道安全装置，它能使吊笼上行到导轨架顶部的时候，安全钩钩住导轨架，保证吊笼不发生倾翻坠落事故。

(6) 急停开关。当吊笼在运行过程中发生各种原因的紧急情况时，司机能在任何时候按下急停开关，使吊笼停止运行。急停开关必须是非自行复位的安全装置，安装在吊笼顶部。

(7) 吊笼门、底笼门连锁装置。施工升降机的吊笼门、底笼门均装有电气连锁开关，它们能有效地防止因吊笼或底笼门未关闭就启动运行而造成人员坠落和物料滚落，只有当吊笼门和底笼门完全关闭时才能启动运行。

(8) 楼层通道门。施工升降机与各楼层均搭设了运料和人员进出的通道，在通道口与升降机结合部必须设置楼层通道门。此门在吊笼上下运行时处于常闭状态，只有在吊笼停靠时才能由吊笼内的人打开。应做到楼层内的人员无法打开此门，以确保通道口处在封闭的条件下不出现危险的边缘。楼层通道门的高度应不低于1.8m，门的下沿离通道面不应超过50mm。

(9) 通信装置。由于司机的操作室位于吊笼内，无法知道各楼层的需求情况和分辨不清哪个层面发出信号，因此必须安装一个闭路的双向电气通信装置，司机应能听到或看到每一层的需求信号。

(10) 地面出入口防护棚。升降机在安装完毕时，应及时搭设地面出入后的防护棚。防护棚搭设的材质要选用普通脚手架钢管、防护棚长度不应小于5m，有条件的可与地面通道防护棚连接起来。宽度应不小于升降机底笼最外部尺寸。其顶部材料可采用50mm厚木板或两层竹笆，上下竹笆间距应不小于600mm。

3．施工升降机的安装与拆卸要求

(1) 施工升降机每次安装与拆卸作业之前，企业应根据施工现场工作环境及辅助设备情况编制安装拆卸方案，经企业技术负责人审批同意后方能实施。

(2) 每次安装或拆除作业之前，应对作业人员按不同的工种和作业内容进行详细的技术、安装交底。参与装拆作业的人员必须持有专门的资格证书。

(3) 升降机的装拆作业必须是经当地建设行政主管部门认可、持有相应的装拆资质证书的专业单位实施。

(4) 升降机每次安装后，施工企业应当组织有关职能部门和专业人员对升降机进行必要的试验和验收。确认合格后应当向当地建设行政主管部门认定的检测机构申报，经专业检测机构检测合格后，才能正式投入使用。

(5) 施工升降机在安装作业前，应对升降机的各部件作如下检查。

① 导轨架、吊笼等金属结构的成套性和完好性。

② 传动系统的齿轮、限速器的装配精度及其接触长度。

③ 电气设备主电路和控制电路是否符合国家规定的产品标准。

④ 基础位置和做法是否符合该产品的设计要求。

⑤ 附墙架设置处的混凝土强度和螺栓孔是否符合安装条件。

⑥ 各安全装置是否齐全，安装位置是否正确牢固，各限位开关动作是否灵敏、可靠。

⑦ 升降机安装作业环境有无影响作业安全的因素。

(6) 安装作业应严格按照预先制定的安装方案和施工工艺要求实施，安装过程中有专人统一指挥，划出警戒区域，并有专人监控。

(7) 施工升降机处于安装工况，应按照现行国家标准《施工升降机检验规则》(GB 10053)及说明书的规定，依次进行不少于两节导轨架标准节的接高试验。

(8) 施工升降机导轨架随接高标准节的同时，必须按说明书规定进行附墙连接，导轨架顶部悬臂部分不得超过说明书规定的高度。

(9) 施工升降机吊笼与吊杆不得同时使用。吊笼顶部应装设安全开关，当人员在吊笼顶部作业时，安全开关应处于吊笼不能启动的断路状态。

(10) 有对重的施工升降机在安装或拆卸过程吊笼处于无对重运行时，应严格控制吊笼内载荷及避免超速刹车。

(11) 施工升降机安装或拆卸导轨架作业不得与铺设或拆除各层通道作业上下同时进行。当搭设或拆除楼层通道时，吊笼严禁运行。

(12) 施工升降机拆卸前，应对各机构、制动器及附墙进行检查，确认正常时，方可进行拆卸工作。

(13) 作业人员应按高处作业的要求，系好安全带。

(14) 拆卸时严禁将物件从高处向下抛掷。

(15) 安装与拆卸工作宜在白天进行，遇恶劣天气应停止作业。

4．施工升降机的事故隐患及安全使用

1) 施工升降机的事故隐患及原因

施工升降机是一种危险性较大的设备，易导致重大伤亡事故。常见的事故隐患及其产生的原因主要如下。

(1) 施工升降机的装拆隐患如下。

① 一些施工企业将施工升降机的装拆作业发包给无相应装拆资质的队伍或个人，或装拆单位虽有相应资质，但由于业务量多而人手不足时，盲目开展众多的拆装业务，致使技术力量与经培训持有拆装资格的人员缺少，给施工升降机的装拆质量和安全运行造成极大威胁。

② 不按施工升降机装拆方案施工或根本无装拆方案，即使有方案也无针对性，且缺乏必要的审批手续，拆装过程中也无专人统一指挥。

③ 施工升降机完成安装作业后即投入使用，不履行相关的验收手续和必经的试验程序，甚至不向当地建设行政主管部门指定的专业检测机构申报检测，以致发生机械、电气故障和各类事故。

④ 装拆人员未经专业培训即上岗作业。

⑤ 装拆作业前未进行详细的、有针对性的安全技术交底，作业时又缺乏必要的监护措施，现场违章作业随处可见，极易发生高处坠落、落物伤人等重大事故。

(2) 安全装置装设不当甚至不装，使得吊笼在运行过程中一旦发生故障而安全装置无法发挥作用。如常见的有上极限限位器安装位置与上限位开关之间的越程距离大于规定要求(SC 型升降机的规定越程为 0.15m)，而安全钩安装位置也不符合设计要求，使得上极限位开关在紧急情况下不能及时动作，安全钩也不能发挥作用，吊笼冲出轨道，发生吊笼坠落的重大事故。

(3) 楼层门设置不符要求，层门净高偏低，使有些运料人员把头伸出门外观察吊笼运作情况时，被正好落下的吊笼卡住脑袋甚至切断发生恶性伤亡事故；有些楼层门可从楼层

内打开，使得通道口成为危险的临边口，造成人员坠落或物料坠落伤人的事故。

(4) 施工升降机的司机未持证上岗，或司机离开驾驶室时未关闭电源，使无证人员有机会擅自开动升降机，一旦遇到意外情况不知所措，酿成事故。

(5) 不按升降机额定荷载控制人员数量和物料重量，使升降机长期处于超载运行的状态，导致吊笼及其他受力部件变形，给升降机的安全运行带来了严重的安全隐患。

(6) 不按设计要求及时配置配重，又不将额定荷载减半，极不利于升降机的安全运行。

(7) 限速器未按规定进行每 3 个月一次的坠落试验，一旦发生吊笼下坠失速，限速器失灵必将产生严重后果。

(8) 另外，金属结构和电气金属外壳不接地或接地不符安全要求、悬挂配重的钢丝绳安全系数达不到 8 倍、电气装置不设置相序和断相保护器等都是施工升降机使用过程中常见的事故通病。

2) 施工升降机的安全使用和管理

(1) 施工企业必须建立健全施工升降机的各类管理制度，落实专职机构和专职管理人员，明确各级安全使用和管理责任制。

(2) 驾驶升降机的司机应经有关行政主管部门培训合格的专职人员，严禁无证操作。

(3) 司机应做好日常检查工作，即在电梯每班首次运行时，应分别作空载和满载试运行，将梯笼升高离地面 0.5m 处停车，检查制动器的灵敏性和可靠性，确认正常后方可投入使用。

(4) 建立和执行定期检查和维修保养制度，每周或每旬对升降机进行全面检查，对查出的隐患按“三定”原则落实整改。整改后须经有关人员复查确认符合安全要求后，方能使用。

(5) 施工升降机额定荷载试验在每班首次载重运行时，应从最低层开始上升，不得自上而下运行，当吊笼升高离地面 1～2m 时，停机试验制动器的可靠性。

(6) 梯笼乘人、载物时，应尽量使荷载均匀分布，严禁超载使用。

(7) 升降机应按规定单独安装接地保护和避雷装置。

(8) 升降机运行至最上层和最下层时，严禁以碰撞上、下限位开关来实现停车。

(9) 各停靠层的运料通道两侧必须有良好的防护。楼层门应处于常闭状态，其高度应符合规范要求，任何人不得擅自打开或将头伸出门外，当楼层门未关闭时，司机不得开动电梯。

(10) 确保通信装置的完好，司机应当在确认信号后方能开动升降机，作业中无论任何人在任何楼层发出紧急停车信号，司机都应当立即执行。

(11) 司机因故离开吊笼及下班时，应将吊笼降至地面，切断总电源并锁上电箱门，以防止其他无证人员擅自开动吊笼。

(12) 严禁在升降机运行状态下进行维修保养工作。若需维修，必须切断电源并在醒目处挂上“有人检修，禁止合闸”的标志牌，并有专人监护。

(13) 施工升降机的防坠安全器，不得任意拆检调整，应按规定的期限，由生产厂或指定的认可单位进行鉴定或检修。

(14) 风力达 6 级以上，应停止使用升降机，并将吊笼降至地面。

案例 8-1

高处坠落安全事故案例

1. 事故简介

2001 年 8 月 7 日，上海市天目中路某工程施工现场发生一起坠落事故，造成 3 人死亡。

2. 事故发生经过

上海铁路分局某工程建筑面积 16950m^2，建筑总高度 61.5m，由上海市某建筑公司总承包，上海另一建筑公司分包土建工程。

2001 年 8 月 1 日，由土建分包公司安排架工班搭设电梯井内的脚手架。该工程共有 4 部电梯，其中有两单体电梯井和两联体电梯井，至 8 月 6 日完成两单体电梯井脚手架后，开始搭设两联体电梯井内的脚手架。

8 月 7 日，3 名作业人员已将电梯井内脚手架搭设到了 8 层的高度，此时脚手管已用完，于是 3 人便去拆除 10 层高度处的安全平网，打算使用其脚手管继续搭脚手架。由于拆除安全网之前未进行仔细检查，未发现安全网东侧的固定点已被破坏，当 3 人踏入平网后，安全网即发生倾斜脱落，于是 3 人便从已搭设的电梯井脚手架的空隙间坠落地面，造成了 3 人死亡。

3. 事故原因分析

1) 技术方面

(1) 搭设高层建筑电梯井脚手架属危险作业，应预先编制专项施工方案，方案中不仅提出脚手架搭设程序和质量要求，还必须考虑搭设脚手架作业人员应采用的安全措施。一是搭设过程中每人应配挂安全带和应系结牢固的要求；二是至少每隔 10m 应架设安全平网，以防止搭设脚手架过程中发生坠落事故及下一步为使用脚手架作业人员提供安全保障。而此 3 名作业人员既没有配备安全带进行个人防护，同时脚手架已搭设 8 层高度也未及时设置安全网防护。因此，当发生意外时，无任何安全措施，以致造成重大事故，说明该搭设脚手架方案有严重失误。

(2) 搭设脚手架之前，项目负责人未与架工班一起对现场作业环境进行详细调查和进行作业前的交底。高处架设作业人员因其作业危险和常处于独立悬空作业情况，所以作业前应给每人配备安全带，并要求正确使用。而该 3 名作业人员全都没配备安全带，当工作中偶然发生失误时，便失去人身安全，完全依靠个人注意来保证作业安全，没有任何安全措施，也是技术措施的严重失误。

2) 管理方面

(1) 总包单位疏于对分包单位的管理，60 多米高的建筑物，4 部电梯井内脚手架搭设方案，按《建筑法》规定应该编制专项施工组织设计，并采取安全措施。总包未对分包的这一工作实行全过程监管，以致方案中出现重大失误。

(2) 分包单位在作业之前未与班组一起对现场作业环境进行调查和进行交底，以致未发现井道 10 层处安全平网由于长期失于维修管理，拉结处被拆除，留下隐患，而作业时又未配给每人安全带个人防护用品，危险作业时没有起码的安全措施。

4. 事故结论与教训

1) 事故主要原因

本次事故主要由于施工方案失误，没有考虑作业中不安全因素和预防措施。在审查方案中也未明确指出，施工前又未进行现场调查和交底，预先发现隐患和告之作业人员危险及预防措施，且又未按规定对独立悬空的危险作业配备安全带等，一系列的工作失误。从总包到分包，从管理层到项目指挥人，没有高度重视这一工作的危险性，以致造成管理失误，把一切安全保障交由工人自己负责，没有任何保障措施，没有给作业人员创造一个最基本的安全作业条件，因此，稍一失误就会发生伤亡事故。

2) 事故性质

本次事故属于责任事故。由于从总包到分包，从管理层到项目指挥人员各级工作失误，以致作业没有建立起码的安全条件，又未对现场预先调查并告之作业危险及防护措施，未引起高度重视，最终导致坠落事故。

3) 主要责任

(1) 分包单位项目负责人应负违章指挥责任。作业前未调查现场发现隐患，未向作业人员告知危险，也未按规定配备安全带，既没交底告之又没安全措施便冒险作业，最终导致事故。

(2) 分包单位主要负责人应对公司管理失误负全面领导责任。分包高层建筑工程如何加强管理，如何保障作业人员安全，无针对性措施，使基层管理失控，对此事故的发生应负全面领导责任。

5. 事故的预防对策

(1) 总包单位分包工程后，并未完全失去管理责任，工程分包不能以包代管放弃管理或是放松管理，这一点《建筑法》中已明确。

(2) 分包单位在制定施工方案时，必须同时考虑安全措施，方案中应该体现“安全第一、预防为主”的指导思想。审批方案不能单纯审施工方法，还应同时审安全措施。

(3) 现场安全交底不能流于形式，安全交底是施工方案的细则，是施工方案的补充。由于建筑施工处于动态管理，当现场作业环境变化后，必须用交底进行补充。

6. 安全警示

本次事故违反行业标准《高处作业安全技术规范》的规定：电梯井内每隔两层最多隔 10m 设一道安全网。《建筑法》、《建设工程安全生产管理条例》都要求对脚手架及危险比较大的施工项目，必须制定专项施工方案。本次事故是在搭设电梯井内脚手架过程发生的高处坠落事故，该建筑高度 61m，共有 4 口电梯井，施工前不仅要制定搭设方案采取安全措施，同时在搭设每一口电梯井前还应对现场环境进行调查，并进行安全技术交底。

此电梯井脚手架搭设前没有针对作业特点制定合理的方案。没有按照高处作业规范要求，在电梯井内至少每隔 10m 架设一道安全平网，因此发生意外坠落时失去保护。没有对电梯井的现状进行调查，所以当作业人员拆除此 10 层高度处的安全平网时，未发现安全网一侧的拉接点已破坏，因此人员踏入后平网倾斜脱落。没有研究拆除过程中作业人员必须配戴安全带和如何挂牢以确保作业安全问题。如此等等，在搭设脚手架过程中是在无任何保护的情况下进行，一切都由工人自己的操作决定，如此的管理出事故是必然的。

案例 8-2

坍塌事故案例

1. 事故简介

2003 年 1 月 7 日下午 13 时 10 分，广东省惠州市某花园工地的卸料平台架体因失稳发生坍塌事故，造成 3 人死亡，7 人受伤，经济损失 55 万元。

2. 事故发生经过

惠州市某花园工程项目建设单位是惠州市某房地产开发公司，施工单位是惠州市某住宅公司，监理单位是广州某监理事务所惠州监理部。

2002 年 9 月 12 日，惠城区建设局发现该项目未领取《施工许可证》擅自施工，当即对惠州市某房地产开发公司发出了停工通知书，要求他们在 15 天内到惠城区建设局办理有关施工报建手续。发出停工通知书后，惠城区建设局有关领导和工作人员曾多次督促他们办理施工手续，直至 2002 年 12 月上旬，建设单位才到惠城区建设局补办施工报建手续。2002 年 12 月 9 日，惠城区建设局建设工程发包审核领导小组讨论该项目时，认为该项目未领取《施工许可证》擅自施工，应按照有关规定进行经济处罚。2002 年 12

月 17 日，惠城区建设局根据有关规定对该项目进行经济处罚后，当即发出了该项目的施工安全监督通知书，要求建设单位和施工单位到惠城区建筑工程施工安全监督站办理建筑施工安全监督手续。2003 年 1 月 3 日，惠城区建筑工程施工安全监督站在工地进行检查时，发现该工地存在严重施工安全隐患，当场发出整改通知，要求他们在 7 天内整改完毕，但施工单位没有严格按照规定进行整改，致使在整改期内发生事故。

该花园工程原是烂尾楼，由惠州市某房地产公司收购建设开发。6 月份工程动工复建，6 月底该工程项目的现场施工员根据公司的安排，通知搭棚队黄某搭设脚手架，搭设时无设计施工方案，搭设完成后没有经过验收便投入使用。投入使用后，工程队在施工作业过程中，擅自拆除改动卸料平台架体每层 2 根横杆，对平台架体的稳定性造成一定的影响。

12 月底，为了赶工期，工地施工员根据公司安排，通知搭棚队负责人黄某在工程未完工的情况下，先行拆除 B、C 栋与平台架体相连的外脚手架。2003 年 1 月 3 日拆完外脚手架后，只剩下独立的平台架体。事故前几天，工程队带班黄某在施工作业过程中，发现卸料平台架体不稳固，向工地施工员报告了此事，但施工员和搭棚队负责人及有关管理人员均未对平台架体进行认真安全检查和采取加固措施。

2003 年 1 月 7 日下午 13 时，工程队带班黄某安排工人在 B、C 栋建筑进行施工作业。13 时 10 分，平台架体失稳发生坍塌，造成平台作业人员 2 人当场死亡，4 人重伤，4 人轻伤。其中 1 名重伤人员因伤势严重，于 1 月 14 日抢救无效死亡。

3. 事故原因分析

1) 技术方面

缺少脚手架搭设方案是此次事故的技术原因。《建筑施工安全检查标准》规定，脚手架搭设前应当编制施工方案。卸料平台应单独进行设计计算，不允许与脚手架进行连接，必须把荷载直接传递给建筑结构。该工程脚手架搭设时，只是由现场施工员向搭棚队负责人黄某安排了工作任务，黄某在既无方案又无交底的情况下，完全根据自己的经验和习惯，随意搭设脚手架，造成该工程脚手架缺少技术依据和论证。卸料平台未进行设计，也没有施工图纸，并违反规定与脚手架连接。在搭设过程中，还随意拆改卸料平台的结构架体，造成卸料平台整体受力结构改变，影响了稳定性。

工序颠倒。施工单位在工程尚未完成的情况下，先行拆除了与平台架体相连的外脚手架，却没有对平台架体采取相应的加固措施。平台架体与建筑物的拉接过少，在勘察事故现场时，只发现了 3 根拉结筋。

2) 管理方面

安全生产责任制不落实是此次事故的直接管理原因。该工程搭设卸料平台及外脚手架无设计方案，无验收便投入使用。没有对施工现场的工人进行安全技术交底。施工单位的管理人员安全意识差，未能认真履行职责，职责不明，未认真开展安全检查。施工单位明知存在事故隐患也没有及时纠正和采取防范措施，制度不健全，落实不到位。

劳动组织不合理，造成人员集中，荷载集中造成超载也是事故的原因。施工单位安排在卸料平台上交叉作业人员过多。未及时清理作业平台残余废料，平台残余废料堆积过多过重，工人违章作业，直接在平台胶板上堆置砂浆进行搅拌作业。取水口设置不合理，造成作业人员集中停留在平台架体过道取水。

4. 事故的结论与教训

根据事故有关事实证据材料，事故调查组认定这起事故是违章指挥，违反施工安全操作规定造成的重大责任事故。

该工程施工单位惠州市某住宅公司作为总承包单位，其主要负责人对安全生产工作不重视，监督检查力度不够。安全管理责任不落实，在项目施工建设中，现场施工混乱、没有专职安全员，对施工队违反施工程序作业缺乏有效和有序管理，安全管理不到位，违反《建筑法》、《安全生产法》等有关规定。对事故发生负领导管理责任。

惠州市某住宅公司项目经理对施工安全管理制度落实不到位，安全管理职责混乱，造成施工现场隐患突出，工人违章作业。此外，不认真进行安全检查，对存在隐患不采取措施跟踪落实整改，对事故发生负有直接责任。

惠州市某房地产公司在没有领取《建筑施工许可证》的情况下，组织施工人员擅自施工作业；对惠城区建设局于2002年9月12日发出的停工通知书置之不理，继续强行施工。对施工场地的作业人员忽视安全教育。直至事故发生时，建设方和施工方未到惠城区建筑工程施工安全监督站办理好有关手续。为赶工期，要求搭棚队违反程序施工，对事故发生负有重要的责任。

惠州市某房地产公司工地代表、工地施工员，作为施工现场主要负责人，对现场施工组织和安全生产负有直接责任。其对工人违章作业熟视无睹，在工程未完的情况下，违章指挥，通知搭棚队先拆除了外脚手架；对施工队反映报告的重大隐患不重视，不采取措施进行加固，不认真开展安全检查和落实防范措施，对事故发生负有主要责任，应依法追究其刑事责任。

惠州市惠城区某搭棚队负责人黄某，根据施工员通知安排，未完工就先拆除外脚手架，明知违反程序，明知存在危险也不采取措施进行加固，对其搭设的架体忽视安全管理，对事故发生负有重要责任。

惠州市建设行政管理部门有关责任人审批手续把关不严，在没有安监站书面安监材料的情况下，违反规定发放《施工许可证》，属工作中的重大过失。

监理公司对施工现场存在的安全隐患督促整改力度不够，没有进一步加大力度要求施工企业进行整改，对此次事故负有不可推卸的责任。

5. 事故的预防对策

建筑施工总承包单位应严格审查分包单位的施工资质，严禁将工程分包给无资质的施工单位。建设施工单位必须严格遵守作业规程和施工程序，禁止为赶工期和降低成本而违反程序作业，坚决制止违章指挥和违章作业。

惠州市某住宅公司和惠州市某房地产公司应彻底整顿，建立健全安全生产管理制度，建立安全生产检查制度和事故应急预案制度，明确职责，层层落实安全生产责任制，设立安全生产管理机构，配置专职安全员。严格对工人进行安全教育和技术交底。

开展全面彻底的安全生产检查，对存在的问题要立即采取措施整改，确保符合安全规范标准。

进一步教育其他建筑施工单位，要认真吸取事故教训，引以为戒，全面开展检查，对存在隐患和违反安全生产行为要坚决整改和严肃处理。针对建筑施工安全管理问题多，建议要进行全行业安全专项治理活动，切实做到预防为主。

6. 安全警示

此次伤亡事故发生的直接原因，是由于脚手架搭设没有施工方案，拆除作业没有安全交底，卸料平台缺少设计计算，且违章与脚手架连接，从而形成事故隐患。在搭设后又没有按照规定进行验收，使用中缺乏维护管理，以至当杆件被拆除没有及时采取补救措施，再加上违章使用，荷载集中形成超载等导致事故发生。无论是建设单位，还是施工单位绝不能片面追求经济效益，而忽视安全生产。惠州市某住宅公司作为工程的总承包单位，对施工现场安全管理不到位，没有配备专职安全员，对分包的施工队伍违反程序作业缺乏有效的管理，不认真开展安全检查，不及时整改隐患。建设单位忽视安全生产，为赶进度，要求施工队违反程序作业，不落实防范措施，最终酿成重大事故的发生，教训是十分深刻的。

从此次事故可以看出，建设行政主管部门、建设单位和施工单位，都必须严格遵守《建筑法》、《安全生产法》和《建设工程安全管理条例》。违反法规，就要付出血的代价。

案例8-3

物体打击事故案例

1. 事故简介

2002年1月20日下午，上海某建筑安装工程有限公司分包的某汽修车间工程，钢结构屋架地面拼装基本结束。14时20分左右，专业吊装负责人曹某，酒后来到车间西北侧东西向并排停放的三榀长21m、高0.9m，自重约1.5t的钢屋架前，弯腰蹲下在最南边的一榀屋架下查看拼装质量，当发现北边第三榀屋架略向北倾斜，即指挥两名工人用钢管撬平并加固。由于两工人使力不均，使得那榀屋架反过来向南倾倒，导致三榀屋架连锁一起向南倒下。当时，曹某还蹲在构件下，没来得及反应，整个身子就被压在了构件下，待现场人员翻开三榀屋架，曹某已七孔出血，经医护人员现场抢救无效死亡。

2. 事故原因分析

1) 直接原因

屋架固定不符合要求，南边只用 3 根 4.5cm 短钢管作为支撑支在松软的地面上，而且三榀屋架并排放在一起；曹某指挥站立位置不当；工人撬动时用力不均，导致屋架倾倒，是造成本次事故的直接原因。

2) 间接原因

(1) 死者曹某酒后指挥，为事故发生埋下了极大的隐患。

(2) 土建施工单位工程项目部在未完备吊装分包合同的情况下，盲目同意吊装队进场施工，违反施工程序。

(3) 施工前无书面安全技术交底，违反操作程序。

(4) 施工场地未经硬地化处理，给构件固定支撑带来松动余地。

(5) 没有切实有效的安全防范措施。

(6) 施工人员自我安全保护意识差。

3) 主要原因

钢构件固定不规范，曹某指挥站立位置不当，工人撬动时用力不均，导致屋架倾倒，是造成本次事故的主要原因。

3. 事故预防及控制措施

(1) 本着谁抓生产，谁负责安全的原则，各级管理干部要各负其责，加强安全管理，督促安全措施的落实。

(2) 加强施工现场的动态管理，做好针对性的安全技术交底，尤其是对现场的施工场地、关键地方要全部硬化处理，消除不安全因素。

(3) 全面按规范加固屋架固定支撑，并在四周做好防护标志。

(4) 加强施工人员的安全教育和安全自我保护意识教育，提高施工队伍素质。

(5) 取消原吊装队伍资格，清退其施工人员。重新请有资质的吊装公司，并签订合法有效的分包合同以及安全协议书，健全施工组织设计、操作规程。

4. 事故结论与教训

(1) 公司法人严某，对项目部安全生产工作管理不严，对本次事故负有领导责任。

(2) 现场项目经理朱某，未完备吊装分包合同的情况下，盲目同意吊装队进场施工，对专业分包单位安全技术交底、操作规程交底不够，对本次事故负有主要责任。

(3) 项目部安全员虞某、技术员李某、施工员叶某，对分包队伍的安全检查、监督、安全技术措施的落实等工作管理力度不够，对本次事故均负有一定的责任。

(4) 吊装单位负责人曹某，酒后指挥，对本次事故负有重要责任。

机械伤害事故案例

1. 事故简介

2002 年 6 月 28 日，河南省郑州市某工程 1 号楼，发生一起施工升降机(人货两用外用电梯)因吊笼冒顶，造成 5 人死亡，1 人受伤。

2. 事故发生经过

郑州市某工程，建筑面积 32000m^2，高 33 层，建筑高度 109m，框架剪力墙结构。该工程由中建某局一公司总承包，工程监理单位为河南某工程建设监理公司，土建由南通市某建筑公司分包，施工机械由南通市某建筑公司负责提供，垂直运输采用了人货两用的外用电梯。2002 年 6 月工程主体进行到第 24 层，6 月 28 日电梯司机上午运输人员至下午上班后，见电梯无人使用便擅自离岗回宿舍睡觉，但电梯没有拉闸上锁。此时有几名工人需乘电梯，因找不到司机，其中一名机械工便私自操作，当吊笼运行至 24 层后发生冒顶，从 66m 高处出轨坠落，造成 5 人死亡，1 人受伤的重大事故。

3. 事故原因分析

1) 技术方面

(1) 未能及时接高电梯导轨架。事故发生时建筑物最高层作业面为 72.5m，而施工升降机导轨架安装高度为 75m，此高度已不能满足吊笼运行安全距离的要求，如不及时接高导轨架，当施工最上层时吊笼容易发生冒顶事故。

(2) 未按规定正确安装安全装置。按《施工升降机安全规则》(GB 10055—2007)规定，升降机“应安装上、下极限开关”，当吊笼向上运行超过跃层的安全距离时，极限开关动作切断提升电源，使吊笼停止运行，……“吊笼应设置安全钩”，防止在出事故时吊笼脱离导轨架。

2) 管理方面

(1) 分包单位南通市某建筑公司管理混乱。施工升降机安装后不进行验收。对施工升降机的安装使用国家及行业早已颁发标准，而南通市某建筑公司在电梯安装前不制订方案，电梯安装后不经验收确认，在安装不合格及安全装置无效的情况下冒险使用。

(2) 对作业人员缺乏严格管理。该公司对电梯司机没有严格的管理制度，致使工作时间内司机擅自离岗且不锁好配电箱，导致他人随意动用。公司对其他工种人员缺少安全培训教育和严格的约束制度，致使无证人员擅自操作电梯。由于存在诸多不安全隐患的施工电梯由无证人员随意操作，当吊笼发生意外时，安全装置又失去作用导致发生事故。

(3) 总包单位和监理单位工作失职。《建设工程安全生产管理条例》明确规定，建设工程项目实行总承包的，由总承包单位对施工现场的安全生产负责。工程监理应按照规范，监督安全技术措施的实施。该工程电梯安装前没有编制实施方案，安装后也不报验，自 5 月 8 日安装至 6 月 28 日发生事故前的 50 天中无人检查无人过问，致使电梯未安装上极限限位挡板，当吊笼越程运行无安全限位保障；电梯安全钩安装不正确，吊笼发生脱轨时保险装置失效。以上重大隐患，未能在总包管理、监理监督下得以发现和提早解决，导致电梯原有的安全装置因失效，未能起到避免意外事故和减少事故损失的作用。

(4) 市场管理混乱。郑州市存在有两套管理机构，一个是郑州市建设行政主管部门，另一个是郑州市政府有关部门，从而导致管理矛盾和漏洞，影响了执行建筑法的严肃性，给市场管理造成混乱。

4. 事故结论与教训

1) 事故主要原因

本次事故发生的表面原因是因电梯司机离岗，非司机擅自操作电梯造成，但实质上完全是由于施工管理混乱而发生的事故。电梯从安装无施工方案，到安装后不经验收试验便冒险使用，因安全装置不合格未能及早发现导致失效。另外，司机不经批准便擅自离岗睡觉，非司机人员操作(非司机人员操作现象不会是偶然发生，因为第一次不可能就会操作，既会操作一定不是第一次，只是过去操作未造成事故，未引起注意。司机敢于离岗去放心睡觉，这也不可能是第一次离岗)。等等违章混乱长期存在无人管理，直到发生事故方引起关注。

2) 事故性质

本次事故属于责任事故。该工程建筑面积 32487m^2，建筑高度 109m，这在郑州市应该算是较大的工程项目，在施工管理上应该引起各级重视，不但从开工准备时应引起重视，在整个施工过程中，也会有分包公司自查、总包检查、监理的监督检查、市安监站的检查，如果各级切实严肃认真地监督检查，本应该可以及早发现隐患，避免如此重大事故，然而事故仍然发生了。可见各级的检查效果不能说全是走过场，至少对设备检查，尤其这种外用电梯较大设备的检查，是走了过场，是工作失职的见证。

3) 主要责任

南通市某建筑公司的项目负责人对施工升降机的安装、使用、管理违反规定，严重失职，应负违章指挥责任。该施工公司主要负责人对基层如此混乱和管理失控，应负全面管理责任。

5. 事故的预防措施

(1) 应加强对机械设备的管理。机械设备、施工用电等管理工作在土建项目经理的日常管理中是属弱项，由于专业性强，不十分熟悉，尤其对相关标准不清楚，往往会疏于管理，不能预见问题，工作容易被动。为此，应适当配备机械设备专业人员协助项目进行管理，这些专业管理人员应该熟悉相关标准、规范，赋予相关权利和责任，尤其较大工程项目，像塔吊、外用电梯、物料提升机以及混凝土泵车等，设备品种多、数量多，应针对不同设备特点加强机械设备管理，使各种机械设备得以合理使用，提高机械设备完好率，不仅有利于安全施工同时也会促进生产任务的顺利完成。

(2) 应加强对各司机、操作手的培训管理。各种机械设备的最直接使用者就是司机和操作手，他们不仅是操作者，同时还是机械设备的保养和监护人，许多机械事故的发生都与司机和操作手分不开，一个单位的机械设备的面貌如何，实际上也从另一角度展示了这个单位的管理水平和能力。应该健全制度，定期培训，经常检查，使操作机械的司机成为遵章守纪的第一人，不能成为违章违纪的带头人。

6. 事故警示

施工升降机、塔式起重机、物料提升机是目前建筑施工中的主要垂直运输设备，由于危险大，管理上存在问题多，所以《建筑施工安全检查标准》(JGJ 59—2011)中已将其列入专项检查内容要求各单位认真管理。

由于这些设备高大，所以每次转移工地时必须拆除后运输，运到新工地重新组装，因此，重新组装后的检查验收是非常重要的，不能带病运转冒险作业。按载重 1 t 的吊笼每次可载 10 人计算，如果万一发生事故那将是重大损失，所以万万不可忽视。

为防止安装及拆除过程中发生事故，建设部规定了必须由具有相应资质的专业队伍进行，安装、拆除前必须按说明书规定和现场条件编制作业方案。为保证安全运行，施工升降机专门设计了安全装置，包括限速器、上下限位、安全钩、门联锁等，重新组装后必须逐项试验(包括吊笼坠落试验)，每班使用前应进行检查。为确认重新组装后是否已达到原机械性能，规定必须做运行试验包括静载、动载及超载试验，在做运行试验的同时，检验各安全装置。除此之外，还要培训专门的司机，要技术好责任心强的人员担任，并有专人管理定期检查维修。

施工升降机是属于定型设备，如何使用、如何检验，如果我们各施工单位切实遵照执行国家颁发的施工升降机标准，绝大多数事故都是可以避免的。

案例 8-5

火灾安全事故案例

1. 事故简介

2001 年 8 月 2 日，新疆乌鲁木齐市某大学学生公寓楼工程施工过程中，因使用汽油代替二甲苯作稀释剂，调配过程中发生爆燃，造成 5 人死亡，1 人受伤。

2. 事故发生经过

乌鲁木齐市某大学学生公寓楼工程由新疆建工集团某建筑公司承建。2001 年 8 月 2 日晚上加班，在调配聚氨酯底层防水涂料时，使用汽油代替二甲苯作稀释剂，调配过程中发生燃爆，引燃室内堆放着的防水(易燃)材料，造成火灾并产生有毒烟雾，致使 5 人中毒窒息死亡，1 人受伤。

3. 事故原因分析

1) 技术方面

调制油漆、防水涂料等作业应准备专门作业房间或作业场所，保持通风良好，作业人员佩戴防护用品，房间内备有灭火器材，预先清除各种易燃物品，并制定相应的操作规程。

此工地作业人员在堆放易燃材料附近，使用易挥发的汽油，未采取任何必要措施，违章作业导致发生火灾，是本次事故的直接原因。

2) 管理方面

该施工单位对工程进入装修阶段和使用易燃材料施工，没有制定相关的安全管理措施，也未配有专业人员对作业环境进行检查和配备必要的消防器材，以致导致火险后未能及时采取援救措施，最终导致火灾。

作业人员未经培训交底，没有掌握相关知识，由于违章作业无人制止导致发生火灾。

4. 事故结论与教训

1) 事故主要原因

本次事故主要是由于施工单位违章操作，在有明火的作业场所使用汽油引起的火灾事故。在安全管理与安全教育上失误，施工区与宿舍区没有进行隔离且存放大量易燃材料无人制止，重大隐患导致了重大事故。

2) 事故性质

本次事故属于责任事故。由于该企业片面强调经济效益，忽视安全管理，既没制定相应的安全技术措施，也没对作业现场环境进行检查和配备必需的防护用品、灭火器材盲目施工导致发生火灾事故。

3) 主要责任

(1) 施工项目负责人事前不编制方案不进行检查作业环境，对施工人员不进行交底、不作危险告之，以致违章作业造成事故，且没有灭火器材自救导致严重损失，应负直接领导责任。

(2) 施工企业主要负责人平时不注重抓企业管理和对作业环境不进行检查，导致基层违章指挥，违章作业负有主要领导责任。

5. 事故的预防对策

1) 施工前应编制安全技术措施

《建筑法》和《建设工程安全生产管理条例》都有明确规定，对危险性大的作业项目应编制分项施工方案和安全技术措施，要对作业环境进行勘察了解，按照施工工艺对施工过程中可能发生的各种危险，预先采取有效措施加以防止，并准备必要的救护器材防止事故延伸扩大。

2) 先培训后上岗

对使用危险品的人员，必须学习储存、使用、运输等相关知识和规定，经考核合格后上岗，在具体施工操作前，需根据实际情况进行安全技术交底，并教会使用救护器材，较大的施工工程应配有专业消防人员进行检查指导。

3) 落实各级责任制

对于危险品的使用除应配备专业人员外，还应建立各级责任制度，并有针对性地进行检查，使这一工作切实从思想上、组织上及措施上落实。

6. 事故警示

本次事故违反了《化学危险品管理条例》的相关规定，要求对危险品的储存、使用远离生活区，远离易燃品，配备必要的应急救援器材和施工前编制分项工程专项施工方案并派人监督实施。易燃易爆物品的主要防范是要严格控制火源。使用各种易挥发、燃点低等材料时，必须了解其含量、性质，存放保持隔离、通风，作业环境应有灭火器材和无关人员应远离易燃物品，严禁火源。

建筑施工过程中的防水工程、油漆装饰等作业，常常使用的稀释剂中，不仅含有毒有害物质，同时因挥发性强、燃点低也属易燃物品。在施工中必须预先考虑危险品材料存放库，随用随领；使用场所应远离木材、保温等易燃材料；专门设置油漆配制等工序的作业区，下班后将剩余少量的稀释剂妥善存放防止发生意外。

本次事故是因明火场所使用汽油，这是严格禁止的，对于装修专业队伍本是基本知识，而此次事故说明该施工单位平时失于管理，再加上现场混乱，易燃材料随意堆放，使火灾发生且扩大，导致火灾事故。

案例 8-6

触电安全事故案例

1. 事故简介

2000 年 8 月 3 日，江西省赣州市某商住楼在施工过程中，由于在作业中钢筋距高压线过近而产生电弧，致使 11 名民工触电被击倒在地，造成 3 人死亡，3 人受伤。

2. 事故发生经过

赣州市某商住楼位于市滨江大道东段，建筑面积 147000m^2，8 层框混结构，基础采用人工挖孔桩共 106 根。该工程的土方开挖、安放孔桩钢筋笼及浇筑混凝土工程，由某建筑公司以包工不包料形式转包给何某个人之后，何某又转包给民工温某施工。

在该工地的上部距地面 7m 左右处，有一条 10kV 架空线路经东西方向穿过。2000 年 5 月 17 日开始土方回填，至 5 月底完成土方回填时，架空线路距离地面净空只剩 5.6m，期间施工单位曾多次要求建设单位尽快迁移，但始终未得以解决，而施工单位就一直违章在高压架空线下方不采取任何措施冒险作业。当 2000 年 8 月 3 日承包人温某正违章指挥 12 名民工，将 6m 长的钢筋笼放入桩孔时，由于顶部钢筋距高压线过近而产生电弧，11 名民工被击倒在地，造成 3 人死亡，3 人受伤的重大事故。

3. 事故原因分析

1) 技术方面

由于高压线路的周围空间存在强电场，导致附近的导体成为带电体，因此电气规范规定禁止在高压架空线路下方作业，在一侧作业时应保持一定安全距离，防止发生触电事故。

该施工现场桩孔钢筋笼长 6m，上面高压线路距地面仅剩 5.6m，在无任何防护措施下又不能保证安全距离，因此必然发生触电事故。

2) 管理方面

(1) 建筑市场管理失控，私自转包，无资质承包，从而造成管理混乱，违章指挥导致发生事故。

(2) 建设单位不重视施工环境的安全条件，高压架空线路下方不允许施工，然而建设单位未尽到职责办理线路迁移，从而发生触电事故也是重要原因。

4. 事故结论与教训

1) 事故主要原因

本次事故是由于违法发包给无资质个人施工，致使现场管理混乱，违章指挥，在不具备安全条件下冒险施工导致的触电事故。

2) 事故性质

本次事故属责任事故。从建设单位违法发包，无资质个人承包，现场高压架空线不迁移就施工，违章指挥冒险作业等都是严重的不负责任，最终发生事故。

3) 主要责任

(1) 个人承包人是现场违章指挥造成事故的直接责任者。

(2) 建设单位和某建筑公司违反《建筑法》规定，不按程序发包和将工程发包给无资质的个人，造成现场混乱。建筑公司不加管理，建设单位不认真解决事故隐患都是这次事故的主要责任者，建设单位负责人和某建筑公司法人代表应负责任。

5. 事故的预防对策

(1) 地区的行政主管部门应进一步加强对建筑市场的管理工作，不单要注意作好形式上的工程建设招投标工作，更应该注意认真贯彻施工许可证制度，并注意检查地区施工现场实施情况，发现私自转包和无资质承包等违法行为应严肃处理。

(2) 认真落实建筑工程监理工作，对承包单位的施工进行全过程依法监督，发现问题及时解决，做到预防为主。

(3) 建设单位对提供施工现场安全作业条件应在相关法规中明确。

6. 事故警示

高压架空线触电事故近年已有下降，本次事故完全由于冒险蛮干，指挥人员对工人生命不负责所造成。

由于高压线路一般无绝缘防护，其周围有强电场，当导体接近高压线路时即发生放电现象导致触电事故。《施工现场临时用电安全技术规范》规定，在架空线路下方禁止作业，在一侧作业时必须保证安全操作距离。当不能满足安全操作距离时，必须采取搭设屏护架或采取停电作业，严禁冒险作业。

该工程桩的钢筋笼长 6m，而地面垫土后距高压架空线只有 5~6m，在已经明确环境危险的情况下，仍强令作业人员冒险作业。另外，建设单位的责任也不可推卸，明知架空线路危险，施工单位也一再催促，直到发生事故时供电部门仍未收到关于架空线路的迁移报告。

案例 8-7

中毒安全事故案例

1. 事故简介

2001 年 10 月 24 日，兰州市七里河区某住宅楼工地，发生一起中毒事故，造成 3 人死亡。

2. 事故发生经过

兰州市某住宅楼工程由某农工联合公司私下包给个体建筑经营者，该人系原兰州某建筑公司停薪留职职工，其雇用了农民工承接人工挖孔桩的桩孔开挖。该工程人工挖孔桩的井深 18.2m，井孔直径 1m，在施工中采用了设置钢板护圈，下井前采用鸽子试验，井内强制通风等措施。

2001 年 10 月 24 日下午，在农民工下井前，向井内送风约 30 分钟，然而当一位女工下井到 12m 深度时晕倒坠落至井底，地面上立即又下井 2 人救助，也相继晕倒坠落井底，最终造成 3 人死亡。

3. 事故原因分析

1) 技术方面

施工人员对人工挖孔桩施工技术及安全隐患没有全面认识，虽然也采取了送风措施，但没有检测手段，不能掌握送风量，井内空气含氧量达不到标准时将导致人员窒息。另外，一氧化碳、二氧化碳等有害气体浓度过高也会导致中毒。鸽子试验是在没有监测仪器之前，对一般管道井施工采取的临时措施，对井深达 18m 以下的作业环境的可靠要求，桩基技术规范早有规定。由于违章指挥在只简单送风不经检测便下井，最终导致窒息中毒事故。而地面人员既不了解井下情况，又没采取任何防护措施，盲目下井救人，导致事故扩大，是本次事故的直接原因。

2) 管理方面

建设单位擅自将挖孔桩包给无相应资质的个体承建，个体经营者停薪留职利用原公司名义承揽工程项目，既没有施工资质又雇用无专业知识的农民工，冒险蛮干，发生事故后没有任何救援器材，以致 2 人坠入井底死亡，是事故的主要原因。

4. 事故结论与教训

1) 事故主要原因

本次事故是由于建设单位违规发包，而承包人为个体且无相应施工资质，不熟悉施工技术及安全技术，又无任何管理措施，以致发生事故，是发生事故的主要原因。

2) 事故性质

本次事故属于责任事故。工程建设单位未经过招投标，未办理施工许可，逃避行政监督管理，违规包给无资质个体导致事故。

3) 主要责任

(1) 此事故的直接责任是由个体承包者违章指挥造成，应由个体承包者负责。

(2) 此事故的主要责任除工程建设单位负责外，兰州某建筑公司同意个体承包者以公司名义承揽工程违反《建筑法》第 26 条规定，导致管理混乱，也应负主要管理责任。

5. 事故的预防对策

发生本次事故主要表现在管理失控，直接违反《建筑法》规定，但未得到行政主管部门的有效制止，从而逃避行政监督与管理，使违法行为得以任意施行。今后予杜绝此类问题关键是各地的行政主管部门应该加大管理力度，研究切实可行的措施，改进管理方法。

6. 事故警示

人工挖孔桩因其工艺落后危险性大，一般尽量采用机械成孔，当必须采用人工方法时应经批准和认真执定施工方案，选择素质较好的施工队伍，并设专职人员监督，防止发生事故。

该工程采用人工挖孔桩工艺既没认真研究施工方案，也没考核施工队伍，而是将井孔直径 1m，井深 18m 的挖孔桩交给了个体包工队施工，由于没有检测设备，仅采用鸽子试验，虽然也采取了向井下通风，但通风量小、时间短，当井深超过 10m 后无明显效果，致使一民工下井到 12m 深处便晕倒坠落；又因作业人员为一般农民工，没有进行专门培训，所以不懂救援知识，且无救援器材，导致一人倒下后，救援人再相继倒下，造成多人死亡。

本次事故的根源是建设单位无照施工，违规包给无资质的个人，建筑公司允许个人以公司名义承揽工程，个体承包违章施工操作行为又未受到任何制止，直到发生事故。

本章小结

通过本章的学习，要求学生熟悉房屋拆除过程的安全措施、土方工程施工过程的安全措施、主体结构施工安全措施、装饰工程施工安全措施、高处作业安全技术、施工现场临时用电安全管理、施工机械使用安全措施。

房屋拆除安全措施包括人工拆除、机械拆除、爆破拆除等安全措施。

土方工程施工安全措施包括施工准备阶段安全措施制定、土方开挖的安全技术、边坡稳定及支护安全技术、基坑排水安全技术、流砂的防治等。

主体结构施工安全措施包括脚手架工程、模板工程、钢筋工程、混凝土工程、钢结构工程、砌体工程等项目安全施工措施。

装饰工程施工安全措施包括饰面作业、玻璃安装、涂料工程等项目安全施工措施。

高处作业安全技术包括高处作业安全技术要求、临边作业安全技术、外檐洞口作业安全技术等。

施工现场临时用电安全管理包括临时用电安全管理基本要求以及电气设备接零或接地、配电室、配电箱及开关箱、施工用电线路、施工照明安全要求，电动建筑机械和手持式电动工具安全使用要求，触电事故的急救等。

施工机械使用安全措施包括塔式起重机、物料提升机、施工升降机等的安全使用技术。

习　　题

一、单选题

1. 施工单位应当自施工起重机械和整体提升脚手架、模板等自升式架设设施验收合格之日起(　　) 天内，向建设行政主管部门或者其他有关部门登记。

A. 15　　B. 30　　C. 60　　D. 90

2. 施工企业必须给每一名职工建立职工(　　)卡，教育卡应记录包括三级安全教育、变换工种安全教育等的教育及考核情况。

A. 工资　　B. 体检　　C. 记录岗位　　D. 安全教育

3. 木脚手架的立杆接长，其搭接长度不应小于(　　)m，绑扎不少于 3 道，每道间距 600～750mm。

A. 1　　B. 1.5　　C. 1.8　　D. 2

4. 电梯井内应每隔两层并最多隔(　　)m 设一道网眼不大于 2.5mm 的安全平网作防护。

A. 4　　B. 6　　C. 8　　D. 10

5. 土按坚硬程度和开挖方法及使用工具可分为(　　)类。

A. 5　　B. 6　　C. 7　　D. 8

6. 在斜坡上挖土方，应做成坡式以利(　　)。

A. 蓄水　　B. 泄水　　C. 省力　　D. 行走

7. 在滑坡地段挖土方时，不宜在什么季节施工？(　　)

A. 冬季　　B. 春季　　C. 风季　　D. 雨季

8. 湿土地区开挖时，若为人工降水，降至坑底(　　)深时方可开挖。

A. 0.2m 以下　　B. 0.5m 以下　　C. 0.2m 以上　　D. 0.5～1.0m 以下

9. 在膨胀土地区开挖时，开挖前要做好(　　)。

A. 堆土方案　　B. 回填土准备工作

C. 排水工作　　D. 边坡加固工作

10. 坑壁支撑采用钢筋混凝土灌注桩时，开挖标准是桩身混凝土达到(　　)。

A. 设计强度后　　B. 混凝土灌注 72h

C. 混凝土灌注 24h　　D. 混凝土凝固后

11. 人工开挖土方时，两人的操作间距应保持(　　)。

A. 1m　　B. 1.2m　　C. 2～3m　　D. 3.5～4m

12. 在临边堆放弃土、材料和移动施工机械应与坑边保持一定距离，当土质良好时，要距坑边(　　)远。

A. 0.5m 以外 / 高度不超 0.5m　　B. 0.8m 以外 / 高度不超 1.5m

C. 1m 以外 / 高度不超 1m　　D. 1.5m 以外 / 高度不超 2m

13. 对于(　　)基坑(槽)开挖时严禁采用天然冻结施工。

A. 黏土　　B. 软土　　C. 老黄土　　D. 干燥的砂土

14. 对于高度在 5 m 以内的挡土墙一般多采用(　　)。

A. 重力式挡土墙　　B. 钢筋混凝土挡土墙

C. 锚杆挡土墙　　D. 锚定板挡土墙

15. 基坑(槽)四周排水沟及集水井应设置在(　　)。

A. 基础范围以外　　B. 堆放土以外

C. 围墙以外　　D. 基础范围以内

16. 基坑(槽)明排水法由于设备简单和排水方便，所以采用较为普遍，但它只宜用于(　　)。

A. 松软土层　　B. 黏土层　　C. 细砂层　　D. 粗粒土层

17. 轻型井点一般用于土壤渗透系数 K 不少于 0.1m / 昼夜，最好用于 K=(　　) m / 昼夜的土壤。

A. 2～5　　B. 5～10　　C. 5～20　　D. 10～20

18. “管井井点”就是沿基坑每隔一定距离(20～50 m)设一个管井，管井深度为(　　)。

A. 3～5m　　B. 5～8m　　C. 8～15m　　D. 10～20m

19. 使用挖掘机拆除构筑物时，在挖掘机驾驶室与被拆除构筑物之间留有(　　)空间。

A. 1m　　B. 2m　　C. 3m　　D. 构筑物倒塌的

20. 挖掘机作业时(　　)不得在铲斗回转半径范围内停留。

A. 任何人　　B. 非工作人员　　C. 工程技术人员　　D. 围观群众

21. 推土机在深沟、基坑或陡坡地区作业时，应有专人指挥，其垂直边坡深度一般不超过(　　)，否则应放出安全边坡。

A. 1.5m　　B. 1m　　C. 3m　　D. 2m

22. 双排脚手架应设置(　　)。

A. 剪刀撑与横向斜撑　　B. 剪刀撑

C. 横向斜撑　　D. 可不设剪刀撑和横向斜撑

23. 脚手架的人行斜道和运料斜道应设防滑条。其距离为(　　)。

A. 600mm　　B. 500mm　　C. 400mm　　D. 250～300mm

24. 遇有(　　)以上强风、浓雾等恶劣气候，不得进行露天攀登与悬空高处作业。

A. 5 级　　B. 6 级　　C. 7 级　　D. 8 级

25. 高处作业的安全技术措施及其所需料具，必须列入工程的(　　)。

A. 预算单　　B. 施工组织设计　　C. 结算单　　D. 验收单

26. 密目式安全网每 10mm×10mm=100mm^2 面积上有(　　)个以上的网目。

A. 2000　　B. 1500　　C. 3000　　D. 4000

27. 安全帽耐冲击试验，传递到头模上的力不应超过(　　)。

A. 400kg　　B. 500kg　　C. 600kg　　D. 700kg

28. 安全带的报废年限为(　　)。

A. 1～2 年　　B. 2～3 年　　C. 3.5 年　　D. 4.5 年

29. 施工现场专用的，电源中性点直接接地的 220 / 380V 三相四线制用电工程中，必须采用的接地保护形式是(　　)。

A. TN　　B. TN—S　　C. TN—C　　D. TT

30. 施工现场用电工程中，PE 线上每处重复接地的接地电阻值不应大于(　　)Ω。

A. 4　　B. 10　　C. 30　　D. 100

31. 施工现场用电系统中，连接用电设备外露可导电部分的 PE 线应采用(　　)。

A. 绝缘铜线　　B. 绝缘铝线　　C. 裸铜线　　D. 钢筋

32. 施工现场用电系统中，PE 线的绝缘色应是(　　)。

A. 绿色　　B. 黄色　　C. 淡蓝色　　D. 绿 / 黄双色

33. 施工现场用电系统中，N 线的绝缘色应是(　　)

A. 黑色　　B. 白色　　C. 淡蓝色　　D. 棕色

二、多选题

1. 在滑坡地段挖土方前应了解：(　　)。
   A. 地质勘察资料　　B. 地形、地貌　　C. 滑坡迹象
   D. 周围环境　　E. 周围建筑物
2. 挡土墙的计算内容是：(　　)。
   A. 土压力计算　　B. 倾覆稳定性验算　　C. 滑动稳定性验算
   D. 墙身强度验算　　E. 挡土墙高度计算
3. 工程项目顶管施工组织设计方案中的安全技术措施必须有：(　　)。
   A. 针对性　　B. 可操作性　　C. 原则性
   D. 不同性　　E. 统一性
4. 土层锚杆的组成：(　　)。
   A. 锚头　　B. 拉杆　　C. 锚固体
   D. 管件　　E. 螺栓
5. 土层锚杆现场试验检验的内容包括：(　　)。
   A. 确定基坑支护承受的荷载及锚杆布置　　B. 锚杆承载能力计算
   C. 杆的稳定性计算　　D. 确定锚固体长度　　E. 锚杆直径和拉杆直径
6. 在膨胀土地区开挖时要符合(　　)。
   A. 开挖　　B. 作垫层　　C. 基础施工
   D. 回填土连续进行　　E. 工程验收
7. 基坑开挖过程中如何排水？(　　)
   A. 在坑底设集水井　　B. 沿坑底的周围或中央开挖排水沟
   C. 把水引入集水井　　D. 然后用水泵抽走
   E. 抽出的水应予以引开，严防倒流
8. 喷射井点的设备主要有：(　　)。
   A. 喷射井管　　B. 高压水泵　　C. 进水总管
   D. 排水总管　　E. 附加设备
9. 模板工程的实施必须经过(　　)。
   A. 支撑杆的设计计算
   B. 绘制模板施工图
   C. 制定相应的施工安全技术措施
   D. 施工组织设计
   E. 现场勘察
10. 打桩机工作时，严禁(　　)等动作同时进行。
    A. 吊桩　　B. 回转　　C. 吊锤
    D. 行走　　E. 吊送桩器
11. 振动器操作人员应掌握一般安全用电知识，作业时应穿戴(　　)。
    A. 胶鞋　　B. 防护服　　C. 绝缘手套
    D. 工作服　　E. 凉鞋

12. 弯曲机作业时，严禁在(　　)站人。
    A. 弯曲作业的半径内　　B. 机身不设固定销的一侧
    C. 机身设固定销的一侧　　D. 作业范围内
    E. 弯曲作业的半径外
13. 搅拌机在(　　)时，应将料斗提升到上止点，用保险铁链锁住。
    A. 料斗下检修　　B. 场内移动　　C. 远距离运输
    D. 工作结束　　E. 工作时
14. 起重机的拆装作业应在白天进行，当遇有下列哪些天气时应停止作业？(　　)
    A. 大风　　B. 潮湿　　C. 浓雾
    D. 雨雪　　E. 高温
15. 塔式起重机上必备的安全装置有哪些？(　　)
    A. 运重量限制器　　B. 力矩限制器　　C. 起升高度限位器
    D. 回转限位器　　E. 幅度限耐器
16. 塔式起重机力矩限制器起作用时，允许下列哪些运行？(　　)
    A. 载荷向臂端方向运行　　B. 载荷向臂根方向运行
    C. 吊钩上升　　D. 吊钩下降　　E. 载荷自由下降
17. 操作塔式起重机严禁下列哪些行为？(　　)
    A. 拔桩　　B. 斜拉、斜吊　　C. 顶升时回转
    D. 抬吊同一重物　　E. 提升重物自由下降

三、简答题

1. 拆除工程安全技术措施有哪些？
2. 土方工程施工安全技术措施有哪些？
3. 坑(槽)壁支护工程施工安全要点有哪些？
4. 基坑排水安全要点有哪些？
5. 脚手架工程施工安全要点有哪些？
6. 模板工程施工安全要点有哪些？
7. 钢筋制作安装施工安全要点有哪些？
8. 钢结构焊接工程施工安全要点有哪些？
9. 钢结构安装工程施工安全要点有哪些？
10. 砌体工程施工安全要点有哪些？
11. 装饰工程施工安全要点有哪些？
12. 高处作业安全技术有哪些？
13. 临边作业安全技术有哪些？
14. 外檐洞口作业安全技术有哪些？
15. 电工及用电人员要求有哪些？
16. 临时用电线路和电气设备防护要求有哪些？
17. 施工用电线路安全要求有哪些？
18. 简述触电事故的急救方法。
19. 施工机械安全管理的一般规定有哪些？

20. 塔机安装、拆卸的安全要求有哪些？
21. 塔机的常见事故隐患有哪些？
22. 提升机的安装与拆除要求有哪些？
23. 提升机的安全隐患有哪些？
24. 施工升降机的安装与拆卸要求有哪些？
25. 施工升降机的事故隐患有哪些？

四、分析题

某商务大厦，为钢筋混凝土剪力墙结构，桩箱复合基础，地下2层，地上12层。2003年6月25日，进行10层拆模施工，民工甲负责大模板的挂钩。下午3点20分，将10层北侧电梯井东墙模板吊起后，民工甲自己爬上南墙模板上部拆除外模与内膜连接吊环的铅丝。当铅丝拆掉后但与吊车挂钩还没有连接时，民工甲蹬着模板就要下来，而 1.2m×3.2m的大模板此时并无三角支架固定，瞬间脱离墙体将民工甲砸在下面，送往附近医院经抢救无效死亡。

(1) 简要分析造成这起事故的原因。
(2) 工程中采取哪些措施预防此类事故发生？
(3) 该事故给我们什么样的警示？

第9章

施工现场消防安全

教学目标

了解施工现场总平面布局对消防要求，熟悉临时用房防火和在建工程防火要求，熟悉灭火器、临时消防给水系统、应急照明等临时消防设施的布置要求，熟悉可燃物及易燃易爆危险品管理，用火、用电、用气管理等防火管理要求。

教学要求

能力目标	知识要点	权重
了解施工现场总平面布局对消防要求	防火间距 消防车道	20%
熟悉临时用房防火和在建工程防火要求	临时用房防火 在建工程防火	20%
熟悉灭火器、临时消防给水系统、应急照明等临时消防设施的布置要求	灭火器 临时消防给水系统 应急照明	30%
熟悉可燃物及易燃易爆危险品管理、用火、用电、用气管理等防火管理要求	可燃物及易燃易爆危险品管理 用火、用电、用气管理	30%

引例

2010年11月15日14时，上海余姚路胶州路一栋高层公寓起火。起火点位于10~12层之间，截至11月19日10时20分，大火已导致58人遇难，另有70余人正在接受治疗。

事故伤亡情况：58人死亡，其中男性22人，女性36人。70余人受伤送医，56余人失踪(2010年11月19日07：35)。

事故单位：上海佳艺建筑装饰工程公司。该公司成立于1989年。1995年，上海市静安区建筑总公司向佳艺注资500万元人民币，成为最大且唯一股东。工程总包方为上海市静安区建设总公司，分包方为上海佳艺建筑装饰工程公司。

事故原因：起火大楼在装修作业施工中，有2名电焊工违规实施作业，在短时间内形成密集火灾。

事故暴露出5大问题：①电焊工无特种作业人员资格证，严重违反操作规程，引发大火后逃离现场；②装修工程违法违规，层层多次分包，导致安全责任不落实；③施工作业现场管理混乱，安全措施不落实，存在明显的抢工期、抢进度、突击施工的行为；④事故现场使用易燃材料，导致大火迅速蔓延；⑤有关部门安全监管不力，致使多次分包、多家作业和无证电焊工上岗，对停产后复工的项目安全管理不到位。

问题：

(1) 施工现场消防安全问题有哪些?

(2) 如何发现施工现场消防安全问题?出现问题如何及时处理?

9.1 总平面布局

9.1.1 概述

(1) 临时用房、临时设施的布置应满足现场防火、灭火及人员安全疏散的要求。

(2) 下列临时用房和临时设施应纳入施工现场总平面布局。

① 施工现场的出入口、围墙、围挡。

② 场内临时道路。

③ 给水管网或管路和配电线路敷设或架设的走向、高度。

④ 施工现场办公用房、宿舍、发电机房、变配电房、可燃材料库房、易燃易爆危险品库房、可燃材料堆场及其加工场、固定动火作业场等。

⑤ 临时消防车道、消防救援场地和消防水源。

(3) 施工现场出入口的设置应满足消防车通行的要求，并宜布置在不同方向，其数量不宜少于两个。当确有困难只能设置一个出入口时，应在施工现场内设置满足消防车通行的环形道路。

(4) 施工现场临时办公、生活、生产、物料存储等功能区宜相对独立布置，防火间距应符合规范规定。

(5) 固定动火作业场应布置在可燃材料堆场及其加工场、易燃易爆危险品库房等全年最小频率风向的上风侧，并宜布置在临时办公用房、宿舍、可燃材料库房、在建工程等全年最小频率风向的上风侧。

(6) 易燃易爆危险品库房应远离明火作业区、人员密集区和建筑物相对集中区。

(7) 可燃材料堆场及其加工场、易燃易爆危险品库房不应布置在架空电力线下。

9.1.2 防火间距

(1) 易燃易爆危险品库房与在建工程的防火间距不应小于 15m，可燃材料堆场及其加工场、固定动火作业场与在建工程的防火间距不应小于 10m，其他临时用房、临时设施与在建工程的防火间距不应小于 6m。

(2) 施工现场主要临时用房、临时设施的防火间距不应小于表 9-1 的规定，当办公用房、宿舍成组布置时，其防火间距可适当减小，但应符合下列规定。

表 9-1 施工现场主要临时用房、临时设施的防火间距(单位：m)

名称 间距 名称	办公用房、宿舍	发电机房、变配电房	可燃材料库房	厨房操作间、锅炉房	可燃材料堆场及其加工场	固定动火作业场	易燃易爆危险品库房
办公用房、宿舍	4	4	5	5	7	7	10
发电机房、变配电房	4	4	5	5	7	7	10
可燃材料库房	5	5	5	5	7	7	10
厨房操作间、锅炉房	5	5	5	5	7	7	10
可燃材料堆场及其加工场	7	7	7	7	7	10	10
固定动火作业场	7	7	7	7	10	10	12
易燃易爆危险品库房	10	10	10	10	10	12	12

① 每组临时用房的栋数不应超过 10 栋，组与组之间的防火间距不应小于 8m。

② 组内临时用房之间的防火间距不应小于 3.5m，当建筑构件燃烧性能等级为 A 级时，其防火间距可减小到 3m。

9.1.3 消防车道

(1) 施工现场内应设置临时消防车道，临时消防车道与在建工程、临时用房、可燃材料堆场及其加工场的距离不宜小于 5m，且不宜大于 40m；施工现场周边道路满足消防车通行及灭火救援要求时，施工现场内可不设置临时消防车道。

(2) 临时消防车道的设置应符合下列规定。

① 临时消防车道宜为环形，设置环形车道确有困难时，应在消防车道尽端设置尺寸不小于 12m×12m 的回车场。

② 临时消防车道的净宽度和净空高度均不应小于 4m。

③ 临时消防车道的右侧应设置消防车行进路线指示标识。

④ 临时消防车道路基、路面及其下部设施应能承受消防车通行压力及工作荷载。

(3) 下列建筑应设置环形临时消防车道，设置环形临时消防车道确有困难时，除应设置回车场外，尚应设置临时消防救援场地。

① 建筑高度大于 24m 的在建工程。

② 建筑工程单体占地面积大于 3000m^{2}的在建工程。

③ 超过 10 栋，且成组布置的临时用房。

(4) 临时消防救援场地的设置应符合下列规定。

① 临时消防救援场地应在在建工程装饰装修阶段设置。

② 临时消防救援场地应设置在成组布置的临时用房场地的长边一侧及在建工程的长边一侧。

③ 临时救援场地宽度应满足消防车正常操作要求，且不应小于 6m，与在建工程外脚手架的净距不宜小于 2m，且不宜超过 6m。

9.2 建筑防火

9.2.1 概述

(1) 临时用房和在建工程应采取可靠的防火分隔和安全疏散等防火技术措施。

(2) 临时用房的防火设计应根据其使用性质及火灾危险性等情况进行确定。

(3) 在建工程防火设计应根据施工性质、建筑高度、建筑规模及结构特点等情况进行确定。

9.2.2 临时用房防火

(1) 宿舍、办公用房的防火设计应符合下列规定。

① 建筑构件的燃烧性能等级应为 A 级。当采用金属夹芯板材时，其芯材的燃烧性能等级应为 A 级。

② 建筑层数不应超过 3 层，每层建筑面积不应大于 300m^2。

③ 层数为 3 层或每层建筑面积大于 200m^{2}时，应设置至少两部疏散楼梯，房间疏散门至疏散楼梯的最大距离不应大于 25m。

④ 单面布置用房时，疏散走道的净宽度不应小于 1.0m；双面布置用房时，疏散走道的净宽度不应小于 1.5m。

⑤ 疏散楼梯的净宽度不应小于疏散走道的净宽度。

⑥ 宿舍房间的建筑面积不应大于 30m^2，其他房间的建筑面积不宜大于 100m^2。

⑦ 房间内任一点至最近疏散门的距离不应大于 15m，房门的净宽度不应小于 0.8m；房间建筑面积超过 50m^{2}时，房门的净宽度不应小于 1.2m。

⑧ 隔墙应从楼地面基层隔断至顶板基层底面。

(2) 发电机房、变配电房、厨房操作间、锅炉房、可燃材料库房及易燃易爆危险品库房的防火设计应符合下列规定。

① 建筑构件的燃烧性能等级应为 A 级。

② 层数应为 1 层，建筑面积不应大于 200m^2。

③ 可燃材料库房单个房间的建筑面积不应超过 30m^2，易燃易爆危险品库房单个房间的建筑面积不应超过 20m^2。

④ 房间内任一点至最近疏散门的距离不应大于10m，房门的净宽度不应小于0.8m。

(3) 其他防火设计应符合下列规定。

① 宿舍、办公用房不应与厨房操作间、锅炉房、变配电房等组合建造。

② 会议室、文化娱乐室等人员密集的房间应设置在临时用房的第一层，其疏散门应向疏散方向开启。

9.2.3 在建工程防火

(1) 在建工程作业场所的临时疏散通道应采用不燃、难燃材料建造，并应与在建工程结构施工同步设置，也可利用在建工程施工完毕的水平结构、楼梯。

(2) 在建工程作业场所临时疏散通道的设置应符合下列规定。

① 耐火极限不应低于0.5h。

② 设置在地面上的临时疏散通道，其净宽度不应小于1.5m；利用在建工程施工完毕的水平结构、楼梯作临时疏散通道时，其净宽度不宜小于1.0m；用于疏散的爬梯及设置在脚手架上的临时疏散通道，其净宽度不应小于0.6m。

③ 临时疏散通道为坡道，且坡度大于25°时，应修建楼梯或台阶踏步或设置防滑条。

④ 临时疏散通道不宜采用爬梯，确需采用时，应采取可靠固定措施。

⑤ 临时疏散通道的侧面为临空面时，应沿临空面设置高度不小于1.2m的防护栏杆。

⑥ 临时疏散通道设置在脚手架上时，脚手架应采用不燃材料搭设。

⑦ 临时疏散通道应设置明显的疏散指示标识。

⑧ 临时疏散通道应设置照明设施。

(3) 既有建筑进行扩建、改建施工时，必须明确划分施工区和非施工区。施工区不得营业、使用和居住；非施工区继续营业、使用和居住时，应符合下列规定。

① 施工区和非施工区之间应采用不开设门、窗、洞口的耐火极限不低于3.0h的不燃烧体隔墙进行防火分隔。

② 非施工区内的消防设施应完好和有效，疏散通道应保持畅通，并应落实日常值班及消防安全管理制度。

③ 施工区的消防安全应配有专人值守，发生火情应能立即处置。

④ 施工单位应向居住和使用者进行消防宣传教育，告知建筑消防设施、疏散通道的位置及使用方法，同时应组织疏散演练。

⑤ 外脚手架搭设不应影响安全疏散、消防车正常通行及灭火救援操作，外脚手架搭设长度不应超过该建筑物外立面周长的1／2。

(4) 外脚手架、支模架的架体宜采用不燃或难燃材料搭设，下列工程的外脚手架、支模架的架体应采用不燃材料搭设。

① 高层建筑。

② 既有建筑改造工程。

(5) 下列安全防护网应采用阻燃型安全防护网。

① 高层建筑外脚手架的安全防护网。

② 既有建筑外墙改造时，其外脚手架的安全防护网。

③ 临时疏散通道的安全防护网。

(6) 作业场所应设置明显的疏散指示标志，其指示方向应指向最近的临时疏散通道入口。

(7) 作业层的醒目位置应设置安全疏散示意图。

9.3 临时消防设施

9.3.1 概述

(1) 施工现场应设置灭火器、临时消防给水系统和应急照明等临时消防设施。

(2) 临时消防设施应与在建工程的施工同步设置。房屋建筑工程中，临时消防设施的设置与在建工程主体结构施工进度的差距不应超过3层。

(3) 在建工程可利用已具备使用条件的永久性消防设施作为临时消防设施。当永久性消防设施无法满足使用要求时，应增设临时消防设施，并应符合本规范第5.2～5.4节的有关规定。

(4) 施工现场的消火栓泵应采用专用消防配电线路。专用消防配电线路应自施工现场总配电箱的总断路器上端接入，且应保持不间断供电。

(5) 地下工程的施工作业场所宜配备防毒面具。

(6) 临时消防给水系统的储水池、消火栓泵、室内消防竖管及水泵接合器等应设置醒目标识。

9.3.2 灭火器

(1) 在建工程及临时用房的下列场所应配置灭火器。

① 易燃易爆危险品存放及使用场所。

② 动火作业场所。

③ 可燃材料存放、加工及使用场所。

④ 厨房操作间、锅炉房、发电机房、变配电房、设备用房、办公用房、宿舍等临时用房。

⑤ 其他具有火灾危险的场所。

(2) 施工现场灭火器配置应符合下列规定。

① 灭火器的类型应与配备场所可能发生的火灾类型相匹配。

② 灭火器的最低配置标准应符合表9-2的规定。

表9-2 灭火器的最低配置标准

项目	固体物质火灾		液体或可熔化固体物质火灾、气体火灾	
	单具灭火器最小灭火级别	单位灭火级别最大保护面积/(m^2/A)	单具灭火器最小灭火级别	单位灭火级别最大保护面积/(m^2/B)
易燃易爆危险品存放及使用场所	3A	50	89B	0.5
固定动火作业场	3A	50	89B	0.5
临时动火作业点	2A	50	55B	0.5

续表

项目	固体物质火灾		液体或可熔化固体物质火灾、气体火灾	
	单具灭火器最小灭火级别	单位灭火级别最大保护面积/(m^2/A)	单具灭火器最小灭火级别	单位灭火级别最大保护面积/(m^2/B)
可燃材料存放、加工及使用场所	2A	75	55B	1.0
厨房操作间、锅炉房	2A	75	55B	1.0
自备发电机房	2A	75	55B	1.0
变、配电房	2A	75	55B	1.0
办公用房、宿舍	1A	100	—	—

③ 灭火器的配置数量应按现行国家标准《建筑灭火器配置设计规范》(GB 50140)的有关规定经计算确定，且每个场所的灭火器数量不应少于两具。

④ 灭火器的最大保护距离应符合表 9-3 的规定。

表 9-3 灭火器的最大保护距离(单位：m)

灭火器配置场所	固体物质火灾	液体或可熔化固体物质火灾、气体火灾
易燃易爆危险品存放及使用场所	15	9
固定动火作业场	15	9
临时动火作业点	10	6
可燃材料存放、加工及使用场所	20	12
厨房操作间、锅炉房	20	12
发电机房、变配电房	20	12
办公用房、宿舍等	25	—

灭火器的使用方法及注意事项

使用方法：放松灭火器提把拉出安全栓；右手提灭火器左手扶住罐体，于起火部位上风位，距离 1.5～2m 处，使灭火器喷口对准火焰根部喷射。

注意事项：使用前应确认灭火器是否安全有效；灭火器罐体底部不得对准自身身体；如在通风条件不好的室内使用 CO_2 灭火器，使用者应于喷射完成后 30s 之内迅速撤离，以防 CO_2 中毒；干粉式灭火器使用前应佩戴防尘面罩或口罩，以免粉尘刺激上呼吸道，引起急性上呼吸道致敏反应。

9.3.3 临时消防给水系统

(1) 施工现场或其附近应设置稳定、可靠的水源，并应能满足施工现场临时消防用水的需要。

消防水源可采用市政给水管网或天然水源。当采用天然水源时，应采取确保冰冻季节、枯水期最低水位时顺利取水的措施，并应满足临时消防用水量的要求。

(2) 临时消防用水量应为临时室外消防用水量与临时室内消防用水量之和。

(3) 临时室外消防用水量应按临时用房和在建工程的临时室外消防用水量的较大者确定，施工现场火灾次数可按同时发生一次确定。

(4) 临时用房建筑面积之和大于 1000m^2 或在建工程单体体积大于 10000m^3 时，应设置临时室外消防给水系统。当施工现场处于市政消火栓 150m 保护范围内，且市政消火栓的数量满足室外消防用水量要求时，可不设置临时室外消防给水系统。

(5) 临时用房的临时室外消防用水量不应小于表 9-4 的规定。

表 9-4 临时用房的临时室外消防用水量

临时用户的建筑面积之和	火灾延续时间/h	消火栓用水量/(L/s)	每支水枪最小流量/(L/s)
1000m^2＜面积≤5000m^2	1	10	5
面积＞5000m^2		15	5

(6) 在建工程的临时室外消防用水量不应小于表 9-5 的规定。

表 9-5 在建工程的临时室外消防用水量

在建工程(单体)体积	火灾延续时间/h	消火栓用水量/(L/s)	每支水枪最小流量/(L/s)
10000m^3＜体积≤30000m^3	1	10	5
体积＞30000m^2	2	20	5

(7) 施工现场临时室外消防给水系统的设置应符合下列规定。

① 给水管网宜布置成环状。

② 临时室外消防给水干管的管径应根据施工现场临时消防用水量和干管内水流计算速度计算确定，且不应小于 DN 100。

③ 室外消火栓应沿在建工程、临时用房和可燃材料堆场及其加工场均匀布置，与在建工程、临时用房和可燃材料堆场及其加工场的外边线的距离不应小于 5m。

④ 消火栓的间距不应大于 120m。

⑤ 消火栓的最大保护半径不应大于 150m。

(8) 建筑高度大于 24m 或单体体积超过 30000m^3 的在建工程应设置临时室内消防给水系统。

(9) 在建工程的临时室内消防用水量不应小于表 9-6 的规定。

表 9-6 在建工程的临时室内消防用水量

建筑高度、在建工程体积(单体)	火灾延续时间/h	消火栓用水量/(L/s)	每支水枪最小流量/(L/s)
24m＜建筑高度≤50m 或 30000m^3＜体积≤50000m^3	1	10	5
建筑高度＞50m 体积＞50000m^2	1	15	5

(10) 在建工程临时室内消防竖管的设置应符合下列规定。

① 消防竖管的设置位置应便于消防人员操作，其数量不应少于两根，当结构封顶时，应将消防竖管设置成环状。

② 消防竖管的管径应根据在建工程临时消防用水量、竖管内水流计算速度计算确定，且不应小于 DN 100。

(11) 设置室内消防给水系统的在建工程，应设置消防水泵接合器。消防水泵接合器应设置在室外便于消防车取水的部位，与室外消火栓或消防水池取水口的距离宜为 15～40m。

(12) 设置临时室内消防给水系统的在建工程，各结构层均应设置室内消火栓接口及消防软管接口，并应符合下列规定。

① 消火栓接口及软管接口应设置在位置明显且易于操作的部位。

② 消火栓接口的前端应设置截止阀。

③ 消火栓接口或软管接口的间距，多层建筑不应大于 50m，高层建筑不应大于 30m。

(13) 在建工程结构施工完毕的每层楼梯处应设置消防水枪、水带及软管，且每个设置点不应少于两套。

(14) 高度超过 100m 的在建工程应在适当楼层增设临时中转水池及加压水泵。中转水池的有效容积不应少于 $10m^3$，上、下两个中转水池的高差不宜超过 100m。

(15) 临时消防给水系统的给水压力应满足消防水枪充实水柱长度不小于 10m 的要求；给水压力不能满足要求时，应设置消火栓泵，消火栓泵不应少于两台，且应互为备用；消火栓泵宜设置自动启动装置。

(16) 当外部消防水源不能满足施工现场的临时消防用水量要求时，应在施工现场设置临时储水池。临时储水池宜设置在便于消防车取水的部位，其有效容积不应小于施工现场火灾延续时间内一次灭火的全部消防用水量。

(17) 施工现场临时消防给水系统应与施工现场生产、生活给水系统合并设置，但应设置将生产、生活用水转为消防用水的应急阀门。应急阀门不应超过两个，且应设置在易于操作的场所，并应设置明显标识。

(18) 严寒和寒冷地区的现场临时消防给水系统应采取防冻措施。

9.3.4 应急照明

(1) 施工现场的下列场所应配备临时应急照明。

① 自备发电机房及变配电房。

② 水泵房。

③ 无天然采光的作业场所及疏散通道。

④ 高度超过 100m 的在建工程的室内疏散通道。

⑤ 发生火灾时仍需坚持工作的其他场所。

(2) 作业场所应急照明的照度不应低于正常工作所需照度的 90%，疏散通道的照度值不应小于 0.5 lx。

(3) 临时消防应急照明灯具宜选用自备电源的应急照明灯具，自备电源的连续供电时间不应小于 60min。

9.4 防火管理

9.4.1 概述

(1) 施工现场的消防安全管理应由施工单位负责。

实行施工总承包时，应由总承包单位负责。分包单位应向总承包单位负责，并应服从总承包单位的管理，同时应承担国家法律、法规规定的消防责任和义务。

(2) 监理单位应对施工现场的消防安全管理实施监理。

(3) 施工单位应根据建设项目规模、现场消防安全管理的重点，在施工现场建立消防安全管理组织机构及义务消防组织，并应确定消防安全负责人和消防安全管理人员，同时应落实相关人员的消防安全管理责任。

(4) 施工单位应针对施工现场可能导致火灾发生的施工作业及其他活动制定消防安全管理制度。消防安全管理制度应包括下列主要内容。

① 消防安全教育与培训制度。

② 可燃及易燃易爆危险品管理制度。

③ 用火、用电、用气管理制度。

④ 消防安全检查制度。

⑤ 应急预案演练制度。

(5) 施工单位应编制施工现场防火技术方案，并应根据现场情况变化及时对其修改、完善。防火技术方案应包括下列主要内容。

① 施工现场重大火灾危险源辨识。

② 施工现场防火技术措施。

③ 临时消防设施、临时疏散设施配备。

④ 临时消防设施和消防警示标识布置图。

(6) 施工单位应编制施工现场灭火及应急疏散预案。灭火及应急疏散预案应包括下列主要内容。

① 应急灭火处置机构及各级人员应急处置职责。

② 报警、接警处置的程序和通信联络的方式。

③ 扑救初起火灾的程序和措施。

④ 应急疏散及救援的程序和措施。

(7) 施工人员进场时，施工现场的消防安全管理人员应向施工人员进行消防安全教育和培训。消防安全教育和培训应包括下列内容。

① 施工现场消防安全管理制度、防火技术方案、灭火及应急疏散预案的主要内容。

② 施工现场临时消防设施的性能及使用、维护方法。

③ 扑灭初起火灾及自救逃生的知识和技能。

④ 报警、接警的程序和方法。

(8) 施工作业前，施工现场的施工管理人员应向作业人员进行消防安全技术交底。消防安全技术交底应包括下列主要内容。

① 施工过程中可能发生火灾的部位或环节。

② 施工过程应采取的防火措施及应配备的临时消防设施。

③ 初起火灾的扑救方法及注意事项。

④ 逃生方法及路线。

(9) 施工过程中，施工现场的消防安全负责人应定期组织消防安全管理人员对施工现场的消防安全进行检查。消防安全检查应包括下列主要内容。

① 可燃物及易燃易爆危险品的管理是否落实。

② 动火作业的防火措施是否落实。

③ 用火、用电、用气是否存在违章操作，电、气焊及保温防水施工是否执行操作规程。

④ 临时消防设施是否完好有效。

⑤ 临时消防车道及临时疏散设施是否畅通。

(10) 施工单位应依据灭火及应急疏散预案，定期开展灭火及应急疏散的演练。

(11) 施工单位应做好并保存施工现场消防安全管理的相关文件和记录，并应建立现场消防安全管理档案。

9.4.2 可燃物及易燃易爆危险品管理

(1) 用于在建工程的保温、防水、装饰及防腐等材料的燃烧性能等级应符合设计要求。

(2) 可燃材料及易燃易爆危险品应按计划限量进场。进场后，可燃材料宜存放于库房内，露天存放时，应分类成垛堆放，垛高不应超过 2m，单垛体积不应超过 $50m^3$，垛与垛之间的最小间距不应小于 2m，且应采用不燃或难燃材料覆盖；易燃易爆危险品应分类专库储存，库房内应通风良好，并应设置严禁明火标志。

(3) 室内使用油漆及其有机溶剂、乙二胺、冷底子油等易挥发产生易燃气体的物资作业时，应保持良好通风，作业场所严禁明火，并应避免产生静电。

(4) 施工产生的可燃、易燃建筑垃圾或余料应及时清理。

9.4.3 用火、用电、用气管理

(1) 施工现场用火应符合下列规定。

① 动火作业应办理动火许可证；动火许可证的签发人收到动火申请后，应前往现场查验并确认动火作业的防火措施落实后，再签发动火许可证。

② 动火操作人员应具有相应资格。

③ 焊接、切割、烘烤或加热等动火作业前，应对作业现场的可燃物进行清理；作业现场及其附近无法移走的可燃物应采用不燃材料对其覆盖或隔离。

④ 施工作业安排时，宜将动火作业安排在使用可燃建筑材料的施工作业前进行。确需在使用可燃建筑材料的施工作业之后进行动火作业时，应采取可靠的防火措施。

⑤ 裸露的可燃材料上严禁直接进行动火作业。

⑥ 焊接、切割、烘烤或加热等动火作业应配备灭火器材，并应设置动火监护人进行现场监护，每个动火作业点均应设置一个监护人。

⑦ 5 级(含 5 级)以上风力时，应停止焊接、切割等室外动火作业；确需动火作业时，应采取可靠的挡风措施。

⑧ 动火作业后，应对现场进行检查，并应在确认无火灾危险后，动火操作人员再离开。

⑨ 具有火灾、爆炸危险的场所严禁明火。

⑩ 施工现场不应采用明火取暖。

⑪ 厨房操作间炉灶使用完毕后，应将炉火熄灭，排油烟机及油烟管道应定期清理油垢。

(2) 施工现场用电应符合下列规定。

① 施工现场供用电设施的设计、施工、运行和维护应符合现行国家标准《建设工程施工现场供用电安全规范》GB 50194 的有关规定。

② 电气线路应具有相应的绝缘强度和机械强度，严禁使用绝缘老化或失去绝缘性能的电气线路，严禁在电气线路上悬挂物品。破损、烧焦的插座、插头应及时更换。

③ 电气设备与可燃、易燃易爆危险品和腐蚀性物品应保持一定的安全距离。

④ 有爆炸和火灾危险的场所应按危险场所等级选用相应的电气设备。

⑤ 配电屏上每个电气回路应设置漏电保护器、过载保护器，距配电屏 2m 范围内不应堆放可燃物，5m 范围内不应设置可能产生较多易燃、易爆气体、粉尘的作业区。

⑥ 可燃材料库房不应使用高热灯具，易燃易爆危险品库房内应使用防爆灯具。

⑦ 普通灯具与易燃物的距离不宜小于 300mm，聚光灯、碘钨灯等高热灯具与易燃物的距离不宜小于 500mm。

⑧ 电气设备不应超负荷运行或带故障使用。

⑨ 严禁私自改装现场供用电设施。

⑩ 应定期对电气设备和线路的运行及维护情况进行检查。

(3) 施工现场用气应符合下列规定。

① 储装气体的罐瓶及其附件应合格、完好和有效；严禁使用减压器及其他附件缺损的氧气瓶，严禁使用乙炔专用减压器、回火防止器及其他附件缺损的乙炔瓶。

② 气瓶运输、存放、使用时，应符合下列规定。

(a) 气瓶应保持直立状态，并采取防倾倒措施，乙炔瓶严禁横躺卧放。

(b) 严禁碰撞、敲打、抛掷、滚动气瓶。

(c) 气瓶应远离火源，与火源的距离不应小于 10m，并应采取避免高温和防止曝晒的措施。

(d) 燃气储装瓶罐应设置防静电装置。

③ 气瓶应分类储存，库房内应通风良好；空瓶和实瓶同库存放时，应分开放置，空瓶和实瓶的间距不应小于 1.5m。

④ 气瓶使用时，应符合下列规定。

(a) 使用前，应检查气瓶及气瓶附件的完好性，检查连接气路的气密性，并采取避免气体泄漏的措施，严禁使用已老化的橡皮气管。

(b) 氧气瓶与乙炔瓶的工作间距不应小于 5m，气瓶与明火作业点的距离不应小于 10m。

(c) 冬季使用气瓶，气瓶的瓶阀、减压器等发生冻结时，严禁用火烘烤或用铁器敲击瓶阀，严禁猛拧减压器的调节螺丝。

(d) 氧气瓶内剩余气体的压力不应小于 0.1MPa。

(e) 气瓶用后应及时归库。

9.4.4 其他防火管理

(1) 施工现场的重点防火部位或区域应设置防火警示标识。

(2) 施工单位应做好施工现场临时消防设施的日常维护工作，对已失效、损坏或丢失的消防设施应及时更换、修复或补充。

(3) 临时消防车道、临时疏散通道、安全出口应保持畅通，不得遮挡、挪动疏散指示标识，不得挪用消防设施。

(4) 施工期间不应拆除临时消防设施及临时疏散设施。

(5) 施工现场严禁吸烟。

扑救火灾的原则

边报警，边扑救
先控制，后灭火
先救人，后救物
防中毒，防窒息
听指挥，莫惊慌

大家牢记

每一个安全事故的教训都是惨痛的，每一个安全事故的发生都有其必然性和偶然性。
事故无大小之分。身边的一些小事或小疏忽完全可能引起巨大的事故和损失。只有安全才是效益。
安全第一，预防为主。

本章小结

通过本章的学习，要求学生了解总平面布局一般规定、防火间距、消防车道设置，熟悉建筑防火一般规定，临时用房防火、在建工程防火、临时消防设施一般规定，灭火器、临时消防给水系统、应急照明、防火管理一般规定，可燃物及易燃易爆危险品管理，用火、用电、用气管理。

临时用房、临时设施的布置应满足现场防火、灭火及人员安全疏散的要求。施工现场出入口的设置应满足消防车通行的要求，并宜布置在不同方向，其数量应满足要求。施工现场临时办公、生活、生产、物料存储等功能区宜相对独立布置，防火间距应符合规范规定。固定动火作业场应布置在可燃材料堆场及其加工场、易燃易爆危险品库房等全年最小频率风向的上风侧，并宜布置在临时办公用房、宿舍、可燃材料库房、在建工程等全年最小频率风向的上风侧。易燃易爆危险品库房应远离明火作业区、人员密集区和建筑物相对集中区。可燃材料堆场及其加工场、易燃易爆危险品库房不应布置在架空电力线下。

临时用房和在建工程应采取可靠的防火分隔和安全疏散等防火技术措施。临时用房的防火设计应根据其使用性质及火灾危险性等情况进行确定。在建工程防火设计应根据施工性质、建筑高度、建筑规模及结构特点等情况进行确定。

施工现场应设置灭火器、临时消防给水系统和应急照明等临时消防设施。临时消防设施应与在建工程的施工同步设置。房屋建筑工程中，临时消防设施的设置与在建工程主体结构施工进度的差距不应超过3层。在建工程可利用已具备使用条件的永久性消防设施作为临时消防设施。当永久性消防设施无法满足使用要求时，应增设临时消防设施，并应符合规定。施工现场的消火栓泵应采用专用消防配电线路。专用消防配电线路应自施工现场总配电箱的总断路器上端接入，且应保持不间断供电。地下工程的施工作业场所宜配备防毒面具。临时消防给水系统的储水池、消火栓泵、室内消防竖管及水泵接合器等应设置醒目标识。

施工现场的消防安全管理应由施工单位负责。监理单位应对施工现场的消防安全管理实施监理。施工单位应根据建设项目规模、现场消防安全管理的重点，在施工现场建立消防安全管理组织机构及义务消防组织，并应确定消防安全负责人和消防安全管理人员，同时应落实相关人员的消防安全管理责任。施工单位应针对施工现场可能导致火灾发生的施工作业及其他活动，制定消防安全管理制度。施工单位应编制施工现场防火技术方案，并应根据现场情况变化及时对其修改、完善。施工单位应编制施工现场灭火及应急疏散预案。施工人员进场时，施工现场的消防安全管理人员应向施工人员进行消防安全教育和培训。施工作业前，施工现场的施工管理人员应向作业人员进行消防安全技术交底。施工过程中，施工现场的消防安全负责人应定期组织消防安全管理人员对施工现场的消防安全进行检查。

习　题

一、单选题

1. 禁火作业区距离生活区不小于(　　)m，距离其他区域不小于(　　)m。

   A. 10 m；25 m　　B. 15 m；30 m　　C. 20 m；35 m　　D. 15 m；30 m

2. 配电柜内电源线着火应选用(　　)灭火剂进行灭火。

   A. 水　　B. 干粉灭火器　　C. 卤化烷灭火器　　D. 空气泡沫灭火器

3.使用灭火器扑灭初起火灾时，要对准火焰的(　　)喷射。

   A. 上部　　B. 中部　　C. 根部　　D. 上空

4. 物质在空气中发生缓慢氧化和燃烧的共同点是(　　)。

   A. 放出热量　　B. 发光　　C. 达到着火点　　D. 必须都是气体

5. 用灭火器进行灭火的最佳位置是(　　)。

   A. 下风位置　　B. 离起火点10m以上的位置

   C. 上风或侧风位置　　D. 离起火点10m以下的位置

6. 火场逃生的原则是(　　)。

A. 抢救国家财产为上　　B. 先带上日后生活必需钱财要紧

C. 安全撤离、救助结合　　D. 逃命要紧

7. 生活区域配备的灭火器类型为(　　)。

A. ABC 干粉灭火器　　B. 1211 灭火器

C. 泡沫灭火器　　D. 特种灭火器

8. 建筑物起火的(　　)min 内是灭火的最好时机。

A. 1～3　　B. 5～7　　C. 15～30　　D. 30～45

9. 火场中防止烟气危害最简单的方法是(　　)。

A. 跳楼逃生　　B. 大声呼救

C. 用毛巾或衣服捂住口鼻低姿势沿疏散通道逃生　　D. 跳窗口逃生

10. 一个灭火器配置场所的灭火器不应少于(　　)具。

A. 1　　B. 2　　C. 5　　D. 8

11. 下列物质中，(　　)火灾属 B 类火灾。

A. 木材　　B. 纸张　　C. 汽油　　D. 煤

12.《消防法》规定，公共场所室内装修、装饰根据建筑消防技术标准的规定，应当使用不燃、难燃材料的，必须选用(　　)确定的检验机构检验合格的材料。

A. 依照产品质量法的规定　　B. 建设单位

C. 工程监理单位　　D. 合同

13.《消防法》规定，禁止在具有火灾、爆炸危险的场所使用明火；因特殊情况需要使用明火作业的，应当按照规定事先办理(　　)。

A. 审批手续　　B. 许可手续　　C. 保险手续　　D. 备案手续

14.《消防法》规定，作业人员应当遵守消防安全规定，并采取相应的消防安全措施。进行(　　)等具有火灾危险的作业的人员和自动消防系统的操作人员，必须持证上岗，并严格遵守消防安全操作规程。

A. 木工　　B. 电焊、气焊　　C. 油漆　　D. 使用喷灯

15. 施工现场必须设置临时消防车道，其宽度不得小于(　　)m。

A. 3　　B. 3.5　　C. 4　　D. 4.5

16. 工地宿舍内住(　　)人以上时，要有消防安全通道及人员疏散预案。

A. 40　　B. 60　　C. 80　　D. 100

17. 消防工作的方针是(　　)。

A. 预防为主，防消结合　　B. 安全第一，预防为主

C. 预防为主，齐抓共管　　D. 百年大计，安全第一

18. 建设单位应当将建筑工程的消防设计图纸及有关资料报送(　　)审核。

A. 市政管理委员会　　B. 建筑工程所在地人民政府

C. 公安消防机构　　D. 市政工程管理局

二、多选题

1. 工地临时动火要严格把好审批关，批准用火应按照 4 定，即采取定时、(　　)、定措施。

A. 定位　　B. 定资金

C. 定人　　D. 定任务　　E.定目标

2. 一般临时设施区，每 100m^2 配备两个 10L 灭火器，临时木工间、油漆间、木、机具间等，每 50m^2 应配置两个种类合适的灭火器；每组灭火器不应少于(　　)个，每组灭火器之间的距离不应大于(　　)m。

A. 30　　B. 4　　C. 50　　D. 2　　E. 1

3. 施工现场通道附近的各类(　　)等处，除设置防护设施和安全标志外，夜间还应设红灯示警。

A. 洞口　　B. 材料场　　C. 坑槽

D. 钢筋切割机　　E. 混凝土搅拌机

三、简答题

1. 施工现场总平面布局一般规定有哪些？
2. 施工现场防火间距规定有哪些？
3. 施工现场临时消防车道设置规定有哪些？
4. 临时用房和在建工程建筑防火一般规定有哪些？
5. 临时用房防火规定有哪些？
6. 在建工程防火规定有哪些？
7. 临时消防设施一般规定有哪些？
8. 在建工程及临时用房配置灭火器的规定有哪些？
9. 临时消防给水系统规定有哪些？
10. 施工现场哪些场所应配备临时应急照明？
11. 防火管理一般规定有哪些？
12. 可燃物及易燃易爆危险品管理规定有哪些？
13. 施工现场用火、用电、用气管理规定有哪些？

第 10 章

施工安全事故处理及应急救援

教学目标

熟悉安全事故的分类，了解安全事故原因、事故的特征，掌握伤亡事故报告编制要求、方法，熟悉事故调查程序、内容，掌握事故处理要求，熟悉施工安全事故的应急救援方案的编制。

教学要求

能力目标	知识要点	权重
熟悉安全事故的分类	安全事故的分类	10%
了解安全事故原因、事故的特征	安全事故原因	10%
掌握伤亡事故报告编制要求、方法	伤亡事故报告	10%
熟悉事故调查程序、内容	事故调查	20%
掌握事故处理要求	事故处理	30%
熟悉施工安全事故的应急救援方案的编制	施工安全事故的应急救援	20%

引例

国务院上海市静安区胶州路公寓大楼“11•15”特别重大火灾事故调查组组长由国家安全监管总局局长骆琳担任，国家安全监管总局副局长梁嘉琨，监察部副部长郝明金，公安部副部长刘金国，住房和城乡建设部副部长郭允冲，全国总工会副主席、书记处书记张鸣起，上海市副市长沈骏担任事故调查组副组长。

骆琳在会议上说，根据目前掌握的情况，经过初步分析，起火大楼在装修作业施工中，有两名电焊工违规实施作业，在短时间内形成密集火灾。

骆琳表示，这起事故是一起因违法违规生产建设行为所导致的特别重大责任事故，也是一起不该发生的、完全可以避免的事故。他要求事故调查组的全体同志要以对党和人民事业高度负责的精神和态度，通过扎实有效的工作，严肃认真彻底查清事故原因，依法依规严肃追究有关责任人的责任，给遇难者家属和受伤人员一个交代，给全社会一个交代。同时，还要深刻总结事故教训，用事故教训推动整个安全生产工作，切实维护广大人民群众的生命财产安全。

上海静安区建设总公司、静安区建筑工程监理有限公司和上海迪姆物业管理有限公司的4名相关负责人对“11•15”胶州路特别重大火灾事故负有重大责任，涉嫌重大责任事故罪，于11月18日被依法刑事拘留。

问题：

(1) 施工安全事故有哪些类型？

(2) 施工安全事故处理程序有哪些？

(3) 如何编制施工安全事故应急救援？

10.1 施工安全事故分类及处理

10.1.1 安全事故的分类

在建筑施工的过程中经常发生由于客观和主观的因素影响，使我们的工作停顿下来。例如：作为砌砖用的脚手架倒塌了，砌筑工作不得不暂时停止；吊车吊装构件时，构件碰伤了人等，这些都认为是事故。

所谓事故，从广义的角度可理解为：个人或集体在为了实现某一意图而采取行动的过程中，突然发生了与人意志相反的情况，迫使这种行动暂时或永久地停止的事件。

1. 按照事故发生的原因分类

根据企业职工伤亡事故分类(GB 6441)的规定分为20类，见表10-1。

表10-1 企业职工伤亡事故分类表

序号	事故类别名称	序号	事故类别名称	序号	事故类别名称	序号	事故类别名称
01	物体打击	06	淹溺	11	冒顶	16	锅炉爆炸
02	车辆伤害	07	灼烫	12	透水	17	容器爆炸
03	机械伤害	08	火灾	13	放炮	18	其他爆炸
04	起重伤害	09	高处坠落	14	火药爆炸	19	中毒窒息
05	触电	10	坍塌	15	瓦斯爆炸	20	其他伤害

2. 事故损失分类

中华人民共和国国务院令(第 493 号)《生产安全事故报告和调查处理条例》规定，根据生产安全事故造成的人员伤亡或者直接经济损失，事故一般分为以下等级。

(1) 特别重大事故，是指造成 30 人以上死亡，或者 100 人以上重伤(包括急性工业中毒，下同)，或者 1 亿元以上直接经济损失的事故。

(2) 重大事故，是指造成 10 人以上 30 人以下死亡，或者 50 人以上 100 人以下重伤，或者 5000 万元以上 1 亿元以下直接经济损失的事故。

(3) 较大事故，是指造成 3 人以上 10 人以下死亡，或者 10 人以上 50 人以下重伤，或者 1000 万元以上 5000 万元以下直接经济损失的事故。

(4) 一般事故，是指造成 3 人以下死亡，或者 10 人以下重伤，或者 1000 万元以下直接经济损失的事故。

3. 事故后果分类

从客观的物资条件为中心来考察事故后果，事故可分为以下几类。

(1) 物质遭受损失的事故，如火灾、质量缺陷返工、倒塌等发生的事故。

(2) 物质完全没有受到损失的事故。

有些事故虽然物质没有受到损失，但由于操作者或机械设备停止了工作，则生产不得不停顿下来，这种事件就可称为事故。需要说明一下，这里所说的物质未受损失是未受直接物质损失，间接损失是有的，生产停顿下来，就意味着不进行物质的生产，在停顿期间自然会受到经济损失。

从上述分析来看，做到安全生产、安全施工就是要消除施工过程的各种不安全的因素和隐患，防止事故的发生，以避免人的伤害、物的损失。因此，研究安全的问题涉及的面非常广，是一门综合性科学。

10.1.2 安全事故原因分析

造成安全事故的原因众多，归纳来说主要有三大方面：一是人的不安全因素；二是施工现场物的不安全状态；三是管理上的不安全因素等。

1. 人的不安全因素

人的不安全因素是指对安全产生影响的人方面的因素。即能够使系统发生问题或发生意外事件的人员、个人的不安全因素、违背设计和安全要求的错误行为。据统计资料分析，88%的事故是由人的不安全行为所造成的，而人的生理和心理特点又直接影响人的不安全行为。所以，人的不安全因素可分为个人的不安全因素和人的不安全行为两个大类。

1) 个人的不安全因素

个人的不安全因素是指人员的心理、生理、能力中所具有不能适应工作、作业岗位要求而影响安全的因素。个人不安全因素包括以下几个方面。

(1) 心理因素：心理上具有影响安全的性格、气质、情绪。

(2) 生理因素：①视觉、听觉等感觉器官不能适应工作、作业岗位的要求，影响安全的因素；②体能不能适应工作、作业岗位要求的影响安全的因素；③年龄不能适应工作、作业岗位要求的因素；④有不适应工作作业岗位要求的疾病；⑤疲劳和酒醉或刚睡过觉，感觉朦胧。

(3) 能力上包括知识技能、应变能力、资格不能适应工作作业岗位要求，影响安全的因素。

2) 人的不安全行为

人的不安全行为是指违反安全规则(程)或安全原则，使事故有可能或有机会发生的行为。不安全行为者可能是受伤害者，也可能是非受伤害者。按《企业职工伤亡事故分类标准》GB 6441，人的不安全行为可分为13个大类，见表10-2。

表10-2 人的不安全行为

1	操作错误、忽视安全、忽视警告	(1) 未经许可开动、关停、移动机器 (2) 开动、关停机器时未给信号 (3) 忘记关闭设备 (4) 忽视警告标志、警告信号 (5) 操作错误(指按钮、阀门、扳手、把柄等的操作) (6) 奔跑作业 (7) 供料或送料速度过快 (8) 机器超速运转 (9) 违章驾驶机动车 (10) 酒后作业 (11) 客货混载 (12) 冲压机作业时，手伸进冲压模 (13) 工件紧固不牢 (14) 用压缩空气吹铁屑 (15) 其他
2	造成安全装置失效	(1) 拆除了安全装置 (2) 安全装置堵塞，失掉了作用 (3) 调整的错误造成安全装置失效 (4) 其他
3	使用不安全设备	(1) 使用不牢固的设施 (2) 使用无安全装置的设备 (3) 其他
4	手代替工具操作	(1) 用手代替手动工具 (2) 用手清除切屑 (3) 不用夹具固定、用手拿工件进行机加工
5	物体存放不当	指成品、半成品、材料、工具、切屑和生产用品等存放不当
6	冒险进入危险场所	(1) 冒险进入涵洞 (2) 接近漏料处(无安全设施) (3) 采伐、集材、运材、装车时，未离危险区 (4) 未经安全监察人员允许进行油罐或井中 (5) 未“敲帮问顶”开始作业 (6) 冒进信号 (7) 调车场超速上下车 (8) 易燃易爆场合明火 (9) 私自搭乘矿车 (10) 在绞车道行走 (11) 未及时瞭望

续表

7	攀、坐不安全位置	(如平台护栏、汽车挡板、吊车吊钩)
8	在起吊物下作业、停留	—
9	机器运转时加油、修理、检查、调整、焊接、清扫等工伤	—
10	有分散注意力行为	—
11	在必须使用个人防护用品用具的作业或场合中，忽视其使用	(1) 未戴护目镜或面罩 (2) 未戴防护手套 (3) 未穿安全鞋 (4) 未戴安全帽 (5) 未佩戴呼吸护具 (6) 未佩戴安全带 (7) 未戴工作帽 (8) 其他
12	不安全装束	(1) 在有旋转零部件的设备旁作业穿过肥大服装 (2) 操纵带有旋转零部件的设备时戴手套 (3) 其他
13	对易燃、易爆等危险物品处理错误	—

2. 施工现场的不安全状态

指直接形成或导致事故发生的物质(体)条件，包括物、作业环境潜在的危险。按《企业职工伤亡事故分类标准》(GB 6441)，物的不安全状态可分为四大类，见表 10-3。

表 10-3　物的不安全状态

1	防护、保险、信号等装置缺乏或有缺陷	无防护	(1) 无防护罩 (2) 无安全保险装置 (3) 无报警装置 (4) 无安全标志 (5) 无护栏或护栏损坏 (6) (电气)未接地 (7) 绝缘不良 (8) 风扇无消声系统、噪声大 (9) 危房内作业 (10) 未安装防止“跑车”的档车器或挡车栏 (11) 其他
		防护不当	(1) 防护罩未在适应位置 (2) 防护装置调整不当 (3) 坑道掘进、隧道开凿支撑不当 (4) 防爆装置不当 (5) 采伐、集材作业安全距离不够 (6) 放炮作业隐蔽所有缺陷 (7) 电气装置带电部分裸露 (8) 其他

续表

<table>
<tr><td rowspan="4">2</td><td rowspan="4">设备、设施、工具、附件有缺陷</td><td>设计不当，结构不合安全要求</td><td>(1) 通道门遮挡视线
(2) 制动装置有缺欠
(3) 安全间距不够
(4) 拦车网有缺欠
(5) 工件有锋利毛刺、毛边
(6) 设施上有锋利倒棱
(7) 其他</td></tr>
<tr><td>强度不够</td><td>(1) 机械强度不够
(2) 绝缘强度不够
(3) 起吊重物的绳索不合安全要求
(4) 其他</td></tr>
<tr><td>设备在非正常状态下运行</td><td>(1) 设备带“病”运转
(2) 超负荷运转
(3) 其他</td></tr>
<tr><td>维修、调整不良</td><td>(1) 设备失修
(2) 地面不平
(3) 保养不当、设备失灵
(4) 其他</td></tr>
<tr><td rowspan="2">3</td><td rowspan="2">个人防护用品用具缺少或缺陷</td><td>无个人防护用品、用具</td><td>无防护服、手套、护目镜及面罩、呼吸器官护具、听力护具、安全带安全帽、安全鞋等</td></tr>
<tr><td>所用防护用品、用具不符合安全要求</td><td>—</td></tr>
<tr><td rowspan="9">4</td><td rowspan="9">生产(施工)场地环境不良</td><td>照明光线不良</td><td>(1) 照度不足
(2) 作业场地烟雾(尘)弥漫视物不清
(3) 光线过强</td></tr>
<tr><td>通风不良</td><td>(1) 无通风
(2) 通风系统效率低
(3) 风流短路
(4) 停电停风时放炮作业
(5) 瓦斯排放未达到安全浓度放炮作业
(6) 瓦斯超限
(7) 其他</td></tr>
<tr><td>作业场所狭窄</td><td>—</td></tr>
<tr><td>作业场地杂乱</td><td>(8) 工具、制品、材料堆放不安全
(9) 采伐时，未开“安全道”
(10) 迎门树、坐殿树、搭挂树未作处理
(11) 其他</td></tr>
<tr><td>交通线路的配置不安全</td><td>—</td></tr>
<tr><td>操作工序设计或配置不安全</td><td>—</td></tr>
<tr><td>地面滑</td><td>(1) 地面有油或其他液体
(2) 冰雪覆盖
(3) 地面有其他易滑物</td></tr>
<tr><td>储存方法不安全</td><td>—</td></tr>
<tr><td>环境温度、湿度不当</td><td>—</td></tr>
</table>

管理上的不安全因素通常也可称为管理上的缺陷，它也是事故潜在的不安全因素，作为间接的原因包括技术上的缺陷、教育上的缺陷、生理上的缺陷、心理上的缺陷、管理工作上的缺陷和学校教育信及社会、历史上的原因造成的缺陷等。

10.1.3 事故的特征

1. 事故的因果性

所谓因果性一般是指某一现象作为另一现象发生的根据的两种现象的相关性。导致事故发生的原因是很多的，而且它们之间相互制约、互相影响而共同存在，事故的发生有时是由于某种偶然因素而造成的。研究事故就是要比较全面地了解整个情况，找出直接的和间接的因素，进而深入分析和归纳。因此，在施工前应制定施工安全技术措施，然后加以认真实施，防止同类事故的发生。

2. 事故的偶然性、必然性和规律性

事故是由于客观上存在的不安全因素没有消除，随着时间的推移，导致了产生某些意外情况的出现，即事故的发生。从总体而言，它是随机事件，有一定的偶然性。但是在一定范围内，用一定的科学仪器手段及科学分析方法是能够从繁多的因素、复杂的事物中找到内部的有机联系，获得其规律性的。因此，要从偶然性中找出必然性，认识事故的规律性，并采取针对性措施，防止不安全因素的产生和发展，化险为夷。

科学的安全管理就是要研究事故的规律性、必然性，采用相应的手段和方法、措施，达到安全的生产、安全施工。

3. 事故的潜在性、再现性和预测性

无论人的全部活动或是机械系统作业的运动，在其所活动的时间内，不安全的隐患总是潜在的，造成事故的条件成熟时，就会发生。它的发生总具有时间的特征，事物在时间的进程中发展，事故可能会突然违反人的意愿而发生。所以，事故潜在于“绝对时间”之中，具有潜在性。由于事故在生产过程中经常发生，所以人们对已发生的事故积累了丰富的经验，对各种生产(施工)活动及有关因素有了深入的了解，掌握了一定的规律。所以，对未来进行的工作、生产行动而提出各种预测，以期指导行动，采取各种措施，避免事故发生，以达到预期的目的，这就是事故的预测。目前绝大多数是用“预测模型”对预测性进行研究的。一般情况，“预测模型”是对以往所发生的大量事故进行分类、归纳、演绎、抽象的结果。若“预测模型”的准确性高，则实际活动的发展就会接近预测模型。但是客观条件情况是经常变化的，因此在施工时应正确掌握当时条件，根据经验及时进行调整，以达到安全生产的目的。

安全工作就是发现伤亡事故的潜在性之再现，提高预测的可靠性。

10.1.4 伤亡事故报告

事故发生后，事故现场有关人员应当立即向本单位负责人报告；单位负责人接到报告后，应当于 1h 内向事故发生地县级以上人民政府安全生产监督管理部门和负有安全生产监督管理职责的有关部门报告。

情况紧急时，事故现场有关人员可以直接向事故发生地县级以上人民政府安全生产监督管理部门和负有安全生产监督管理职责的有关部门报告。

安全生产监督管理部门和负有安全生产监督管理职责的有关部门接到事故报告后，应当依照下列规定上报事故情况，并通知公安机关、劳动保障行政部门、工会和人民检察院。

(1) 特别重大事故、重大事故逐级上报至国务院安全生产监督管理部门和负有安全生产监督管理职责的有关部门。

(2) 较大事故逐级上报至省、自治区、直辖市人民政府安全生产监督管理部门和负有安全生产监督管理职责的有关部门。

(3) 一般事故上报至设区的市级人民政府安全生产监督管理部门和负有安全生产监督管理职责的有关部门。

安全生产监督管理部门和负有安全生产监督管理职责的有关部门依照前款规定上报事故情况，应当同时报告本级人民政府。国务院安全生产监督管理部门和负有安全生产监督管理职责的有关部门以及省级人民政府接到发生特别重大事故、重大事故的报告后，应当立即报告国务院。

必要时，安全生产监督管理部门和负有安全生产监督管理职责的有关部门可以越级上报事故情况。

安全生产监督管理部门和负有安全生产监督管理职责的有关部门逐级上报事故情况，每级上报的时间不得超过2h。

报告事故应当包括下列内容。

(1) 事故发生单位概况。

(2) 事故发生的时间、地点以及事故现场情况。

(3) 事故的简要经过。

(4) 事故已经造成或者可能造成的伤亡人数(包括下落不明的人数)和初步估计的直接经济损失。

(5) 已经采取的措施。

(6) 其他应当报告的情况。

10.1.5 事故调查

特别重大事故由国务院或者国务院授权有关部门组织事故调查组进行调查。重大事故、较大事故、一般事故分别由事故发生地省级人民政府、设区的市级人民政府、县级人民政府负责调查。省级人民政府、社区的市级人民政府、县级人民政府可以直接组织事故调查组进行调查，也可以授权或者委托有关部门组织事故调查组进行调查。未造成人员伤亡的一般事故，县级人民政府也可以委托事故发生单位组织事故调查组进行调查。

事故调查组的组成应当遵循精简、效能的原则。根据事故的具体情况，事故调查组由有关人民政府、安全生产监督管理部门、负有安全生产监督管理职责的有关部门、监察机关、公安机关以及工会派人组成，并应当邀请人民检察院派人参加。事故调查组可以聘请有关专家参与调查。事故调查组成员应当具有事故调查所需要的知识和专长，并与所调查的事故没有直接利害关系。事故调查组组长由负责事故调查的人民政府指定。事故调查组组长主持事故调查组的工作。

事故调查组履行下列职责。

(1) 查明事故发生的经过、原因、人员伤亡情况及直接经济损失。

(2) 认定事故的性质和事故责任。

(3) 提出对事故责任者的处理建议。

(4) 总结事故教训，提出防范和整改措施。

(5) 提交事故调查报告。

事故调查组有权向有关单位和个人了解与事故有关的情况，并要求其提供相关文件、资料，有关单位和个人不得拒绝。事故发生单位的负责人和有关人员在事故调查期间不得擅离职守，并应当随时接受事故调查组的询问，如实提供有关情况。事故调查中发现涉嫌犯罪的，事故调查组应当及时将有关材料或者其复印件移交司法机关处理。

事故调查中需要进行技术鉴定的，事故调查组应当委托具有国家规定资质的单位进行技术鉴定。必要时，事故调查组可以直接组织专家进行技术鉴定。技术鉴定所需时间不计入事故调查期限。

事故调查组应当自事故发生之日起60日内提交事故调查报告；特殊情况下，经负责事故调查的人民政府批准，提交事故调查报告的期限可以适当延长，但延长的期限最长不超过60日。

事故调查报告应当包括下列内容。

(1) 事故发生单位概况。

(2) 事故发生经过和事故救援情况。

(3) 事故造成的人员伤亡和直接经济损失。

(4) 事故发生的原因和事故性质。

(5) 事故责任的认定以及对事故责任者的处理建议。

(6) 事故防范和整改措施。

事故调查报告应当附具有关证据材料。事故调查组成员应当在事故调查报告上签名。

事故调查报告报送负责事故调查的人民政府后，事故调查工作即告结束。事故调查的有关资料应当归档保存。

10.1.6 事故处理

重大事故、较大事故、一般事故，负责事故调查的人民政府应当自收到事故调查报告之日起 15 日内做出批复；特别重大事故，30 日内做出批复，特殊情况下，批复时间可以适当延长，但延长的时间最长不超过 30 日。有关机关应当按照人民政府的批复，依照法律、行政法规规定的权限和程序，对事故发生单位和有关人员进行行政处罚，对负有事故责任的国家工作人员进行处分。事故发生单位应当按照负责事故调查的人民政府的批复，对本单位负有事故责任的人员进行处理。负有事故责任的人员涉嫌犯罪的，依法追究刑事责任。

事故发生单位应当认真吸取事故教训，落实防范和整改措施，防止事故再次发生。防范和整改措施的落实情况应当接受工会和职工的监督。安全生产监督管理部门和负有安全生产监督管理职责的有关部门应当对事故发生单位落实防范和整改措施的情况进行监督检查。

事故处理的情况由负责事故调查的人民政府或者其授权的有关部门、机构向社会公布，依法应当保密的除外。

事故发生单位主要负责人有下列行为之一的，处上一年年收入 40%～80%的罚款；属于国家工作人员的，并依法给予处分；构成犯罪的，依法追究刑事责任，具体如下。

(1) 不立即组织事故抢救的。

(2) 迟报或者漏报事故的。

(3) 在事故调查处理期间擅离职守的。

事故发生单位及其有关人员有下列行为之一的，对事故发生单位处 100 万元以上 500 万元以下的罚款；对主要负责人、直接负责的主管人员和其他直接责任人员处上一年年收入 60%～100%的罚款；属于国家工作人员的，并依法给予处分；构成违反治安管理行为的，由公安机关依法给予治安管理处罚；构成犯罪的，依法追究刑事责任，具体如下。

(1) 谎报或者瞒报事故的。

(2) 伪造或者故意破坏事故现场的。

(3) 转移、隐匿资金、财产，或者销毁有关证据、资料的。

(4) 拒绝接受调查或者拒绝提供有关情况和资料的。

(5) 在事故调查中作伪证或者指使他人作伪证的。

(6) 事故发生后逃匿的。

事故发生单位对事故发生负有责任的，依照下列规定处以罚款。

(1) 发生一般事故的，处 10 万元以上 20 万元以下的罚款。

(2) 发生较大事故的，处 20 万元以上 50 万元以下的罚款。

(3) 发生重大事故的，处 50 万元以上 200 万元以下的罚款。

(4) 发生特别重大事故的，处 200 万元以上 500 万元以下的罚款。

事故发生单位主要负责人未依法履行安全生产管理职责，导致事故发生的，依照下列规定处以罚款；属于国家工作人员的，并依法给予处分；构成犯罪的，依法追究刑事责任。

(1) 发生一般事故的，处上一年年收入 30%的罚款。

(2) 发生较大事故的，处上一年年收入 40%的罚款。

(3) 发生重大事故的，处上一年年收入 60%的罚款。

(4) 发生特别重大事故的，处上一年年收入 80%的罚款。

有关地方人民政府、安全生产监督管理部门和负有安全生产监督管理职责的有关部门有下列行为之一的，对直接负责的主管人员和其他直接责任人员依法给予处分；构成犯罪的，依法追究刑事责任。

(1) 不立即组织事故抢救的。

(2) 迟报、漏报、谎报或者瞒报事故的。

(3) 阻碍、干涉事故调查工作的。

(4) 在事故调查中作伪证或者指使他人作伪证的。

事故发生单位对事故发生负有责任的，由有关部门依法暂扣或者吊销其有关证照；对事故发生单位负有事故责任的有关人员，依法暂停或者撤销其与安全生产有关的执业资格、岗位证书；事故发生单位主要负责人受到刑事处罚或者撤职处分的，自刑罚执行完毕或者受处分之日起，5 年内不得担任任何生产经营单位的主要负责人。

为发生事故的单位提供虚假证明的中介机构，由有关部门依法暂扣或者吊销其有关证照及其相关人员的执业资格；构成犯罪的，依法追究刑事责任。

10.2 施工安全事故的应急救援

随着施工企业生产规模的日趋扩大，施工生产过程中潜在的蕴涵巨大能量的危险源导致事故的危害也随之扩大。通过安全设计、操作、维护、检查等措施可以预防事故，降低风险，但达不到绝对的安全。因此，需要制定万一发生事故后所采取的紧急措施和应急方法，即事故应急救援预案。应急救援预案又称事故应急计划，是事故控制系统的重要组成部分，应急预案的总目标是控制紧急事件的发展并尽可能消除事故，将事故对人、财产和环境的损失减小到最低限度。据有关数据统计表明：有效的应急系统可将事故损失降低到无应急系统的6%。

建立重大事故应急救援预案和应急救援体系是一项复杂的安全系统工程。应急预案对于如何在事故现场组织开展应急救援工作具有重要的指导意义，它帮助实现应急行动的快速、有序、高效，以充分体现应急救援的“应急精神”，因此，研究如何制定有效完善的应急救援预案具有重要现实意义。

根据《安全生产法》第69条的规定，建筑施工单位应当建立应急救援组织；生产经营规模较小，可以不建立应急救援组织的，应当指定兼职的应急救援人员。危险物品的生产、经营、储存单位以及矿山、建筑施工单位应当配备必要的应急救援器材、设备，并进行经常性维护、保养，保证正常运转。

1. 目的

为快速科学应对建设工程施工中可能发生的重大安全事故，有效预防、及时控制和最大限度消除事故的危害，保护人民群众的生命财产安全，规范建筑工程安全事故的应急救援管理和应急救援响应程序，明确有关机构职责，建立统一指挥、协调的应急救援工作保障机制，保障建筑工程生产安全，维护正常的社会秩序和工作秩序。

2. 工作原则

保障人民群众的生命和财产安全，最大限度地减少人员伤亡和财产损失。不断改进和完善应急救援手段和装备，切实加强应急救援人员的安全防护，充分发挥专家、专业技术人员和人民群众的创造性，实现科学救援与指挥。

3. 编制依据

(1)《中华人民共和国安全生产法》。
(2)《建设工程安全生产管理条例》。
(3)《国务院关于特大安全事故行政责任追究的规定》。
(4)《国务院关于进一步加强安全生产工作的决定》。
(5) 原建设部《建设工程重大质量安全事故应急预案》。
(6)《生产经营单位安全生产事故应急预案编制导则(AQ/T 9002—2006)》。

4. 应急救援预案的分类

根据事故应急预案的对象和级别，应急预案可分为下列3种类型。

(1) 综合应急预案。综合应急预案是从总体上阐述处理事故的应急方针、政策，应急组织结构及相关应急职责，应急行动、措施和保障等基本要求和程序，是应对各类事故的综合性文件。此类预案适用于集团公司、子公司或分公司。

(2) 专项应急预案。这类预案针对现场每项设施和危险场所可能发生的事故情况编制的应急预案，如现场防火、防爆的应急预案，高空坠落应急预案以及防触电应急预案等。应急预案要包括所有可能的危险状况，明确有关人员在紧急状况下的职责，这类预案仅说明处理紧急事务的必需的行动，不包括事前要求和事后措施，此类预案适用于所有工程指挥部、项目部。建筑施工企业常见的事故专项应急预案主要有：坍塌事故应急预案、火灾事故应急预案、高处坠落事故应急预案、中毒事故应急预案等。

(3) 现场处置方案。现场处置方案是针对具体的装置、场所或设施、岗位所制定的应急处置措施。现场处置方案应具体、简单、针对性强，并且应根据风险评估及危险性控制措施逐一编制，做到事故相关人员应知应会，熟练掌握，并通过应急演练，做到迅速反应、正确处置。按照事故类型分，施工项目部现场处置方案主要包括：高处坠落事故现场处置方案、物体打击事故现场处置方案、触电事故现场处置方案、机械伤害事故现场处置方案、坍塌事故现场处置方案、火灾事故现场处置方案、中毒事故现场处置方案等。

5. 应急救援预案的基本内容

1) 组织机构及其职责

(1) 明确应急响应组织机构、参加单位、人员及其作用。

(2) 明确应急响应总负责人，以及每一具体行动的负责人。

(3) 列出本施工现场以外能提供援助的有关机构。

(4) 明确企业各部门在事故应急中各自的职责。

2) 危害辨识与风险评价

(1) 确认可能发生的事故类型、地点及具体部位。

(2) 确定事故影响范围及可能影响的人数。

(3) 按所需应急反应的级别，划分事故严重程度。

3) 通告程序和报警系统

(1) 确定报警系统及程序。

(2) 确定现场24h的通告、报警方式，如电话、手机等。

(3) 确定24h与地方政府主管部门的通信、联络方式，以便应急指挥和疏散人员。

(4) 明确相互认可的通告、报警形式和内容(避免误解)。

(5) 明确应急反应人员向外求援的方式。

(6) 明确应急指挥中心怎样保证有关人员理解并对应急报警反应。

某项目施工生产安全事故应急救援预案

为加强对施工生产安全事故的防范，及时做好安全事故发生后的救援处置工作，最大限度地减少事故损失，根据《中华人民共和国安全生产法》、《建设工程安全生产管理条例》、《江苏省建筑施工安全事故应急救援预案规定》和《××市建筑施工安全事故应急救援预案管理办法》的有关规定，结合本企业施工生产的实际，特制本企业施工生产安全事故应急救援预案。

1. 应急预案的任务和目标

更好地适应法律和经济活动的要求，给企业员工的工作和施工场区周围居民提供更好更安全的环境；保证各种应急反应资源处于良好的备战状态；指导应急反应行动按计划有序地进行，防止因应急反应行动组织不力或现场救援工作的无序和混乱而延误事故的应急救援；有效地避免或降低人员伤亡和财产损失；帮助实现应急反应行动的快速、有序、高效；充分体现应急救援的“应急精神”。

2. 应急救援组织机构情况

本企业施工生产安全事故应急救援预案的应急反应组织机构分为一、二级编制，公司总部设置应急预案实施的一级应急反应组织机构，工程项目经理部或加工厂设置应急计划实施的二级应急反应组织机构。具体组织框架图如图10.1、图10.2所示。

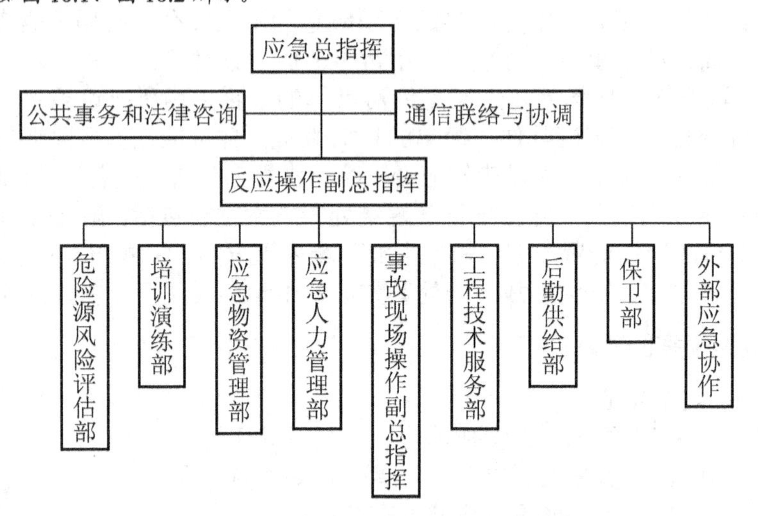

图 10.1　公司总部一级应急反应组织机构框架

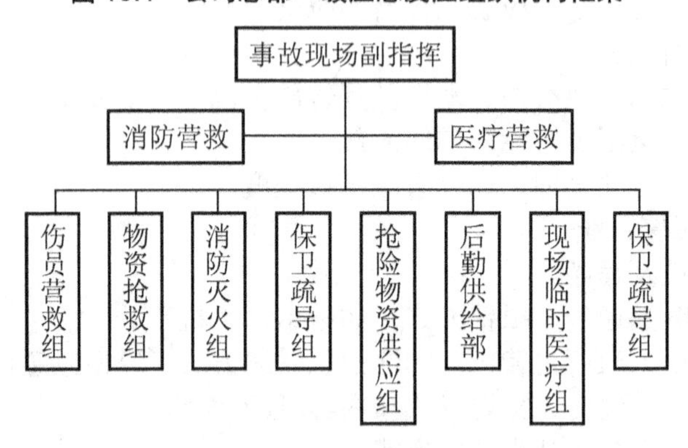

图 10.2　工程项目经理部二级反应组织机构框架图

3. 应急救援组织机构的职责、分工、组成

1) 一级应急反应组织机构各部门的职能及职责

(1) 应急预案总指挥的职能及职责。

① 分析紧急状态确定相应报警级别，根据相关危险类型、潜在后果、现有资源控制紧急情况的行动类型。

② 指挥、协调应急反应行动。

③ 与企业外应急反应人员、部门、组织和机构进行联络。

④ 直接监察应急操作人员行动。

⑤ 最大限度地保证现场人员和外援人员及相关人员的安全。

⑥ 协调后勤方面以支援应急反应组织。

⑦ 应急反应组织的启动。

⑧ 应急评估、确定升高或降低应急警报级别。

⑨ 通报外部机构，决定请求外部援助。

⑩ 决定应急撤离，决定事故现场外影响区域的安全性。

(2) 应急预案副总指挥的职能及职责。

① 协助应急总指挥组织和指挥应急操作任务。

② 向应急总指挥提出采取的减缓事故后果行动的应急反应对策和建议。

③ 保持与事故现场副总指挥的直接联络。

④ 协调、组织和获取应急所需的其他资源，设备以支援现场的应急操作。

⑤ 组织公司总部的相关技术和管理人员对施工场区生产过程各危险源进行风险评估。

⑥ 定期检查各常设应急反应组织和部门的日常工作和应急反应准备状态。

⑦ 根据各施工场区、加工厂的实际条件，努力与周边有条件的企业为在事故应急处理中共享资源、相互帮助、建立共同应急救援网络和制定应急救援协议。

(3) 现场抢救组的职能及职责。

① 抢救现场伤员。

② 抢救现场物资。

③ 组建现场消防队。

④ 保证现场救援通道的畅通。

(4) 危险源风险评估组的职能和职责。

① 对各施工现场及加工厂特点以及生产安全过程的危险源进行科学的风险评估。

② 指导生产安全部门安全措施落实和监控工作，减少和避免危险源的事故发生。

③ 完善危险源的风险评估资料信息，为应急反应的评估提供科学的合理的、准确的依据。

④ 落实周边协议应急反应共享资源及应急反应最快捷有效的社会公共资源的报警联络方式，为应急反应提供及时的应急反应支援措施。

⑤ 确定各种可能发生事故的应急反应现场指挥中心位置以使应急反应及时启用。

⑥ 科学合理地制订应急反应物资器材、人力计划。

(5) 技术处理组的职能和职责。

① 根据各项目经理部及加工厂的施工生产内容及特点，制定其可能出现而必须运用建筑工程技术解决的应急反应方案，整理归档，为事故现场提供有效的工程技术服务做好技术储备。

② 应急预案启动后，根据事故现场的特点，及时向应急总指挥提供科学的工程技术方案和技术支持，有效地指导应急反应行动中的工程技术工作。

(6) 善后工作组的职能和职责。

① 做好伤亡人员及家属的稳定工作，确保事故发生后伤亡人员及家属思想能够稳定，大灾之后不发生大乱。

② 做好受伤人员医疗救护的跟踪工作，协调处理医疗救护单位的相关矛盾。

③ 与保险部门一起做好伤亡人员及财产损失的理赔工作。

④ 慰问有关伤员及家属。

(7) 事故调查组的职能及职责。

① 保护事故现场。

② 对现场的有关实物资料进行取样封存。

③ 调查了解事故发生的主要原因及相关人员的责任。

④ 按“三不放过”的原则对相关人员进行处罚、教育、总结。

(8) 后勤供应组的职能及职责。

① 协助制订施工项目或加工厂应急反应物资资源的储备计划，按已制订的项目施工生产厂场的应急反应物资储备计划，检查、监督、落实应急反应物资的储备数量，收集和建立并归档。

② 定期检查、监督、落实应急反应物资资源管理人员的到位和变更情况及时调整应急反应物资资源的更新和达标。

③ 定期收集和整理各项目经理部施工场区的应急反应物资资源信息、建立档案并归档，为应急反应行动的启动，做好物资源数据储备。

④ 应急预案启动后，按应急总指挥的部署，有效地组织应急反应物资资源到施工现场，并及时对事故现场进行增援，同时提供后勤服务。

2) 二级应急反应组织机构各部门的职能及职责

(1) 事故现场副指挥的职能及职责。

① 所有施工现场操作和协调，包括与指挥中心的协调。

② 现场事故评估。

③ 保证现场人员和公众应急反应行动的执行。

④ 控制紧急情况。

⑤ 做好与消防、医疗、交通管制、抢险救灾等各公共救援部门的联系。

(2) 现场伤员营救组的职能与职责。

① 引导现场作业人员从安全通道疏散。

② 对受伤人员进行营救至安全地带。

(3) 物资抢救组的职能和职责。

① 抢救可以转移的场区内物资。

② 转移可能引起新危险源的物资到安全地带。

(4) 消防灭火组的职能和职责。

① 启动场区内的消防灭火装置和器材进行初期的消防灭火自救工作。

② 协助消防部门进行消防灭火的辅助工作。

(5) 保卫疏导组的职能和职责。

① 对场区内外进行有效的隔离工作和维护现场应急救援通道畅通的工作。

② 疏散场区内外人员撤出危险地带。

(6) 后勤供应组的职能及职责。

① 迅速调配抢险物资器材至事故发生点。

② 提供和检查抢险人员的装备和安全防护。

③ 及时提供后续的抢险物资。

④ 迅速组织后勤必须供给的物品，并及时输送后勤物品到抢险人员手中。

3) 应急反应组织机构人员的构成

应急反应组织机构在应急总指挥、应急副总指挥的领导下由各职能股室、加工厂、项目部的人员分别兼职构成。

(1) 应急总指挥由公司的法定代表人担任。

(2) 应急副总指挥由公司的副总经理担任。

(3) 现场抢救组组长由公司的各工程项目经理担任，项目部组成人员为成员。

(4) 危险源风险评估组组长由公司的总工担任，总工办其他人员为成员。

(5) 技术处理组组长由公司的技术经营股股长担任，股室人员为成员。

(6) 善后工作组组长由公司的工会、办公室负责人担任，股室人员为成员。

(7) 后勤供应组组长由公司的财务股、机械管理股、物业管理股长担任，股室人员为成员。

(8) 事故调查组组长由公司的质安股股长担任，股室人员为成员。

(9) 事故现场副指挥由项目部的项目经理或加工厂负责人担任。

(10) 现场伤员营救组由施工队长担任组长，各作业班组分别抽调人员组成。

(11) 物资抢救组由施工员、材料员各作业班组抽调人员组成。

(12) 消防灭火组由施工现场或加工厂电工，各作业班组抽调人员组成。

(13) 后勤供应组、施工现场或加工厂由后勤人员、各作业班组抽调人员组成。

4. 应急救援的培训与演练

1) 培训

应急预案和应急计划确立后，按计划组织公司总部、施工项目部及加工厂的全体人员进行有效的培训，从而具备完成其应急任务所需的知识和技能。

(1) 一级应急组织每年进行一次培训。

(2) 二级应急组织每一项目开工前或半年进行一次培训。

(3) 新加入的人员及时培训。

主要培训以下内容。

(1) 灭火器的使用以及灭火步骤的训练。

(2) 施工安全防护、作业区内安全警示设置、个人的防护措施施工用电常识、在建工程的交通安全、大型机械的安全使用。

(3) 对危险源的突显特性辩识。

(4) 事故报警。

(5) 紧急情况下人员的安全疏散。

(6) 现场抢救的基本知识。

2) 演练

应急预案和应急计划确立后，经过有效的培训，公司总部人员、加工厂人员每年演练一次。施工项目部在项目开工后演练一次，根据工程工期长短不定期举行演练，施工作业人员变动较大时增加演练次数。每次演练结束，及时作出总结，对存有一定差距的在日后的工作中加以提高。

5. 事故报告指定机构人员、联系电话

公司的质安股是事故报告的指定机构，联系人：×××，电话：×××××××××，质安股接到报告后及时向总指挥报告，总指挥根据有关法规及时、如实地向负责安全生产监督管理的部门、建设行政主管部门或其他有关部门报告，特种设备发生事故的，还应当同时向特种设备安全监督管理部门报告。

6. 救援器材、设备、车辆等落实

公司每年从利润提取一定比例的费用，根据公司施工生产的性质、特点以及应急救援工作的实际需要有针对、有选择地配备应急救援器材、设备，并对应急救援器材、设备进行经常性维护、保养，不得挪作他用。启动应急救援预案后，公司的机械设备、运输车辆统一纳入应急救援工作之中。

7. 应急救援预案的启动、终止和终止后工作恢复

当事故的评估预测达到启动应急救援预案条件时，由应急总指挥启动应急反应预案令。

对事故现场经过应急救援预案实施后，引起事故的危险源得到有效控制、消除；所有现场人员均得到清点；不存在其他影响应急救援预案终止的因素；应急救援行动已完全转化为社会公共救援；应急总指挥认为事故的发展状态必须终止的；应急总指挥下达应急终止令。

应急救援预案实施终止后，应采取有效措施防止事故扩大，保护事故现场和物证，经有关部门认可后可恢复施工生产。

对应急救援预案实施的全过程认真科学地作出总结，完善应急救援预案中的不足和缺陷，为今后的预案建立、制定、修改提供经验和完善的依据。

本章小结

通过本章的学习，要求学生熟悉安全事故的分类、安全事故原因分析、事故的特征、伤亡事故报告、事故调查、事故处理，了解施工安全事故的应急救援措施。

中华人民共和国国务院令(第 493 号)《生产安全事故报告和调查处理条例》规定，根据生产安全事故造成的人员伤亡或者直接经济损失，事故一般分为：特别重大事故、重大事故、较大事故、一般事故。

造成安全事故众多，归纳来说主要有 3 大方面：一是人的不安全因素；二是施工现场物的不安全状态；三是管理上的不安全因素等。

事故发生后，事故现场有关人员应当立即向本单位负责人报告；单位负责人接到报告后，应当于 1h 内向事故发生地县级以上人民政府安全生产监督管理部门和负有安全生产监督管理职责的有关部门报告。情况紧急时，事故现场有关人员可以直接向事故发生地县级以上人民政府安全生产监督管理部门和负有安全生产监督管理职责的有关部门报告。安全生产监督管理部门和负有安全生产监督管理职责的有关部门接到事故报告后，应当依照规定上报事故情况，并通知公安机关、劳动保障行政部门、工会和人民检察院。

特别重大事故由国务院或者国务院授权有关部门组织事故调查组进行调查。重大事故、较大事故、一般事故分别由事故发生地省级人民政府、设区的市级人民政府、县级人民政府负责调查。省级人民政府、社区的市级人民政府、县级人民政府可以直接组织事故调查组进行调查，也可以授权或者委托有关部门组织事故调查组进行调查。未造成人员伤亡的一般事故，县级人民政府也可以委托事故发生单位组织事故调查组进行调查。

重大事故、较大事故、一般事故，负责事故调查的人民政府应当自收到事故调查报告之日起 15 日内做出批复；特别重大事故，30 日内做出批复，特殊情况下，批复时间可以适当延长，但延长的时间最长不超过 30 日。有关机关应当按照人民政府的批复，依照法律、行政法规规定的权限和程序，对事故发生单位和有关人员进行行政处罚，对负有事故责任的国家工作人员进行处分。事故发生单位应当按照负责事故调查的人民政府的批复，对本单位负有事故责任的人员进行处理。负有事故责任的人员涉嫌犯罪的，依法追究刑事责任。

事故发生单位应当认真吸取事故教训，落实防范和整改措施，防止事故再次发生。防范和整改措施的落实情况应当接受工会和职工的监督。安全生产监督管理部门和负有安全生产监督管理职责的有关部门应当对事故发生单位落实防范和整改措施的情况进行监督检查。

建筑施工单位应当建立应急救援组织；生产经营规模较小，可以不建立应急救援组织的，应当指定兼职的应急救援人员。建筑施工单位应当配备必要的应急救援器材、设备，并进行经常性维护、保养，保证正常运转。

根据事故应急预案的对象和级别，应急预案可分为综合应急预案、专项应急预案、现场处置方案。

习　题

一、单选题

1. 凡工程质量不合格，由此造成直接经济损失在(　　)元以上的，称之为工程质量事故。

A. 5000　　B. 8000　　C. 9000　　D. 10000

2. 发生的质量问题不论是否由于施工单位原因造成，通常都是先由(　　)负责实施处理。

A. 建设单位　　B. 施工单位　　C. 设计单位　　D. 监理单位

3. 工程质量事故发生后，总监理工程师首先要做的事情是(　　)。

A. 签发《工程暂停令》　　B. 要求施工单位保护现场

C. 要求施工单位24h内上报　　D. 发出质量通知单

4. 严重质量事故的调查组由(　　)建设行政主管部门组织。

A. 省、自治区、直辖市级　　B. 市、县级

C. 国务院级　　D. 地区级

5. 工程质量事故技术处理方案，一般应委托原(　　)提出。

A. 设计单位　　B. 施工单位　　C. 监理单位　　D. 咨询单位

6. 当发生工程质量问题时，监理工程师首先应判断其(　　)。

A. 发生地点　　B. 发生时间　　C. 责任人　　D. 严重性

7. 建筑施工单位的生产经营规模较小的，可以不建立生产事故应急救援组织，但应当(　　)。

A. 指定专职的应急救援人员　　B. 指定兼职的应急救援人员

C. 建立应急救援体系　　D. 配备应急救援器材、设备

8. 工程建设单位的决策机构、主要负责人、个人经营的投资人不依照本法规定保证安全生产所必需的资金投入，致使工程建设单位不具备安全生产条件的，(　　)。

A. 责令限期改正，提供必需的资金　　B. 提出警告，并处以罚款

C. 提出警告，并限期改正　　D. 未按期改正的，吊销其营业执照

9. 工程监理企业在实施监理过程中，发现存在非常严重的安全事故隐患，而施工单位拒不整改的，应该(　　)。

A. 继续要求施工单位整改　　B. 要求施工单位停工，及时报告建设单位

C. 及时向有关主管部门报告　　D. 积极协助施工单位采取措施，消除隐患

10. 对于一定规模的危险性较大的分部分项工程要编制专项施工方案，并附安全验算结果，经(　　)签字后方可实施。

A. 施工单位的项目负责人

B. 施工单位的项目负责人和技术负责人

C. 施工单位的项目负责人和总监理工程师

D. 施工单位的技术负责人和总监理工程师

11. 一次事故中死亡10人以上(含10人)的事故是(　　)。

A. 轻伤事故　　B. 重伤事故　　C. 重大伤亡事故　　D. 特大伤亡事故

12. 防止噪声污染的最根本的措施是(　　)。
A. 采用吸声器　　B. 减振降噪
C. 严格控制人为噪声　　D. 从声源上降低噪声

二、多选题

1. 工程质量问题、事故发生的原因主要有(　　)。
A. 违背建设程序和违反法规行为　　B. 地质勘察失真和设计差错
C. 施工管理不到位　　D. 使用不合格的原材料、制品和设备
E. 建设监理不力
2. 工程质量事故处理依据应包括(　　)。
A. 质量事故的实况资料　　B. 有关的合同文件
C. 建设单位和监理单位的意见　　D. 相关的建设法规
E. 相关的设计文件
3. 下列伤害中属于严重伤害的有(　　)。
A. 粉尘对眼睛的刺激　　B. 复合伤害
C. 脑震荡　　D. 严重扭伤　　E. 中毒
4. 施工质量事故处理的方式包括(　　)。
A. 返工处理　　B. 返修处理　　C. 让步处理
D. 降级处理　　E. 修补处理
5. 安全事故处理的四不放过原则是指(　　)。
A. 事故原因没有调查清楚不放过
B. 事故责任者和员工没有受到教育不放过
C. 事故责任者没有处理不放过
D. 发现问题必须严惩决不放过
E. 没有制定防范措施不放过
6. 安全控制的目标是减少和消除生产过程中的事故，保证人员健康安全和财产免受损失，具体包括(　　)。
A. 安全组织的目标
B. 减少或消除人的不安全行为的目标
C. 减少或消除设备、材料的不安全状态的目标
D. 改善生产环境和保护自然环境的目标
E. 安全管理目标

三、简答题

1. 根据生产安全事故造成的人员伤亡或者直接经济损失，事故如何分类？
2. 人的不安全因素有哪些？
3. 人的不安全行为有哪些？
4. 物的不安全状态有哪些？
5. 事故的特征有哪些？
6. 事故发生后，如何报告伤亡事故？

7. 事故发生后，如何开展事故调查？
8. 事故调查报告应当包括哪些内容？
9. 事故发生后，事故如何处理？
10. 如何编写施工安全事故的应急救援预案？
11. 应急救援预案有哪些类型？
12. 应急救援预案的基本内容有哪些？

参 考 文 献

[1] 王先恕. 建筑工程质量控制[M]. 北京：化学工业出版社，2009.
[2] 齐秀梅. 建筑工程质量控制[M]. 北京：北京理工大学出版社，2009.
[3] 施骞，胡文发. 工程质量管理[M]. 上海：同济大学出版社，2006.
[4] 苑敏. 建设工程质量控制[M]. 北京：中国电力出版社，2008.
[5] 李明. 建设工程项目质量与安全管理[M]. 北京：中国铁道出版社，2007.
[6] 中国建设监理协会. 建设工程质量控制[M]. 北京：中国建筑工业出版社，2003.
[7] 李峰. 建筑工程质量控制[M]. 北京：中国建筑工业出版社，2003.
[8] 中国安全网. http：//www.safety.com.cn.
[9] 安全文化网. http：//www.anquan.com.cn.
[10] 全国建筑企业项目经理培训教材编写委员会. 施工项目质量与安全管理[M]. 北京：中国建筑工业出版社，2002.
[11] 全国一级建造师执业资格考试用书编写委员会. 建设工程项目管理[M]. 北京：中国建筑工业出版社，2004.
[12] 杨文柱. 建筑安全工程[M]. 北京：机械工业出版社，2004.
[13] 丁士昭. 建设工程项目管理[M]. 北京：中国建筑工业出版社，2004.
[14] 廖品槐. 建筑工程质量与安全管理[M]. 北京：中国建筑工业出版社，2005.
[15] 任宏. 建设工程施工安全管理[M]. 北京：中国建筑工业出版社，2005.
[16] 顾建生. 建筑施工伤亡事故案例分析及防治[M]. 北京：中国建筑工业出版社，2006.
[17] 崔国璋. 安全管理[M]. 北京：中国电力出版社，2004.
[18] 毛海峰，等. 现代安全管理理论与实务[M]. 北京：首都经济贸易大学出版社，2000.
[19] 赵挺生，李小瑞，邓明. 建筑工程安全管理[M]. 北京：中国建筑工业出版社，2006.
[20] 武明霞. 建筑安全技术与管理[M]. 北京：机械工业出版社，2007.
[21] 郭秋生，邓伟安，李欣. 建筑工程安全管理[M]. 北京：中国建筑工业出版社，2006.
[22] 蔡禄全. 安全员[M]. 太原：山西科学技术出版社，1999.
[23] 曾跃飞. 建筑工程质量检验与安全管理[M]. 北京：高等教育出版社，2007.
[24] 王国诚. 建筑工程现场安全管理入门[M]. 北京：中国电力出版社，2006.
[25] 广州市建筑集团有限公司. 实用建筑施工安全手册[M]. 北京：中国建筑工业出版社，1999.
[26] 李世蓉，兰定筠. 建设工程安全生产管理条例实施指南[M]. 北京：中国建筑工业出版社，2004.
[27] 何向红. 建筑工程质量控制[M]. 郑州：黄河水利出版社，2011.
[28] 周连起，刘学应. 建筑工程质量与安全管理[M]. 北京：北京大学出版社，2010.
[29] 钟汉华. 建筑工程安全管理[M]. 北京：中国电力出版社，2008.

北京大学出版社高职高专土建系列规划教材

序号	书名	书号	编著者	定价	出版时间	印次	配套情况
基础课程							
1	工程建设法律与制度	978-7-301-14158-8	唐茂华	26.00	2012.7	6	ppt/pdf
2	建设法规及相关知识	978-7-301-22748-0	唐茂华等	34.00	2014.9	2	ppt/pdf
3	建设工程法规(第2版)	978-7-301-24493-7	皇甫婧琪	40.00	2014.12	2	ppt/pdf/答案/素材
4	建筑工程法规实务	978-7-301-19321-1	杨陈慧等	43.00	2012.1	4	ppt/pdf
5	建筑法规	978-7-301-19371-6	董伟等	39.00	2013.1	4	ppt/pdf
6	建设工程法规	978-7-301-20912-7	王先恕	32.00	2012.7	3	ppt/ pdf
7	AutoCAD 建筑制图教程(第2版)	978-7-301-21095-6	郭　慧	38.00	2014.12	6	ppt/pdf/素材
8	AutoCAD 建筑绘图教程(第2版)	978-7-301-24540-8	唐英敏等	44.00	2014.7	1	ppt/pdf
9	建筑 CAD 项目教程(2010 版)	978-7-301-20979-0	郭　慧	38.00	2012.9	2	pdf/素材
10	建筑工程专业英语	978-7-301-15376-5	吴承霞	20.00	2013.8	8	ppt/pdf
11	建筑工程专业英语	978-7-301-20003-2	韩薇等	24.00	2014.7	2	ppt/ pdf
12	★建筑工程应用文写作(第2版)	978-7-301-24480-7	赵立等	50.00	2014.7	1	ppt/pdf
13	建筑识图与构造(第2版)	978-7-301-23774-8	郑贵超	40.00	2014.12	2	ppt/pdf/答案
14	建筑构造	978-7-301-21267-7	肖　芳	34.00	2014.12	4	ppt/ pdf
15	房屋建筑构造	978-7-301-19883-4	李少红	26.00	2012.1	4	ppt/pdf
16	建筑识图	978-7-301-21893-8	邓志勇等	35.00	2013.1	2	ppt/ pdf
17	建筑识图与房屋构造	978-7-301-22860-9	贠禄等	54.00	2015.1	2	ppt/pdf /答案
18	建筑构造与设计	978-7-301-23506-5	陈玉萍	38.00	2014.1	1	ppt/pdf /答案
19	房屋建筑构造	978-7-301-23588-1	李元玲等	45.00	2014.1	2	ppt/pdf
20	建筑构造与施工图识读	978-7-301-24470-8	南学平	52.00	2014.8	1	ppt/pdf
21	建筑工程制图与识图(第2版)	978-7-301-24408-1	白丽红	29.00	2014.7	1	ppt/pdf
22	建筑制图习题集(第2版)	978-7-301-24571-2	白丽红	25.00	2014.8	1	pdf
23	建筑制图(第2版)	978-7-301-21146-5	高丽荣	32.00	2015.4	5	ppt/pdf
24	建筑制图习题集(第2版)	978-7-301-21288-2	高丽荣	28.00	2014.12	5	pdf
25	建筑工程制图(第2版)(附习题册)	978-7-301-21120-5	肖明和	48.00	2012.8	3	ppt/pdf
26	建筑制图与识图	978-7-301-18806-2	曹雪梅	36.00	2014.9	1	ppt/pdf
27	建筑制图与识图习题册	978-7-301-18652-7	曹雪梅等	30.00	2012.4	4	pdf
28	建筑制图与识图	978-7-301-20070-4	李元玲	28.00	2012.8	5	ppt/pdf
29	建筑制图与识图习题集	978-7-301-20425-2	李元玲	24.00	2012.3	4	ppt/pdf
30	新编建筑工程制图	978-7-301-21140-3	方筱松	30.00	2014.8	2	ppt/ pdf
31	新编建筑工程制图习题集	978-7-301-16834-9	方筱松	22.00	2014.1	2	pdf
建筑施工类							
1	建筑工程测量	978-7-301-16727-4	赵景利	30.00	2010.2	12	ppt/pdf /答案
2	建筑工程测量(第2版)	978-7-301-22002-3	张敬伟	37.00	2015.4	6	ppt/pdf /答案
3	建筑工程测量实验与实训指导(第2版)	978-7-301-23166-1	张敬伟	27.00	2013.9	2	pdf/答案
4	建筑工程测量	978-7-301-19992-3	潘益民	38.00	2012.2	2	ppt/ pdf
5	建筑工程测量	978-7-301-13578-5	王金玲等	26.00	2011.8	3	pdf
6	建筑工程测量实训（第2版）	978-7-301-24833-1	杨凤华	34.00	2015.1	1	pdf/答案
7	建筑工程测量(含实验指导手册)	978-7-301-19364-8	石　东等	43.00	2012.6	3	ppt/pdf/答案
8	建筑工程测量	978-7-301-22485-4	景　铎等	34.00	2013.6	1	ppt/pdf
9	建筑施工技术	978-7-301-21209-7	陈雄辉	39.00	2013.2	4	ppt/pdf
10	建筑施工技术	978-7-301-12336-2	朱永祥等	38.00	2012.4	7	ppt/pdf
11	建筑施工技术	978-7-301-16726-7	叶　雯等	44.00	2013.5	6	ppt/pdf /素材
12	建筑施工技术	978-7-301-19499-7	董伟等	42.00	2011.9	2	ppt/pdf
13	建筑施工技术	978-7-301-19997-8	苏小梅	38.00	2013.5	3	ppt/pdf
14	建筑工程施工技术(第2版)	978-7-301-21093-2	钟汉华等	48.00	2013.8	5	ppt/pdf
15	数字测图技术	978-7-301-22656-8	赵　红	36.00	2013.6	1	ppt/pdf
16	数字测图技术实训指导	978-7-301-22679-7	赵　红	27.00	2013.6	1	ppt/pdf
17	基础工程施工	978-7-301-20917-2	董伟等	35.00	2012.7	2	ppt/pdf
18	建筑施工技术实训(第2版)	978-7-301-24368-8	周晓龙	30.00	2014.12	2	pdf
19	建筑力学(第2版)	978-7-301-21695-8	石立安	46.00	2014.12	5	ppt/pdf

序号	书名	书号	编著者	定价	出版时间	印次	配套情况
20	★土木工程实用力学	978-7-301-15598-1	马景善	30.00	2013.1	4	pdf/ppt
21	土木工程力学	978-7-301-16864-6	吴明军	38.00	2011.11	2	ppt/pdf
22	PKPM 软件的应用(第 2 版)	978-7-301-22625-4	王　娜等	34.00	2013.6	2	pdf
23	建筑结构(第 2 版)(上册)	978-7-301-21106-9	徐锡权	41.00	2013.4	2	ppt/pdf/答案
24	建筑结构(第 2 版)(下册)	978-7-301-22584-4	徐锡权	42.00	2013.6	2	ppt/pdf/答案
25	建筑结构	978-7-301-19171-2	唐春平等	41.00	2012.6	4	ppt/pdf
26	建筑结构基础	978-7-301-21125-0	王中发	36.00	2012.8	2	ppt/pdf
27	建筑结构原理及应用	978-7-301-18732-6	史美东	45.00	2012.8	1	ppt/pdf
28	建筑力学与结构(第 2 版)	978-7-301-22148-8	吴承霞等	49.00	2014.12	5	ppt/pdf/答案
29	建筑力学与结构(少学时版)	978-7-301-21730-6	吴承霞	34.00	2013.2	4	ppt/pdf/答案
30	建筑力学与结构	978-7-301-20988-2	陈水广	32.00	2012.8	1	pdf/ppt
31	建筑力学与结构	978-7-301-23348-1	杨丽君等	44.00	2014.1	1	ppt/pdf
32	建筑结构与施工图	978-7-301-22188-4	朱希文等	35.00	2013.3	2	ppt/pdf
33	生态建筑材料	978-7-301-19588-2	陈剑峰等	38.00	2013.7	2	ppt/pdf
34	建筑材料(第 2 版)	978-7-301-24633-7	林祖宏	35.00	2014.8	1	ppt/pdf
35	建筑材料与检测	978-7-301-16728-1	梅　杨等	26.00	2012.11	9	ppt/pdf/答案
36	建筑材料检测试验指导	978-7-301-16729-8	王美芬等	18.00	2014.12	7	pdf
37	建筑材料与检测	978-7-301-19261-0	王　辉	35.00	2012.6	5	ppt/pdf
38	建筑材料与检测试验指导	978-7-301-20045-2	王　辉	20.00	2013.1	3	ppt/pdf
39	建筑材料选择与应用	978-7-301-21948-5	申淑荣等	39.00	2013.3	2	ppt/pdf
40	建筑材料检测实训	978-7-301-22317-8	申淑荣等	24.00	2013.4	1	pdf
41	建筑材料	978-7-301-24208-7	任晓菲	40.00	2014.7	1	ppt/pdf /答案
42	建设工程监理概论(第 2 版)	978-7-301-20854-0	徐锡权等	43.00	2014.12	5	ppt/pdf /答案
43	★建设工程监理(第 2 版)	978-7-301-24490-6	斯　庆	35.00	2014.9	1	ppt/pdf /答案
44	建设工程监理概论	978-7-301-15518-9	曾庆军等	24.00	2012.12	5	ppt/pdf
45	工程建设监理案例分析教程	978-7-301-18984-9	刘志麟等	38.00	2013.2	2	ppt/pdf
46	地基与基础(第 2 版)	978-7-301-23304-7	肖明和等	42.00	2014.12	2	ppt/pdf/答案
47	地基与基础	978-7-301-16130-2	孙平平等	26.00	2013.2	3	ppt/pdf
48	地基与基础实训	978-7-301-23174-6	肖明和等	25.00	2013.10	1	ppt/pdf
49	土力学与地基基础	978-7-301-23675-8	叶火炎等	35.00	2014.1	1	ppt/pdf
50	土力学与基础工程	978-7-301-23590-4	宁培淋等	32.00	2014.1	1	ppt/pdf
51	建筑工程质量事故分析(第 2 版)	978-7-301-22467-0	郑文新	32.00	2014.12	3	ppt/pdf
52	建筑工程施工组织设计	978-7-301-18512-4	李源清	26.00	2014.12	7	ppt/pdf
53	建筑工程施工组织实训	978-7-301-18961-0	李源清	40.00	2014.12	4	ppt/pdf
54	建筑施工组织与进度控制	978-7-301-21223-3	张廷瑞	36.00	2012.9	3	ppt/pdf
55	建筑施工组织项目式教程	978-7-301-19901-5	杨红玉	44.00	2012.1	2	ppt/pdf/答案
56	钢筋混凝土工程施工与组织	978-7-301-19587-1	高　雁	32.00	2012.5	2	ppt/pdf
57	钢筋混凝土工程施工与组织实训指导(学生工作页)	978-7-301-21208-0	高　雁	20.00	2012.9	1	ppt
58	建筑材料检测试验指导	978-7-301-24782-2	陈东佐等	20.00	2014.9	1	ppt
59	★建筑节能工程与施工	978-7-301-24274-2	吴明军等	35.00	2014.11	1	ppt/pdf
60	建筑施工工艺	978-7-301-24687-0	李源清等	49.50	2015.1	1	pdf/ppt/答案
61	建筑材料与检测(第 2 版)	978-7-301-25347-2	梅　杨等	33.00	2015.2	1	pdf/ppt/答案
62	土力学与地基基础	978-7-301-25525-4	陈东佐	45.00	2015.2	1	ppt/ pdf/答案
工程管理类							
1	建筑工程经济(第 2 版)	978-7-301-22736-7	张宁宁等	30.00	2014.12	6	ppt/pdf/答案
2	★建筑工程经济(第 2 版)	978-7-301-24492-0	胡六星等	41.00	2014.9	2	ppt/pdf/答案
3	建筑工程经济	978-7-301-24346-6	刘晓丽等	38.00	2014.7	1	ppt/pdf/答案
4	施工企业会计(第 2 版)	978-7-301-24434-0	辛艳红等	36.00	2014.7	1	ppt/pdf/答案
5	建筑工程项目管理	978-7-301-12335-5	范红岩等	30.00	2012. 4	9	ppt/pdf
6	建设工程项目管理(第 2 版)	978-7-301-24683-2	王　辉	36.00	2014.9	1	ppt/pdf/答案
7	建设工程项目管理	978-7-301-19335-8	冯松山等	38.00	2013.11	3	pdf/ppt
8	★建设工程招投标与合同管理(第 3 版)	978-7-301-24483-8	宋春岩	40.00	2014.12	2	ppt/pdf/答案/试题/教案
9	建筑工程招投标与合同管理	978-7-301-16802-8	程超胜	30.00	2012.9	2	pdf/ppt

序号	书名	书号	编著者	定价	出版时间	印次	配套情况
10	工程招投标与合同管理实务	978-7-301-19035-7	杨甲奇等	48.00	2011.8	3	pdf
11	工程招投标与合同管理实务	978-7-301-19290-0	郑文新等	43.00	2012.4	2	ppt/pdf
12	建设工程招投标与合同管理实务	978-7-301-20404-7	杨云会等	42.00	2012.4	2	ppt/pdf/答案/习题库
13	工程招投标与合同管理	978-7-301-17455-5	文新平	37.00	2012.9	1	ppt/pdf
14	工程项目招投标与合同管理(第2版)	978-7-301-24554-5	李洪军等	42.00	2014.12	2	ppt/pdf/答案
15	工程项目招投标与合同管理(第2版)	978-7-301-22462-5	周艳冬	35.00	2014.12	3	ppt/pdf
16	建筑工程商务标编制实训	978-7-301-20804-5	钟振宇	35.00	2012.7	1	ppt
17	建筑工程安全管理	978-7-301-19455-3	宋　健等	36.00	2013.5	4	ppt/pdf
18	建筑工程质量与安全管理	978-7-301-16070-1	周连起	35.00	2014.12	8	ppt/pdf/答案
19	施工项目质量与安全管理	978-7-301-21275-2	钟汉华	45.00	2012.10	2	ppt/pdf/答案
20	工程造价控制(第2版)	978-7-301-24594-1	斯　庆	32.00	2014.8	1	ppt/pdf/答案
21	工程造价管理	978-7-301-20655-3	徐锡权等	33.00	2013.8	3	ppt/pdf
22	工程造价控制与管理	978-7-301-19366-2	胡新萍等	30.00	2014.12	4	ppt/pdf
23	建筑工程造价管理	978-7-301-20360-6	柴　琦等	27.00	2014.12	4	ppt/pdf
24	建筑工程造价管理	978-7-301-15517-2	李茂英等	24.00	2012.1	4	pdf
25	工程造价案例分析	978-7-301-22985-9	甄　凤	30.00	2013.8	2	pdf/ppt
26	建设工程造价控制与管理	978-7-301-24273-5	胡芳珍等	38.00	2014.6	1	ppt/pdf/答案
27	建筑工程造价	978-7-301-21892-1	孙咏梅	40.00	2013.2	1	ppt/pdf
28	★建筑工程计量与计价(第2版)	978-7-301-22078-8	肖明和等	58.00	2014.12	5	pdf/ppt
29	★建筑工程计量与计价实训(第2版)	978-7-301-22606-3	肖明和等	29.00	2014.12	4	pdf
30	建筑工程计量与计价综合实训	978-7-301-23568-3	龚小兰	28.00	2014.1	2	pdf
31	建筑工程估价	978-7-301-22802-9	张　英	43.00	2013.8	1	ppt/pdf
32	建筑工程计量与计价——透过案例学造价(第2版)	978-7-301-23852-3	张　强	59.00	2014.12	3	ppt/pdf
33	安装工程计量与计价(第3版)	978-7-301-24539-2	冯　钢等	54.00	2014.8	3	pdf/ppt
34	安装工程计量与计价综合实训	978-7-301-23294-1	成春燕	49.00	2014.12	3	pdf/素材
35	安装工程计量与计价实训	978-7-301-19336-5	景巧玲等	36.00	2013.5	4	pdf/素材
36	建筑水电安装工程计量与计价	978-7-301-21198-4	陈连姝	36.00	2013.8	3	ppt/pdf
37	建筑与装饰装修工程工程量清单	978-7-301-17331-2	翟丽旻等	25.00	2012.8	4	pdf/ppt/答案
38	建筑工程清单编制	978-7-301-19387-7	叶晓容	24.00	2011.8	2	ppt/pdf
39	建设项目评估	978-7-301-20068-1	高志云等	32.00	2013.6	2	ppt/pdf
40	钢筋工程清单编制	978-7-301-20114-5	贾莲英	36.00	2012.2	2	ppt / pdf
41	混凝土工程清单编制	978-7-301-20384-2	顾　娟	28.00	2012.5	1	ppt / pdf
42	建筑装饰工程预算	978-7-301-20567-9	范菊雨	38.00	2013.6	2	pdf/ppt
43	建设工程安全监理	978-7-301-20802-1	沈万岳	28.00	2012.7	1	pdf/ppt
44	建筑工程安全技术与管理实务	978-7-301-21187-8	沈万岳	48.00	2012.9	2	pdf/ppt
45	建筑工程资料管理	978-7-301-17456-2	孙　刚等	36.00	2014.12	5	pdf/ppt
46	建筑施工组织与管理(第2版)	978-7-301-22149-5	翟丽旻等	43.00	2014.12	3	ppt/pdf/答案
47	建设工程合同管理	978-7-301-22612-4	刘庭江	46.00	2013.6	1	ppt/pdf/答案
48	★工程造价概论	978-7-301-24696-2	周艳冬	31.00	2015.1	1	ppt/pdf/答案
	建筑设计类						
1	中外建筑史(第2版)	978-7-301-23779-3	袁新华等	38.00	2014.2	2	ppt/pdf
2	建筑室内空间历程	978-7-301-19338-9	张伟孝	53.00	2011.8	1	pdf
3	建筑装饰CAD项目教程	978-7-301-20950-9	郭　慧	35.00	2013.1	2	ppt/素材
4	室内设计基础	978-7-301-15613-1	李书青	32.00	2013.5	3	ppt/pdf
5	建筑装饰构造	978-7-301-15687-2	赵志文等	27.00	2012.11	6	ppt/pdf/答案
6	建筑装饰材料(第2版)	978-7-301-22356-7	焦　涛等	34.00	2013.5	2	ppt/pdf
7	★建筑装饰施工技术(第2版)	978-7-301-24482-1	王　军	37.00	2014.7	2	ppt/pdf
8	设计构成	978-7-301-15504-2	戴碧锋	30.00	2012.10	2	ppt/pdf
9	基础色彩	978-7-301-16072-5	张　军	42.00	2011.9	2	pdf
10	设计色彩	978-7-301-21211-0	龙黎黎	46.00	2012.9	1	ppt
11	设计素描	978-7-301-22391-8	司马金桃	29.00	2013.4	2	ppt
12	建筑素描表现与创意	978-7-301-15541-7	于修国	25.00	2012.11	3	Pdf
13	3ds Max效果图制作	978-7-301-22870-8	刘　晗等	45.00	2013.7	1	ppt
14	3ds max室内设计表现方法	978-7-301-17762-4	徐海军	32.00	2010.9	1	pdf

序号	书名	书号	编著者	定价	出版时间	印次	配套情况
15	Photoshop 效果图后期制作	978-7-301-16073-2	脱忠伟等	52.00	2011.1	2	素材/pdf
16	建筑表现技法	978-7-301-19216-0	张　峰	32.00	2013.1	2	ppt/pdf
17	建筑速写	978-7-301-20441-2	张　峰	30.00	2012.4	1	pdf
18	建筑装饰设计	978-7-301-20022-3	杨丽君	36.00	2012.2	1	ppt/素材
19	装饰施工读图与识图	978-7-301-19991-6	杨丽君	33.00	2012.5	1	ppt
20	建筑装饰工程计量与计价	978-7-301-20055-1	李茂英	42.00	2013.7	3	ppt/pdf
21	3ds Max & V-Ray 建筑设计表现案例教程	978-7-301-25093-8	郑恩峰	40.00	2014.12	1	ppt/pdf
	规划园林类						
1	城市规划原理与设计	978-7-301-21505-0	谭婧婧等	35.00	2013.1	2	ppt/pdf
2	居住区景观设计	978-7-301-20587-7	张群成	47.00	2012.5	1	ppt
3	居住区规划设计	978-7-301-21031-4	张　燕	48.00	2012.8	2	ppt
4	园林植物识别与应用	978-7-301-17485-2	潘利等	34.00	2012.9	1	ppt
5	园林工程施工组织管理	978-7-301-22364-2	潘利等	35.00	2013.4	1	ppt/pdf
6	园林景观计算机辅助设计	978-7-301-24500-2	于化强等	48.00	2014.8	1	ppt/pdf
7	建筑・园林・装饰设计初步	978-7-301-24575-0	王金贵	38.00	2014.10	1	ppt/pdf
	房地产类						
1	房地产开发与经营(第 2 版)	978-7-301-23084-8	张建中等	33.00	2014.8	2	ppt/pdf/答案
2	房地产估价(第 2 版)	978-7-301-22945-3	张　勇等	35.00	2014.12	2	ppt/pdf/答案
3	房地产估价理论与实务	978-7-301-19327-3	褚菁晶	35.00	2011.8	2	ppt/pdf/答案
4	物业管理理论与实务	978-7-301-19354-9	裴艳慧	52.00	2011.9	2	ppt/pdf
5	房地产测绘	978-7-301-22747-3	唐春平	29.00	2013.7	1	ppt/pdf
6	房地产营销与策划	978-7-301-18731-9	应佐萍	42.00	2012.8	2	ppt/pdf
7	房地产投资分析与实务	978-7-301-24832-4	高志云	35.00	2014.9	1	ppt/pdf
	市政与路桥类						
1	市政工程计量与计价(第 2 版)	978-7-301-20564-8	郭良娟等	42.00	2015.1	6	pdf/ppt
2	市政工程计价	978-7-301-22117-4	彭以舟等	39.00	2015.2	1	ppt/pdf
3	市政桥梁工程	978-7-301-16688-8	刘　江等	42.00	2012.10	2	ppt/pdf/素材
4	市政工程材料	978-7-301-22452-6	郑晓国	37.00	2013.5	1	ppt/pdf
5	道桥工程材料	978-7-301-21170-0	刘水林等	43.00	2012.9	1	ppt/pdf
6	路基路面工程	978-7-301-19299-3	偶昌宝等	34.00	2011.8	1	ppt/pdf/素材
7	道路工程技术	978-7-301-19363-1	刘　雨等	33.00	2011.12	1	ppt/pdf
8	城市道路设计与施工	978-7-301-21947-8	吴颖峰	39.00	2013.1	1	ppt/pdf
9	建筑给排水工程技术	978-7-301-25224-6	刘　芳等	46.00	2014.12	1	ppt/pdf
10	建筑给水排水工程	978-7-301-20047-6	叶巧云	38.00	2012.2	1	ppt/pdf
11	市政工程测量(含技能训练手册)	978-7-301-20474-0	刘宗波等	41.00	2012.5	1	ppt/pdf
12	公路工程任务承揽与合同管理	978-7-301-21133-5	邱　兰等	30.00	2012.9	1	ppt/pdf/答案
13	★工程地质与土力学(第 2 版)	978-7-301-24479-1	杨仲元	41.00	2014.7	1	ppt/pdf
14	数字测图技术应用教程	978-7-301-20334-7	刘宗波	36.00	2012.8	1	ppt
15	水泵与水泵站技术	978-7-301-22510-3	刘振华	40.00	2013.5	1	ppt/pdf
16	道路工程测量(含技能训练手册)	978-7-301-21967-6	田树涛等	45.00	2013.2	1	ppt/pdf
17	桥梁施工与维护	978-7-301-23834-9	梁　斌	50.00	2014.2	1	ppt/pdf
18	铁路轨道施工与维护	978-7-301-23524-9	梁　斌	36.00	2014.1	1	ppt/pdf
19	铁路轨道构造	978-7-301-23153-1	梁　斌	32.00	2013.10	1	ppt/pdf
	建筑设备类						
1	建筑设备基础知识与识图(第 2 版)	978-7-301-24586-6	靳慧征等	47.00	2014.12	2	ppt/pdf/答案
2	建筑设备识图与施工工艺	978-7-301-19377-8	周业梅	38.00	2011.8	4	ppt/pdf
3	建筑施工机械	978-7-301-19365-5	吴志强	30.00	2014.12	5	pdf/ppt
4	智能建筑环境设备自动化	978-7-301-21090-1	余志强	40.00	2012.8	1	pdf/ppt
5	流体力学及泵与风机	978-7-301-25279-6	王　宁等	35.00	2015.1	1	pdf/ppt/答案